임베스트

정보처리기술사 SW 3.0

임베스트

정보처리기술사 SW 3.0

임호진 지음

이담 Books

저자소개
임호진

(現) SPE 기술사 컨설팅 CEO, 서울과학기술대학교 박사수료
　　한국 공인감리단 비상근 감리인
(前) LIG시스템 · 한국IBM SCS 차장, 동양종합금융증권 과장
　　74회 정보관리기술사, 수석감리원, PMP, ITIL,
　　MCSE, OCP, 투자상담사, 교원자격
메일 limhojin@lycos.co.kr 전화 010-9043-5223

경력

- IBM: 건강보험 심사 평가원 차세대 DW 구축 컨설팅
- 동양종합금융증권: 차세대 금융시스템(ISP/EA/SOA), 홈 트레이딩
  시스템, 고객접점 CRM, 온라인 경영정보시스템 외 다수
- 일본 NTT Data, NTT DoCoMo CTI 프로젝트
- 토지개발공사, 소방방재청 외 다수 감리

강의

- 정보처리기술사 수검전략, 경영, 소프트웨어 공학, 데이터베이스, 네트워크,
  컴퓨터 구조, 보안 등 전 부분 강의(7년)
- 삼성전자: 소프트웨어 분석설계 강의
- 비트컴퓨터: 소프트웨어 공학 강의
- 행정안전부: IT 프로페셔널, IT 최신 기술 강의

저서

- 정보처리기술사를 위한 IT 산업 정보시스템
- 정보처리기술사 수검전략(세리기술사회에서 추천하는)
- 정보처리기술사 디지털 데이터 매니지먼트
- 정보처리기술사 기출문제 해설집
- 정보처리기술사 제86회 기출문제 해설집
- 정보처리기술사 합격전략서
- 정보처리기술사 핵심문제 해설집(1·2편)
- 정보시스템감리사 합격전략서
- 정보시스템감리사 기출문제 해설집
- Advanced Oracle Database 활용과 튜닝
- 고성능 데이터베이스 구축 방법론
- CEO의 관점으로 IT를 바라보자
- FP를 활용한 소프트웨어 비용산정 기법
- IT 투자평가 프로세스

수상

- 총기 전산화 시스템 구축으로 사단장 표창
- MMDB 구축 사례 공모전 대상

논문

- 추계 IT 서비스 학회: 금융권 EA기반의 SA 구축
- 대한산업공학회: 금융권 MMDB 구축 사례

머리말

정보처리기술사 학습에 가장 중요한 과목인 소프트웨어 공학을 다루는 최초의 책입니다. STEP 1은 소프트웨어 개발방법론을 다루고 있으며 STEP 2는 소프트웨어 품질과 프로젝트 관리 부분을 다루고 있습니다.

또한 각 주제별 상세한 해설과 키워드를 제시하고, 향후 출제가 가능한 예상 문제 및 최근의 소프트웨어 공학 기출문제 모두를 포함합니다.

❖ 임베스트 정보처리기술사 및 정보시스템감리사 온라인 학습
  – www.LimBest.com: 정보처리기술사 온톨로지 학습기 특허출원, 기술사 및 감리사 통합 과정

❖ 임베스트 PMP 자격취득 대비반
  – www.LimBestpmp.com: 국내 최저비용의 PMP 자격취득

❖ 임베스트 정보보안전문가 CISSP 대비반
  – www.LimBestcissp.com: 정보보안 전문가를 위한 CISSP 자격취득

❖ 세리 오프라인 중심의 정보처리기술사 과정
  –www.seirigisulsa.com: 정보처리기술사 오프라인 정규과정, 스터디, 정규 모의고사 실시

❖ 세리 오프라인 중심의 정보시스템감리사 과정
  –www.serigamrisa.com: 정보시스템감리사 오프라인 정규과정, 정규 모의고사 실시
  (limhojin@lycos.co.kr 및 limhojin123@paran.com, HP: 010-9043-5223)

소프트웨어 공학 3.0은 정보처리기술사 소프트웨어 공학 부분의 모든 내용을 포함하고 있으므로 여러 자료보다 이 책을 중심으로 집중학습하기를 바랍니다.

제74회 정보관리기술사/수석감리원 임호진

목차

---

2 STEP

STEP 1

1. SW 공학

1) 소프트웨어 공학 개요

가. 소프트웨어 공학(Software Engineering)의 정의

　－소프트웨어의 **개발, 운용, 유지 보수 및 파기에 대한 체계적인 접근** 방법(by IEEE)

　－경제성 있는 고품질 SW개발을 위해 **공학, 과학, 수학적 원리와 방법**을 적용하는 것(SEI)

　－업무적 요구사항을 충족시키는 SW를 보다 효과적으로 분석, 설계, 구현하기 위한 **공학적 이론체계 및 체계적인 접근 방식**

나. 소프트웨어 공학의 목표

　－고품질 소프트웨어 생산: 품질관리 필요

　－사용자 만족도 향상: 요구사항 관리 필요

　－정해진 비용, 기간, 자원으로 소프트웨어 생산: 프로젝트 관리 기법 필요

　－소프트웨어 생산 프로세스 수행능력 개선: 적정한 프로세스 모델 및 방법론 적용

　－생산성(Productivity) 향상: 자동화 도구 활용 및 재사용성 향상

∷ 도우미 임기술사

[설명]

　소프트웨어 공학은 소프트웨어의 위기를 극복하기 위해서 등장한 학문으로 과거 소프트웨어 비용이 하드웨어 비용을 초과하고, 품질저하, 생산성 저하, 일정지연과 같은 문제가 발생했다. 이러한 문제를 공학적으로 즉, 체계적으로 모든 프로세스(절차), 각 단계별 활동 및 산출물을 정의하여 고객이 요구하는 품질을 확보하고, 재사용을 통하여 생산성 올리며, 일정을 단축시켜 소프트웨어 위기를 극복하려는 학문이 바로 소프트웨어 공학이다.

[키워드]

　－개발, 운영, 유지보수 및 파기까지 체계적인 접근

　－고품질 소프트웨어 생산, 사용자 만족도 향상, 정해진 비용, 기간, 자원, 수행능력 개선, 생산성 향상

[기출문제]

[기출문제]

가. 2교시

　1) 소프트웨어 공학 5대 목표

[예상문제]

가. 2교시형

　2) 소프트웨어 공학의 위기와 해결방안을 설명하시오.

2) 소프트웨어 공학 계층

　－기술 계층들이 연계되어 소프트웨어 개발과 유지보수의 적시성, 합리성을 확보토록 함

　－SDLC에서 방법과 도구가 적용되어야 할 순서를 정의

　－SDLC: Software Development Life Cycle로 소프트웨어 대한 개발과정의 모든 단계를 제시

계층	주요 역할
프로세스	－SW공학 기술이 효과적으로 적용되도록 하기 위해 확립되어야 하는 핵심 프로세스 영역(KPA: Key Process Area)에 대한 전체 틀을 정의 －KPA: 프로젝트 관리통제 기초 작성, 기술적 방법들의 적용, 프로덕트(모델, 문서, 데이터, 보고서, 폼) 생성, 이정표 확립, 품질보증, 변경관리
방법	－소프트웨어를 구축하는 기술적인 "How to"를 제공 －요구사항분석, 설계, 개발, 테스트, 유지보수 등의 Task들로 구성
도구	－프로세스들과 방법들을 자동 혹은 반자동으로 지원 －CASE(Computer Aided Software Engineering): SW공학 환경을 만들기 위해 S/W, H/W, SW공학DB(분석/설계/코딩/테스트관련 중요정보 저장소)들을 결합시키는 방법

3) 소프트웨어 공학 구성요소

요소	내 용
원리	생존법칙(기본바탕)에 해당하는 것으로써 수많은 경험자와 전문가의 지혜를 수집한 것 **(소프트웨어 공학 원리: 추상화, 분할과 정복, 단계적 상세화, 모듈화, 일반화, 정보은닉)**
기법	결과를 생성하기 위해 적용하는 기법과 절차, 소프트웨어 개발에 필요한 구조적 접근법 **(요구분석방법, 설계방법: 구조적 분석설계기법, 자료흐름중심 설계기법, 객체지향 등)**
언어	그래픽 한 기호나 단어의 집합, 더 복잡한 개체(문장, 다이어그램, 모델 등)를 구성하도록 하는 규칙으로 구성되고 이를 이용한 개체의 조합이 의미를 가짐. 언어는 중간 또는 최종 단계에서의 소프트웨어 제품을 표현하는 수단임(**DFD, ERD, UML** 등)
도구	더 좋은 방법으로 작업하기 위한 기구 또는 자동화된 시스템, 자동화된 툴을 사용하여 생산성을 높임(예: **설계도구, 프로그래밍 도구, 테스트도구, 프로젝트관리도구**)

:: **도우미 임기술사**

[설명]
소프트웨어 계층구조는 **소프트웨어 위기(높은 비용, 낮은 생산성, 일정지연, 낮은 품질)**를 해결하기 위해서 소프트웨어에 대한 개발을 체계화 해놓은 것으로 소프트웨어 공학의 근간을 이룬다.

즉, 원리는 **소프트웨어를 개발하는 데 지켜야 할 원칙을 정의**한 것이다. 다시 말해, 추상화는 복잡한 소프트웨어를 간략하게 표현하는 성질, 분할과 정복은 복잡한 문제를 해결하기 위해서 문제를 세분화 시켜서 개개의 문제를 해결해서 전체를 해결한다. 단계적 상세화는 전체 기능을 기능 단위로 분류하고 모듈화는 독립성을 높이기 위해서 결합도와 응집도라는 방법으로 모듈 간의 독립성을 강조한다. 일반화는 재사용성을 의미하며 일반화를 할 수 있는 방법이 모듈화, 상속, 컴포넌트 등이 존재한다. 정보은닉은 모듈의 오류 발생 시에 다른 모듈로 전파되는 것을 제한하는 Locality(국지화)를 강조하며 이러한 Locality를 만족할 수 있는 방법이 바로 모듈화 및 객체지향의 캡슐화(클래스)가 존재한다.

이러한 원칙을 활용하여 소프트웨어를 개발할 수 있는 기법을 제시했는데 소프트웨어를 이루는 **기능과 데이터를 분류하여 수행하는 것이 구조적 분석기법(FOA)이고 기능과 데이터를 결합하여 (클래스) 수행하는 것이 객체지향 분석기법(OOA)**이다.

언어는 구조적 분석기법, 객체지향 분석기법을 수행하기 위해서 필요한 언어로 DFD, UML, ERD 등과 같은 모델링 언어이다. 마지막으로 도구는 기법의 효율성 및 언어의 편리성을 위한 자동화 및 모델링 도구로 요구사항 분석도구, 형상관리도구, 테스트 자동화, 분석/설계 모델링 도구를 의미한다.

[키워드]
-추상화, 분할과 정복, 단계적 상세화, 모듈화, 일반화, 정보은닉(Locality)
-재사용성, 캡슐화, 결합도와 응집도
-구조적 분석기법, 객체지향 분석기법

[기출문제]
가. 1교시
    1) 분할과 정복, 모듈화, 일반화

[예상문제]

가. 1교시형

1) 정보은닉 & Locality

2) 추상화

3) 소프트웨어 공학 계층구조 & 구성요소

나. 2교시형

1) 구조적 분석기법의 원칙과 구조적 분석기법에 대해서 설명하시오.

2) 구조적 분석기법과 객체지향 분석기법의 차이점을 설명하시오.

문제〉	소프트웨어 공학의 등장배경과 소프트웨어 공학의 5대 목표, 소프트웨어 공학 계층구조를 설명하시오.	
카테고리	소프트웨어 공학〉개요	난이도 하

문제풀이

답>

1. 소프트웨어 공학 등장배경과 소프트웨어 공학의 탄생

가. 소프트웨어 등장배경

소프트웨어 복잡도	-소프트웨어의 알고리즘, 처리방식, 다양성의 증대로 소프트웨어 복잡도의 증가 발생
소프트웨어 생산성	-소프트웨어 복잡도 증대로 인한 개발 생산성의 저하
소프트웨어 품질	-(1)사용자가 요구한 품질을 만족하지 못함 -(2)공정에 대한 품질, (3)프로덕트에 대한 품질 미비
소프트웨어 일정	-개발 일정의 지연과 일정지연에 따른 인력투입의 증대 -즉 생산성의 저하로 인한 인력지연

-즉, 소프트웨어 공학은 소프트웨어의 특성 이해의 부족과 엔지니어링 접근 미비

-경험부족 등으로 인하여 생산성 저하, 품질 저하, 일정 지연이 발생하여 소프트웨어 비용이 하드웨어 비용을 초과하는 현상 발생

나. 엔지니어링 접근 소프트웨어 공학의 탄생

- 소프트웨어의 개발, 운용, 유지 보수 및 파기에 대한 체계적인 접근 방법(by IEEE)
- 경제성 있는 고품질 SW개발을 위해 공학, 과학, 수학적 원리와 방법을 적용하는 것(SEI)
- 업무적 요구사항을 충족시키는 SW를 보다 효과적으로 분석, 설계, 구현하기 위한 공학적 이론체계 및 체계적인 접근 방식

2. 소프트웨어 공학의 5대 목표와 소프트웨어 공학 계층 구조

가. 소프트웨어 공학의 5대 목표

5대 목표	주요 내용	기법
고품질 소프트웨어 생산	- 품질관리 통제, 관리 수행 - 개발 전 과정에 대한 사용 관점 품질 관리	IEEE 730
사용자 만족도 향상	- 요구도출, 정의, 명세, 검증, 관리를 통한 사용자 요구사항 관리 제공	요구공학
정해진 비용, 기간, 자원으로 소프트웨어 생산	- 제약조건을 만족하며 소프트웨어 생산 - 비용 최소화, 일정단축, 인력관리	프로젝트 관리, (4)PMO
소프트웨어 프로세스 능력개선	- 소프트웨어 프로세스 개선 수행	CMMI 등
생산성 향상	- 자동화 도구 활용 및 재사용성 향상	Case tool

나. 소프트웨어 공학 계층 정의

계층	내 용
프로세스	- SW공학기술이 효과적으로 적용되도록 하기 위해 확립되어야 하는 핵심 프로세스 영역(Key Process Area)에 대한 전체 틀을 정의 - KPA: 프로젝트 관리 통제 기초 작성, 기술적 방법들의 적용, 프로덕트(모델, 문서, 데이터, 보고서, 품질) 생성, 이정표 확립, 품질보증, 변경관리
방법	- 소프트웨어를 구축하는 기술적인 "How to"를 제공 - 요구사항분석, 설계, 개발, 테스트, 유지보수 등의 TASK들로 구성
도구	- 프로세스들과 방법들을 자동 혹은 반 자동으로 지원 - CASE: SW 공학 환경을 만들기 위해서 SW, HW, SW공학DB(분석/설계/코딩/테스트 관련 중요 정보 저장소)들을 결합시키는 방법

- 기술계층들이 연계되어 소프트웨어 개발과 유지보수의 적시성, 합리성 확보
- SDLC에서 방법과 도구가 적용 되어야 할 순서를 정의

다. 소프트웨어 공학 계층 구조의 세부구성

요소	내 용
원리	−생존법칙(기본바탕)에 해당하는 것으로 수많은 경험자와 전문가의 지혜를 수집한 것 −소프트웨어 공학 원리: 추상화, 분할과 정복, 단계적 상세화, 일반화, 모듈화, 정보은닉 등
기법	−결과를 생성하기 위해 적용하는 기법과 절차, 소프트웨어 개발에 필요한 구조적 접근법 −요구사항 분석 방법, 설계방법, 구조적 분석 설계 기법, 자료 흐름 중심설계, 객체지향
언어	−그래픽 한 기호나 단어의 집합, 더 복잡한 개체(문장, 다이어그램, 모델 등)를 구성하도록 하는 규칙으로 구성되고 이를 이용한 개체의 조합이 의미를 가짐 −언어는 중간 또는 최종 단계에서의 소프트웨어 제품을 표현하는 수단임 −DFD, IDEF0 비즈니스 프로세스 모델링, ERD, UML
도구	−더 좋은 방법으로 작업하기 위한 기구 또는 자동화된 시스템, 자동화된 툴을 사용하여 생산성을 높임 −설계도구, 프로그래밍 도구, 테스트 도구, 프로젝트 관리 도구

3. 소프트웨어 공학 계층 구조 세부내용 활용
가. 원리

원리	내 용	비고
추상화 (Abstraction)	−복잡한 사물을 간략하게 표현하는 특성 −추상화 레벨에 따른 사물의 구체화 실행	기능, 자료, 제어, 추상화
분할과 정복	−복잡한 문제를 해결하기 위해서 세분화 하고 각 부분을 해결하여 전체 문제를 해결	
단계적 상세화	−소프트웨어를 세부 단위로 분해	기능단위 분해
정보은닉	−외부객체부터 내부객체를 보호하는 성질	Private, Protected
일반화	−재사용성을 극대화 하기 위한 방법 제공	상속, 컴포넌트
모듈화	−모듈의 독립성 확보를 위해서 관련된 모듈의 응집도를 향상시키고 결합도를 낮춤	결합도, 응집도

나. 기법

기법	내 용
구조적 분석기법	−기능관점으로 소프트웨어를 기능단위로 분해해서 **(5)선택, 반복, 순차**의 특성의 분석기법 사용(구조적 영어)
데이터 흐름 중심	−외부 엔티티, 처리, 저장소로 표현되는 방법으로 데이터 처리 흐름을 분석
객체지향 분석기법	−실세계 사실을 애트리뷰트와 메소드가 결합된 **(6)Object**로 표현

다. 언어

언어	내 용
DFD	−Data Flow Diagram, 외부 엔티티, 처리, 저장소, 흐름으로 표현되는 데이터 관점에서 데이터 처리 흐름을 표현 −DFD는 Level 별로 상세화를 통하여 수행
ERD	−Entity Relationship Diagram, **(7)릴레이션**과 릴레이션의 관계를 통해서 데이터를 표현 −IDEF 데이터베이스 모델링 방법: 개념적, 논리적, 물리적 모델링 수행
UML	−Unified Modeling Language, Object Management Group에서 제시한 객체지향을 표현하기 위한 언어 −Use Case, Class, Object, Sequence, State Chart, Component, Deployment Diagram 제시

라. 기법

언어	내 용
통합 Case Tool	−요구사항 단계 상위, 분석/개발 단계 중위, 테스트 단계 하위 Case Tool 통합 (예: ERWIN, BPWIN, 레셔널 로즈 등)
요구사항 자동화	−사용자 요구사항 도출, 명세, 관리를 통합 저장소를 활용하여 자동화
테스트 자동화	−성능, 보안 테스트, 커버리지 분석도구 등

4. 소프트웨어 공학의 발전과 최근 동향

가. 시스템 규모의 증대와 인터페이스 복잡도 증대

−최근 차세대 시스템을 중심으로 수행하는 소프트웨어 개발 프로젝트의 경우 규모의 증대로 인하여 많은 단위 시스템이 발생하고 단위 시스템간의 인터페이스가 복잡

−이러한 부분을 해결하기 위해서 나선형 모델의 활용, PMO 조직 차원에서 위험관리 수행

나. 웹 시스템의 등장과 웹 공학

−웹 사용자의 증대와 다양한 미디어 지원으로 인하여 웹에서 사용자 편의성 중심의 접근이 필요

−웹 공학의 등장으로 엔지니어링 접근을 수행

다. 컴포넌트 기술의 발전

−초기 모듈을 기반으로 한 재사용에서 **(8)정적 바인딩**을 수행하는 클래스 상속 그리고 실행 중에 상속을 결정할 수 있는 컴포넌트 기술

−업무 공통 컴포넌트를 재사용할 수 있는 Product Line의 Core Asset을 통한 재사용 기술이 발전

출제의도

본 문제는 소프트웨어 공학에 대한 기본적인 개념을 묻고 있는 것이다. 즉, 소프트웨어 공학의 등

장배경은 소프트웨어 위기에 대해서 묻고 있는 것이고 이러한 위기를 해결하기 위한 소프트웨어 공학의 5대 목표와 이 목표를 달성하기 위한 소프트웨어 공학의 구성 즉, 계층구조를 묻고 있는 것이다.

본 문제는 등장배경, 5대 목표, 계층구조 이 3개의 내용을 어떻게 논리적으로 연결하여 답안을 전개하고 그 이론적인 배경과 내용을 깊게 쓰는 것을 요구한다. 특징 질문에 대해서만 답안을 제시하기를 원한다. 결론적으로 계층구조의 각각의 계층을 한 단락의 제목으로 도출하여 답안을 접근하면 내용에 충실한 답안이 될 것이다.

풀 이

- 소프트웨어 위기는 소프트웨어 개발 시에 그 복잡도의 증가로 인하여 소프트웨어 비용이 하드웨어 비용을 초과하는 현상이다. 소프트웨어의 복잡도의 증가는 비용증가, 생산성 저하, 품질저하, 일정 지연으로 나타났으며, 이러한 소프트웨어 위기를 해결하기 위해서 체계적인 접근방법에 대한 필요성이 대두되었으며 소프트웨어에 대한 공학적(체계적 접근) 접근이 바로 소프트웨어 공학이다.
- 이러한 배경에서 소프트웨어 공학은 탄생 되었으므로 소프트웨어 공학의 목표는 고 품질, 사용자 만족도 증대, 정해진 일정 및 비용으로 소프트웨어 개발, 생산성 증대와 소프트웨어 개발 공정능력 향상을 목표로 한다.
- 이것이 소프트웨어 공학의 5대 목표이고 이 목표를 달성하기 위해서 공학적 접근을 정의하였는데 그것은 소프트웨어 공학 원리(기본적이고 반드시 지켜야 할 준칙), 원리를 바탕으로 구체적인 공정을 만들어 낸 분석기법, 분석기법을 표현한 언어로 구성되고 이러한 것들은 CASE 툴을 통하여 자동화를 수행하려는 도구로 이루어져 있고 이것이 소프트웨어 공학의 구성요소 혹은 계층구조라고 이야기하는 것이다. 즉, 이러한 소프트웨어 공학의 계층구조는 소프트웨어 공학의 모든 내용이 포함되어 있다.

주요 용어설명

(1) 사용자 요구사항을 만족하지 못함: 사용자 요구사항을 만족하지 못하는 이유는 사용자 요구사항에 대한 이해부족, 요구사항에 대한 명세화 방법 및 요구사항 모델링 방법에 대한 공정의 부족 등으로 나타난다. 또한 만들어진 소프트웨어에 대한 정량화된 품질측정 방법의 부재로 인해서 객관적인 품질만족 여부를 제시하기가 어려운 것이다.

(2) 공정에 대한 품질: 소프트웨어 공학은 공정에 대한 품질을 강조한다. 즉, 소프트웨어를 개발하

는 단계별 활동과 품질측정을 중요시 한다. 이러한 공정에 대한 품질 향상을 위해서 ISO 12207 이라는 소프트웨어 생명주기 모델과 성숙도 모델인 CMMI, 능력향상 모델인 SPICE(ISO 15504) 등이 존재한다. 공정에 대한 품질과 동일한 의미는 "품질보증"이라는 말이다.

(3) 프로덕트에 대한 품질: 실제 만들어진 소프트웨어 제품에 대한 품질을 의미하고 제품과 관련된 품질측정을 위해서 품질특성(항목)인 ISO 9126, 품질특성의 적용방법인 ISO 14598, 제품(패키지) 에 대한 품질특성 및 적용을 제시한 ISO 12119와 같은 표준이 존재한다. 제품품질과 동일한 말 은 "품질통제"이다.

(4) PMO: Project Management Office이다. 이것은 최근 프로젝트의 특성이 대규모이면서 여러 시스템 간의 인터페이스를 요구하고 전체적인 프로젝트의 위험이 높아져서 중앙집중적으로 프로젝트 를 관리 및 통제하여 프로젝트를 성공적으로 이루기 위한 조직이다. PMO는 프로젝트 관리, 변 화관리, 위험관리, 품질관리, 성과관리 등의 작업을 수행하여 고객이 원하는 소프트웨어를 제한 된 자원 내(일정, 비용, 인력)에서 프로젝트를 성공하기 위해서 조직된 프로젝트 관리 조직이다.

(5) 순차, 반복, 선택: 구조적 프로그래밍의 주 특징으로 Goto를 배제하여 프로그램의 복잡도를 줄 인다. 이러한 순차, 반복, 선택을 명세화 하기 위해서 구조적 방법론에서는 구조적 영어, NS 차 트, 의사결정표와 같은 방법을 제시한다.

(6) Object: 메소드(오퍼레이션)과 애트리뷰트(데이터)의 구조를 설계한 것이 클래스이고 해당 클래 스가 실행된 상태가 객체(Object)이다. 또한 해당 객체가 가지는 값 혹은 특정 상태를 객체 인스 턴스(Object Instance)라고 한다.

(7) 릴레이션(Relation): 모든 릴레이션은 테이블 된다. 즉, 테이블에서 기본키, 외래키, 제약조건 등을 아직 제약하지 않은 테이블을 릴레이션이라고 한다.

(8) 정적 바인딩: 클래스의 상속은 동적 바인딩과 정적 바인딩으로 분류된다. 정적 바인딩은 프로그 램 코딩 시에 상속이 결정된 구조를 의미하며, 동적 바인딩은 실행 시에 인터페이스를 통해서 상속할 수 있는 구조를 의미한다.

예상문제

가. 1교시형
　1) 소프트웨어 공학 위기
　2) 웹 공학

나. 2교시형

    1) 소프트웨어 공학의 위기에 대해서 설명하고 해결방법에 대해서 설명하시오.

    2) 소프트웨어 공학 원리에 대해서 4개 이상을 상세히 설명하시오.

    3) 소프트웨어 공학 5대 목표와 주요내용을 설명하시오.

문제〉	알고리즘의 정의와 특징을 설명하시오	선택	관리
카테고리	소트웨어공학〉개념	난이도	하

답>

1. 지적 추상화의 레벨 상승 위한 알고리즘의 이해

가. 알고리즘(Algorithm)의 정의

  – 어떤 문제의 해결하는 절차를 체계적으로 기술한 여러 동작들의 유한한 모임 또는 정의

나. 알고리즘의 주요연구 분야

  – 고안: 이미 증명된 알고리즘의 습득통한 신규 알고리즘 개발에 응용

  – 검증: 고안된 알고리즘의 타당성, 정확성, 언어 독립성에 대한 증명

2. 알고리즘의 개념적 특징 및 성능 표기법 통한 특징 분석

가. 알고리즘의 개념적 특징

구분	설 명
입력	외부에서 제공되는 자료가 0개 이상 존재해야 함
출력	적어도 1개 이상의 결과를 도출시켜야 함
명확성	각 명령어들은 모호하지 않아야 함
유한성	유한 번의 수행 후에 종료되어야 함(현실적 시간의 유한성)
효과성	원칙적으로 종이, 연필만으로 수행 가능한 기본적인 것

나. 알고리즘의 성능 표기법(빅오 표기법) 통한 특징 분석

구분	설 명
O(1)	입력 자료 수에 상관없이 일정한 수행 시간을 갖는 알고리즘
O(N)	입력 자료에 따라 선형적으로 실행시간 증가하는 알고리즘
O(log N)	커다란 문제를 일정한 크기로 분할시키는 알고리즘
O(N log N)	소규모 문제로 분할, 독립적으로 해결한 후 통합하는 알고리즘
O(Nk)	다중 루프 내에서 입력자료 처리하는 알고리즘

3. 알고리즘의 활용 및 고려사항

가. 자기학습 지향의 인공지능, 그래픽 분야, 수치해석 분야, 우주 항공 분야, 암호학, 자료구조, 패턴 분석, 마이닝 등 다양한 분야의 핵심 원리로 사용

나. 과도한 알고리즘의 사용 시 시스템의 복잡성을 해칠 수 있으며, 부적절한 알고리즘의 사용은 심각한 오류를 유발할 위험성이 높음 "끝"

풀 이

- 프로그램을 설계하는 데 있어서 가장 중요한 것이 어떠한 알고리즘을 선택할 것 인가이다. 알고리즘은 어떤 문제를 해결하는 최적의 방법을 제시하는 반면에 잘못 선택할 경우, 인간의 생명을 위협하는 최악의 결과를 초래할 수도 있다.
- 알고리즘을 선택하는 데 있어 가장 중요한 것은 다음의 세 가지이다.

구분	설 명
정확성	- 자료 처리 정확성, 정의된 기능 수행의 정확성 검토
효율성	- 자원 소요량(기억장치 소요량, 수행시간) - 평가는 기본 동작 수 계측법, Gauss 공식, 휴리스틱 기법 등 이용
적합성	- 목표 시스템(HW, SW)의 속도와 특성을 감안

- 알고리즘의 표현 방식은 다음과 같은 종류가 있다.

구분	설 명
의사코드 (Pseudo Code)	−상세설계를 위해 모듈 안의 알고리즘을 단순한 텍스트로 구성 −if-then-else, while-do-end와 같은 키워드 이용 −모듈 내 수행되는 작은 단위의 일을 자세히 표현 가능함
나싸슈나이더만	 (a) 순차　(b) 반복(while)　(c) 반복(repeat-until) (d) 선택(if-then-else)　(e) 다중선택(switch, case)

−알고리즘의 효율성에 대한 평가는 풀이와 같이 **(1)빅오 표기법**을 사용한다.

−알고리즘 분류별 종류를 간략히 나열해보면 다음과 같다.

구분	종류	설 명
그래프	최단경로 알고리즘	A*(A Star), 다익스트라(Dijkstra), 벨만포드, 플로이드
	최대유량 알고리즘	Ford-Fulkerson 방법, Hopcroft-Karp 이분 매칭, Kuhn-Munkres 가중 매칭
	근사 알고리즘	Simulated Annealing(일명 휴리스틱 알고리즘이라 함)
기하	문자열 알고리즘	KMP(Knuth-Morris and Pratt), 라반-카프, 보이어-무어
	기타	Point-Line Duality, Rotating Caliper, 보로노이 다이어그램 볼록 껍질(Convex hull): Graham Scan, 짐꾸리기 알고리즘
수학	정수론	밀라-라빈 소수판별법, 오일러 함수, 플라드로 소인수 찾기
자료구조		Deque(Double Ended Queue), 서로소 집합, Skip List, 인덱스 트리(Indexed Tree), 트라이(Trie), 해쉬(Hash)
정렬		선택 정렬, 퀵 정렬, 합병 정렬, 버블정렬 등
기타		하노이 탑, 분할과 정복, Floyd 알고리즘, Backtracking 알고리즘, 유전자 알고리즘, 라스베이거스 알고리즘 등 다양

주요 용어설명

(1) 빅오(Big O) 표기법

　−Big O 표기법은 전산학자들이 어떤 하나의 함수의 복잡도를 정의하는데 즐겨 사용하는 표기법

이다. 표기는 O(함수); 와 같은 식으로 표현한다.

- 괄호 안의 함수는 (n) 또는 (c)로 표기하는데, c는 상수를 뜻한다(즉 1, 2, 3, 4 등).
- O(N)의 복잡도는 어떠한 경우에도 N번의 횟수만으로 일을 처리할 수 있음을 의미하는데, 어떤 처리를 하는데 단 한 번 처리로 결과를 낼 수 있다면 O(1)로 표기한다.
- 빅오 표기법에서 주의할 것은, 최고가 아닌 최악의 경우일 때의 복잡도를 말한다는 것이다.
- 빅오 표기법의 복잡도 순으로 나열하면 다음과 같다.

O(1) < O(N) < O(logN) < O(NlogN) < O(N2) < O(2N)

(예상문제)

가. 1교시형

　　1) 빅오 표기법(함수 복잡도), 정렬 알고리즘, 라스베이거스 알고리즘

2. SDLC

1) SDLC(소프트웨어 프로세스 모델, 개발 생명주기, 소프트웨어 공학 패러다임) 개념

가. SDLC(Software Development Life-Cycle) 정의
- SW의 개발 **타당성 조사부터, 개발, 유지보수 단계까지 전 과정**을 하나의 주기로 보고, 단계별 공정을 체계화 시켜놓은 것

나. SDLC 기능
- **프로젝트 비용의 산정 및 프로젝트 개발 계획 수립**
- 용어, 산출물 구성 등의 **표준화 지원**
- 개발진행상황 파악 지원 및 **프로젝트 관리의 지원**

2) SDLC의 일반적 절차

단계	내 용
타당성 검토	- 요구사항을 만족시키기 위한 대안을 분석하는 작업 수행 - **시스템구현에 따른 생산성향상, 비용절감 등 전략적 이익결정**
요구사항 분석	- 타당성 검토 시 선택된 시스템 개발에 대한 **요구사항을 식별하고, 상세화 하는 과정**
설계	- 고객의 요구사항에 기초하여 **프로그램을 위한 사양 작성** - 새로운 요구사항을 관리하기 위한 공식적 변경관리 수행
개발	- 프로그래밍 및 실행코드 생성
시험	- 개발 시스템에 대한 검토와 확인(Verification & Validation)
설치/이행	- 운영환경을 구축하고 **사용자 인수 테스트를 수행** - 향후 수행할 타 프로젝트를 위해 Lessons Learned를 정리
유지보수	- 인수활동 후에 일어나는 모든 활동(완전화, 예방, 적응, 수정)
폐기	- 새로운 정보시스템 개발, 비즈니스 변화로 인한 시스템 폐기

3) SDLC의 대표적 모형

구분	내용
폭포수 모형 (Waterfall)	– 검토/승인을 거쳐 **순차적 · 하향식**으로 개발이 진행되는 생명주기 모델 – 장점: 이해하기 쉬움, **다음 단계 진행 전에 결과 검증**, 관리 용이 – 단점: **요구도출 어려움**, 설계/코딩/테스트 지연 가능, 문제발견 지연
프로토타입 모형 (Prototyping)	– 핵심적인 기능을 먼저 만들어 평가한 후 구현하는 점진적 개발 방법 – 장점: **요구사항 도출 용이, 시스템 이해 용이, 의사소통 향상** – 단점: 사용자의 오해(완제품), 폐기되는 프로토타입 존재
나선형 모형 (Spiral)	– 폭포수와 프로토타입 모델 장점에 **위험분석을 추가한 모델**(B. Boehm) – 장점: 점증적으로 개발 -〉 실패 위험 감소, 테스트 용이, 피드백 – 단점: 관리 복잡
반복 점증적 모형 (Iterative & Incremental)	– 시스템을 여러 번 나누어 릴리스 하는 방법 – Incremental: 전체 기능을 분해한 뒤, 릴리스마다 기능을 추가 개발 – Iterative: 전체 기능을 대상으로 릴리스를 진행하면서 기능 개발 – 장점: 위험조기발견 및 최소화 전략 구현 가능, 변경관리 용이 – 단점: 관리 어려움, 경험부족

* 기타 모형: RAD 모형, 4세대모형, 컴포넌트 어셈블리 모델 등

4) SDLC 모형 선정기준

    가. 프로젝트의 규모와 성격

    나. 개발에 사용되는 방법과 도구

    다. 개발에 소요되는 시간과 비용

    라. 개발과정에서의 통제수단과 소프트웨어 산출물 인도 방식

5) SDLC 적용상의 장/단점

구분	내 용
장점	– 요구사항정의, 설계, 프로그래밍 등에 대한 기법들을 활용한 템플릿 제공 – 체계적인 문서화, 단계별 산출물 확인을 통한 프로젝트 진행의 명확화
단점	– 문서중심의 개발접근방식으로 인한 개발자의 문서화에 대한 부담 가중 – 개발초기에 사용자의 요구사항을 명확하게 찾아내기가 어려움 – 완벽한 분석이 요구되며 피드백 과정이 없어 변경사항 적용이 어려움

6) SDLC 적용 시 고려해야 할 사항

    – 개발하고자 하는 소프트웨어의 특성 및 프로젝트의 특성 우선 고려

    – 계약시점에서의 고객 요구사항 및 제반 환경적 요소 고려

:: 도우미 임기술사

[설명]

SDLC는 소프트웨어 탄생부터 개발, 운영, 폐기까지의 전 과정을 체계적으로 모형화한 개발 생명주기 모델이다. 소프트웨어 개발에 필요한 모든 내용을 절차적으로 정리하고 각 절차별 산출물 등을 제시하여 소프트웨어 품질을 향상시킬 수 있다는 것이다.

이러한 SDLC는 **프로젝트 관리방법, 비용산정, 일정 및 소프트웨어 개발에 필요한 문서화 및 각 문서의 표준화**를 제시한다(ISO 12207).

SDLC 모델의 종류는 장점과 단점, 적용분야로 학습이 필요하다.

[용어설명]

- 프로젝트의 규모와 성격: 대규모, 소규모 혹은 높은 위험, 공공, 금융, 프로젝트의 제약조건(법률적 조건, 자원적 조건)

[키워드]

－기능, 절차, 모형 종류, 산정기준, ISO 12207

[기출문제]

가. 1교시

  1) 폭포수 모델, 프로토타이핑

  2) 클린룸

나. 2교시

  1) 폭포수 모형과 반복형 모델링 장단점을 비교하시오.

[예상문제]

가. 1교시형

  1) RAD

  2) 나선형 모델

나. 2교시형

  1) SDLC 단계별 활동에 대해서 설명하고 대표적인 SDLC 모형의 종류를 설명하시오.

3. 폭포수 모형

1) 폭포수 모형(Waterfall Model)의 개념
- 고전적 생명주기 모델(Bohem, 1979)로서 정해진 단계를 강조하는 **선형 순차적 모델**
- 분석, 설계, 개발, 구현, 시험 및 유지보수과정을 순차적으로 접근하는 방법

2) 폭포수 모델의 특징
- **표준화 되어 있는 양식과 문서중심의 프로세스 및 프로젝트 관리 강조**
- Phase Testing: 각 단계별 검증 → 다음 단계 진행(이전 단계 산출물 -> 다음단계 기초)
- Frozen Deliverables: Phase testing을 거친 산출물들은 정식 변경절차에 의해서만 변경 가능
- **단계별 작업순서에 의해 체계적이고 순차적으로 진행(하향식, 명확한 요구사항 정의 필요)**

3) 폭포수 모형의 프로세스

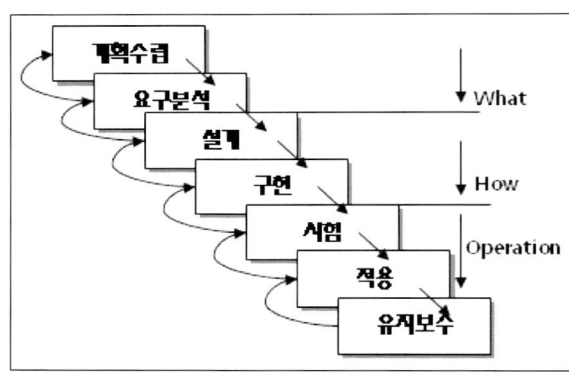

(1) 계획수립: 시스템 분석 및 상위수준 요구분석
(2) 요구분석: 도메인 이해과정(기능적/비기능요구)
(3) 설계: 요구사항의 HW, SW표현으로 변환되는 과정
(4) 구현: 프로그램 코딩, UI 구현, DB 구축
(5) 시험: 기능적/비기능적 요구사항의 구현여부 확인
(6) 적용: 구현된 시스템의 운영환경 설치 및 운영
(7) 유지보수: 변경에 대한 요구를 수용해서 반영

4) 폭포수 모형의 장/단점

장 점	단 점
- 가장 오래되고 폭넓게 사용(사례풍부) - 전체과정이 이해하기 용이 - 프로젝트 관리 용이(진행과정 세분화) - **기술적 위험이 작고, 경험이 많아 비용, 일정예측이 용이한 경우 적합** - 문서 등의 관리와 적용이 용이	- 대부분 실제 프로젝트에서는 엄격한 순차적 진행이 어려움 - Too late working version(사용자 피드백에 의한 반복 단계 적용이 불가능) - **초기에 고객 요구사항 정의가 어려움** - 중요 문제점 발견 지연(후반부에 구체화) - 이전 단계 종결되어야 다음 단계를 수행 - 초기 단계 강조 시 코딩, 테스트 지연

5) 폭포수 모형의 적용 분야 및 고려사항
  - 기술적 위험이 낮고 유사한 프로젝트 경험이 있는 경우
  - 요구사항이 명확히 정의되어 있는 경우에 적합한 모델
  - 관리가 상대적으로 쉬우나 요구 사항의 변경에 대한 대응력이 떨어짐.

:: 도우미 임기술사

[설명]

폭포수 모델은 소프트웨어 개발 단계를 **요구사항, 분석, 설계, 구현, 테스트 단계로 순차적으로 진행하는 모델**이다. 폭포수 모델의 가장 큰 특징은 **이전 단계의 완벽성을 강조**한다. 예를 들어 폭포수 모델은 설계 단계에서 분석 단계로 가는 것이 불가능하다. 그러므로 각 단계의 완벽성을 강조한다. 이러한 완벽성을 만족하기 위해서는 각 단계의 산출물을 완벽히 해야 할 것이다.

하지만 이러한 공정은 현실적인 프로젝트에서는 불가능하다. 또한 이러한 모형을 통해서 접근하면 프로젝트 중간에 요구사항을 받아서는 안 된다. 그리고 사용자가 자신이 제시한 요구사항을 제대로 만족하게 개발하는지를 확인할 수가 없다.

폭포수 모델은 이러한 특성으로 **사용자 요구사항 정의가 어렵다. 그러므로 위험 낮거나, 이미 해본 경험이 있고 사용자 요구사항 파악이 명확한 경우에 적용**이 가능한 모델이다.

[용어설명]
• 비기능요구: 비기능적 요구사항은 다른 말로 **품질속성 혹은 품질요구사항**이다.
  이것은 **성능, 보안, 인터페이스, 문서화, 사용자 인터페이스, 제약조건**과 같이 소프트웨어 품질을 향상 시킬 수 있는 요구사항을 의미한다.

[키워드]
  - 순차형, 이전 단계 완벽성, 하향식 접근
  - 표준화된 양식, 문서화 프로세스
  - 사용자 요구사항 파악의 어려움, 기술적 위험이 작고 경험 있는 프로젝트

[기출문제]

가. 1교시

   1) 폭포수 모델, 프로토타이핑

나. 2교시

   2) 폭포수 모형과 반복형 모델링의 장단점을 비교하시오.

[예상문제]

가. 2교시형

   1) 대외 인터페이스가 많고 다양한 하드웨어 및 소프트웨어로 이루어진 프로젝트에서 초기 위험 분석 결과 기술적 위험이 높다고 분석되었다. 이러한 프로젝트에서 폭포수 모델을 활용하여 개발을 수행하는 경우 발생할 수 있는 문제점을 설명하시오.

4. 프로토타입 모형

1) 프로토타입(Prototype) 모형의 개념
- **짧은 시간 내에 시제품을 개발하여 사용자가 요구사항을 미리 확인하고**, 기술적 문제의 해결 가능성을 미리 확인할 수 있도록 한 소프트웨어 개발 모델(일회용, 진화용 시제품)
- 불완전하지만 작동하는 간단한 시제품(시스템)을 통해 기능성과 유용성을 사전에 검토

2) 프로토타입 모형이 필요한 경우
- 요구사항분석이 어렵거나 불명확할 때
- 사용자가 원하는 시스템의 업무기능을 구체적으로 모를 때
- 사용자와 의사소통 및 개발 타당성을 검토하고자 할 때
- 시스템 개선을 위한 사용자의 창조성 유발

3) 프로토타입 모형의 종류

종류	내 용
실험적 (Experimental)	-실제 개발될 SW 일부분을 직접 개발하여 요구사항을 검증하는 모델 -**개발단계에서는 해당 시제품을 폐기하고, 재개발하게 됨.**
진화적 (Evolutionary)	-요구분석 도구 활용뿐만 아니라, **개발된 프로토타입을 지속적으로 발전**시켜, 최종 소프트웨어를 개발하는 모델(B. Boehm-나선형 모델)

4) 프로토타입 모형의 개발절차

단계	수행 내용
요구분석	-전체 요구사항 중 핵심 요구사항 정제 -시제품 개발 후 계속 정제
시제품 설계	-UI 초점(수평적/수직적 원형 설계) -시제품의 목표설정 및 기능 선택
시제품 개발	-시제품을 빨리 만들 수 있는가 관점 -성능, 인터페이스, 신뢰도는 기초 수준
시제품 평가	-가장 중요한 단계로 고객이 평가 -개발될 SW의 **요구사항을 구체적 정제** -**요구사항 오류규명, 추가요구사항 도출**
설계정제	-시제품 수정방향 설정 및 수정 -요구사항 만족시점까지 순환 반복
전체규모개발	-원하는 시스템 개발이 목표 -시제품 진화 및 폐기 전략 선택
인수/설치	-완제품을 인수 및 설치

* 시제품: 개발 대상 시스템의 주요 기능과 외부 인터페이스로 구성된 작동 가능한 모델로서, 주로 사용자와 시스템간의 인터페이스에 초점

5) 프로토타입 모형의 장/단점

장 점	단 점
–요구사항 도출이 용이 **–시스템의 이해와 품질 향상** –개발자와 사용자간 **의사소통 원활** –개발의 타당성 검증 –정적인 요구사항 명세 및 문서 대신 실행 가능한 시제품으로 확인 가능	–최종 소프트웨어 제품을 완성하기 전에 시제품을 **최종 완제품으로 오인 가능** –기대심리 유발: 불필요하거나 과도한 요구 –시제품을 포기할 경우 **비경제적(Overhead)** –중간단계 산출물 문서화 어려움 –전체 SW 품질과 장기적 유지보수 어려움

6) 프로토타입 모형의 문제점 및 해결방안

관점	문제점	해결 방안
개발자	시간낭비라는 인식으로 거부감	효율적인 교육으로 의사소통의 중요성 인지 및 활성화 관리
관리자	프로젝트의 관리 부실화 발생 가능	체계적인 개발 체제 및 관리도구 도입
사용자	요구사항에 대한 신속한 결과 기대	프로토타입과 결과물 간의 차이에 대해 인지하도록 설득 및 교육

∷ 도우미 임기술사

[설명]

프로토타입 모형의 사용자 요구사항을 수렴 후에 Case Tool등의 툴을 활용하여 **프로토타입(시제품)을 만들어서 사용자 요구사항 검증**을 수행한다. 이러한 검증을 통하여 사용자 요구사항을 정확히 분석할 수 있도록 수행한다.

사용자에게 요구사항 검증 후 **프로토타입을 폐기하고 개발하는 것이 실험적 프로토타이입**이고 이것이 일반적인 프로토타입 모델이다. 하지만 사용자 검증 후에 **폐기하지 않고 기능을 추가하는 식으로 개발하는 것이 진화적 프로토타입 모델(예: 나선형 모델)**이다.

[키워드]
–요구사항 도출 용이, 시스템 이해 및 품질향상, 의사소통 용이
–비경제적, 실험적 프로토타입, 진화적 프로토타입

[예상문제]
가. 2교시형
  1) 실험적 프로토타입과 진화적 프로토타입을 설명하시오.

5. 나선형 모형

1) 나선형(Prototype) 모형의 개념

- 개발될 주요 기능을 사전에 **위험분석을 통하여 반복적으로 수행**함으로써, 최종 소프트웨어 개발까지 **점진적으로 구현**하는 방법(**계획수립 → 위험분석 → 개발 → 평가**)
- **선형순차 모델의 제어와 프로토타이핑의 반복적 특성을 체계적으로 결합**시킨 단계적 소프트웨어 프로세스 모델(Boehm 제안)
- 개념형성, 요구사항 분석 및 예비/상세 설계에서 예상되는 위험요소를 식별하고, 그 위험 요소를 해결하는 대안을 마련하여 분석하고, 최적안을 마련하여 그 단계를 마무리하는 방법으로 개발을 진행하는 모델
- 이미 개발된 Prototype을 지속적으로 발전시켜 최종 SW에 이르게 하는 모델

2) 나선형 모형의 특징

- **대규모 시스템 및 위험부담이 큰 시스템** 개발에 적합(**신기술 PJT, 신규도메인 PJT**)
- Critical Success Features(성패를 좌우할 핵심 기능)를 먼저 개발
- 위험 명세화 및 위험 최소화에 최우선: 성과를 보면서 조금씩 투자, 위험부담 최소화
- 나선형 모델에서 소프트웨어는 점증적인 릴리즈의 단계로 개발됨
- 개발자의 위험요소 식별 및 해결능력 중요

3) 나선형 모형의 개발 절차

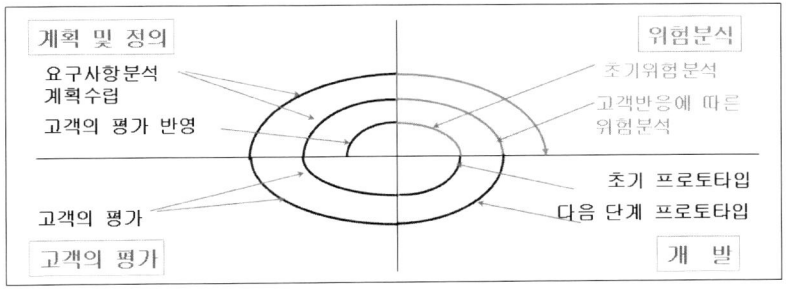

단계	내 용
계획 및 정의	−시스템의 기능 및 성능 등 시스템 목표 설정 및 제약조건 파악 −평가과정을 통하여 프로젝트 위험의 원인을 규명하는데 효과적
위험분석	−초기 요구사항에 근거하여 위험을 규명 −위험식별 및 분석활동을 통해 위험 최소화, 의사결정(Go or No)
개발	−시스템 개발 모형 선택하여 프로토타입 또는 완제품을 만드는 단계
고객의 평가	−고객에 의한 시스템 평가 및 향후 목표 계획 −구현결과: 시뮬레이션 모델, 시제품, 실제 시스템 등

4) 나선형 모형의 장/단점

장 점	단 점
−**정확한 사용자 요구사항 파악** −**위험 최소화 가능** −대규모 시스템에 적합 −프로젝트 개발에 완전성 부여 −**단계적 평가 및 분석통한 문서화 충실** -〉품질향상 및 유지보수성 향상	−**프로젝트 개발에 많은 시간 소요** −**프로젝트 관리에 어려움(복잡함)** −프로젝트 개발중 원래 내용 왜곡 우려 −다수 고객상대의 상용제품 개발에는 부적합

∷ **도우미 임기술사**

[설명]

나선형 모델은 **순차적인 폭포수 모델과 프로토타입 그리고 반복적/점증형 모델을 결합한 모델**이다. 나선형 모델은 소프트웨어를 독립적인 서브 시스템으로 분류하고 각각 위험분석을 수행한다.

또한 **위험으로 식별된 것은 프로토타입 기법을 사용해서 검증을 수행**한다.

독립된 서브 시스템은 순차적 즉, 폭포수 모델을 활용하여 소프트웨어를 개발하고 각각 개발된 소프트웨어는 통합을 수행하여 반복적/점증형의 특성을 가진다. 이러한 모델은 규모 큰 프로젝트에서 많이 활용되는 모델이다. 특히 각 단계별로 위험분석을 수행하여 위험을 대응하려 하고 있다.

[용어설명]

* 위험분석: 위험분석 활동은 **위험요소를 식별하고 식별된 위험에 대해서 우선순위를 부여**하는 정성적 위험분석 활동과 각 위험에 대해서 발생 **가능성과 영향도를 분석**하는 정량적 위험분석으로 나누어진다.

* 위험관리를 위해서 **초기에 위험계획서를 작성**하고 프로젝트 진행의 전 과정에서 지속적으로 위험을 관리한다.

- 폭포수, 프로토타입, 반복형/점증형, 위험분석, 단계별 평가를 통한 문서 충실화
- 대규모 프로젝트, 신규 업무, 프로젝트 관리 어려움

[예상문제]

가. 2교시형

1) 나선형 모델을 활용하여 프로젝트를 수행하는 경우 매 단계별로 위험분석을 수행한다. 이러한 위험분석에서 프로젝트 관리자로써 어떠한 활동을 수행해야 하는지 실무적 관점에서 서술하시오.

문제〉	소프트웨어 생명주기 모델에서 폭포수, 나선형, RAD 모델에 대해서 설명하고 차이점을 비교하시오.
카테고리	소프트웨어 공학〉SDLC 모형	난이도	하

 문제풀이

답>

1. 고전적인 소프트웨어 생명주기 모델 폭포수 모델

가. 폭포수 모델(Waterfall Model) 특징
- 정해진 단계를 강조하는 선형 순차적 모델, 분석, 설계, 구현, 시험 및 유지보수 과정으로 접근
- 표준화되어 있는 양식과 문서 중심의 프로세스 및 프로젝트 관리 강조
- 각 단계별 검증 후 다음 단계로 진행, 하향식 접근 및 체계적인 접근

나. 폭포수 모델 접근방법

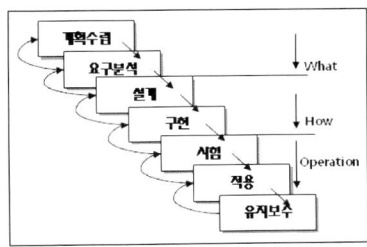

(1) 계획수립: 시스템 분석 및 상위수준 요구분석
(2) 요구분석: 도메인이해과정(기능적/비기능요구)
(3) 설계: 요구사항의 HW, SW표현으로 변환되는 과정
(4) 구현: 프로그램 코딩, UI 구현, DB 구축
(5) 시험: 기능적/비기능적 요구사항의 구현여부 확인
(6) 적용: 구현된 시스템의 운영환경 설치 및 운영
(7) 유지보수: 변경에 대한 요구를 수용해서 반영

2. 진화적 프로토타이핑 모델 나선형 모델

가. 나선형 모델(Spiral Model) 개요
- 개발될 주요기능을 사전에 위험분석을 통하여 반복적으로 수행
- 최종 소프트웨어 개발까지 점진적으로 구현하는 방법
- 선형 순차모델의 제어와 프로토타이핑의 반복적 특성을 체계적으로 결합
- 이미 개발된 Prototype을 지속적으로 발전시켜 최종 소프트웨어에 이르게 하는 모델

나. 나선형 모델의 주요특징
- 대규모 시스템과 위험이 높은 프로젝트에 적합(예: 신기술 및 신규 도메인 프로젝트)
- 위험 명세화 및 위험 최소화를 최우선화 하여 위험을 감소시킴

다. 나선형 모델 접근전략

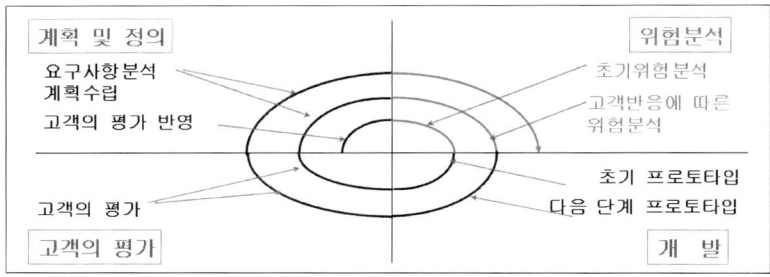

3. 컴포넌트 기반의 빠른 방법 RAD 모델

가. RAD(Rapid Application Development) 개요
- 짧은 개발주기 동안 소프트웨어를 개발하기 위한 선형 순차형 프로세스 모델
- Case 도구, 재사용 Library와 같은 도구 활용, 컴포넌트 기반을 통한 빠른 개발
- 사용자 참여 및 프로토타입 사용, 60~90일 정도 짧은 기간
- 위험의 적고 빠른 개발이 요구될 때 적합

나. RAD 모델 접근전략

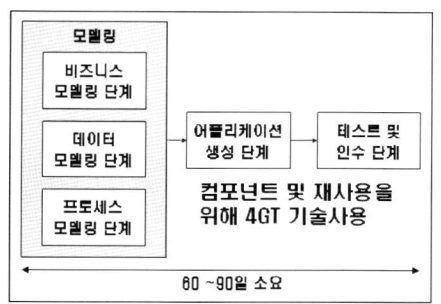

(1) 분석(JRP): Joint Requirement Planning, 비즈니스/데이터/프로세스 모델링, 사용자와 함께 업무모델 작성 및 검토 반복
(2) 설계(JAD): Joint Application Design, 사용자 참여 공동 설계, 프로토타입 개발, 수정/보완 반복을 통한 시스템 설계, CASE 활용 필수
(3) 구축 및 운영: CASE, RDB, 4GL 관련 기술사용

4. 폭포수, 나선형, RAD 모델의 차이점 분석

가. SDLC(Software Development Life Cycle) 모델 간의 관계성

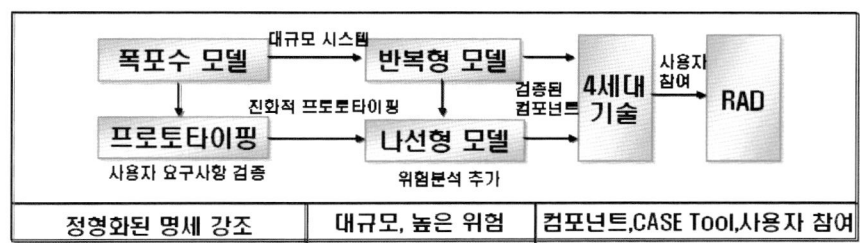

나. SDLC 모델 간의 차이점

비교항목	폭포수	나선형	RAD
위험	낮은 위험	높은 위험	낮은 위험
SW 규모	소~중 규모	대규모	소규모
접근	순차형	순차 및 반복형	반복형
주요특징	명세화 강조	위험분석	사용자 참여
활용	경험이 있는 소프트웨어	업무 및 기술 복잡도가 높은 소프트웨어	4GL, 컴포넌트(COTS)가 활용 가능한 소프트웨어

본 문제는 기본적인 SDLC 모형의 종류별 특징을 이해하고 각 모형 간의 관계를 정립할 수 있는지에 대한 문제이다. 즉, 어떤 한 모형도 완벽한 모형은 없다. 그러므로 각 모형 간의 장점과 단점의 제시를 할 수 있는지를 확인하는 문제이다.

- RAD 모형은 개발팀에 사용자가 참여하여 같이 소프트웨어를 개발하는 모형이다. 즉, 분석과 설계 단계에서 사용자가 개발팀과 같이 수행한다. 또한 재사용 컴포넌트 및 CASE TOOL을 활용해서 소프트웨어를 빠르고 개발할 수 있는 모형이다.

  하지만 RAD는 기간이 길거나, 복잡도가 높은 프로젝트에는 유용하지 않고 짧은 기간 내에 간단한소프트웨어 개발에 유용하다.

예상문제

가. 1교시형
  1) RAD
  2) 클린룸 모형

나. 2교시형
  1) 대규모 시스템을 구축하는 프로젝트를 수행하고 있다. 본 프로젝트는 여러 내부 시스템과 외부 시스템 간의 인터페이스를 가지고 있어서 인터페이스의 복잡도가 높다. 또한 본 프로젝트는 여러 개의 단위 시스템이 존재하고 프로젝트 완료 시점에서 단위 시스템 간의 연계가 필요하다. 이러한 프로젝트에서 사용할 수 있는 SDLC 모형을 제시하시오.

6. 반복적 개발 모형

1) 반복적 개발(Iteration) 모형의 개념
- 사용자의 요구사항 일부분 혹은 제품의 **일부분을 반복적으로 개발하여 최종 시스템으로 완성하는 모델**(폭포수+프로토타입 모형, 각각의 Iteration은 Mini Waterfall 개념)
- 유형: Incremental(증분 개발 모델), Evolutional(진화적 개발 모델)

2) 증분 개발 모델(Incremental Development Model)
가. 증분 개발 모델의 개념
- 폭포수 모델의 변형이며 소프트웨어의 구조적 관점에서 **하향식 계층구조의 수준별 증분을 개발하여 이들을 통합하는 방식**

나. 증분 개발 모델의 특징
- 폭포수모델의 변형: 프로토타입 모형의 반복개념을 선형순차 모델 요소들에 결합
- 프로토타입과 같이 반복적이나 각 점증이 갖는 제품인도에 초점(요구사항 명확 시 사용)
- **규모가 큰 개발 조직일 경우 자원을 각 증분 개발에 충분히 할당할 수 있어, 각 증분의 병행 개발을 통해 개발 기간을 단축 시킬 수 있음**
- 과도한 증분 및 병행 개발일 경우 위험, 증분 개발 활동간의 조율에 많은 노력 필요

다. 증분 개발 모델의 개발 절차

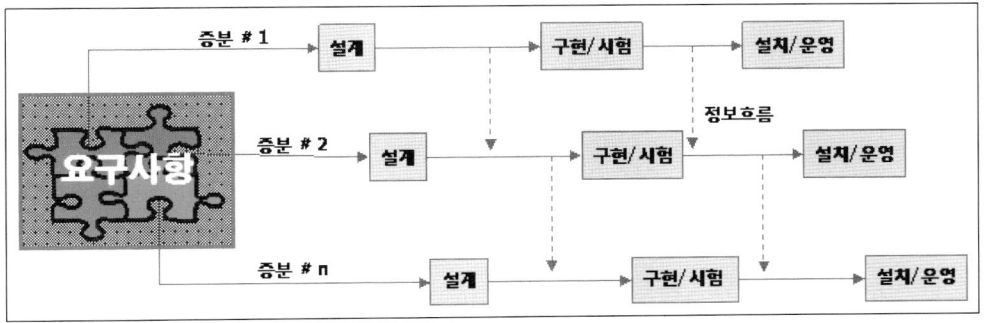

* 첫 번째 점증은 위험이 높고, 검증도 안 되고 경험이 없는 기술 아키텍처 전체를 대상으로 하도록 하며, 기술진이 마감일까지 제품을 완전하게 구현할 수 없을 때 유용함

3) 진화적 개발 모델(Evolutionary Development Model)
가. 진화적 개발 모델의 개념
 - 시스템이 가지는 여러 구성요소의 **핵심 부분을 개발한 후, 각 구성요소를 개선 발전시켜 나가는 방법으로서 반복적 개발 모델**의 한 형태

나. 진화적 개발 모델의 특징
 - **다음 단계로의 진화를 위해 전체 진화 과정에 대한 개요(Outline)가 필요**
 - 시스템의 **요구 사항을 사전에 정의하기 어려운 경우**
 - 프로토타입을 만들고, 이를 다시 분석함으로써 요구 사항을 진화시키는 방법
 - 요구사항 변경관리가 용이하며, 대부분의 객체지향 방법론이 이 프로세스를 적용함

다. 진화적 개발 모델의 개발 절차

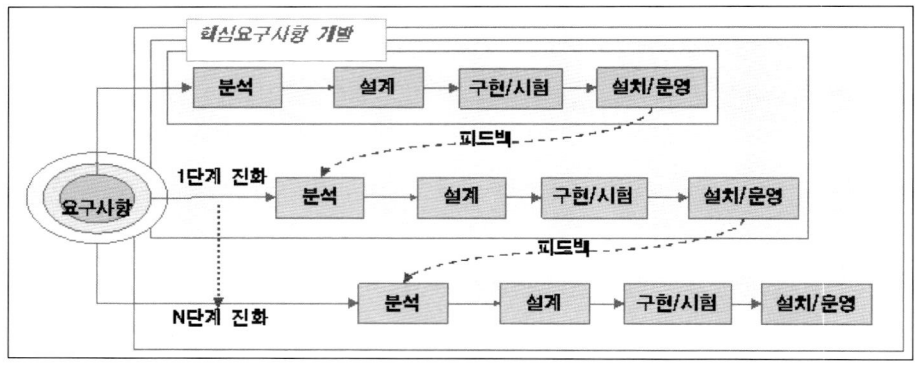

:: **도우미 임기술사**

[설명]
 증분형 모델은 **분석, 설계, 구현을 반복**한다. 이러한 반복을 통해서 품질향상을 도모한다.
 즉, 초기에는 핵심이 되고, 위험이 높은 소프트웨어를 분석하고 다음 반복에서 나머지 분석을 수행하는 것이다.
 증분형 모델은 프로젝트 초기에 **반복계획서를 작성하여 반복횟수, 반복 시마다 작업을 정의를 수행**한다. 이러한 반복은 결과적으로 **개발팀의 능력을 향상시켜 소프트웨어의 품질을 향상**한다.

진화적 모델을 소프트웨어 개발할 때 **버전을 추가하는 방식으로 소프트웨어를 개발**한다.

즉, 초기 릴리즈를 만들고 다음 릴리즈와 결합을 통하여 소프트웨어를 결합한다.

사용자 요구사항을 수렴 후에 독립적인 소프트웨어로 분류하고 개발한다. 이렇게 개발된 소프트웨어를 통합하여 전체 소프트웨어 개발을 완성한다.

위의 증분 모델과 진화적 모델을 반복형/점증형 모델이라고 한다.

[키워드]
－증분형, 진화적 의미 이해, 반복계획서

[기출문제]
가. 2교시
　1) 폭포수 모델과 반복형 모델을 비교하시오.
　2) 반복계획서의 내용을 설명하시오.

[예상문제]
가. 2교시형
　1) 사용자 요구사항은 프로젝트 수행 중에 계속적으로 발생한다.
　　이러한 사용자 요구사항에 대응하기 위해서 소프트웨어 개발 모델을 반복형 모델을 사용하여 대응하기로 했다. 이러한 경우 반복형 모델의 주요 장점은 무엇인가?

문제〉	반복점증적(iterative & incremental) 개발방법 적용 시 각 회차마다 작성되는 반복계획서와 평가서에 포함될 내용을 목차 형식으로 기술하시오		
카테고리	SW공학〉개발 방법론	난이도	중

문제풀이

답〉

1. SW개발 시 위험을 조기 가시화 시키는 반복 점증적 개발의 개요

가. 반복 점증적 개발의 개념(Iterative and Incremental)의 정의

- 요구사항을 여러 개의 독립적인 미니 프로젝트로 분해하여 (1)SDLC **주기**를 반복적으로 수행하면서, 요구사항을 (2)**점증적으로 구체화** 시켜나가는 개발 방법론

나. 반복 점증 개발의 장점

- SW개발의 가시성 확보로 프로젝트 관리의 용이성, 위험 사전식별 및 사전 예방
- 고객요구사항 파악 용이, 변경관리 용이, 품질 향상(시뮬레이션 학습 효과)
- 요구사항 변동이 많은 업무, 객체지향 기반 개발에 효과적

2. 반복 계획서와 반복 평가서 포함내용

가. 반복계획서의 목차 및 내용

> 1. 반복평가서 개요
>   - 전체 일정에서 어느 단계이며, 몇 회차인지 명시
>   - 해당 반복의 목적과 범위를 기술
> 2. 반복계획 일정
>   - 해당 반복의 주요 일정 기술
>   - 세부 활동별 주요 산출물 명시
> 3. 업무 범위
>   - 해당 반복에서 수행 해야 할 업무를 기술
>   i) 유즈케이스를 도출해야 할 업무 범위를 기술
>   ii) 분석, 설계 단계에서 실체화(Realization)할 대상 유즈케이스를 기술
>   iii) 구현해야 될 아키텍처 수준을 명시
> 4. 투입 자원(Resource)
>   - 각 액티비티별(유즈케이스별) 투입 인력을 명세
>   - 소요되는 비용, 및 기타 자원을 명시
> 5. 평가기준(Evaluation Criteria)
>   - 반복 수행 사후에 반복의 목적이 잘 수행이 되었는지 판단 기준을 사전에 제시

1. 반복평가서 개요

-본 반복은 쇼핑몰구축 프로젝트의 Elaboration단계에서 제1회 차 반복이다(E1)

-본 반복의 목적은 주요 핵심 유즈케이스의 분석단계 실체화를 통한 아키텍처 검증에 있다

2. 반복계획 일정과 범위 투입자원

2.1 당 반복 대상 유즈케이스 별 일정과 담당자는 아래와 같다

	Package	Sub Package	Use-Case 명	시작일	종료일	담당자
1	상품 관리	제품등록	상품등록 유즈케이스	10/11	10/31	홍길동
2			상품정보수정 유즈케이스	10/12	10/23	김길동
3		재고관리	재고조회 유즈케이스	10/13	10/23	김철수
4	고객 관리	고객정보관리	회원정보 변경 유즈케이스	10/14	10/24	김길동
5		통계	고객접속통계 유즈케이스	10/15	10/25	김철수

2.2 아키텍처 검증절차는 별첨문서에 기재된 일정대로 수행한다.

3. 작업 산출물

-각 유즈케이스 별로 클래스 다이어그램, 시퀀스다이어그램

-아키텍처 평가 결과서

3. 평가기준

-당 프로젝트에 제시된 아키텍처가 기능, 비기능 요구사항을 모두 충족하는가?

-대상 유즈케이스 별로 유즈케이스 명세의 내용이 구조적, 동적으로 잘 가시화 되는가?

-산출된 클래스다이어그램과 시퀀스다이어그램간 정합성과 일관성이 유지되는가?

나. 반복평가서의 목차 및 내용

1. 반복평가서 개요
– 대상 반복계획서 의 목적, 주요 사항을
2. 일정 및 산출물 확인
– 대상 반복계획서에 기재된 일정 준수 여부 및 산출물 버전, 리뷰 결과 명세
3. 대상 유즈케이스
– 해당 반복의 대상 유즈케이스별 완료/미완료 여부를 도표 등으로 표현
4. 평가기준 대비 결과 리뷰
– 반복 계획서에 기술된 반복의 평가 기준에 대한 결과를 기술
5. 특이사항
– 반복수행 중 발생한 리스크 요구사항 변경, 및 기타 사항에 대한 내역과 조치 결과 기술
6. 결과 피드백 사항
– 해당 반복을 수행했을 때 미흡한 점을 다음 반복에서 보완할 수 있는 대책, 잘한 점은 계속 유지할 수 있는 방안 제시

3. 반복 점증 개발 시 주요 고려사항

가. 반드시 과정 중 **(3)마일스톤**이 하나의 단계로 명확히 수행되어야 하며, 전 공정 반복의 결과 후 공정의 입력으로 들어가야 함(Milestone: 개발수준을 평가 할 수 있는 중간 목표 점검 행위)

나. 개별 반복을 완벽히 수행하기보다는 전체 공정을 고려하여 점진적으로 반복일정 진행 필수(개별 반복에서 프로젝트 전체일정의 지연 요인 발생 사전 방지)

풀 이

- 시스템이 가지는 여러 구성요소의 핵심 부분을 개발한 후 각 구성요소를 개선 발전시켜 나가는 방법
- 폭포수 모델 + 프로토타이핑 모델 + 나선형 모델들의 결합된 개념을 포괄
- 사전에 개발 프로세스 중에서 반복해야 할 부분, 반복횟수, 반복 완료 시 산출되는 Baseline을 사전에 정의함
- 후반부로 갈수록 작업량과 성과가 늘어남
- 폭포수 모델과 다르게 개발과정의 유연성에 따라 후속 단계에서도 언제든지 선행 단계로 되돌아 갈 수 있음
- 객체지향 방법론이 채용되면서 부각되고 있는 상황임
- 여러 개발 팀들이 전체 시스템을 나누어 개발하고자 할 때 유용함
- 도중에 변경사항에 대처하기 쉽고, 아는 부분이나 중요한 부분부터 시작하므로 중간에 전체일정 을 조정하는 것도 가능함
- 진화적 모델의 특징으로는
  1) 1단계 진화에서 시스템의 각 구성항목의 핵심부분을 포함하는 최소의 시스템 개발
  2) 2단계 진화부터는 이 시스템을 개선
  3) 다음 단계로의 진화를 위해 전체 진화 과정에 대한 개요(Outline)가 필요

주요 용어설명

(1) SDLC 주기: 소프트웨어를 개발하기 위한 정의 과정, 개발 과정, 유지보수 과정, 폐기 과정까지를 하나의 연속된 주기로 보고, 효과적으로 수행하기 위한 방법론을 모델화, 소프트웨어 공학을 실제 구현하기 위해 사용되는 프레임워크로서 소프트웨어 개발 생명주기 모델이라고도 함

(2) 점증적으로 구체화: 요구사항과 분석, 설계과정을 초기 단계에 1회로 끝내는 것이 아닌 반복적

인 회차를 통해서 정제하는 과정

(3) 마일스톤: **(4)간트차트**의 막대 그림 위에 공사의 개시, 종료 및 공사중의 중요한 계획기간을 Milestone(이정표)으로 표시하고, 이것을 주요 관리점으로 하는 방법, 간트차트를 보다 세분하여 이들 중에서 중점관리를 필요로 하는 단위 작업을 설정, 집중관리를 실시함으로써 여러 가지 작업 가운데 중점관리 대상작업의 목표 달성 여부에 비중을 두는 기법으로, 단위 작업 상호간의 선후 의존관계가 고려된 방법

(4) 간트차트: 간트차트는 종축에 공사종목별로 각 공사명을 작업순서에 따라 배열하고, 횡축에 날짜를 표기한 다음 공사명별 공사의 시작과 끝을 횡선의 길이로서 소요시간에 대응시켜 단순하게 작도한 그래프, 그러나 작업상호 간의 의존관계를 나타내지 못하는 단점이 있기 때문에 CPM 기법에서 처럼 어느 작업이 한계상태(Critical path)에 있고 어느 것이 여유가 있는지를 알아낼 수 없는 단점이 존재함

가. 1교시형

1) RAD(Rapid Application Development)

2) RUP(Rational Unified Process)

나. 2교시형

1) SDLC 생명주기 선정 시 고려사항을 기술하고 임베디드 SW 개발 시 필요한 SDLC에 대해서 논하시오.

2) RUP의 특징 및 절차별 산출물을 설명하고 RUP의 많은 산출물에 대해 효과적인 Tailoring을 통하여 프로젝트에 수행할 수 있는 방안에 대해서 설명하시오(Open Up).

3) u-City를 구축함에 있어서 다양한 컨버전스화 된 구축 방법론이 필요하며 통합플랫폼, 개발방법론적인 구축방법의 구체화로 복잡하고도 다양한 프로세스에 대한 절차를 명시하고 방안을 제시하는 것이 프로젝트의 실패를 줄이는 방법이다. u-City 구축 방법론에 대해서 설명하시오.

7. 개발 방법론 개요

1) SW 개발방법론 개념

가. 개발방법론 정의
- 소프트웨어 공학 원리를 소프트웨어 개발 생명주기에 적용한 개념
- 정보시스템을 개발하기 위한 **작업활동, 절차, 산출물, 기법 등의 체계**
- Methodology: Method + Knowledge(Know How + Heuristics)

나. 개발방법론 필요성
- 개발경험 축적 및 재활용을 통한 개발생산성 향상(**작업의 표준화/모듈화**)
- **효과적인 프로젝트 관리**(수행공정의 가시화 포함)
- **정형화된 절차와 표준용어의 제공으로 의사소통 수단** 제공

다. 개발방법론 진화 과정

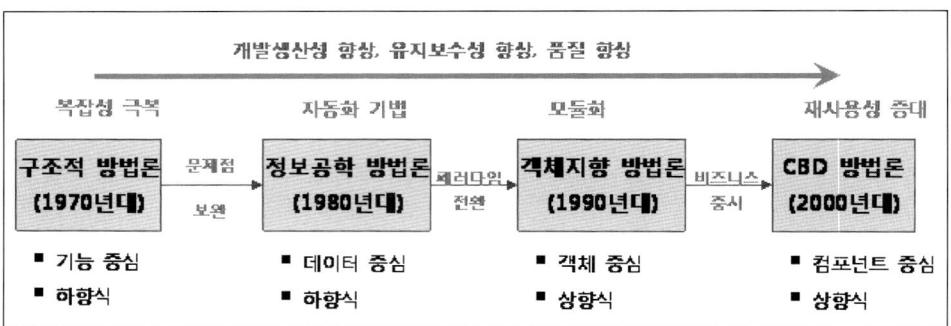

2) SW 개발방법론 구성요소

구성요소	내 용	비 고
작업절차	- 프로젝트 수행 시 이루어지는 작업단계의 체계 - 단계별 활동, 활동별 세부작업 및 활동순서 명시	단계-활동-작업
작업방법	- 각 단계별 수행해야 하는 일 - 절차/작업방법(누가/언제/무엇을 작업하는지)	작업방법
산출물	- 각 단계별로 개발해야 하는 산출물 목록 및 양식	설계서 등
관리	- 프로젝트의 진행 기록 - 계획수립, 진행관리, 품질, 외주, 예산, 인력관리 등 기록	계획서, 실적, 품질보증 등
기법	- 각 단계별로 작업수행 시 기술 및 기법의 설명	구조적, 객체지향, ERD, DFD 등
도구	- 기법에서 제시된 기법별 지원도구에 대한 구체적인 사용표준 및 방법	CASE 등

3) SW 개발방법론의 대표적 종류

종류	개념	특징
구조적 방법론	정형화된 분석 절차에 따라 사용자 요구사항을 파악, 문서화하는 체계적 분석이론	− 프로그램 로직 중심 (프로세스 중심) − 도형중심의 분석용 도구 이용: **자료흐름도 (Data Flow), 자료사전 (Data Dictionary), 소단위명세서 (Mini-Spec)**
정보공학 방법론	기업 정보시스템에 공학적 기법을 적용하여 시스템의 계획, 분석, 설계, 구축 과정을 수행하는 **데이터 중심의 방법론**	− 기업 정보시스템 중심 − **ISP가 필수, 데이터 중심** − CASE도구 등 공학적 접근, 사용자 참여 − **데이터와 프로세스의 상관분석**
객체지향 개발방법론	분석과 설계 및 개발에 있어서 객체지향기법을 활용하여 시스템을 구축하고자 하는 방법론	− 업무영역을 상호작용하는 객체들의 집단으로 이해하고 시스템구축 − **자료와 기능을 캡슐화, 객체간 상호작용은 메시지를 통해서 이루어짐** − 안정된 모델, 중요한 측면만 모델링하므로 분석의 초점이 명확
CBD방법론	**재사용이 가능한 컴포넌트의 개발 또는 상용 컴포넌트들을 조합하여 애플리케이션 개발 생산성과 품질을 높이고, 유지보수 비용을 최소화**할 수 있는 개발 방법론	− 컴포넌트기반 개발 − **반복점진적 개발프로세스 제공** − 표준화된 산출물 작성, 컴포넌트 제작기법 통한 재사용성 향상

4) SW 개발방법론 종류별 장/단점 비교

	구조적 기법	정보공학 기법	객체지향 기법	CBD 기법
시기	1970년대	1980년대	1990년대	2000년대
특징	− **분할과 정복 원칙 (Divide & Conquer)** − **통제 가능한 모듈로 구조화→재사용 및 유지보수성 제고**	− **기업 업무지원 시스템 지원 방법론** − 프로그램 로직은 데이터구조에 종속(CRUD) − **전사적 통합 데이터모델**	− **데이터+로직 통합** (객체, 고도의 모듈화) − 상속에 의한 재사용 (White Box Reuse) − 분석설계간 Gap 없음	− 객체방법론진화모델 − **Interface 중시 (구현에 제약 없음)** − 인터페이스 구현 − **Black Box Reuse 지향**
중점	**기능중심**	**자료구조 중심**	**객체중심**	**컴포넌트 중심**
장점	Batch 방식 개발 유용	자료중심으로 비교적 안정적	− 자연스럽고 유연함 − 재사용성 향상	− 생산성품질비용, 위험개선 − SW 위기 극복 가능
단점	− 기능은 불안정한 요소 − 데이터정보 은닉 불가 − 유지보수, 재사용성 낮음	− 애플리케이션은 여전히 기능적 설계 − 기능의 유지보수 및 재사용성 낮음	− 전문가 부족 − 기본적 SW기술 필요	− 컴포넌트유통, 평가, 인증 환경 개선 필요 − 테스트 환경의 부족

5) 소프트웨어 개발 방법론 적용 시의 문제점 및 방법론 선택기준

가. 개발 방법론 적용 시의 문제점

- 프로젝트 특성을 무시한 특정 방법론 강요
- 형식적인 적용에 그쳐 무용지물인 문서만 양산

- 소규모 프로젝트에 방대한 규모의 방법론 적용

나. 개발 방법론 적용 시의 문제점 개선 대책
- 기업차원의 품질관리 인식 제고 및 교육과 효과적 활용 도모
- 융통성 있게 개발 방법론 적용
- **프로세스의 성숙도를 평가하는 CMM, SPICE와 연계**

다. 효과적인 소프트웨어 개발을 위한 방법론 선택 기준
- 프로젝트 환경 고려(응용분야, 시스템 규모, 복잡도 등)
- 수작업을 최소화하고 자동화되어 있을수록 좋음
- 성공을 위한 가이드라인, 함정에 대한 경고 및 실제 활동에서 잊기 쉬운 점들을 체크
- 개발자들에게 공감하에 적절히 이용할 수 있어야 함

6) 국내 소프트웨어 개발 방법론의 현주소와 발전방향
가. 개발방법론의 현주소
- 국내 SW 개발 환경 및 실정을 반영한 방법론 부재(대부분 외국 방법론)
- 방법론 적용 결과 데이터관리 미흡으로 프로젝트적용 시 effort estimation이 어려움
- 문서/절차 위주의 방식으로서 대량 문서 생성 등 비효율성 존재
- 변화하는 기술 및 개발환경 등에 적절한 방법론의 대처가 어려움

나. 개발방법론의 발전 방향
- Application Lifecycle 전체를 지원하는 도구(ALM) 활용으로 방법론 적용의 효율화 추구
- CBD 방법론 등에 의한 소프트웨어 재사용 증대로 비용 감소, 생산성과 품질 향상 전망
- 다양한 기술 환경에 적용할 수 있는 방법론의 다각화
- Agile Process(eXtreme Programming 등)의 등장으로 유연한 개발 방식 적용 증대

[설명]

소프트웨어 개발 방법론은 **소프트웨어 개발 공정을 각 단계별로 분류하고 각 단계별 활동/기법, 산출물, 작업자를 정의**하여 소프트웨어 개발에 있어서 비용을 낮추고 생산성과 품질을 향상시키려는 방법이다. 즉, 개발 방법론이라는 것은 소프트웨어 개발에 있어서 누가 해도 동일한 산출물 만들며 품질을 만족시키고 비용과 일정을 단축 시킬 수 있는 구체적인 방법을 제시한다.

이러한 개발 방법론은 초기 **구조적 방법론, 정보공학 방법론, 객체지향/CBD, XP로 진화**하고 현재 는 비즈니스 관점의 Product Line, Service Oriented Architecture(SOA)로 진화한다.

구조적 방법론은 사용자 요구사항을 기능단위로 분해해서 구조적 분석기법, 구조적 프로그래밍 언어로 소프트웨어를 개발한다. 즉, DFD를 통해서 자료흐름을 분석하고 그것을 순차, 반복, 선택의 **특성으로 명세화를 수행하는 소단위 명세서(Mini-Spec)를 작성**한다.

정보공학 방법론은 기업의 비즈니스 프로세스 관점으로 기업의 전략을 수행하는 비즈니스 프로세스를 식별하고 해당 비즈니스 프로세스에서 관리하는 데이터를 정의하는 ER(Entity Relationship) 모델을 작성한다. 그러므로 정보공학은 ISP를 수행한다. ISP는 기업의 전략을 식별하고 전략을 지원하기 위한 비즈니스 프로세스를 정의하며 비즈니스 프로세스에서 필요한 정보시스템을 정의한다.

이렇게 정의된 정보시스템을 프로세스 관점에서 세분화를 수행하여 시스템을 구축한다.

이러한 **정보공학은 IDEF0라는 비즈니스 프로세스 모델링 기법을 통하여 작업**을 수행한다.

객체지향은 소프트웨어를 개발할 때 클래스라는 자료구조를 활용하여 소프트웨어를 기능과 데이터가 결합된 캡슐화를 통해서 소프트웨어를 개발한다. 이러한 객체지향은 클래스 간의 상속을 활용하여 재사용을 지원하고 CBD는 실행 가능한 프로그램인 컴포넌트를 인터페이스를 통하여 개발한다.

CBD가 인터페이스를 중시하는 이유는(소프트웨어 개발방법론 장단점 비교표) 컴포넌트는 구현되는 부분과 호출하는 인터페이스를 부분을 분리하여 인터페이스를 활용해서 소프트웨어를 결합하고 기술 독립성을 보장할 수 있기 때문이다.

[용어설명]
- XP: 경량화된 방법론으로 소프트웨어 빠르게 개발하기 위해서 기존 방법론의 절차 및 산출물을 최소화하여 소프트웨어를 개발하는 방법론이다.

[키워드]
－구조적, 정보공학, 객체지향 방법론 비교표

[기출문제]

가. 2 교시

  1) 구조적 방법론의 주요 산출물을 쓰시오

  2) ISP 7S분석, 5 Force 분석, ISP와 EA 비교(경영과목 문제임)

[예상문제]

가. 1교시형

  1) 화이트 박스 재사용과 블랙박스 재사용

나. 2교시형

  1) 구조적 방법론과 정보공학, 객체지향 방법론을 비교하시오.

  2) 재사용 관점에서 객체지향, CBD, Product Line을 설명하시오.

문제〉	구조적 방법론은 소프트웨어 기능단위로 분해하는 작업을 수행한다. 이러한 작업에서 구조적 방법론은 DFD, DD, Mini-Spec 산출물을 작성하는데 이러한 산출물에 대해서 설명하고 이러한 산출물을 활용한 요구사항 명세서의 구성을 제시하시오.
카테고리	소프트웨어 공학>방법론>구조적 방법론　　　　　　난이도　　　중

답>

1. 기능관점의 소프트웨어 개발방법 구조적 방법론

가. 구조적 방법론(Structured Analysis) 정의

  －모듈화 활성화를 시작으로 (1)기능적인 분할을 시도하여 업무활동 중심의 접근 방법론

    ((2)Top-Down 접근)

나. 구조적 방법론이 가지는 주요특징

- 기능관점: 기능이 시스템 분석, 설계, 구현의 근간
- 기능 종속성: 데이터 구조는 기능구현을 위한 부수적 요소로 파악
- Goto 분기 배제: 3개의 논리적 구조인 순차, 선택, 반복으로 프로그램 흐름의 복잡성 감소

다. 구조적 방법론 기본원리 및 구성요소

- 구조적 방법론 기본원리: 추상화, 정보은닉, 구조화, 단계적 상세화, 모듈화 수행
- 구조적 방법론 구성요소

구성요소(단계)	내 용
구조적 분석	Context Diagram, DFD, DD, Mini-spec
구조적 설계	구조도, 프로그램 명세서, UI 정의서
구조적 언어	COBOL, FORTRAN 77, PL/1, Pascal 등 절차형 언어
구조적 프로그래밍	Dijkstra, 계층적 형식, 제한된 제어구조, 순차적 실행

2. 구조적 방법론 DFD와 DD 산출물

가. DFD(Data Flow Diagram): 프로세스는 자료를 받아 변형하여 다른 프로세스로 넘기거나 자료 저장소에 담아 두는 것으로 그래프의 정점을 활용하여 표현

1) DFD 표현방법

표기법	내 용
	- 프로세스: 프로세스는 대부분 원 혹은 둥근 사각형 표현 - 프로세스 이름은 내부에 표현
→	- 자료흐름: 두 프로세스 사이의 자료 경로를 화살표로 표현 - 화살표 위에 자료이름을 씀
	- 파일 혹은 저장소: 한쪽이 열려진 사각형으로 표현 - 파일의 이름을 안에 표시
	- 자료출처와 도착지: 직사각형 안에 이름 기입함(외부 엔티티)

2) 추상화와 단계적 상세화를 통한 DFD 작성 예제

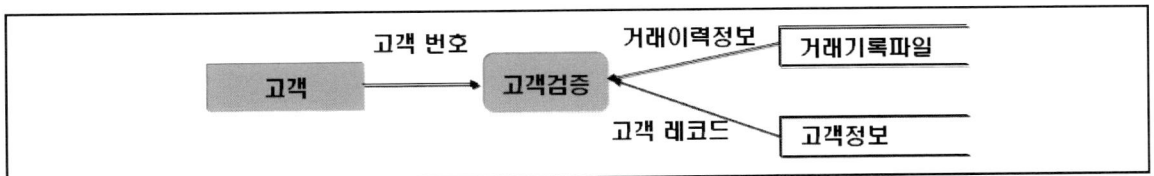

나. 자료사전(Data Dictionary): 자료 흐름도의 자료 항목에 대한 정의를 모아둔 것

1) 자료사전 기본 표현 방식

자료요소 이름	=	수식

2) 자료사전 수식 종류

종류	내 용
+	자료요소가 다른 요소와 연결 의미
|	선택 즉, OR 의미
' '	문자형 상수
[]	하나 혹은 그 이상 선택형
{}	요소의 반복

3) 자료사전 예제

전화번호 = [지역번호] + 국번 +'-'가입자번호
계좌 = {개인계좌 | 법인계좌 }
지점번호 ='0001'+ 일련번호

3. 구조적 방법론 소단위 명세서(Mini-Spec)과 요구사항 명세서

가. 소단위 명세서: 자료 흐름의 최하위 프로세스가 어떤 기능을 하는지 명세화 수행

(프로세스 명세서 혹은 소단위 명세서라고 부름)

1) 소단위 명세서 작성 방법

- 의사결정표(Decision Table): 자료 흐름도의 프로세스가 여러 가지 다른 조건에 대하여 각각 다른 처리를 할 경우 사용

- 구조적 영어(Structured English): 연산 및 제어를 표현하는 단어로 제한, 선택(IF), 반복(WHILE)를 표현

- 나씨-슈나이더만(Nassi-Shneiderman) 도표: 다이어그램 표기법을 통한 순차, 선택, 반복을 표현

2) 소 단위 명세서 예제(구조적 영어)

```
                                소 단위 명세서

    프로세스 번호: 1.0
    프로세스 이름: 고객검증
    설명: 고객 거래 내역 확인
    IF(고객등급 〉 2등급)이면
        Print 우수등급 정보 표현
    ELSE
        Print 기본 수수료 인상
    While(조건){     반복 내용 서술        }
```

나. 요구사항 명세서 구성: 자료 흐름도, 자료사전, 소 단위 명세서는 요구사항 명세서의 중요한 부
   분을 이루게 됨

4. 구조적 방법론을 통한 요구사항 분석의 수행

가. 합의되고 추적 가능 해야 함

   - 고객의 요구사항은 요구사항의 식별부터 명세의 모든 과정이 고객과 합의 되어야 하고 최초 요
     구사항부터 분석/설계/구현/테스트 단계까지 모두 추적 가능해야 한다.

나. 의사소통을 위한 가시성 확보

   - 요구사항의 명세는 고객과 의사소통을 위해서 만들어지므로 복잡성을 지양하고 단계별 추상화
     를 통한 가시성 확보

다. 완전해야 하고 모호성을 배제
- 고객의 요구사항에서 누락된 부분이 없이 완전해야 하며 업무적 모호성을 배제해야 한다.

구조적 분석기법에서 각 과정과 각 과정별 산출물 마지막으로 요구사항명세서에 무엇이 포함되고 어떻게 작성되어야 하는지를 묻고 있는 것이다.

구조적 분석기법을 정확히 파악하여 추후 객체지향과 차이점을 정확히 이해하는 것을 목표로 한다.

- 구조적 분석기법은 구조적 분석, 구조적 설계, 구조적 구현(프로그래밍)이라는 단계로 이루어져 있다. 이러한 단계 진행은 소프트웨어가 구현해야 하는 기능을 중심으로 이루어지는 접근방법이다.
- 구조적 분석 단계에서는 범위를 결정하기 위해서 사용자 요구사항을 수렴하고 최종적으로 요구사항 분석서라는 산출물을 만들어낸다.
- 이러한 요구사항분석서의 산출물은 소프트웨어 개발해야 하는 합의된 산출물이고 프로젝트 성공을 좌우하는 가장 중요한 요소이다.
- 요구사항 분석서는 전체 시스템의 구성을 나타내는 Context Diagram을 포함하고 데이터 딕셔너리, DFD, 소단위 명세서를 포함한다. 또한 프로젝트 환경적인 요소와 제약조건을 모두 명세화하여 고객에게 최종적으로 검증을 받게 된다.

(1), (2) 기능적 분할 & Top down: 구조적 분석기법은 상위 기능에서 하위 기능으로 단계적으로 세분화하는 방법을 통하여 소프트웨어 개발하는 방법이다. 이러한 상위기능과 하위기능의 분할은 기능차트라는 산출물로 나타난다. 또한 이러한 접근방법을 Top down 접근이라고 한다.

가. 1교시형

    1) 데이터 딕셔너리

나. 2교시형

    1) 구조적 분석기법과 객체지향 분석기법을 설명하시오.

    2) 구조적 분석기법의 과정과 각 산출물을 제시하고 정보공학, 객체지향과 비교하시오.

8. 객체지향 방법론

1) 객체지향 개요
가. 객체의 개념
- Software를 Data와 Process로 분리하지 않고 실세계에 존재하는 사물이나 개념.
  즉, 객체를 인간이 이해하는 방식 그대로 시스템을 구현하는데 적용하는 기술
- 기존 Software의 이중적 구조에 의한 생산성 저하 및 유지보수 난해성을 극복하고자 함

나. 객체의 특성: 상태(State)+기능(Behavior)+식별자(Identity, 다른 객체와 구별)

다. 객체의 구성요소
- 객체: 현실 세계에서 개념적으로 이해되고 표현될 수 있는 모든 대상
- 클래스: 객체를 구체적으로 정의하는 템플릿, 속성+메소드
- 메소드: 메시지에 의해 실행되어야 할 연산, 데이터변경수단
- 메시지: 객체들 간의 상호작용 수단

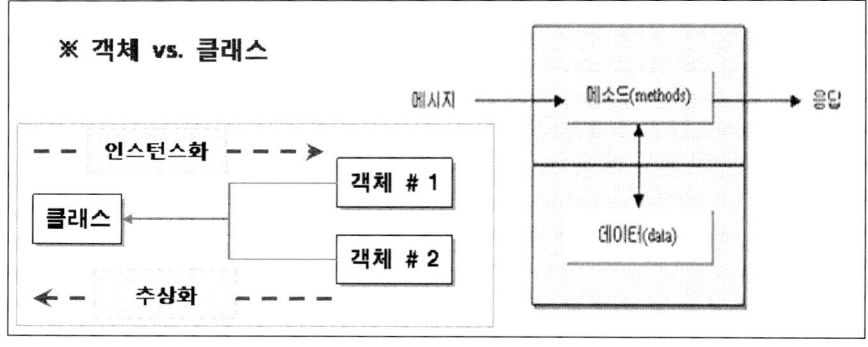

2) 객체지향의 기본 원리

구분	개념	구현방법
캡슐화 (정보은닉)	−객체의 상세한 내용을 **객체 외부에 철저히 숨기고, 단순히 메시지만으로 객체와의 상호작용**을 하게 함. −객체 내부구조와 실체 분리로 내부변경이 프로그램에 미치는 영향 최소화하여 유지보수도 용이 하게 함	−클래스 선언 시 접근지정자를 활용 −Public: 외부객체에서 접근 허용 −Private: 외부객체에서 접근 불가 −Protected: 상속한 자식 클래스만 접근허용
상속성	−**수퍼 클래스가 갖는 성질을 서브클래스에 자동으로 부여**하는 개념 −프로그램을 쉽게 확장할 수 있게 하는 강력한 수단	−구현 클래스를 체계화할 수 있으며, 기존의 클래스로부터 확장이 용이 −단일/다중 상속, 반복/제한 상속
다형성	−**동일한 인터페이스 서로 다르게 응답할 수 있는 특성** −연관 클래스를 위한 일관된 매개체를 개발하는 수단	−Overloading: 다중 정의(수평적) −Overriding: 재정의(수직적)
연관성	−is-a(일반화/특수화): 자동차 vs 승용차 −is-member-of(Association): 링크개념과 유사 −is-instance-of(Classification): 공통특성→클래스화 −is-part-of(Aggregation): 승용차 vs 부품 * Composition: 윈도우 vs 판넬 (동일수명, Cascade 옵션)	−클래스 간의 연관관계를 정의하여 일반화
추상화	−현실세계를 그대로 객체로 표현하기보다는 문제의 중요한 측면에 주목, 상세내역을 없애 나가는 과정 −**복잡함을 간단하게 해주고 분석의 초점을 명확히 함**	−종류: **자료, 기능, 제어 추상화**

:: 도우미 임기술사

[설명]

객체지향 방법론은 **실세계의 사실(Entity)과 소프트웨어 모형을 일치 시키는 모형 적합성을 특징**으로 한다. 여기서 실세계 사실이라는 것은 **기능과 데이터가 결합**된 것을 의미한다.

그래서 객체지향은 기존 구조적 및 정보공학 방법론과는 달리 기능과 데이터가 결합된 새로운 구조인 클래스(Class)라는 것을 활용하여 소프트웨어를 분석/설계한다.

또한 **객체지향은 다른 방법론과는 다르게 Bottom Up 접근을 수행**한다. 즉, 구조적 및 정보공학 방법론은 Top Down 접근방법이다. Top Down 접근 시스템에서 필요로 하는 기능을 정의하고 그것을 계속적으로 접근하는 방법이지만 Bottom Up은 필요로 하는 클래스를 정의하고 클래스들의 묶음인 컴포넌트를 정의한다. 마지막으로 컴포넌트가 올라가는 시스템을 정의하는 접근이다.

(이러한 접근은 객체지향과 CBD 모두 동일하다.)

객체지향의 특징은 두 가지 관점으로 나누어 생각 해 볼 수가 있다. 첫 번째는 기술적인 특징이다. **기술적인 특징은 객체지향을 구현하는 데 요구되는 특징으로 객체지향에서는 상속성, 캡슐화, 추상**

화, 다형성이 존재한다. 이러한 기술적 특징을 활용하여 비즈니스에 효과를 가지고 올 수 있다.

그래서 두 번째 특징은 **활용적인 특징**이다. 즉, **상속을 활용한 재사용성, 캡슐화의 특징을 활용한 모형 적합성, 재사용과 모형 적합성의 효과를 통한** Time to Market**(비즈니스 적시성)**을 가지고 올 수 있다.

[용어설명]
- Time to Market: 비즈니스가 원하는 시점에 IT가 지원할 수 있는 적시성
- **객체 인스턴스(Object Instance)**: 객체는 클래스가 실행된 상태이며 인스턴스는 그 객체가 가지는 값을 의미

[키워드]
- 객체지향 활용적 및 기술적 특징 항목과 각 특징 장점과 단점

[예상문제]
가. 1교시형
  1) 객체지향 특징에 대해서 설명하시오.

가. **캡슐화(Encapsulation)와 정보은닉**
  1) 캡슐화 정의
    - **서로 관련성이 많은 데이터들과 이와 연관된 함수들을 묶어서 처리**하는 개념
  2) 캡슐화 목적
    - 내부 데이터의 보호: 외부에서의 직접적인 데이터 접근 및 조작 미 허용
    - 모듈 독립성 향상: 데이터와 함수의 결합

  3) 캡슐화 기본원리

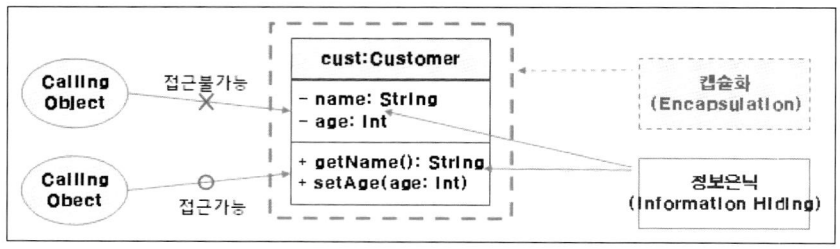

- 정보은닉은 외부객체에 내부 로직 및 구조, 데이터를 숨기는 것(메소드만 허용)
- 캡슐화는 정보은닉을 확장하여 내부 데이터 및 메소드를 묶어 처리하는 개념

4) 캡슐화 특징
- 사용자에게 세부 구현사항을 감춤: 필요한 사항만 보이게 함(접근 지정자 활용 등)
- 객체의 내부적인 것(Data)과 외부적인 것(Method)의 분리
- 문제 해결을 위한 객체는 반드시 캡슐화를 통해서만 Class 정의 및 구현
- OCP(Open-closed Principle): 클래스는 확장에 대해서는 열려 있어야 하지만, 코드 변경에 대해서는 닫혀 있어야 함

5) 캡슐화 장/단점

장 점	단 점
- **모듈 독립성**: 연관관계 최소화 - **재사용성 향상** - **정보은닉**을 통한 내부 데이터 일관성 유지	- 의사소통 및 문서화 미흡 시 개발생산성 저하 가능(**해석 및 디버깅 등 어려움**) - 캡슐화 설계 및 구현 착오 시 내부 데이터의 직접 접근 → 무결성 오류

6) 캡슐화 설계 및 구현 시 유의사항
- 클래스 연산자 및 속성의 접근 지정자(Access Modifier) 설계 유의
- Public(모든 클래스 접근), Private(클래스 내부에서만), Protected(Package 내부만) 등
- setXxx(), getXxx() 등의 기본적인 Operation 명칭에 대한 표준 준수

나. 상속성(Inheritance)

1) 상속성 개념
- 클래스 계층구조에서 **하위 클래스가 상위 클래스에서 정의한 속성과 메소드를 재정의 없이 그대로 사용 가능하도록 하는 특성**
- 클래스의 공통점과 상이점을 체계적으로 분류 및 관리함으로써 클래스 중복 정의 배제
2) 상속성 특징
- Overriding 개념: 하위 클래스에서 상속받은 속성과 메소드를 수정 및 확장하는 개념
- 재사용성 향상: 계층 관계에 있는 클래스 간에 속성이나 메소드를 공유
- 하위 계층으로 갈수록 구체화, 상위 계층으로 갈수록 일반화

3) 상속성 기본원리

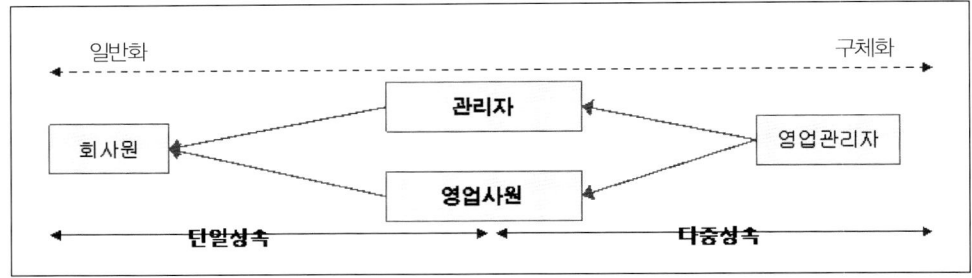

4) 상속성 유형

유 형		내 용
기본 형태	단일상속	- 슈퍼클래스의 속성/메소드를 서브클래스가 그대로 재사용
	다중상속	- 슈퍼클래스 여러 개가 하나의 서브클래스로 상속, 구현복잡
응용 형태	반복상속	- 단일+다중상속 개념, 자식은 2번 이상 상속됨
	선택적 상속	- 상위 클래스 일부만 상속. 제한된 정보 접근만을 허용할 경우

5) 상속성 장/단점

장 점	단 점
- **재사용성 향상**: 재정의 불필요 - 개발생산성: 공통 기능 개발 등 - 일관된 개발 표준 및 통제 역할 가능	- 다단계 **계층구조로 구현 복잡** 가능 - **추가 및 재정의에 따른 해석 어려움** - 오류로 인한 부정적 영향 가능

6) 상속성 설계 원칙

   - 계층구조 깊이(Depth) 및 재정의 원칙 등 표준 조기 정의 → 리뷰

   - 다중상속 및 응용형태 상속은 가급적 회피: 구현복잡 및 유지보수성 저하(가독성문제)

다. 다형성(Polymorphism)

1) 다형성 개념

   - 서로 다른 객체가 **동일한 메시지에 대해 고유한 방법으로 응답할 수 있는 능력**(or 특징)

2) 다형성 특징

   - 동적 바인딩(지연 바인딩): Runtime 시 호출 클래스 및 메소드 결정

   - 재사용성, 추상화, 상속성 개념 포함

   - 메시지 해석을 수신 객체에 맡김 → 호출하는 쪽의 공통화 개념

3) 다형성 기본원리

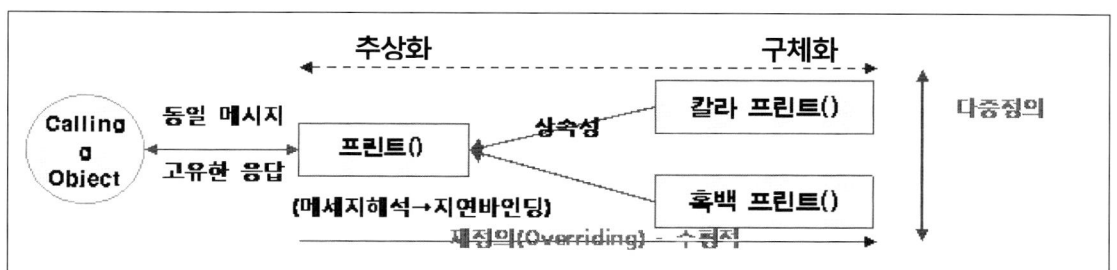

- 호출하는 쪽에서는 프린트() 메시지를 보내면, 수신 측에서 메시지를 해석해서 동적으로 하위
  클래스를 선택(바인딩) 하게 되며, 고유한 방법으로 응답을 하게 됨

4) 다형성의 유형

유형		내 용
개념적 분류	Overriding	-상위 클래스에서 정의된 메소드를 하위클래스에서 **재정의**
	Overroading	-한 클래스 내에서 **매개변수 타입 및 개수를 달리하여** 메소드를 다중정의
구현적 분류	Type Casting	-Overriding상의 하위 클래스를 상위 클래스로 강제 형변환
	Operation Overroading	-입력과 출력 파라미터에 따른 연산자 다중 정의
	Genericity	-클래스 자체를 파라미터화 할 수 있는 능력(포괄성)

5) 다형성의 장/단점

장 점	단 점
-**개발생산성 증대**: 메시지 명령어 단순화 -**유지보수성 향상**: 해당 클래스만 수정 가능 　　　　　　　(변경에 대한 영향도 최소화) -**재사용성 증대**: 독립성이 높은 모듈 생성	-프로그램 가독성 저해 요인 -개발자 능력 차이에 따른 품질차이 큼 -디버깅 어려움(클래스 반응 여부 등)

라. 추상화(Abstraction)

1) 추상화 정의
   - 불필요한 부분을 생략하고, 대상 객체의 속성 중 가장 중요한 부분에만 중점을 두어 개략화
     시킨 개념

2) 추상화 특징
   - 복잡한 것을 단순화 및 간결화하여 표현할 수 있는 설계 원리
   - 사용자 입장에서 객체 본질 이해 용이

3) 추상화의 유형

유형		내 용	사례
기능 추상화	절차지향	– 함수와 같은 서브 프로그램을 정의	printf()
	객체지향	– 클래스 내 메소드를 정의	obj.getName()
자료 추상화	절차지향	– 추상 자료형(Abstraction Datatype) 정의	int, float
	객체지향	– 객체 클래스 자체를 데이터 타입으로 사용	String, Class
제어추상화		– 제어 행위에 대한 개념화, 명령 및 이벤트	If, For, while

4) 추상화 연관 개념
 − 요소분해(Factoring): 객체성질을 분리, 핵심기능만 집중
 − 분류화(Classification): 공통적인 객체들의 속성을 묶어 클래스화
 − 슈퍼클래스화(Superclassing): 공통 성질을 추출하여 상위 Class로 재분류
 − 서브클래스화(Subclassing): 하나의 클래스에서 여러 서브클래스로 재분류

5) 추상화 설계 시 고려사항
 − 추상화 수준: 높은 추상화 수준일수록, 클래스 계층이 많아지고 구현이 복잡해짐
 − 응집도/결합도 고려: 낮은 결합도, 높은 응집도를 고려한 설계

6) 추상화의 효과
 − 상호 작용 최소화: 독립성이 높은 모듈 설계, Side Effect와 Riffle Effect 최소화
 − 일반화된 기능: 범용성 높은 모듈 설계 가능 -> 재사용성 향상

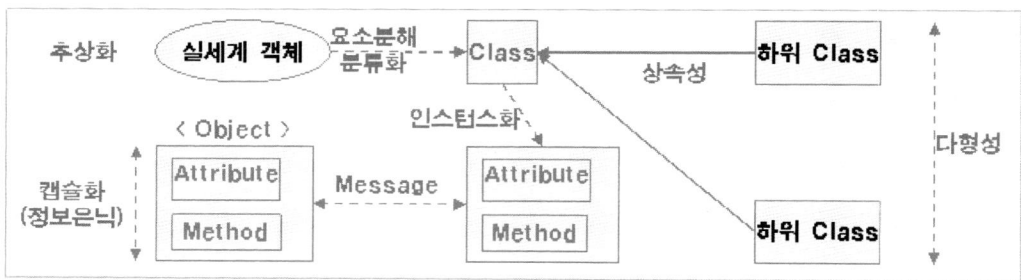

∷ 도우미 임기술사

[설명]

상속은 객체지향에서 가장 중요한 특징으로 **클래스 단위 상속을 수행**하며 **클래스 간에 부모와 자식관계(일반화)를 연결 시켜 상속**한다. 이러한 상속을 통해서 객체지향은 재사용을 지원한다.

상속의 기본 구조는 Tree 형태로 구성된다. Tree 형태의 상속은 추가 상속이 필요할 경우 자식 노드에 클래스를 다시 상속 받으면 되므로 **확장성**에서는 큰 장점을 가진다. 하지만 **Tree의 깊이와 넓이가 넓어지면 복잡도가 증대되어 관리의 어려운 문제점**을 유발한다. 또한 실행 시에 Tree을 아래에서 위로 올라가면서 실행해서 **성능 또한 떨어진다.**

다형성은 한 클래서 내에서 동일한 메소드(함수)명을 정의하거나 부모와 자식 클래스 간에 동일한 메소드명을 정의할 수 있는 특징이다. 객체지향 전에는 동일한 함수명을 한 프로그램 내에서 정의할 수 없었다. 단, 다형성에서 동일한 메소드명을 정의할 때 최소한 입력 및 출력 파라메터의 수나 데이터 타입 등은 달라야 한다.

캡슐화는 기능과 데이터가 결합된 클래스를 만드는 것으로 클래스는 독립성을 가진다. 한 클래스가 다른 클래스와 종속성을 가진다면, 클래스 단위 재사용이 불가능 할 것이다. 그러므로 독립성 강조하고 이것은 다시 **Locality(국지화)의 효과**를 가진다. 이러한 **Locality는 한 클래스에서 오류 발생 시에 한 클래스만 오류가 발생하고 전파되지 않는 정보은닉의 특성을 강조**한다.

추상화는 복잡한 구조를 간략하게 표현하여 소프트웨어에 대한 이해력을 향상시킨다. 추상화는 그 대상에 따라 **기능, 자료, 제어 추상화**로 분류된다.

[키워드]
－상속, 다형성, 추상화, 캡슐화 장점과 단점

[기출문제]
가. 1교시
  1) 다형성

나. 2교시

  1) 상속의 기준을 설명하시오.

[예상문제]

가. 1교시형

  1) 정보은닉, 추상화

나. 2교시형

  1) 클래스 단위 상속과 컴포넌트 단위 재사용을 설명하시오.

문제〉	소프트웨어 설계 원리 추상화, 정보은닉, 단계적 분해에 대해서 설명하시오.	
카테고리	소프트웨어 공학〉개요	난이도 하

문제풀이

  답>

1. 본질에 집중하면 표현 추상화 개요

가. 추상화(Abstraction) 정의

  1) 자세한 사항을 처음부터 다루지 않고 전체적이고 포괄적인 개념으로 자세히 (1)세분화 하여 구체화시켜 나가는 방법

나. 추상화 종류

  1) 기능 추상화: 입력자료를 출력자료로 변환하는 과정, 기능을 재사용 할 수 있도록 추상화

  2) 자료 추상화: 자료와 자료에 적용될 수 있는 기능을 함께 정의함으로써 자료 객체를 구성하는 방법

  3) 제어 추상화: 소프트웨어를 통제하는 제어문에 대한 추상화

2. (2)Locality를 실현 정보은닉 개요

가. 정보은닉(Information Hiding) 정의
1) 설계된 각 모듈은 자세한 처리내용이 시스템의 다른 부분으로부터 감추어야 하는 특성

나. 정보은닉 특징
1) 설계상 결정사항들이 각 모듈 안에 감추어져 다른 모듈이 접근하거나 변경하지 못함
2) 정보은닉은 모듈화의 기준으로 사용 가능
3) 모듈의 이해도를 높일 수 있고 한 모듈의 변경이 다른 모듈에 영향을 최소화(독립성)

3. N. Wirth에 제안된 단계적 분해 개요

가. 단계적 분해(Stepwise Refinement) 정의
1) 문제를 상위 개념부터 더 구체적인 단계로 하향식으로 분해하는 기법

나. 단계적 과정: 1) 문제를 기본단위로 분해, 2) 독립된 문제로 구별, 3) 구분된 문제의 자세한 내용은 가능한 뒤로 미룬다, 4) 구체적인 작업이 계속 점증적으로 일어나는 것을 보인다.

풀 이

ー소프트웨어 설계의 원리는 추상화, 일반화(재사용), 단계적 상세화, 정보은닉, 모듈화, 분할과 지배가 존재한다. 일반화는 소프트웨어의 재사용성을 극대화하는 방법을 제시하고 상속과 같은 방법을 의미한다. 모듈화는 독립성을 극대화 하기 위해서 모듈 내의 관련성인 응집도는 최대화 하고 모듈 간의 관련성인 결합도는 최소화해야 한다. 분할과 정복은 복잡한 문제를 해결하기 위해서 복잡한 문제를 세분화하여 각 문제별로 해결하여 전체 문제를 해결한다. 이러한 소프트웨어 설계 원리를 기반으로 방법론을 만들어 제시하는 것이다.

주요 용어설명

(1) 추상화 & 세분화: 소프트웨어 개발 시에 단계적 추상화를 통해서 소프트웨어를 설계한다. 즉 분석, 설계 단계는 상위 레벨의 추상화가 점점 세분화를 통해서 구체화 되는 단계를 의미한다.
(2) Locality(국지화): 소프트웨어 오류/침입 등이 발생하면 그 영향이 전파되지 않게 하는 것을 의미한다. 따라서 Locality를 만족하려면 독립성을 극대화 해야 한다.

가. 1교시형

　1) 정보은닉

나. 2교시형

　1) 소프트웨어 설계 원리의 종류와 각 내용을 상세히 설명하시오.

　2) 소프트웨어 공학 목적과 계층구조를 설명하시오.

문제〉	객체지향은 소프트웨어의 재사용성을 높이기 위해서 상속 및 다형성의 개념을 도입했다. 이중에서 객체지향에서 다형성을 활용하는 경우 어떤 장점이 있는지 예를 들어 설명하시오.		
카테고리	소프트웨어 공학〉방법론〉객체지향	난이도	상

답〉

1. 전통적인 강결합 기반의 소프트웨어 재사용의 문제점과 다형성의 등장

가. 전통적인 (1)강결합 기반의 소프트웨어 재사용

나. 재사용성을 높이기 위한 객체지향의 다형성 개념

　1) 다형성(Polymorphism) 정의

　　－서로 다른 객체가 (2)동일한 메시지에 대해서 고유한 방법으로 응답할 수 있는 능력

　2) 다형성이 가지는 주요 특징

- 동적 바인딩(지연바인딩): Runtime 시 호출 클래스 및 메소드 결정(컴포넌트 기술)
- 재사용성, 추상화, 상속성 개념을 포함
- 메시지 해석을 수신하는 객체가 수행하여 재사용성을 극대화 함

2. 재사용 관점에서 다형성의 장점

가. 다형성의 기본원리

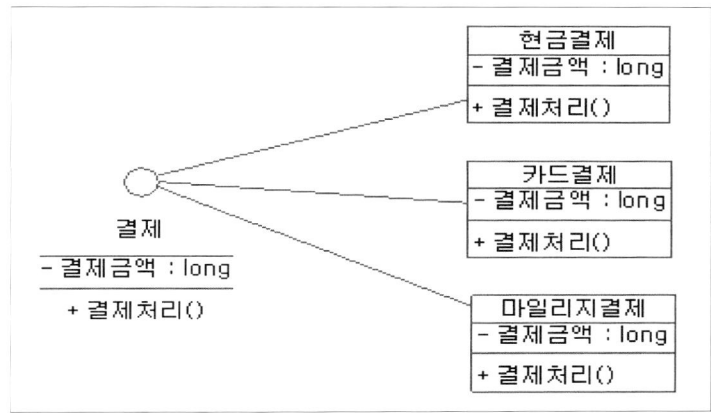

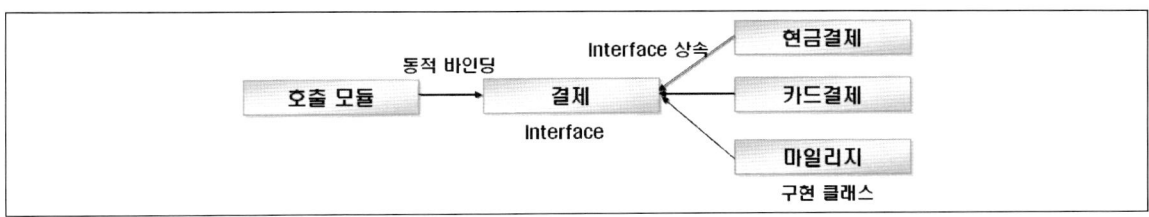

- 호출하는 쪽은 결제 메시지를 보내면, 수신 측에서 메시지를 동적으로 해석하기 위해서 하위 클래스를 선택(바인딩)하게 되며 고유한 방법으로 응답하게 됨
- 호출 모듈과 구현 클래스를 (3)Interface를 통해서 분리하고 결제 인터페이스는 호출모듈의 메시지에 대해서 현금결제, 카드결제, 마일리지 결제와 바인딩 시켜 재사용성을 향상시킨다.

나. 클래스 모델링 관점에서 다형성 예제

- 클라이언트 모듈은 결제 인터페이스를 연관관계로 호출
- 결제처리 인터페이스에서 결제처리 가상함수는 메시지는 현금, 카드, 마일리지 결제 클래스와 동적 바인딩을 수행

- 결과적으로 결제 인터페이스부터 구현 클래스까지 동일한 메소드명을 사용할 수가 있어 어느 부분은 모듈에서 재사용에서 필요한 호출 로직이 필요 없음
- 즉, 인터페이스와 다형성, 추상화, 상속을 종합적으로 사용하여 소프트웨어의 유연성을 향상 시키고 결과적으로 재사용이 증대됨

다. 다형성 장점과 단점

장 점	단 점
- 개발 생산성 증대: 메시지 명령어 단순화 - 유지보수성 향상: 해당 클래스만 수정 가능 　(변경에 대한 영향도 최소화) - 재사용 증대: 독립성이 높은 모듈 생성	- 프로그램 가독성 저해 요인 - 개발자 능력 차이에 따른 품질차이가 커짐 - 디버깅 어려움(클래스 반응 여부 등)

3. 객체지향 다형성의 종류 및 종류별 특징

유 형		내 용
개념적 분류	Overriding	- 상위 클래스에서 정의된 메소드를 하위클래스에서 재정의
	Overroading	- 매개변수 타입 및 갯수를 달리하여 메소드를 다중정의
구현적 분류	Type Casting	- Overriding상의 하위 클래스를 상위 클래스로 강제 형변환
	Operation Overroading	- 입력과 출력 파라미터에 따른 연산자 다중 정의
	Genericity	- 클래스 자체를 파라미터화 할 수 있는 능력(포괄성)

4. 다형성 활용방안 및 고려사항

가. 디자인패턴 기법을 적용한 다형성의 활용

- 디자인패턴의 인터페이스 상속, (4)합성, (5)위임을 활용하여 객체지향에서 재사용성을 증대할 수 있음
- 이러한 인터페이스 상속, 합성, 위임 기법을 사용하기 위해서는 다형성과 상속이 반드시 필요한 기본적인 요소임

나. 재사용의 향상은 성능저하 요인

- 다형성과 상속을 통해서 유연한 구조를 변경할 경우 재사용성을 증대되지만, 소프트웨어 성능은 저하됨
- 즉, 객체지향에서는 클래스 혹은 컴포넌트의 단위 선택이 중요하며 이러한 단위는 클래스의 책임과 역할을 기준으로 분할을 수행함
- 성능이 중요한 업무의 경우 같은 처리 로직으로 응집화 할 필요가 있음

일반적으로 객체지향에서 재사용성의 향상은 상속이 전부인 것처럼 느껴진다. 하지만 객체지향의 다형성 또한 재사용성을 향상 시킬 수 있는 방법이다.

그래서 본 문제에서는 다형성의 의미를 정확히 이해하고 있는지를 묻고 있는 것이다. 그 중에서 동적 바인딩을 통한 다향성의 의미를 묻고 있는 것이다.

- 다형성의 객체지향의 핵심 특징 중에 하나이다. 다형성은 부모 클래스와 자식 클래스 간에 동일한 메소드명을 재정의하여 사용할 수 있는 Overriding과 한 클래스 내에서 파라메터 혹은 타입을 다르게 하고 메소드명을 재정의하여 사용 할 수 있는 Overroading으로 나누어진다.
- 이러한 다형성의 특성으로 인하여 객체지향은 재사용성을 극대화한다. 또한 인터페이스를 활용하여 클래스를 참조할 수 있게 하여 동적 바인딩을 제공하는 것이다. 즉, 이것은 실행 중에 호출 컴포넌트를 결정할 수 있는 컴포넌트 기술의 핵심기술이다.

(1) 강결합: 강 결합은 A->B다. 즉 A와 B가 강하게 연결되어 있는 관계이다. 강하게 연결되어 있기 때문에 A 혹은 B의 변경은 상호영향을 준다. 이렇게 상호영향을 받기 때문에 A와 B를 분류해서 각각 어떤 용도로 재사용하기가 어려워진다. 이러한 것을 해결하기 위해서는 약 결합 구조로 변경하는 것이다. 즉, A->B->C 이런 구조는 A의 변경은 C까지 전파되지 않는다. 결론적으로 계층화를 통해서 재사용성을 높일 수 있다는 것이다.

(2) 동일한 메시지에 대해서 고유한 방법: 다형성은 클래스 내 혹은 클래스 간에 동일한 메소드 명을 정의할 수가 있다. 만약 두 클래스가 동일한 메소드 명을 쓰고 인터페이스를 상속한다면, 호출자는 인터페이스에 있는 메소드를 호출하면 그 파라메터 혹은 타입 등으로 구분하여 해당 클래스의 메소드를 알아서 호출할 수 있다. 그러므로 호출하는 클래서에는 선택문(IF문)이 필요없이 메소드만 호출하면 될 것이다.

(3) 인터페이스(Interface): 가상함수로 구성되어 있고 클래스를 참조하기 위한 출입구 역할을 수행한다.

(4) 합성: 여러 개의 클래스를 추상클래스로 가상함수를 활용하여 관계를 수립한다.

(5) 위임: 클래스의 공통된 기능을 처리하는 클래스를 생성하고 서브 클래스를 매핑한다.

가. 1 교시형

    1) 다형성의 종류

    2) 정적 바인딩과 동적 바인딩

    3) 위임 클래스

나. 2교시형

    1) 객체지향의 재사용성을 높이기 위한 방안에 대해서 설명하시오.

    2) 디자인패턴의 기법 중에서 인터페이스 상속, 합성, 위임에 대해서 설명하시오.

    3) 컴포넌트 도출 방법에 대해서 설명하시오.

3) 객체지향 방법론 개요

가. 객체지향 방법론 정의

  – 프로그램을 객체와 객체간의 인터페이스 형태로 구성하기 위하여 **문제영역에서 객체와 클래스, 이들 간의 관계를 식별하여 설계모델(객체, 동적, 기능)로 변환하는 방법론**

  – 복잡한 메커니즘의 현실 세계를 인간이 이해하는 방식으로 시스템에 적용시키는 개념

나. 객체지향 방법론 필요성

  – 소프트웨어 위기와 낮은 생산성의 극복이 필요

  – 반복적인 유사 프로그램의 개발로 Overhead 발생을 줄이고자 함.

  – 분석, 설계, 구현 과정이 분리되어 일관성과 추적성이 결여되고 고비용 유지보수 방지

다. 객체지향 방법론 특징

  – 객체지향 개발방법들은 기존의 폭포수 모델을 근간으로 함

  – 분석, 설계, 구현의 벽이 없음

  – 사용하는 기법도 대부분 유사한 개념을 기반으로 할 뿐 형식상의 차이만 존재함

  – **모형의 적합성: 현실세계 및 인간의 사고 방식과 유사**

  – **재사용성, 유지보수성 우선 적용: 일관성 및 추적성**

라. 객체지향 방법론 개발 절차와 단계별 항목

요건정의	객체지향 분석	객체지향 설계 및 구현	테스트 및 배포
업무요건정의 →	객체모델링 ↓ 동적모델링 ↓ 기능모델링 →	구현 ↑ 객체설계 ↑ 시스템설계	테스트 ↓ 패키지 ↓ 프로젝트 평가

단계	작업항목	설명
객체지향 분석 (3가지 모델링)	객체 모델링 - 객체도	-시스템 정적 구조 파악 -추상화, 분류화, 일반화, 집단화 (클래스도)
	동적 모델링 - 상태도	-시간에 따른 객체간 변화조사, 상태/사건/동작
	기능 모델링 - 자료흐름도	-입력의 처리 결과에 대한 확인(유즈케이스)
객체지향 설계 (3가지 모델 통합)	시스템 설계	-시스템구조설계, 성능최적화 및 자원분배 방안
	객체 설계	-구체적 자료구조와 알고리즘 구현
객체지향 구현	객체지향 프로그래밍(OOP)	-객체지향 언어(C++, JAVA), 객체지향 DBMS

(1) 요구사항 도출 절차(분석)

① (1)액터 찾기: 시스템을 개발한 후 이를 사용할 여러 타입의 사용자를 발견

② 시나리오 찾기: 미래의 시스템이 제공할 기능에 관한 자세한 시나리오 개발

-개발자는 시나리오를 이용하여 사용자와 의견을 교환, 응용 도메인에 대한 이해

③ (2)유즈케이스 찾기: 시나리오로부터 일반적인 유즈케이스를 추출

-시나리오: 구체적인 단편적 단일 사례

-유즈케이스: 모든 가능한 시나리오를 일반화하여 추상화 함.

-유즈케이스를 도출하면서 개발자는 시스템의 범위에 대한 윤곽을 잡게 됨.

④ 유즈케이스 구체화: 각 유즈케이스를 구체화하고 시스템 동작을 일반적 경우와 함께, 오류와 예외 조건을 포함하여 기술하면 시스템의 명세가 완성된 것임.

⑤ 유즈케이스 관계 찾기: 유즈케이스 모형에서 중복되는 부분을 삭제하여 정제함.

-확장관계와 포함 관계 등

-시스템 명세의 복잡성이 줄고 일관성을 가지게 됨

⑥ 비기능적 요구 찾기: 시스템의 기능과 직접적으로 관련이 없는 요구사항 도출

-시스템 성능, 문서화, 자원, 보안, 품질 등

-주로 유즈케이스를 찾아내고 이를 다이어그램으로 작성하는 일에 주력

-유즈케이스를 적어보고 시스템과 외부 사용자들의 Interaction에 관심을 가지면 시스템이 가져야

할 기능이 파악됨

(2) 객체모델링 과정

과 정	상세 내용
1. 객체도출 및 클래스 정의	−Use Case Specification으로부터 후보 객체 도출 −객체 간 **동적 모델링과 객체 모델링을 통하여 적합한 객체 선정과 클래스의 정의** −시스템의 특성, 성격을 고려한 적합한 객체 선정
2. 객체 간의 의존성 도출	−객체간 정적관계(상속, 연관관계), 클래스 간 관계 표현 −객체간 동적관계(객체간 메시지, 링크로 표현)
3. 연관성 정의	−연관관계가 있는 두 클래스의 카디널리티를 정의 −카디널리티를 파악하여 관계명 부여 −Aggregation 및 Composition 관계 표현
4. 상속성 정의	−상속관계 클래스 조사(IS-A관계 파악) −상위클래스, 하위클래스 정의 −상속관계 구조를 나타내는 계층구조 정의
5. 설계	−유즈케이스 모델을 기초로 관련성 있는 클래스들의 논리적/개념적 패키지로 정의

4) 객체지향 방법론의 향후 전망

가. 객체지향 기술의 발전

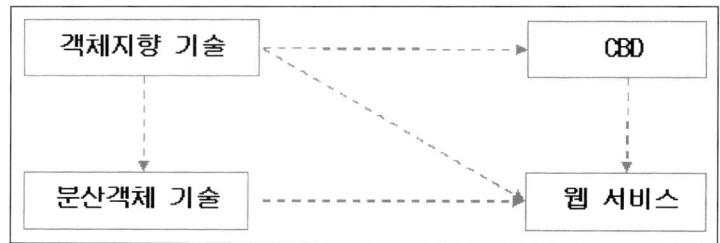

나. 객체지향 방법론의 한계점

−이진형태의 파일을 연결하는 표준이 부재하며 각 객체는 동일 컴파일러를 사용해야 함

➜ **(임기술사)** 클래스에서 상속되므로 JAVA 언어와 C++ 언어로 개발된 소프트웨어는 각각 전용 컴파일러를 사용할 수밖에 없다는 뜻.

−다른 언어 간에 객체를 호출하거나 재사용은 거의 불가능함

➜ **(임기술사)** 객체지향이 클래스에서 상속을 결정하므로 실제 실행 중에 재사용이 어렵고 활용이 어렵다는 것을 의미한다.

−개발은 Low Level Coding이며, 테스트 또한 White Box테스트가 주를 이룸

➜ **(임기술사)** 개발된 소프트웨어는 내부로직을 하나하나 테스트 하는 화이트 박스 테스트를 수행

하지만 이러한 것은 꼭 그런 것은 아니며 화이트 박스 테스트는 모듈에 대한 내부 오류 검증율을 높일 수 있지만, 많은 시간과 자원(인력) 소모가 발생한다. 그래서 실행파일 단위

즉, 컴포넌트 단위의 블랙박스 테스트가 필요하다고 강조한 말이다. 하지만 위의 내용이 꼭 맞는 것은 아니다. 왜냐하면 컴포넌트도 궁극적으로 객체지향을 통해서 만들어지기 때문이다.

- 완성된 이진형태의 객체를 변경하고자 하면 소스레벨의 애플리케이션을 재컴파일 해야 함
- 개발방법론은 전통적인 SDLC를 따르므로 문제점 인지 및 대응, 문서화에 제약이 따르며 절차적 프로그래밍에 익숙한 개발자에게는 충격이며, 적응력이 많이 떨어짐
➜ (임기술사) 객체지향 방법론은 많은 프로세스와 산출물 및 UML을 기반한 모델링 기법이 요구된다. 그러므로 방법론 자체가 복잡하고 많은 양의 산출물을 요구한다.
- 개발 수준이 저 수준의 추상화 개념이므로, 실제로 재사용 가능한 소프트웨어 개발은 기대하기 어려움
- 개발의 생산성 및 유지보수성을 위한 아키텍처 및 표준적용이 어려움
➜ (임기술사) 객체지향 방법론의 대표적인 예로 RUP가 있다. 사실 RUP 내부에는 아키텍처 정의 및 표준정의를 포함하고 있지만, 현실적인 프로젝트 제약조건 때문에 적용 하기가 어려움 위의 내용은 객체지향 방법론의 문제점은 아님
- 대규모 프로젝트에서의 확장성이 떨어짐
➜ (임기술사) 컴포넌트를 강조하기 위한 말임 즉, 단순하게 실행 중에 조립을 통해서 소프트웨어를 재사용 할 수 있게 해야 한다는 뜻이다.

∷ 도우미 임기술사

[설명]
라. 부분의 객체지향 방법론 개발절차와 단계별 항목을 보면 **요건정의, 객체분석, 객체설계, 테스트 단계를 통해서 이루어진다.** 이러한 모델은 기본적으로 **폭포수(순차적) 모델을 근간으로 한다.**
하지만 객체지향은 폭포수 모델을 근간으로 하며 **반복형/점증형 모델의 특성도** 가지고 온다.
즉, 위의 단계가 한 번에 끝나는 것이 아니라 **초기에 반복계획서를 수립하여 반복을 수행하면서 소프트웨어를 점증적으로 개발한다.**

요건정의는 사용자에게 요구사항을 듣고 명세화하는 과정으로 객체지향에서는 비전 및 요건정의서, Use Case Specification을 작성한다. 사용자 요구사항은 크게 두 가지 종류로 나누어진다.

〈사용자 요구사항 종류〉

1) **기능적 요구사항:** 사용자가 요구한 기본적인 기능을 정의, 시스템이 수행해야 하는 기능
2) **비기능적 요구사항:** 품질요구사항(Quality Attribute), 기능 요구사항이 만족해야 하는 품질요건
   이다. **시스템 성능, 보안, 문서화, 타 시스템 간의 인터페이스 요구사항, 제약조건**을 명세화 한다.

이러한 사용자 요구사항을 객체지향은 Use Case로 정의한다. Use Case라는 것은 **사용자 요구한 사용자 관점의 기능**이다. 이러한 Use Case를 정의하고 Use Case를 중심으로 분석/설계가 이루어지며 이러한 접근방법이 Use Case Driven이다. 이렇게 Use Case를 중심으로 소프트웨어를 개발하는 방법이 OOSE 방법의 특징이다.

분석 단계에서 객체분석을 수행하고 세부적으로 객체, 동적, 기능분석을 수행한다. **객체분석은 클래스를 의미하고 시스템의 정적 모습을 표현한다. 또한 동적 분석은 시간에 따른 혹은 메시지에 따른 클래스의 움직임을 나타내고 시스템의 동적 모습을 표현한다. 기능분석은 입력된 데이터가 어떻게 처리되는지를 나타낸다.** 분석단계에서 **객체, 동적, 기능분석**을 수행하는 것은 OMT 방법론의 특징을 가진다.

마지막으로 **객체설계는 실제 구현할 수 있는 모델로 만드는 단계이다.** 객체설계는 분석단계에서 수행한 클래스를 완벽히 하고 구현된 모델로 적용한다. **시스템 설계는 전체 시스템 구조와 컴포넌트를 정의한다. 이렇게 객체설계 및 시스템 설계 단계를 강조한 방법은 OOD 방법론**이다.

결론적으로 **객체지향의 기본 방법론은 OOSE, OMT, OOD 방법론을 통합한 방법론이며, 이러한 방법론의 대표적인 사례가 뒤에서 다루게 되는 RUP**이다.

[용어설명]

• 액터(Actor): Use Case를 실행하는 사람 혹은 외부 시스템, 액터는 분석/설계 대상이 아니며 Use Case의 시작시점을 나타낸다.
• Use Case: 시스템이 실행해야 하는 기능이다.

[키워드]
- 객체지향 방법론 특징
- 객체지향 방법론 절차와 단계별 항목

[예상문제]
가. 1교시형

1) OOSE, OMT, OOD에 대해서 설명하시오.

2) Actor 및 Use Case 검증방법에 대해서 설명하시오.

나. 2교시형

1) 객체지향 방법론의 단계와 주요 항목에 대해서 설명하시오.

9. RUP

1) RUP(Rational Unified Process) 개요

가. RUP 개념
- UML 모델링 언어를 기초로 정의된 Unified Process를 Rational사에서 커스터마이징하고, 개발 도구와 통합하여 개발한 객체지향 방법론

나. RUP의 특징

특징	설 명
통합프로세스	- Unifed Process, **OOD + OMT + OOSE** + 기타 개발프로세스와의 통합
Use-Case 중심 프로세스	- **Use-Case Driven**, System에 요구되어지는 행동을 파악 - Project 관련 이해관계자와의 의사소통 수단 - 프로젝트 진행 및 고객 인수를 위한 기준선 역할
아키텍처 중심 프로세스	- **Architecture Centric**, 개발중인 System의 개념화 및 구축, 관리 - **4 + 1 View(디자인/프로세스/컴포넌트/배치 + 유즈케이스)** ➔ (임기술사) 4+1 View의 의미는 사용자, 소프트웨어 엔지니어, 분석/설계자, 개발자가 바라본 시스템을 UML의 다이어그램을 통해서 표현한다.
반복/점증적인 프로세스	- Iterative, 개발도중 요구사항의 변경, 프로젝트환경의 변경 등에 유연하게 대처하고, 사용자의 빠른 피드백을 획득하기 위하여 **반복적이며 점증적인 개발 프로세스**를 취함 - Time Box, **4단계 개발 단계별 반복 주기를 시행**
2차원구조	- **Phase(동적, 생명주기관점) + Discipline(정적, 엔지니어링관점)**
UML 기반	- 방법론 제공뿐만 아니라, 관련한 솔루션 제공 ➔ (임기술사) RUP는 객체지향을 표현하는 UML이라는 모델링 도구를 지원한다.

2) RUP의 구조

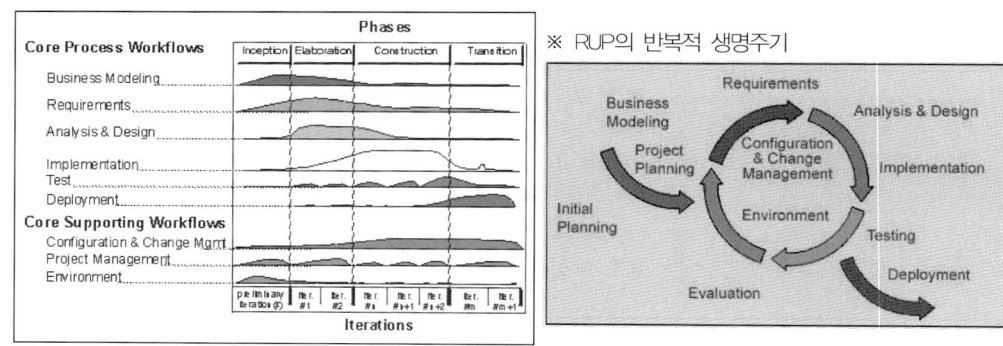

➔ **(임기술사)** Time Box는 위의 Core Process, Supporting, Phase를 나타낸 그림을 의미한다.

1) 수평축: 시간에 따른 변화, 동적인 생명주기 측면을 나타내며, **시간의 흐름에 따라 단계(Phase)로 나누고 단계별 이정표(Milestone)를 제시**

2) 수직축: **핵심적인 작업흐름(Workflow)을 표현**하며, 활동(Activity)에 대한 논리적인 그루핑이라 할 수 있음, 정적인 측면에서 작업자(Worker/누가), 활동(Activity/어떻게), 작업흐름(Workflow/언제), 산출물(Artifact/무엇을)로 구성됨

   - 6개 핵심 엔지니어링 작업흐름: 업무모델링, 요구사항, 분석/설계, 구현, 시험, 배치
   - 3개 지원 엔지니어링 작업흐름: 프로젝트관리, 구성/변경관리, 환경

3) RUP의 수행단계

단계	설 명	이정표
도입	- 개발의 시작점으로써 대상요소들을 정의 - **비전, 비즈니스케이스, 범위를 개략적으로 파악**	생명주기목표 (LCO)
정련	- 비전을 구체화하고, 중심되는 **SW 아키텍처를 반복적으로 구현하여 시스템의 뼈대를 확립, 중요한 요구를 찾아내고 범위를 정함** - 전체 사용사례의 80~90%가 자세히 작성되고 중요한 일부가 구현됨 - **시스템 요구사항(기능적/비기능적) 명세화, 기술적 위험요소 제거, 실행가능한 아키텍처 프로토타입 구현**	생명주기 아키텍처 (LCA)
구축	- **S/W 작성 및 실행, 구축단계 이전에 중요한 요구사항들은 안정화됨** - 아키텍처 기준선으로부터 전이의 준비단계 - 프로젝트에 대한 요구사항과 평가기준의 재검사 - 위험요소들을 제거하기 위한 자원의 할당	초기운영능력 (IOC)
전이	- **테스트, 설치, 다음 반복단계 준비** - **시스템의 목표 충족도 확인, 오류/수정, 교육, 기능수정 및 추가** - **S/W의 사용자 전달** - 시스템의 지속적인 개선 결함 제거 - 배포판에 새로운 특성 추가	제품발표 (Product Release)

4) RUP에 대한 접근 시각 및 활용 방법

1) RUP는 기능이 풍부한(Feature-Rich) 방법론

   - **유즈케이스, 아키텍처, 패턴, 컴포넌트 등의 최신기법과 산출물을 포함**
   - **반복적이고 점진적인 방법으로 산출물 정제**

2) 폭포수형 모델이 내면에 잠재되어 있으며, 산출물과 프로세스에 영향을 끼침

   - 분석과 설계활동 중에 코딩이나 테스팅 같은 상세한 구현활동을 하지 않음

3) UML을 이용한 개발의 표준을 위한 방법론임에도 UML 사용에 대해 크게 규범적이지 않음

4) 그러나, RUP는 최근의 객체지향 소프트웨어 공학방법론들의 수많은 구성요소들을 이용하기 위

한 프레임워크를 제공하였으며, 어떻게 이것들을 함께 적용할 수 있는지 보여줌

5) 컴포넌트베이스 개발을 위한 UML, RUP 등 표준화가 진행중

6) 전자상거래 표준 프레임워크인 ebXML 아키텍처 표준화는 UML을 기초로 하여 RUP를 적용하는 방향으로 진행되고 있음

7) 내용 자체가 너무 방대하고 많아서 처음 객체지향 방법론을 접하는 사람에게는 무리가 따름

8) 국내실정의 경우 RUP에서 요구하는 모든 개발활동들을 따르기에는 매우 힘들다고 생각하며 대형 프로젝트의 경우에 적용 가능할 것으로 판단

9) 조직문화 및 환경 프로젝트 성격 등에 맞춰 절차 및 방법에 대한 적절한 선택 및 적용

:: 도우미 임기술사

[설명]

RUP는 **객체지향방법론과 UML을 활용하여 소프트웨어를 개발한 Best Practice**이다. 즉 아주 좋은 사례를 정리한 것이다.

RUP는 Time Box를 통하여 두 개의 Workflow와 4 Phase로 구성된다. 두 개의 Workflow는 Core Process와 Supporting Process로 구성된다. Core Process는 소프트웨어를 개발하는 단계로 비즈니스 모델링, 요구사항, 분석/설계, 구현, 테스트 단계를 포함한다.

• **Core Process: 사용자 요구사항을 정의하고 분석/설계, 구축, 테스트를 수행**

1) **비즈니스 모델링**: 고객의 비즈니스를 모델링하여 비즈니스 유즈케이스를 정의한다.
   (산출물: 용어집, 비즈니스 유즈케이스 모델링)

2) **요구사항**: 비즈니스 유즈케이스로부터 시스템에서 수행해야 하는 Use Case를 정의하고 명세화를 수행한다.(산출물: 비전 및 요건 정의서, Use Case Specification)

3) **분석/설계**: 정적 모습인 클래스를 정의하고 동적 모습인 클래스의 움직임을 표현한다.
   또한 전체 시스템 구조, 컴포넌트를 정의한다.(산출물: 클래스 및 시퀀스, 컴포넌트, 배치 다이어그램)

4) **구현 및 테스트**: 분석/설계된 것을 실제 구현하고 테스트를 수행한다. 단, 테스트 단계에서 객체지향은 반복형/점증형 모델의 특성으로 통합 테스트를 강조한다.(산출물: 소스코드, 통합 테스트 계획서 등)

- Supporting Process: Core Process를 지원하는 프로세스로 프로젝트 계획, 변경관리 계획, 반복계획, 개발환경 구축을 수행
- 4 Phase: Core Process와 Supporting Process에 대해서 단계를 나누어 반복적으로 수행

[키워드]
-RUP 특징, Core 및 Supporting Process, 4 Phase, 4+1 View

[예상문제]
가. 1교시형
  1) RUP 4+1 View

나. 2교시형
  1) RUP Time Box에 대해서 설명하시오.

10. Agile Process/XP

1) Agile Process(ASD: Agile Software Development) 개요

가. Agile Process 정의
- 절차보다는 **사람이 중심이 되어 변화에 유연하고 신속하게 적응하면서 효율적으로 시스템을 개발** 할 수 있는 방법론

나. Agile Process 등장배경
- SW 개발환경의 변화: SW 에 대한 사용자 요구가 다양해지고 SW 수명주기가 짧아짐, 정보시스템의'time-to-market'과 Products의 적시 배포(Release)가 중요해짐
- 기존 개발방법론 한계: 문서 위주이고 절차가 중심, 계획중심적인 방법론으로서 변화 대응 곤란, 변화에 빠르게 적응하면서 효율적인 시스템을 개발할 수 있는 방법론 필요

다. Agile Process의 핵심 가치(Manifesto)와 주요 특징

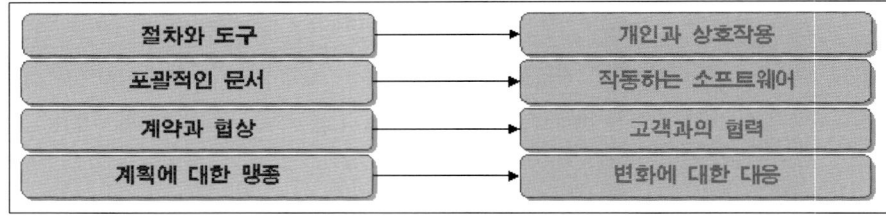

- Predictive 하기보다는 Adaptive(가변적인 요구에 대응)
- 프로세스 중심이라기보다 사람 중심(책임감 있는 개발자와 전향적인 고객)

2) Agile Process의 종류

종류	특 징	비고
XP	- **테스팅 강조**, 4가지 핵심가치와 12개 실천항목 - 1~3주 Iteration	가장 주목 받음 개발 관점
SCRUM	- **프로젝트를 스프린트(30일 단위 Iteration)로 분리, 팀은 매일 스크럼(15분 정도) 미팅으로 계획수립** - 팀 구성원이 어떻게 활동해야 하는가에 초점 - 통합 및 인수 테스트가 상세하지 않음	Iteration계획과 Tracking에 중점
DSDM	- Dynamic Systems Development Method - **기능모델, 설계와 구현, 수행 3단계 사이클(2~6주)로 구성**	영국만 사용
FDD	- Feature Driven Development - **짧은 Iteration(2주), 5단계 프로세스**(전체모델 개발, 특성리스트 생성, 계획, 설계, 구축)	설계, 구축, 프로세스 반복

Crystal	– 프로젝트 상황에 따라 알맞은 방법론을 적용할 수 있도록 다양한 방법론 제시 **– 테일러링 하는 원칙 제공**	프로젝트 중요도와 크기에 따른 메소드 선택 방법 제시

3) Agile Process 적용 시 고려사항

가. 전제 조건: 모든 경우에 적용되지 않으며, 프로젝트 환경 및 목적에 따라 선택 필요

나. Adaptive 방법론 적용 조건

- 가변적 요구사항, 책임감 있는 개발자, 프로젝트에 전향적인 고객

다. Predictive 방법론 적용 조건

- 50인 이상의 프로젝트팀, 명확히 정의된 범위 및 계약

4) Agile Process의 향후 전망

가. 부정적인 측면

- 방법론으로 적용하기에 프로세스 정립의 부족
- 대형 프로젝트 부적합, 감리대응 어려움, 관리 가이드라인 부족
- 제약조건, 적용조건이 가장 중요하나 하기 어려운 부분임

나. 긍정적인 측면

- 방법론이 아닌 일부 기법, 사상을 선택적 사용에 유용함
- 중소형 프로젝트에 적합하며 아키텍처 설계 및 프로토타이핑 수립과 같은 태스크 수행에 적합함

5) Agile Process의 대표적 방법론, XP(eXtreme Programming) 개요

가. XP 개념

- **짧은 개발주기(Iteration)을 통해 고객이 원하는 핵심적인 기능을 우선 구현함으로써 프로젝트의 위험을 줄이는 프로그래밍 중심의 소프트웨어 개발방법론**
- 라이프 사이클 후반부라도 요구사항 변경에 적극적이고, 긍정적인 대처를 권고하는 역발상의 SW 개발 방법
- XP 방법론은 나선형 모델을 좀 더 극단적으로 적용한 것으로 생각할 수도 있으며, 객체지향 방법론으로 설계/구현되는 시스템에 적용할 수 있음.

- "**고객에게 최고의 가치를 가장 빨리**" 전달하도록 하는 경량 방법론
- 요구사항 등의 변화가 자주, 많이 있거나 개발자가 소규모(10명 내외)이고, 같은 공간을 사용하는 경우에 높은 효과를 볼 수 있다고 알려져 있음

나. XP의 등장 배경
- 잦은 요구 사항 변화를 관리하기 위한 효율적 방법 필요
- 프로젝트 관리를 위한 오버헤드 증가로 생산성 감소
- 현재의 SW 개발 과정에서 자주 발생되고 있는 문제점 극복 대안
- 급변하는 환경에서 SW를 빨리 개발할 필요 목적으로 설계

6) XP의 핵심 가치와 실천 지침
가. 4가지 핵심 가치
- **용기**: 고객의 요구사항 변화에 능동적인 대처
- **의사소통**: 실제 개발자들 사이의 의사소통을 통한 개발 사이클 채택
- **피드백**: 빠른 피드백이 기본 원칙으로 해결할 수 있는 일 먼저 처리
- **단순성**: 부가적 기능, 사용되지 않는 구조와 알고리즘 배제

나. 12가지 실천항목
- Simple Design: 가장 단순하며 정확히 작동하는 Design
- Small Design: 고객이 원하는 기능 중심으로 짧은 시간 내 릴리즈
- Refactoring: 기능에 변화 없이 코드 수정을 통해 디자인 개선
- Pair Programming: 두 명이 한 프로그램 개발(오류 감소, 생산성 향상)
- Testing: 테스트 주도(TDD), 테스트를 통한 고객 검증, 승인
- On-Site Customer: 고객의 팀 합류, 의사 결정 지원
- Continuous Integration: 지속적인 통합으로 개발의 불일치 최소화
- 메타포(Metaphor): 문장 형태로 시스템 아키텍처 기술, 고객과 개발자 간의 의사소통 언어
- 기타: **작은 배포, 스토리카드에 의한 계획수립, 코드공동소유, 코딩표준, 주당 40시간**

7) XP 개발 절차

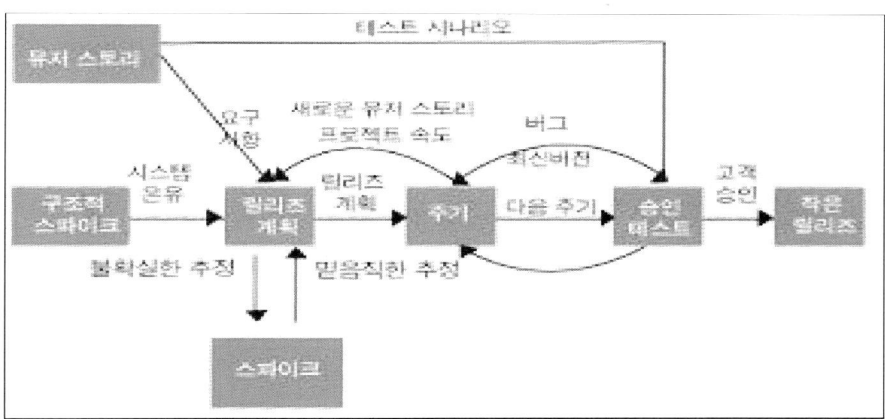

유저스토리	-UML의 유즈케이스와 같은 목적, 고객이 필요한 것이 무엇인지를 기술 -> 인수 테스트 시 사용 -배포 계획에 대한 시간 계산에 사용되기도 하며 요구사항 문서를 대신하여 사용도 가능
스파이크	-**잠재적인 솔루션들을 고려하기 위해 작성하는 간단한 프로그램** -사용자 스토리의 신뢰성을 증대시키거나 기술적인 **문제의 위험을 줄이고자** 하는 데 목적
배포계획	-**전체 프로젝트에 대한 배포 계획을 생성** -의사결정을 모든 규칙을 포함하며, 그 규칙에 의해서 프로젝트를 수행하기 위한 방법들을 정의
반복	-반복적 개발에서는 민첩함을 중요하게 여김, 1~**3주 정도로 나누고 반복들을 균형적으로 유지** -반복은 프로세스의 평가와 계획을 단순하고 신뢰성 있게 만드는 핵심 항목 -> 반복 계획 미팅 -즉각적인 계획과 실행은 사용자 요구 사항들의 변경에 쉽게 대처하기 위한 전략
인수 테스트	-고객은 제대로 작동하는 시스템을 보면서 진척사항을 확인하고, 직접 명세한 테스트를 통과했는지 파악
작은 배포	-작은 배포는 XP 주기의 마지막 단계, 소규모로 빈번하게 배포하면 고객에게 여러 가지 이득을 조기 제공 -**프로그램은 빠른 피드백을 제공 받음**

8) XP를 활용한 기존 개발방법론의 문제점 해결전략

- 관리전략: 결정은 분산화, XP관리 도구로 메트릭 이용, 코칭/트래킹/조정
- 계획전략: 가능한 한 적게 투자, 빨리, 가치 있는 기능 구현 전략
- 개발전략: 지속적인 통합, 공동 소유, Pair 프로그래밍
- 설계전략: 테스트부터 시작하고 설계 및 구현, 반복과 단순화로 설계
- 테스트전략: 코딩보다 단위테스트를 먼저하고, 테스트를 자동화
* 계획세우기, 작은 시스템 릴리즈, Metaphor 등 12가지 실천사항 병행

9) XP를 효과적으로 적용하는 방법

- Agile process와 RUP을 혼용한 형태의 프로세스를 적용하는 것이 바람직함
- 프로젝트 전반부에서는 RUP을 따르고, 중반부터는 XP를 따르는 전형적인 하이브리드 형태

- 계획 단계와 디자인 단계에 많은 시간을 할애하도록 함
- 전체 유즈케이스 및 디자인을 반복 정제하는 활동을 반복하도록 하며, 반복 정제 활동이 최종적으로 코드수준으로까지 발전, 프로그래머는 단순 코딩 작업만 수행

10) XP 적용의 한계점

- **고객 관점에서만 접근, 고객의 상위관리자 입장은 미 고려 → 프로젝트 후반부 오류로 등장,** 이에 대한 수정에 막대한 비용이 소요되는 등 여러 차례 실패 → 오류수정비용의 증가(?)
- 테스트중심개발(Test-Driven-Development)과 같은 아이디어는 최대한 수용하면서, 프로젝트 초반에 가능한 한 많은 오류를 잡아내기 위한 노력 필요

:: 도우미 임기술사

[설명]

XP는 객체지향의 RUP를 간략화 한 방법이다. 즉, **고객에게 실제 수행되는 소프트웨어를 가장 빠르게 제공하기 위해서(= 고객에게 최고의 가치를 제공) 방법론에 존재하는 세부항목을 간략화하여 보다 빠르게 고객에게 소프트웨어를 제공하는 경량화된 방법론**이다.

XP의 이러한 특성으로 인해서 과거 방법론이 제시하는 문서화 등의 작업을 간소화시켰다.

그러므로 **XP는 관리에 어려운 문제점을 유발하고 테스트를 중요하게 생각**한다.

XP 방법론 수행에 있어서 전제조건은 **반드시 고객이 개발팀에 참여**해야 한다. 개발팀에 고객이 참여하여 바로 요구사항을 제시하고 개발자를 그것을 모델링하고 고객에게 검증 후에 소프트웨어를 개발한다. 그런 다음 고객에게 Feedback을 받아 소프트웨어를 완성시킨다.

이러한 과정을 통하여 소프트웨어를 개발하므로 **대규모 프로젝트이고 위험이 높은 프로젝트에 적용하기는 곤란**하다. 단, 소프트웨어의 기술적 **위험과 같은 요소를 검증하는 파일럿 프로젝트에서는 활용이 가능**하다.

이렇게 XP 방법론처럼 실제 구현중심의 소프트웨어 개발방법론을 총칭해서 Agile Process라고 한다.

[키워드]

- Agile Process 특징, XP 특징, 4가지 가치, 12가지 실행지침, XP 개발절차

- Agile Process 종류

[예상문제]

가. 1교시형

1) Agile Process

2) XP

3) Pair Programming

4) Refactoring

5) TDD

나. 2교시형

1) XP의 4가지 가치와 12가지 실행지침에 대해서 설명하고 RUP와 차이점, XP와 RUP은 혼합 도
입방법을 설명하시오.

문제〉   TDD (Test-Driven Development)

카테고리   소프트웨어 공학〉Agile방법론   난이도   하

답>

1. Agile 방법론의 Practice, TDD의 개요

가. TDD(테스트 주도 개발)의 정의

- 테스트 작성으로 요구사항 검증 및 설계의 고도화, 짧은 주기에 Lifecycle을 반복하는 테스트-설계-
  피드백 중심의 개발 사고방식/방법론

나. TDD의 장점

1) Instant Feedback: 테스트 드라이버 우선 작성을 통한 짧은 주기의 확인

2) Bottom-up Approach: 모듈화와 개발 효율성, 고품질 프로그램 지향

2. TDD의 개발 프로세스 및 TDD 패턴

가. TDD의 개발 프로세스

Phase	Activity	주요개념
테스트 작성	Operation 요구 기능에 대한 인터페이스 개발	Add a Test ((1)xUnit)
코드 작성	테스트에 대해 실행가능한 코드를 빠르게 작성 (임시코드/자료삽입, 가짜 구현, 명백한 구현)	Make it pass, (2)Triangulation
리팩토링	중복코드/임시코드의 제거, 모듈화, 디자인패턴	Make it right
체크인	모든 테스트가 작동하는 깔끔한 코드를 저장	Get feedback

- 짧은 구현, 많은 반복을 통한 개발을 위해 테스트 사이의 간격 조절 능력 필요
- 체크인 후 해당 모듈에 대한 요구기능을 고도화, 테스트를 발전시킴

나. TDD에서 사용하는 패턴

구분	설 명
빨간 막대 패턴	테스트 작성 후 실행되지 않는 기 개발된 모듈 내부에 대한 검증
테스팅 패턴	테스트-모듈 간의 적합성 및 성능, 견고함을 검증
초록막대 패턴	코드가 테스트를 통과하도록 신속하게 작동하는 코드 작성
xUnit 패턴	xUnit 계열의 테스트 프레임워크를 활용하기 위한 방법 제시
디자인패턴	유사 도메인에서 발생하는 문제 해결 위한 Best Practice 모음

3. TDD의 프로젝트 적용방안 및 고려사항

가. 단위모듈, 일부 팀에서 선적용 후, 개발적합성 및 개발자별 수용성 판단하여 단계적으로 확대하여 전체 개발 팀이 유기적 팀워크 기반으로 수행

나. 가짜로 구현한 (3)Test Driver/Stub 모듈이 잔재하지 않도록 코드 추적성을 확보하기 위한 방안 및 Pair Programming 통한 고효율화 추진 필요 "끝"

풀 이

- TDD(Test Driven Development-테스트 주도 개발)는 구체적인 설계 전에 테스트 코드를 작성하여 해당 모듈의 동작을 사전에 정의하고, 가급적 빠른 시간에 해당 테스트를 통과하는 코드를 작성한 후, 해당 모듈의 상세 내용 및 인터페이스를 개발하는 것을 반복하는 개발 방법이다.
- TDD는 애자일 방법론의 실천적 대안으로써 개발자 개인이 단위 모듈 작성시에도 가능하며, 대형 프로젝트에도 적용이 가능한 실천적 애자일 방법론이다.

- TDD에서는 "동작하는 깔끔한 코드"를 얻기 위한 과정으로써 다음과 같은 "죄악"(켄트 벡, 테스트 주도 개발, 인사이트에서 인용)을 허용한다(하드코딩, 가짜 모듈, Copy & Paste 등).

즉, 가장 빠른 시간 내에 테스트가 통과 되도록 하여 사용자의 피드백을 확인하여 요구사항에 대한 적합성을 판단하고, 리팩토링에 착수한다.

- TDD의 개괄적인 프로세스는 다음과 같다.

테스트 개발 → 소스 개발 → 테스트 → 리팩토링

- 켄트 벡이 설명하는 TDD의 한 Cycle은 다음과 같다.

---

1. xUnit을 이용하여 테스트 개발
   - 요구 사항에 적합한 모듈이 어떻게 동작할 지를 예상하여 개발
   - 해당 테스트는 모듈이 미개발 되었으므로 테스트를 통과하지 못함
   - 즉, 빨간 막대 상태가 됨
2. 요구되는 모듈을 가장 빠른 시간 내에 개발
   - 요구되는 입출력 기능만을 가진 모듈을 개발
3. 테스트 수행
   - 최초 작성된 테스트를 수행함
   - 해당 모듈은 테스트를 통과하여 초록 막대 상태가 됨
4. 설계 수정 및 리팩토링
   - 개발된 모듈의 리팩토링을 위하여 디자인패턴 등을 적용하는 구조 개선 계획을 수립(설계)한다. 이때, 다시 개선된 모듈을 테스팅 하기 위해 기존에 통과된 테스트를 재개발한다.(빨간 막대가 됨)

주요 용어설명

(1) xUnit
   - 독립된 테스트를 할 수 있도록 도와주는 프레임워크
   - 자동화된 테스트를 가능하게 하고 그 결과를 확인하는 것도 쉽게 구현가능
   - 다른 테스트, 환경, 팀내 타 개발자로부터도 독립성 확보 가능
   - 종류로서는 JUnit(Java용), HttpUnit(웹 테스트용) 등 대부분의 언어에 사용 가능한 프레임워크를 제공하고 있다.

(2) Triangulation(삼각측량법)
   - 기존의 테스트에서 다른 케이스를 삽입하여 기존 테스트와 모듈의 정상 작동 유무를 확인하면, 새로운 오류가 발생한다.
   - 오류가 발생하면 해당 오류를 개선하기 위한 모듈의 코드 수정이 불가피하다.

이렇게 리팩토링을 수행하며 개발 모듈의 성능/품질 향상이 가능하다.

－즉, 새로운 테스트 케이스를 추가하여 여러 관점에서 개발된 모듈의 정상 여부를 확인할 수 있도록 한다.

(3) Test Harness

－<u>시스템</u> 및 <u>시스템 컴포넌트</u>를 시험하는 환경의 일부분으로 시험을 지원하는 목적 하에 생성된 코드와 <u>데이터</u>. 시험 드라이버(<u>Test Driver</u>)라고도 하며 일반적으로 <u>단위 시험</u>이나 모듈 시험에 사용하기 위해 코드개발자가 만든다. 단순히 시험을 위한 <u>사용자 인터페이스</u>를 제공하거나, 정교하게 제작된 경우, 코드가 변경되었을 때에도 항상 같은 결과를 제공하여 시험을 <u>자동화</u>시킬 수 있도록 디자인 한다.

예상문제

가. 1교시형

1) TDD, XP, Agile 방법론 종류 및 특성

나. 2교시형

1) 대형 프로젝트에 Agile 방법론을 효과적으로 적용할 수 있는 방안을 제시하라.

2) Agile 방법론 적용 시 활용되는 Agile Practice를 5개 이상 제시하고, Practice 적용 시 주안점 및 고려사항을 제시하라.

문제 11〉   Pair Programming

카테고리   SW〉XP   난이도   하

답〉

1. XP(eXtreme Programming)의 주요 기법 Pair Programming의 의미

－두 명(Two Person)이 짝(Pair)을 이루어 프로젝트의 개발을 진행해나가는 방식을 의미함

－예를 들면, 두 명이 하나의 모니터를 바라보며 개발할 경우, 한 명은 키보드로 Coding을 하고, 다

른 한 명은 뒤에서 작업상황을 실시간으로 지켜보며 검토하는 방식으로 작업하는 방식을 의미함

2. Pair Programming을 통해 얻을 수 있는 이점(Benefit) 및 구성요소

가. Pair Programming을 통해 얻을 수 있는 이점

1) 한 작업에 집중: 두 명의 머리에서 나오는 아이디어와 노하우를 한 작업에 집중할 수 있음

2) Effort 절감: 한 명의 사소한 실수를 다른 사람이 지적하여 이후에 들일 노력을 줄일 수 있음

3) 지식공유: 작업물의 지식 공유가 쉽게 이루어질 수 있음(ex: 코드 분석 노력 절감)

4) 집중도 향상: 작업 집중도를 높일 수 있음

나. Pair Programming의 구성요소

구성요소	내용	비고
Driver	코딩 표준에 따라서 코드를 작성하는 프로그래머	Cder
Partner	Driver에게 전략과 일치 여부 확인, 모든 것을 상기시켜주는 역할을 하는 Watcher or Observer	Supporter

* Driver와 Partner는 상호 보완적인 역할을 하며, 역할 Change로 코드와 시스템에 대한 이해가 높아짐
* 상호 알고리즘, 프로그램에 대한 지속적 질문/응답을 통한 품질 향상을 도모하고, Support역할수행

3. Pair Programming과 관련된 Pair기법

가. Pair Pressure: 정해진 시간 동안 할당된 일을 완성하도록 압력

나. Pair Negotiation: 알고리즘이나 프로그램의 구조를 둘이 같이 협의

다. Pair Courage: 이전에 혼자 할 수 없었던 위험하지만 조치를 취했을 때 효과가 큰 일을 같이 할 수 있게 됨

라. Pair Reviews: 혼자 짜는 프로그램을 동시 리뷰, 기존의 리뷰 방식보다 에러를 조기에 발견할 수 있게 됨

마. Pair Debugging, Pair Learning , Pair Trust 등이 있음 "끝"

풀이

-Pair Programming의 몇 가지 사용패턴

1) Tapping Your Finger: 학습에 있어서는 즉각적이고 명시적인 피드백보다 암시적인 것이 더 나은 경우가 많다. Pair Programming 중에 드라이브(코딩)를 하는 사람이 실수를 한 것을 봤다면 혹은 문제될 만한 짓을 했다면, 말로 드러내는 것보다 화면의 해당 부분(간혹 그 시점에 테이블을 치기도 한다)에 손가락으로 가볍게 톡톡 쳐준다. 그러면 드라이브를 하던 당사자는 한번 생각해볼 기회를 갖게 되고 좋은 학습 기회를 갖는 것이며, 장기적 측면에서는 훨씬 더 바람직한 결과를 얻을 수 있다.

2) Record Your Communication into The Code: 전문가와 비전문가가 함께 Pair Programming을 하는 경

우, 대부분은 두 가지 중의 하나가 되기 쉬운데, 전문가의 지루하고 일방적인 강의가 되거나, 혹은 전문가가 키보드를 독점하게 되는 것이다. 이럴 경우, 비전문가는 좀 더 현명하게 질문을 하고, 전문가는 좀 더 현명하게 답변을 하면서 이 위험을 극복할 수 있다. Pair Programming을 하면서 일어났던 모든 커뮤니케이션 내용을 코드에 기록하여 지식을 축적하게 한다.

－Pair Programming의 기법

  1) Pair Pressure: 정해진 시간 동안 할당된 일을 완성하기 위해 두 개발자는 아주 집중적으로 일을 하게 된다. 자신 때문에 상대방이 피해를 입지 않기를 바라는 무언의 압력이 있기 때문이다.

  2) Pair Negotiation: 알고리즘이나 프로그램의 구조를 둘이 같이 협의하기 때문에 좀 더 나은 품질의 프로그램을 만들 수 있다. 혼자서 작업하면 여러 방법 중 첫 방법만으로 사용하여 구현하는 경우가 많다.

  3) Pair Courage: 이전에 혼자 할 수 없었던 위험하지만 조치를 취했을 때 효과가 큰 일을 같이 할 수 있게 된다. 개발하다 보면 버그를 발생시킬 여지가 있는 코드를 발견했는데 그것을 수정할 경우, 다른 곳에서 많은 에러가 발생되는 경우가 많다. 이때 혼자 프로그래밍하면 그냥 덮어 놓고 마는데, 둘이 있을 때는 함께 고칠 수 있다는 용기가 생긴다.

  4) Pair Reviews: 혼자 짜는 프로그램을 동시 리뷰, 기존의 리뷰 방식보다 에러를 조기에 발견할 수 있게 된다.

  5) Pair Debugging: 문제가 있을 때 그것을 상대방에게 설명하는 순간 답을 아는 경우가 많다. Pair Programming 시 서로 간의 대화를 통해 에러의 원인을 효과적으로 찾아 바로잡을 수 있다.

  6) Pair Learning: 번갈아 가면서 프로그래밍을 하며 그것을 상대방이 관찰하고 대화하기 때문에 서로의 지식과 행동을 자연스럽게 배울 수 있다. 단순히 툴 사용법만 아니라 프로그래밍 언어, 설계 원리, 디버깅 테크닉 등 프로그래밍에 필요한 모든 지식들이 전파된다.

  7) Pair Trust: Pair를 이룬 개발자들은 서로를 신뢰해야 한다. 그렇지 않으면 좋은 결과를 얻을 수 없기 때문이다. 만약 팀 내에서 Pair들이 자주 변경된다면 결국 팀 전체가 서로를 신뢰하게 된다. 그 결과 혼자 프로그래밍하던 시절보다 더 좋은 소프트웨어를 만들 가망성이 높아진다.

예상문제

가. 2교시형

  1) 차세대 시스템 구축 시 Pair Programming을 적용하기 위한 방안을 제시하시오.

11. 사례중심의 CBD 방법론

1) 컴포넌트(Component)의 개요

가. SW 위기의 해결 필요성

- 70년대 SW 복잡성에 기인한 SW 위기는 방법론을 이용하여 어느 정도 해결 했으나, SW 생산성 문제는 해결하지 못함
- SW 생산성 문제 해결을 위한 객체지향 접근은 SW 모듈의 독립성은 확보했으나, **소스코드 기반으로 재사용성에 한계점(클래스 상속)**을 가짐

나. 컴포넌트 정의

- SW 시스템에서 **독립적인 업무 또는 기능을 수행하는 모듈로서 교체가 가능한 부품**
- 독립적으로 배포할 수 있는 소프트웨어 단위이며, **인터페이스를 사용하여 그 행위적 기능이 숨겨져 있음 ➜ (임기술사)** 인터페이스와 비즈니스 로직을 실행하는 부분을 분리하여 기술 독립성을 가지고 옴

다. 컴포넌트 요구조건

특징	내 용	비고
구현	실행 시간에 바인딩 할 수 있도록 컴파일 완료 상태	실행코드
명세화	컴포넌트의 용도, 유형, 기술표준, Interface 정보	재사용 명세서
표준	재사용 및 교체 가능한 컴포넌트 개발 표준 준수	EJB, COM+, CCM
패키지화	컴포넌트 관련 문서 + 코드의 패키지화 제공	필요기능 패키지
배포 가능	독립적인 단위 컴포넌트 별 배포 가능	재사용 자원

2) 컴포넌트의 유형

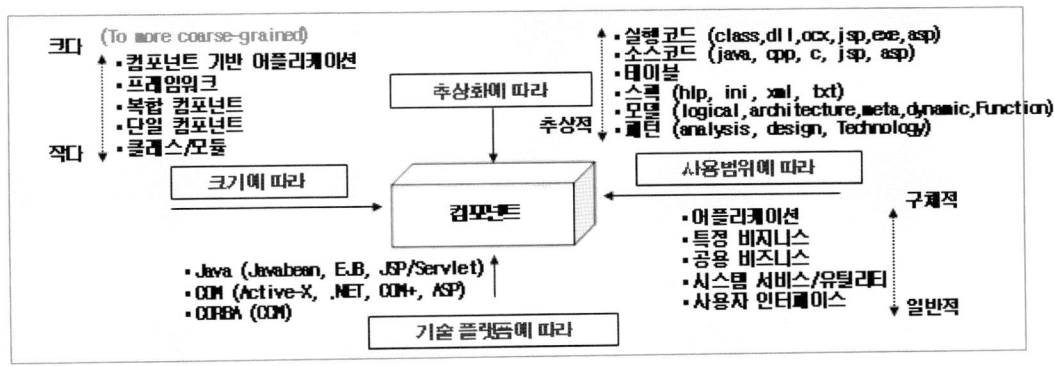

성숙단계	설 명
Off the shelf Component	기성 컴포넌트, 소프트웨어 전문 개발업체에서 제공하거나 기존프로젝트에서 사용한 소프트웨어로서 완전하게 검증된 컴포넌트
Full Experience Component	전체적으로 경험한 컴포넌트, 유사한 과거 프로젝트에서 사용한 명세, 설계, 코드 등의 데이터이며 프로그래머가 프로그램 전체를 완전히 숙지하고 있음
Partial Experience Component	부분적으로 경험한 컴포넌트, 프로그래머가 기존 프로그램 일부만 숙지하고 있으며, 수정 시 위험이 큼
New Component	신규 컴포넌트, 필요에 의해 새로이 작성한 소프트웨어로서 프로그램 작성자만 숙지함

3) 컴포넌트 구조 및 객체지향 모듈과의 차이점

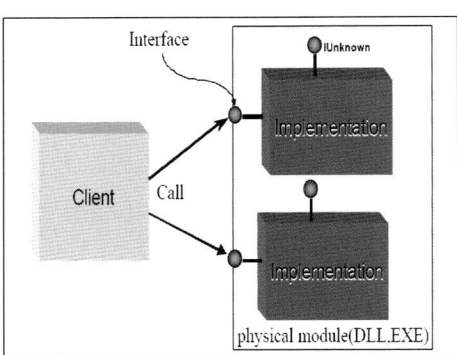

① **Interface**
- 서비스를 외부에서 접근하도록 하는 **Virtual Function**
- 메소드 내에 구현내용을 가지지 않음.
- **한번 배포되면, 변경되지 않음**(클라이언트와 약속)
- 고유 인터페이스 ID를 가짐

② **Implementation**
- 인터페이스를 상속 받아 **실제 서비스를 구현한 부분**
- Implementation Class는 상하계층구조를 가지지 않음
- 고유 클래스ID를 가짐

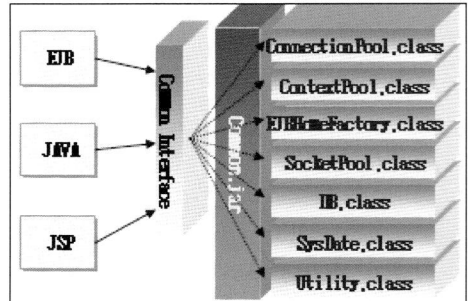

구분	객체지향 모듈	컴포넌트
재사용 방식	주로 Source 기반	실행코드 기반
플랫폼	동질 컴파일러 기반	이종 컴파일러 수용
상속성	상속 허용	상속 불가
접근 방법	객체 지향 언어	모든 언어 대상
종속성	구현기술에 종속적	구현기술에 독립적
응용환경	분산애플리케이션	분산애플리케이션
서비스 제공	타 모듈과 결합 필요	독자적으로 가능

:: 도우미 임기술사

[설명]

컴포넌트는 독립적으로 실행할 수 있는 프로그램으로 Visual Component로는 버튼, 툴바, 메뉴 등이 존재하고 Non-Visual Component는 업무처리를 수행하는 것이 존재한다. 이러한 컴포넌트는 초창기 OCX, Active X, 분산 컴포넌트(CORBA, RMI, DCOM)으로 발전했으며 현재는 Web Service 형태로 발전하고 있다.

컴포넌트가 과거의 모듈 및 클래스와 가장 큰 특징은 인터페이스와 비즈니스 로직을 수행하는 부분이 분리되어 있다는 것이다. 이것을 통해서 기술 독립성(기술 플랫폼 독립성)을 제공한다.

컴포넌트를 호출하는 애플리케이션을 오직 인터페이스만 바라보고 인터페이스를 호출한다.

인터페이스는 일명 가상함수로 실제 기능은 없고 함수명, 파라메터 정보만 가지고 있다. 그러므로 인터페이스는 기술 독립성을 보장한다. 하지만 비즈니스 로직을 가지고 있는 구현부분은 기술에 종속한다. 즉, J2EE, C++ 등과 같은 기술에 종속한다.

결론적으로 인터페이스와 구현을 분리해서 만들었으므로 소프트웨어 플랫폼 독립성을 가지는 것이다. 또한 **분산 컴포넌트 형태의 경우는 컴포넌트가 어느 하드웨어에 존재해도 오직 인터페이스만 바라보고 호출하는 형태이므로 하드웨어 플랫폼에도 독립**한다(이러한 형태가 CORBA, RMI, DCOM).

컴포넌트의 재사용은 실행 시에 원하는 컴포넌트를 호출하여 마치 결합이 발생한 것처럼 사용 할 수 있다. 그리고 사용이 끝나면 다시 결합을 분리하여 재사용을 제공한다.

여러 개의 단일 컴포넌트를 실행 시에 호출하여 결합 컴포넌트를 만들 수 있고 이러한 결합 컴포넌트를 활용하여 비즈니스를 지원한다. 이러한 작업을 **오케스트레이션**이라고 한다.

컴포넌트의 종류는 위의 교재에 나와 있는 것으로 볼 수도 있지만, 일반적으로 분류하는 컴포넌트의 종류는 공통, 인터페이스, User Interface 컴포넌트 등으로 분류할 수 있다.

[키워드]
－컴포넌트 특징, 모듈 및 클래스와 차이점

[예상문제]
가. 1교시형
  1) 컴포넌트
  2) 컴포넌트와 Core Asset과 비교(Product Line 부분임)

나. 2교시형
  1) 타 기업 간의 애플리케이션 연동이 발생하는 기업에서 인터페이스 마다 종속적인 애플리케이션을 개발하여 서비스를 수행했다. 하지만 연계해야 하는 기업의 수가 증가하고 인터페이스가 증가하여 애플리케이션의 수가 증가했으면 각각의 인터페이스 복잡도가 증가하여 유지보수 시에 문제점이 발생했다. 이러한 경우 해결방법을 제시하시오.

4) 컴포넌트 추출 방법

가. 유즈케이스 시나리오 분석을 통한 컴포넌트 도출

 -include: 동일하게 반복되는 <<include>> 관계의 유즈케이스 도출

 -extend: 특정조건에 의해 수행되는 <<extend>> 관계의 유즈케이스 도출

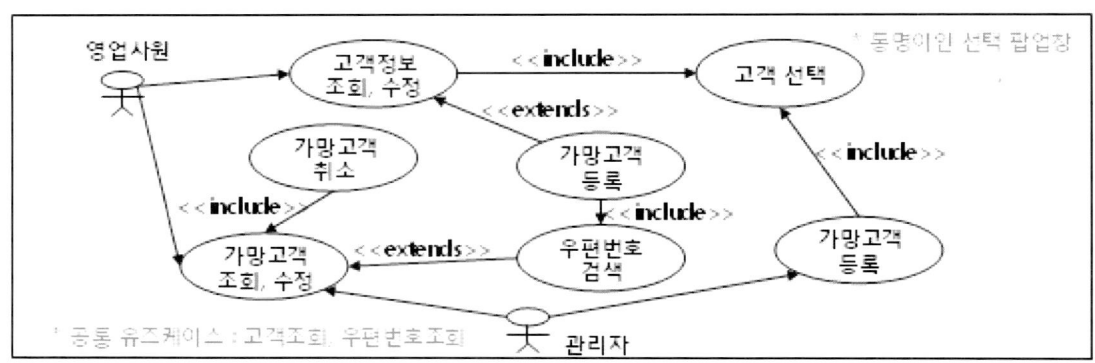

나. 설계단계의 UI Layout 설계 혹은 UI 내비게이션 설계 시 도출

 -공통 UI(공통화면일 경우), 공통 UI 컨트롤(페이지 Up/Down 등 상/하위 컨트롤 도출)

다. <<entity>> 클래스 상관관계 분석을 통한 컴포넌트 도출: Core클래스 + 종속클래스 그루핑

라. Use Case와 <<entity>> 클래스의 상관관계 분석으로 도출: 상관도가 높은 클래스를 포함

마. 복잡한 비즈니스 룰(RULE) 혹은 알고리즘은 컴포넌트로 정의

바. 도메인 전문가에 의한 판단

:: **도우미 임기술사**

[설명]

 컴포넌트의 도출의 기본 방법은 결합도와 응집도이다(모듈 부분 참조). 즉, 클래스 간의 혹은 유즈케이스 간에 관련성은 낮게 하는 결합도를 수행하고 클래스 내 혹은 유즈케이스 내의 관련성은 높게 수행하는 응집도를 수행한다.

 이러한 결합도와 응집도를 기준으로 컴포넌트를 도출할 때 결합도와 응집도를 만드는 가장 중요한 변수는 비즈니스 시나리오일 것이다. **비즈니스 시나리오에 따라 업무를 결합도와 응집도로 묶고 다시 비즈니스에서 필요로 하는 컴포넌트를 정의하는 것이다.**

[위의 내용에 include와 extend는 UML 부분을 참조 바람]

5) 국내 컴포넌트 산업의 문제점과 활성화 방안

가. 국내 컴포넌트 산업의 문제점

- 공용 컴포넌트 부족 및 컴포넌트 공유 체제 미흡
- 컴포넌트 개발 기반기술 및 전문업체 부족

→ **(임기술사)** 현재 대부분의 프로젝트에서 컴포넌트를 재사용하는 것이 아니라 컴포넌트를 먼저 만들고 그것을 활용하여 소프트웨어를 개발한다. 즉, 이러한 방법을 수행하면 CBD는 오히려 생산성이 저하되고 더 많은 비용이 발생한다. 하지만 현재 유통시장 및 활용의 부족으로 이러한 문제가 발생하는 것이다.

- 컴포넌트 기반의 활용 환경이 조성되어 있지 않음
- 컴포넌트의 특성을 반영한 유통 구조 미비

나. 국내 컴포넌트 산업의 활성화 방안

- 공용 컴포넌트 개발 및 관리체계 수립 및 컴포넌트 기술 개발 지원
- 전문업체 육성을 통한 유통 체제 및 국내 컴포넌트 활용 환경 조성

6) CBD(Component Based Development) 방법론

가. CBD 방법론 정의

- **재사용이 가능한 컴포넌트의 개발 또는 상용 컴포넌트들을 조합하여 애플리케이션 개발 생산성과 품질을 높이고, 시스템 유지보수 비용을 최소화할 수 있는 혁신적 개발방법론**

나. CBD 방법론의 등장배경

- 비즈니스 측면: Time to Market, 유연성(Flexibility)
- 기술적 측면: 분산(원격호출), 개방성(Open Standard), 통합(Plug & Play), 부품(Reusable)

다. CBD 방법론의 특징

- 잘 정의된 **인터페이스 단위의 조립을 통한 개발**
- **아키텍처 중심의 재사용 개발 방법론**: 기반 아키텍처 없이는 공용 컴포넌트 개발 불가
- **반복 점진적 개발 프로세스 제공**: 일련의 반복을 통해 개발 위험을 식별하고 제거

7) CBD 방법론 개발 절차 및 요소 기술

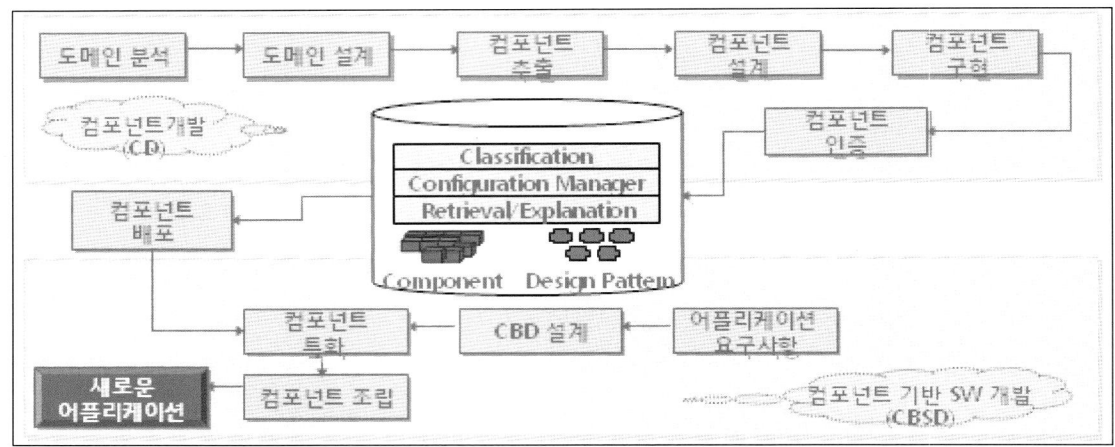

가. CD(Component Development)

- SW 개발에 필요한 부품을 만드는 것
- 비즈니스영역 이해와 기술 아키텍처에 대한 이해 필요
- **재사용 목적상 해당 도메인에 대한 분석이 핵심사항**
- 비즈니스 컴포넌트와 소프트웨어 컴포넌트 병행 개발

나. CBSD(Component Based S/W Development)

- 기존에 만들어진 컴포넌트들을 **조립하여 SW를 개발**
- **반복적 개발 프로세스 적용**, 혁신적인 생산성 향상

컴포넌트 생산 기술	컴포넌트 재사용 기술
- 재사용 설계/개발 - 디자인패턴, 프레임워크 - 재공학 - 컴포넌트 정형명세 - 영역(Domain) 공학 - 컴포넌트 인증	- 재사용 정보 저장소 - 재사용에 의한 설계/개발 - 도메인 공학 - 재사용 메트릭스

8) CBD 방법론 핵심성공요인 및 향후 전망

가. 핵심성공요인

구분	내 용
아키텍처 중심적	- 아키텍처 중심 개발을 통한 가시성 확보, 위험 조기 식별 및 대응
엔지니어링 도구	- 자동화된 툴 사용을 통해 생산성과 정확성 향상 가능
프레임워크기반	- 프레임워크 기반 개발은 개발생산성 향상 및 품질향상의 기반 역할
조직간 R&R	- 컴포넌트 개발팀, 솔루션개발팀, 조직지원팀의 역할 분담
표준 및 방법론	- 실행환경 표준: .NET, J2EE, CCM - 개발표준: UML기반과 같은 개발표준 및 RUP같은 방법론
개발팀 역량	- 개발팀원의 기반 기술 습득 정도, 표준 이해 및 준수 정도
재사용관리체계	- 컴포넌트 재사용 자산 축적 및 품질관리 체계 구축 중요
경험 축적	- 프로젝트 관리나 아키텍처 정립에 대한 경험과 적용 능력 중요

나. 향후 전망

- 컴포넌트를 넘어 아키텍처 기반의 재사용(MDA/MDD), 제품라인(Product Line)에 의한 재사용으로 발전 예상

➔ (임기술사) MDA는 분석/설계 모델을 구현 모델과 독립적으로 사용할 수 있는 설계구조를 의미한다. 즉, 분석/설계의 모델링을 EJB, DCOM, CORBA와 같은 구현 기술과 관계없이 분석/설계 모델링을 재사용 할 수 있는 설계접근 방법이다.

➔ (임기술사) Product Line은 업무 공통 컴포넌트를 도출하여 재사용하는 접근방법이다. 즉, 해당 기업의 공통업무를 정의하고 그것을 컴포넌트화 하여 같은 형태의 기업에서 추후 재사용 할 수 있게 하는 것이다. 이때 업무 공통 컴포넌트를 Core Asset이라고 한다.

- Business Architecture, SW Architecture 등의 영역별 세분화, 전문화 진행(MDA)

➔ (임기술사) 비즈니스 아키텍처와 소프트웨어 아키텍처는 이미 EA 및 RUP에 그 활동영역이 정의되어 있다.

- WEB 서비스의 출현 이후 비즈니스 컴포넌트의 진화 예상

➔ (임기술사) 현재 Core Asset 및 SOA의 Service 형태로 이미 진화되고 있다.

:: 도우미 임기술사

[설명]

CBD 방법론은 컴포넌트를 개발하는 단계와 개발된 컴포넌트를 조립하여 최종 제품을 만드는 단계로 나누어진다. 컴포넌트를 개발하는 단계는 기존의 RUP와 동일하다고 생각하면 된다.

CBD는 기존에 개발된 컴포넌트를 재사용하거나, 상용화된 컴포넌트 시장을 활용하여 컴포넌트를 구매하여 이미 검증된 컴포넌트를 조립을 통해서 구현하는 것을 지향한다. **검증된 컴포넌트를 사용하므로 품질을 향상하고 생산성을 단축시켜서 Time To Market을 달성**할 수 있도록 하는 것이다.

[키워드]

- CBD 장점과 단점, CBD 개발 프로세스(세부내용은 RUP 부분 참조)

[예상문제]

가. 1교시형

  1) CBD

나. 2교시형

　1) 소프트웨어 위기는 비용증가. 품질저하, 일정지연, 생산성 저하 때문에 유발되었다.
　　CBD는 이러한 문제를 어떻게 해결할 수 있는지 설명하시오.

문제〉	컴포넌트 기반의 소프트웨어 개발을 위해서 컴포넌트 기반 개발 방법론인 CBD 방법론이 등장했다. 이러한 CBD 방법론의 종류를 3개 이상 설명하시오.		
카테고리	소프트웨어 공학〉개발방법론〉CBD	난이도	중

답〉

1. 컴포넌트 기반 개발을 통한 (1)비즈니스 적시성 향상 CBD
가. CBD(Component Based Development) 정의
　－비즈니스 요구사항에 따른 컴포넌트 생성과 **(2)생성된 컴포넌트**를 조립하여 소프트웨어를 개발하는 접근방법

나. 전통적인 방법론과 CBD 방법론과의 차이점

차이점	전통적 방법론	CBD
종류	－구조적, 정보공학 방법론	－RUP, Catalysis, 마르미 Ⅲ 등
재사용 방법	－모듈, 모듈단위 화이트 박스 재사용	－Component, 블랙박스 재사용
접근방법	－Top down	－Bottom Up
구축비용	－모듈의 복잡도에 따라 구축 비용이 다름	－컴포넌트를 개발하면 과다 비용 －조립을 통한 접근은 비용 저렴
SW 성능	－고속, **(3)강결합** 접근	－느림, **(4)약결합** 접근
유연성	－낮음	－높음, 인터페이스와 로직 분리됨

　－CBD를 응용한 (5)Product Line, (6)Service Oriented Development로 발전

2. CBD 96 방법론
가. CBD 방법론 개발 프로세스 개념도
　－CBD 96은 컴포넌트 기반 개발의 절차를 컴포넌트 조립에 의한 새로운 비즈니스 애플리케이션의 개발과 컴포넌트 자체 공급으로 나누어 수행

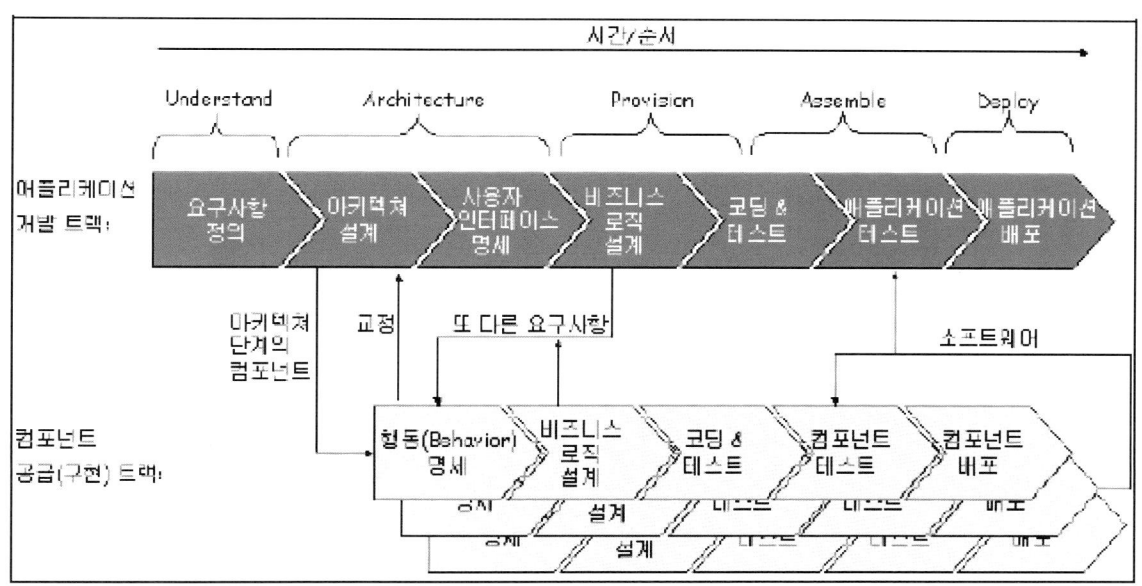

나. CBD 방법론 개발 프로세스 세부내용

개발 프로세스	주요 내용	산출물
비즈니스 타입 모델링	– 요구사항 분석을 통한 애플리케이션 내에서 관심을 가지고 있는 정보를 비즈니스 타입으로 정의	비즈니스 타입 모델
유즈케이스 모델링	– 사용자와 대화를 통해 시스템 외부의 액터와 시스템이 제공하는 유즈케이스 사이의 상호작용 표현	유즈케이스 다이어그램
컴포넌트 아키텍처 설계	– 비즈니스 타입 간의 응집도, 결합도를 고려하여 초기 컴포넌트 도출, 그들의 책임과 의존성 표현	컴포넌트, 아키텍처 다이어그램
인터페이스 상호작용 모델링	– 컴포넌트 아키텍처로부터 얻어진 컴포넌트가 제공하는 각 인터페이스 전체 명세를 정의함	인터페이스 다이어그램
컴포넌트 아키텍처 재정의	– 반복수행 과정을 통해 최종 컴포넌트 아키텍처 재정의	컴포넌트, 아키텍처 다이어그램

3. Catalysis 방법론

가. Catalysis 방법론의 공정

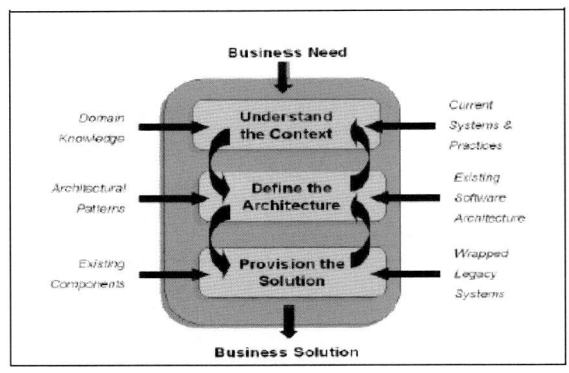

－요구사항을 반영한 시스템을 만들기까지 도메인 이해
－아키텍처 정의
－공급이 되어지는 항목을 통한 솔루션 단계로 나누어 개발

나. Catalysis 방법론의 세부 내용

개발 프로세스	주요 내용
도메인 이해	－시스템의 정적인 행위와 동적인 행위를 기술 －정적: 클래스, 유즈케이스, 시퀀스, 콜라보레이션 활용(정적: 명세화된 클래스) －동적: 행위는 타입들 간의 상호작용 분석, 타입 콜라보레이션 다이어그램으로 표현
아키텍처 정의	－행위 간의 의존성을 부여하여 패키징하여 독립적인 구현, 배포, 실행이 가능한 컴포넌트를 도출하고 컴포넌트 아키텍처 모델링 수행, 인터페이스 정의
컴포넌트 구현 및 공급	－시스템은 각 컴포넌트 스펙에 대한 자세한 설계도 및 컴포넌트 아키텍처 모델에 표현된 컴포넌트 구조에 따라 조립하여 구현

4. 마르미 III 방법론

가. 국내 CBD 개발 방법론 마르미 III 공정

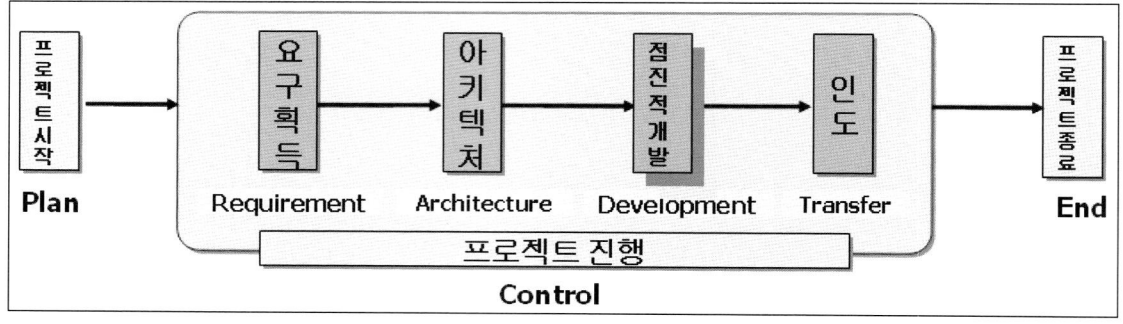

나. 국내 CBD 개발 방법론 마르미 III 세부내용

개발 프로세스	주 요 내 용
계획단계	-유즈케이스 모형 및 객체 모형을 통해서 시스템 범위확정 -프로토타이핑을 통한 사용자 검증, 프로젝트 규모, 소요비용, 추진계획, 품질보증
아키텍처 단계	-비즈니스 아키텍처를 포함한 시스템 아키텍처 결정 -최종 컴포넌트 명세를 정의하고 컴포넌트를 도출, 아키텍처 위험요소 제거 -점증적 개발을 위한 계획 수립
점증적 개발단계	-미니 프로젝트 단위로 분할하여 개발수행, 식별된 컴포넌트 내부를 설계하고 데이터베이스, 사용자 인 터페이스 등을 설계 구축, 통합 및 시스템 테스트 수행
인도 단계	-개발된 컴포넌트 리포지터리 등록 혹은 실제 시스템에 설치, 고객 승인획득

[참고] 마르미 방법론 사업현황

	마르미	마르미-II	마르미-III 버전 1.0	마르미-III 버전 2.0 ~
개발 기간	1994. 10. ~ 1997. 9.	1995. 11. ~ 1998. 10.	1999. 7. ~ 2001. 6.	2001. 7. ~ 2003. 6 (예정)
지원 방법	구조적 방법, 정보공학	객체지향방법	컴포넌트 기반	컴포넌트 기반
특징	국제표준 수용(ISO12207) 개발공정의 계층화/상세화 산출물의 간소화	UML 기반 반복적/점진적 개발 위험관리	EJB 기반 아키텍처 중심 마르미-II 메타모형 공유	COM+, CORBA 지원 프로젝트/품질관리 지원 사용자 방법론 개발/조정 지원
구성	마르미-D 절차서 마르미-D 기법서 마르미-D 산출물양식집 마르미-D 적용사례집 마르미-P 절차서 마르미-P 기법/산출물 마르미 전자매뉴얼	마르미-II 개요서 마르미-II 절차서 마르미-II 기법서 마르미-II 양식정의서 마르미-II 전자매뉴얼 DEBUT (UML 모형화 도구) DEBUT 사용자지침서 DEBUT 튜토리얼	마르미-III 개요서 마르미-III 절차서 마르미-III 기법서 마르미-III 양식정의서 마르미-III 적용사례서	마르미-III 개요서 마르미-III 절차서 마르미-III 기법서 마르미-III 양식정의서 마르미-III 적용사례서

출제의도

본 문제는 CBD 방법론의 다양한 종류를 알고 있는지 확인하는 문제이다. 특히 이중에서 국내 CBD 방법론인 마르미 III에 대해서 알고 있어야 한다. 또한 본 문제에서는 나와 있지 않지만, RUP도 CBD 방법론 중에 하나이다.

풀 이

- CBD 방법론은 객체지향 기술을 바탕으로 하드웨어 및 소프트웨어 독립적인 컴포넌트를 활용하여 소프트웨어를 개발하는 방법론이다. CBD는 재사용성을 증대하기 위한 방법론으로 재사용을 통해서 소프트웨어 품질 저하, 생산성 저하, 일정지연, 비용증대의 문제를 해결한다.
- 이러한 CBD 방법론은 다양한 방법론이 존재하며 RUP, 마르미 III, CBD 96, Catalysis 등이 있다. 즉, 이러한 방법론은 기본적으로 CBD가 갖추어야 할 특징은 만족하면 각각 다른 특색을 가진다.

각 방법론 별로 나타나는 개발 공정의 활동 차이를 알아야 할 것이다. (문제풀이 참조)

주요 용어설명

(1) 비즈니스 적시성: Time to Market, CBD에서 비즈니스 적시성의 의미는 재사용 컴포넌트를 활용하거나 컴포넌트 상거래 시장(COTS)에서 컴포넌트를 구매하여 조립을 통해서 소프트웨어를 개발하여 비즈니스가 원하는 시점에 품질을 보장받을 수 있는 소프트웨어를 제공한다.

(2) 생성된 컴포넌트: 공통된 특성을 가진 재사용 컴포넌트이다.

(3), (4) 강결합 및 약결합: 여기서 이야기하는 강결합은 CALL B와 같이 어떤 모듈을 사용할 때 호출쪽에서 직접적으로 접근하여 사용한다. 약결합은 호출은 오직 인터페이스를 통해서만 접근하여 비즈니스 로직의 직접 호출을 지원하지 않는다. 이러한 약결합 방법을 통해서 기술 플랫폼 독립성을 제공하고 재사용성을 향상시킨다.

(5) Product Line: 업무공통 컴포넌트를 생성하는 도메인 공학과 도메인 공학을 통해서 생성된 업무 공통 컴포넌트를 조립하여 개발하는 애플리케이션 공학으로 이루어진다. 이때 업무 공통 컴포넌트를 Core Asset이라고 한다.

(6) SOD: Service Oriented Development, 비즈니스 프로세스 단위로 재사용 할 수 있는 컴포넌트를 활용하는 소프트웨어 개발방법론이다(SOA).

예상문제

가. 1교시형
  1) CBD

나. 2교시형
  1) 국내 CBD 방법론인 마르미 III 방법론에 대해서 설명하시오.

12. UML

1) UML의 개요

가. UML (Unified Modeling Language)의 정의

- 그 자체로 문법(Syntax)와 의미(Semantic)을 가져, 시스템 및 SW를 **가시화**(visualize), **명세화**(Specification), **구축**(Construction), **문서화**(Documentation)하는 OMG 표준 그래픽 모델링 언어

나. UML의 특징과 효용

- 즉시 사용가능하고 표현력이 강한 시각적 모델링 언어
- 단순 표기법이라기보다는 사용하는 형식과 각각의 표기에 의미를 가진 언어
- 개발자, 관리자, 공급자, 획득자에게 통일된 인터페이스 제공
- 이용 시 개발자 간 의사소통 원활, 객체 개발 프로세스: 반복적 점진적 과정
- 개발규모, 개발 프로세스, 언어에 관계없이 적용가능
- 객체지향 개발만을 위한 것이 아니라 통합 모델링이므로 다른 모델링 시 사용가능
- ➔ (임기술사) UML은 모델링 언어이다. 이러한 모델링 언어는 공통적인 목표를 가진다. 즉, 의사소통이다. 모델링 된 산출물 보고 고객과 의사소통을 하기 위한 것이다. 그러므로 모델링 언어는 가시화, 명세화, 문서화가 가능해야 하고 모델링 된 산출물로 구축 가능해야 할 것이다.

2) UML의 구성

가. Things: 추상적 개념으로서 모델 구성의 기본요소

	항목	도해	설명
구조 사물	Actor	(고객)	- 시스템 외부에 존재하며, 시스템과 상호작용하며, **유즈케이스를 구동 하는 주체** - 액터의 후보로는 사용자역할, 타시스템, Timer등이 있음
	Use Case	(상품구매)	- **시스템이 수행하는 순차적 활동들을 기술하며 행위자(Actor) 에게 결과 치를 제공** - 행동 사물을 구조화하기 위하여 사용하며 Collaboration으로 실체화됨. - **시스템이 수행하는 순차적 활동을 기술**하며 시스템이 해야 할 WHAT에 대하여만 표현(HOW는 표현하지 않음)

	Collaboration	(상품구매)	- 교류(Interaction)를 정의하며 서로 다른 요소와 역할들의 집합을 표현
			- Use Case를 실체화함(Use Case Realization)
			- 유즈케이스 시나리오를 설명하기 위한 여러 다이어그램의 집합
			  • 구조적 관점: 클래스 다이어그램
			  • 행동적 관점: 시퀀스 다이어그램

구조 사물	Class	Person - name : String - juminNo : int + marry()	-동일한 속성(Attribute), Operation, Relation, 그리고 의미를 공유하는 객체를 표현 -객체(Object)의 템플릿(Template)
	Object	홍길동 : Person	-클래스의 특정시점의 모습을 나타내는 snapshot -클래스의 인스턴스(Instance)
	Interface	<<interface>> Transportation - fee : long + carryPeople()	-Class 또는 Component의 Service를 명세화 하는 Operation들의 집합 -내부의 행동요소를 외부적으로 가시화 -특정 Class나 Component의 전체 또는 일부분 만의 행동을 표현
	Component	신용검사	-시스템의 물리적이고 대체 가능한 부분으로 Interface를 준수하여 구현 -Class, Interface, Collaboration 등 서로 다른 논리 요소를 물리적으로 Package화 -구현된 물리적인 소스: *.dll, *.exe, *.java 등 -재사용(Reuse), 대체(Replace) 가능하고 Plug & Play 가능하며, 인터페이스를 가지는 SW모듈(UML2.0에서 내용 확장됨)
	Node	사용자단말	-실행 시에 존재하는 물리적 요소이며 Computer 자원을 나타내고 약간의 Memory와 처리 능력을 가지는 물리적 전산자원 -컴포넌트는 노드에 존재하거나 노드 간 이동 가능
행동 사물	State Machine	잠김상태	-상태(State)의 순서를 지정하는 행동 -하나의 객체 혹은 교류에 발생하는 사건(Event)에 대한 대기 및 응답의 표현 -상태전이(상태에서 상태로의 흐름), 사건(전이를 유발하는것), 활동(전이에 따른 응답)
	Interaction	1. carryPeople( )	-행위이며 지정된 목적을 완성하기 위하여 특정 문맥에 속한 객체들 사이에 주고받는 Message들로 구성 -목적을 완수하기 위한 객체들 간의 주고받는 메시지 -메시지, 활동순서(메시지로 호출되는 행동), 링크(객체 간의 연결)
그룹 사물	Package	presentation	-요소들을 Group으로 묶는 다목적 Mechanism -Component와는 다르며 개발 시에만 존재하는 개념적인 모형 -구조사물, 행동사물, 다른 그룹사물까지도 하나의 패키지로 가능
주해 사물	Note	여기에 주석	-하나의 요소 또는 요소들로 구성된 공동체에 첨부되는 제약과 주석을 표현하는 정형화 되지 않은 텍스트(Annotation) -모든 모델링 요소에 연결 가능

나. Relations

-Thing 간의 의미 있는 연결(연관, 의존, 실체화, 일반화 관계)

-객체들 간의 대화를 위한 경로 제공

-데이터의 흐름이 아닌 메시지의 통로

(1) Association(연관관계)

－모델요소 간 링크를 설명하는 구조적 관계로서, 링크들의 집합

  (링크: 객체 간의 연결 있음을 의미)

－(Has-A 관계)

－Multiplicity, Role Name도 추가가능

－단방향, 양방향 모두 가능

－Aggregation과 Composition은 Association의 하부 종류

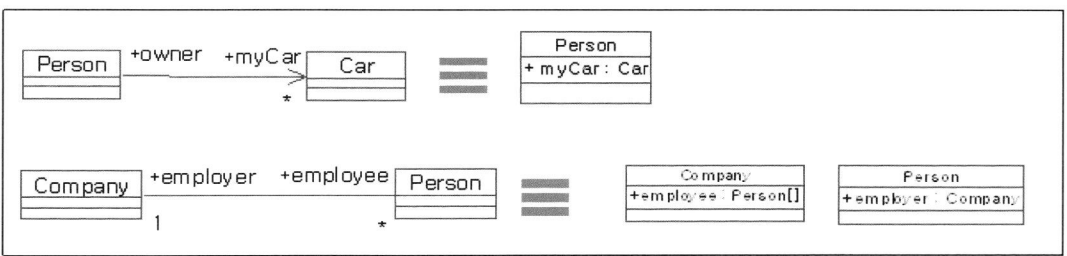

::도우미 임기술사

[설명]

연관관계는 클래스 간에 의미적 연결관계이다. 이것은 한 클래스 다른 클래스의 메소드를 호출하여사용하는 관계를 나타낸다. 위의 그림을 보면 Person 클래스가 Car 클래스의 메소드를 호출하는 것을 표현한다.

즉 Person 클래스는 +myCar라는 역할명을 사용하여 Car 클래스의 메소드를 호출할 수 있다. 연관관계는 클래스 내부에 전역변수로 만들어져서 이 전역변수를 통하여 Car 클래스의 메소드를 호출할 수도 있고 애트리뷰트도 참조할 수 있다.

(전역변수: 클래스 내에서 전체적으로 참조 가능한 변수, 지역변수: 메소드 내에서만 참조 가능한 변수) 또한 역할명을 보면 +myCar로 선언되어 있다. 여기서 + 의 의미는 Public을 나타내며 누구나 참조 가능함을 나타낸다.(-: Private, #: Protected)

• Public: 누구나 참조 가능

• Private: 클래스 내부에서만 참조 가능

• Protected: 자식 클래스만 참조 가능

위의 다이어그램 중에서 Person을 코드변환 하면 다음과 같다.

[Person Class 코드변환]

```
Class Person {
    Car myCar;        /* 즉, 전역변수로 정의된다 */
         ......
    }
```

Person 클래스 다이어그램을 자세히 보면 '*'라는 표기가 있다. 이것은 Person 클래스 1개와 N개의 Car 클래스가 존재할 수 있음을 표현한 것이다. 이러한 경우는 코드변환 수행 시에 Array로 변환된다.

[Person Class 코드변환]

```
Class Person {
    Car myCary[];      /* N개를 만들 수 있는 Array로 정의됨  */
         ......
    }
```

(2) Composition(복합관계)
－Whole(전체)-Part(부분) 관계, Whole(전체)과 Part(부분)의 생명주기가 같음

(3) Aggregation(포함관계)
－Whole(전체)-Part(부분) 관계, 하지만 Whole(전체)과 Part(부분)의 생명주기가 일치할 필요 없음
* 두 관계를 사용함에 있어 구별이 어렵거나 모호하면, Association관계로 표현 권장, Aggregation과 Association의 불분명한 차이점이 실제로 문제를 일으키지는 않음

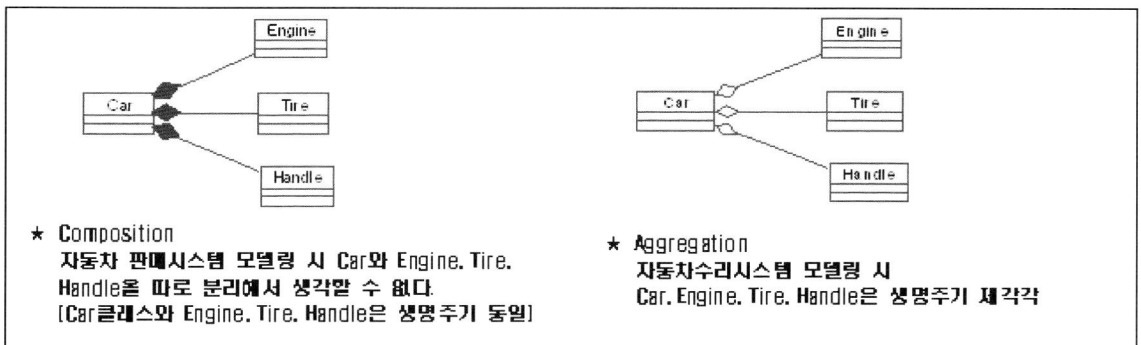

★ Composition
자동차 판매시스템 모델링 시 Car와 Engine, Tire, Handle을 따로 분리해서 생각할 수 없다.
[Car클래스와 Engine, Tire, Handle은 생명주기 동일]

★ Aggregation
자동차수리시스템 모델링 시
Car, Engine, Tire, Handle은 생명주기 제각각

:: 도우미 임기술사

[설명]

연관관계는 복합관계와 포함관계로 다시 나누어진다. 포함관계는 기존의 연관관계로 생각하면 된다. **복합관계는 클래스 간의 생명주기를 공유한다. 이것은 한 클래스가 기동 시에 같이 기동되고 종료시에 같이 종료되는 관계이다.**

클래스를 생성하면 클래스 내부에는 생성자와 파괴자라는 메소드가 자동으로 만들어진다.

생성자와 파괴자는 클래스가 실행되면 자동으로 호출하고 종료될 때 자동으로 호출된다.

즉, 복합관계는 클래스가 메모리 내에 올라올 때 자동으로 호출되는 생성자 메소드 내부에 New라는 함수를 사용하여 복합관계의 다른 클래스를 생성하고 클래스가 종료 시에 자동으로 호출되는 파괴자 메소드 내에 Free라는 함수를 사용하여 메모리를 해제한다.

결론적으로 같이 기동하고 같이 종료하는 관계이다. 하지만 이러한 관계는 JAVA 언어를 사용하여 개발 할 경우에는 의미가 없다. 그 이유는 JAVA는 가상머신에 의해서 메모리를 자동으로 해제 하기 때문이다. 그러므로 구현 언어가 C++로 구현하는 경우 사용할 수 있다.

[복합관계 코드변환]

```
Class Car{
  Car::Car()    /* 생성자 메소드: 클래스 명과 동일한 메소드임 */
  {
      new Engine, Tire, Handle   /* 같이 기동됨 */
  }
  Car::~Car()   /* 파괴자 메소드 */
  {
      free Engine, Tire, Handle   /* Car 클래스와 메모리에서 같이 해제됨 */
  }
```

(4) Dependency(의존관계)

-두 사물 간의 의미적인 관계로 **한쪽(독립) 사물의 변화가 다른(종속) 사물에 영향을 주는 관계**

- 요구(Client)와 제공(Sever)의 관계, 단방향성 only

-Use 관계

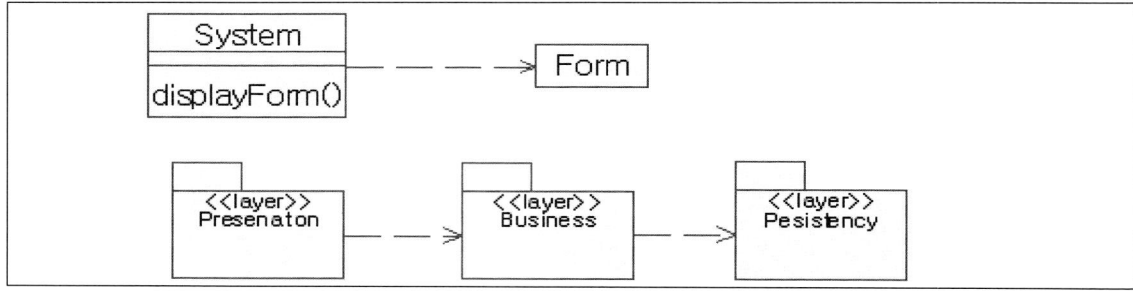

:: 도우미 임기술사

[설명]

의존관계는 독립사물의 변화가 종속사물에 영향을 미치는 관계로 위의 그림을 보면 System과 Form은 의존관계를 표현한다.

즉, 'System 클래스의 DisplayForm이라는 메소드 내에서 Form 클래스를 메모리 내에 생성하고 사용하겠다'라는 것이다. 그래서 의존관계는 메소드의 파라메터로 표현된다.

[의존관계 코드변환]

```
Class System {
  DisplayForm(Class Form .. )   /* 메소드의 파라메터 변수로 참조된다. */
  {
      ......
  }
}
```

위의 코드변환 의미는 DisplayForm이라는 메소드 내에서만 Form 클래스를 참조할 경우에 의존관계로 표현되는 것이다.

(5) Generalization(일반화 관계)
－구조와 행동을 공유하는 관계("Is-a-kind-of")
－특수한 것에서 일반적이고 공통적인 것을 끌어내는 것
－반대 개념은 구체화(Specialization)
－상속(Inheritance)의 관계

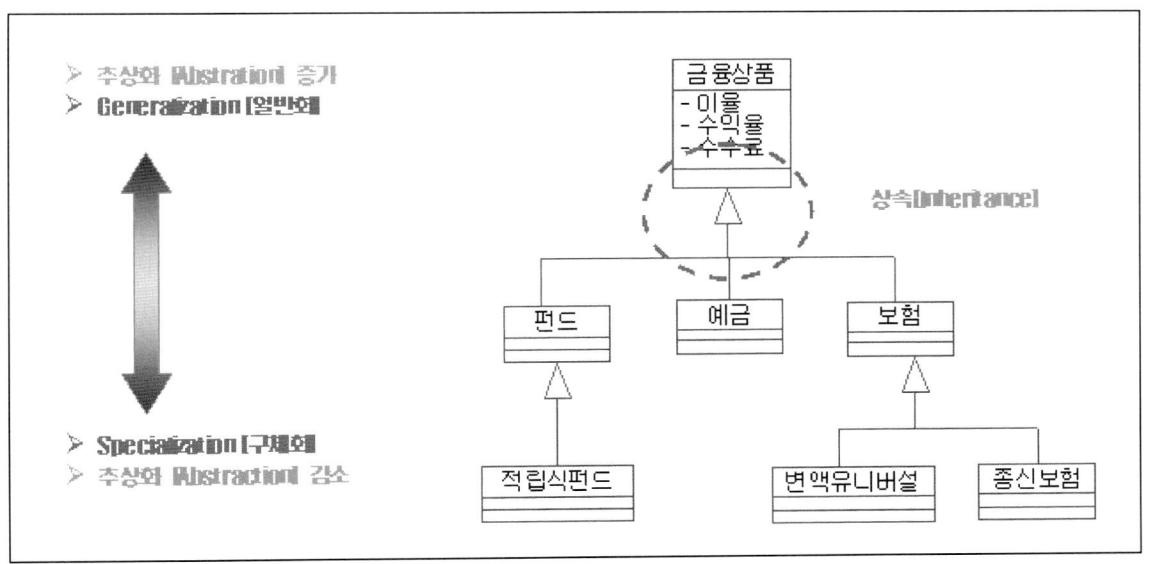

[설명]

일반화는 상속관계를 표현한다. 즉, **부모 클래스의 특성을 자식 클래스가 그대로 사용할 수가 있다.** 위의 그림을 보면 금융상품 클래스를 펀드, 예금, 보험 클래스가 상속한 관계를 표현한다.

이렇게 되면 펀드, 예금, 보험 클래스는 금융상품 클래스의 메소드와 애트리뷰트를 참조할 수가 있다.

예금 클래스 입장에서 위의 다이어그램을 코드변환 하면 다음과 같다.

[일반화 코드변환]

```
Class 예금::금융상품{    /* JAVA 언어로 변환하면 Class 예금 extends 금융상품 */

}
```

위의 코딩으로 변환되면 예금 클래스는 언제든 금융상품 클래스를 참조할 수가 있다.

(6) Realization(실체화 관계)

- 명세(Specification)와 구현(Implementation)의 관계-관심의 분리(Seperate Of Concern) 실현
- **정의("What")에 대한 해석/구현("How to")**
- **Use Case와 Collaboration 간(= Use Case Realization), Interface와 Class 간의 관계**

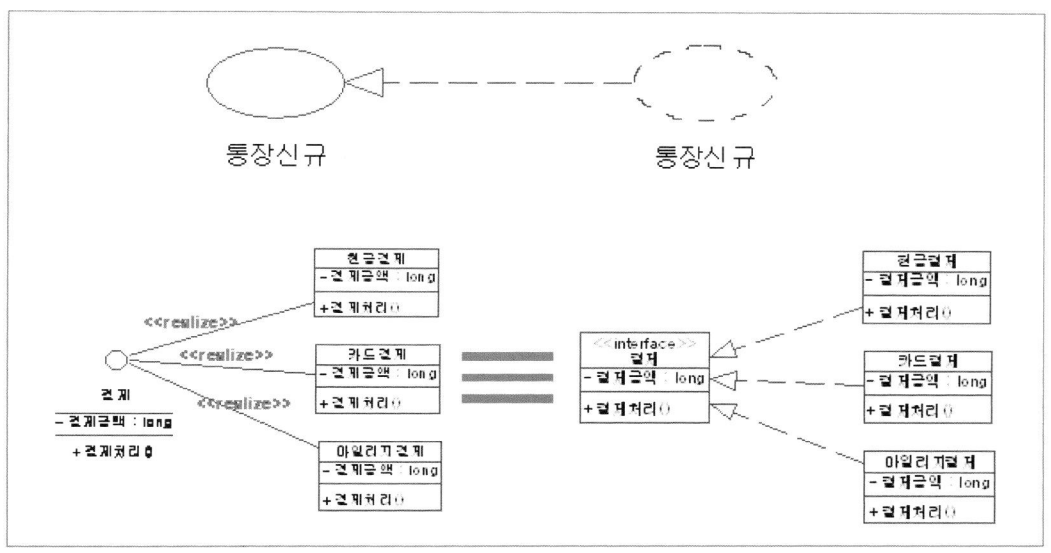

:: 도우미 임기술사

[설명]

실체화 관계는 클래스와 인터페이스의 관계로 클래스가 인터페이스를 실행하는 관계를 나타낸다.

즉, 호출 클래스가 인터페이스(가상함수)를 호출하여 해당 클래스를 실행하는 관계를 의미한다.

위의 다이어그램을 보면 결제라는 인터페이스가 존재하고 결제에는 현금 결제, 카드 결제, 마일리지 결제 클래스가 존재한다.

이렇게 되면 결제 인터페이스 결제처리라는 가상함수를 다른 클래스가 호출하면 현금/카드/마일리지 클래스를 호출하게 되는 것이다.

현금 결제 클래스를 코드변환 하면 다음과 같다.

[실체화 코드변환]

```
Class 현금결제 implements 결제 {  /* 실체화는 implements로 표현된다. */

}
```

다. UML Diagrams

- Class Diagram

- Component Diagram

- Deployment Diagram

- Object Diagram

- Package Diagram

- Composite Structure Diagram (UML2.0): 컴포넌트와 그 안의 내부구조를 표현하는 다이어그램

- Activity Diagram

- Use Case Diagram

- State Chart Diagram

- Communication Diagram(UML2.0): UML1.x의 Collaboration다이어그램의 명칭 변경

- Sequence Diagram

- Interaction Overview Diagram(UML2.0): 액티비티 다이어그램과 시퀀스다이어그램을 병행 표현

- Timing Diagram(UML 2.0)

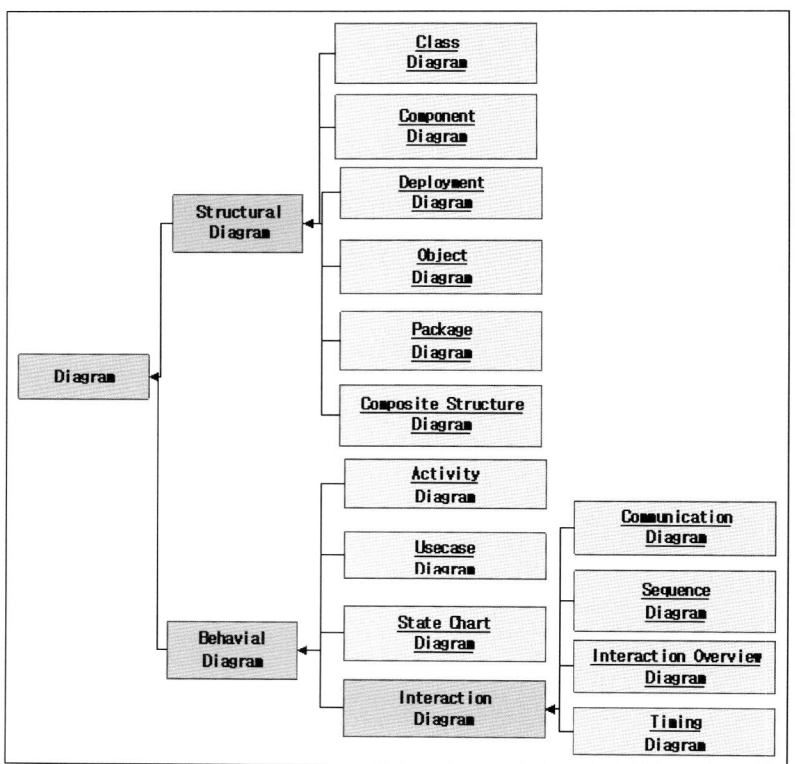

(1) Use Case Diagram

－시스템의 기능적 요구사항을 표현, 시스템의 사용자(액터)와 시스템 간 정형적인 상호작용기술

－사용자 관점에서 시스템 행동을 조직화하고 Modeling

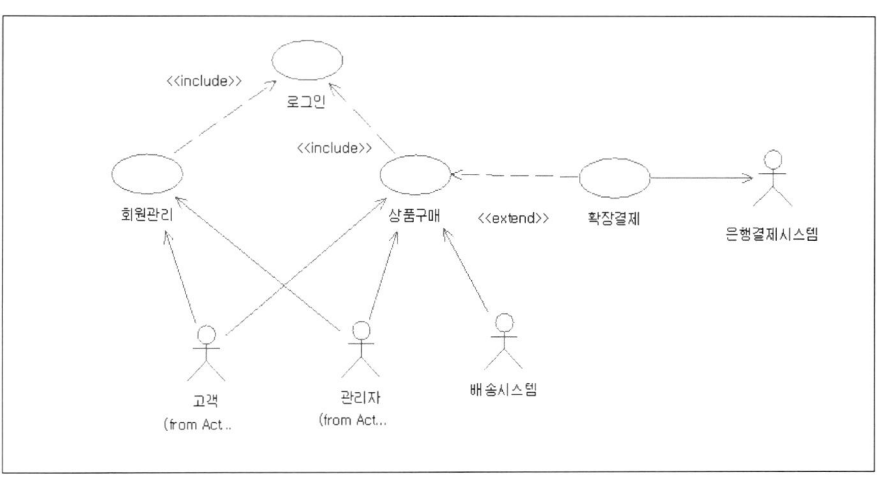

－Use Case Specification (유즈케이스 스펙, 유즈케이스 명세서)

: **유즈케이스 내부의 업무 시나리오의 흐름을 정형화된 자연어로 기술한 문서 유즈케이스당 1개씩 작성,** 유즈케이스명세서 대신, 유즈케이스 내부의 업무시나리오를 Activity Diagram으로도 표현함

➜ **(임기술사)** 업무 시나리오가 복잡한 것은 Activity Diagram을 활용한다.

－유즈케이스 명세서 항목 구조

• **기본흐름**: 해당 Use Case가 제공하는 **가장 주된** 서비스를 선택하여 Actor가 원하는 Output을 생성해 줄 때까지의 **업무흐름을 기술**하도록 한다.

• **대체흐름**: 대체흐름에 기술되는 업무는 **기본흐름에서 벗어나는 Branch상에서 이뤄지는 업무일 경우(Alternative Flow)에 한정**한다.

• **확장점**: 확장되는 유즈케이스가 존재할 때 Base Use Case의 명세서 안에 작성한다.

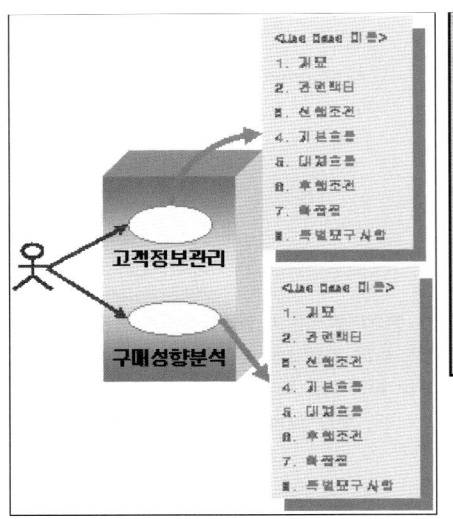

I. 개요
　　본 유즈케이스는 비디오테입을 대여시 테입의 정보 및 대여정보를 자동으로 처리하는 유즈케이스이다.

II. 관련액터
　　관리자 액터

III. 기본흐름(Basic Flow)
　　B1.관리자는 고객이 요청한 테입에 대한 대여가능여부를 시스템에 요청한다.
　　B2.시스템은 테입 제목을 검색하여 대여가능여부 및 테입의 위치를 제공한다.
　　B3.관리자는 스캐너를 통하여 테입에 대한 정보를 입력한다.
　　B4.시스템은 입력받은 테입정보를 통해 대여기간, 기본 대여가격,성인물여부를 제공한다.
　　B5.관리자는 고객의 아이디를 입력한다.
　　B6.시스템은 고객정보를 조회하여 해당 테입을 대여할 수 있는 자격여부를 확인한다.
　　B7.시스템은 고객정보를 조회하여 연체여부를 확인한다.
　　　　연체고객일때는 대체흐름 A1으로 분기한다.
　　B8.시스템은 고객의 등급을 조회하여 대역가격, 대여기간을 판정, 제공한다.
　　B9.관리자는 제공된 정보를 확인 후, 확인을 통해 대여 완료 처리를 요청한다.
　　B10.시스템은 테입의 대여상태를 대여중으로 처리한 후, 대여금액을 매출처리한다.
　　B11.시스템은 확인 메시지를 출력하고 유즈케이스를 종료한다.

IV. 대체흐름
　　A1.연체고객일때
　　　　A1.1 시스템은 연체고객의 연체정보를 조회한다.
　　　　A1.2 최종 연체금액을 계산하여 제공하고 유즈케이스를 종료한다.

:: 도우미 임기술사

[설명]

사용자 요구사항은 맨 처음 요구사항 기술서(비전 및 요건정의)를 정의하여 사용자 요구사항을 정의한다. 이러한 요구사항 기술서를 통하여 사용자 요구사항을 정의 후 해당 요구사항에 대한 구체적인 명세화를 수행한다.

요구사항 기술서

시스템구분	ID	요구사항명	유형	관련요구사항 (요구사항 출처)	요구사항설명	연계조건	관련부서	상태	중요도	난이도	변경성	담당자
	R-001	계좌 배열변호 확인	기능	별 계좌게 시스 템	계좌 개설 시에 배열변호 작성 후에 색배되지 않는지 확인하고 금융에 관련책 기능적으로 배열변호를 변경하도록 관다	II.A	금융상품별	I	I	II	II	금융상품별 계좌관리 파트 팀원들
계좌관리												

* 유형 : 기능적, 비 기능적 요소구분

요구사항 기술서에 정의된 요구사항에 대해서 구체적인 명세화를 수행하기 위해서 필요로 하는 Use Case를 도출하고 각 Use Case 간의 관계를 표현한 것이 Use Case 다이어그램이다.

이러한 Use Case 다이어그램에 나타나는 Use Case당 1개씩 상세적으로 명세화를 수행하는데 그것이 Use Case Specification이다.

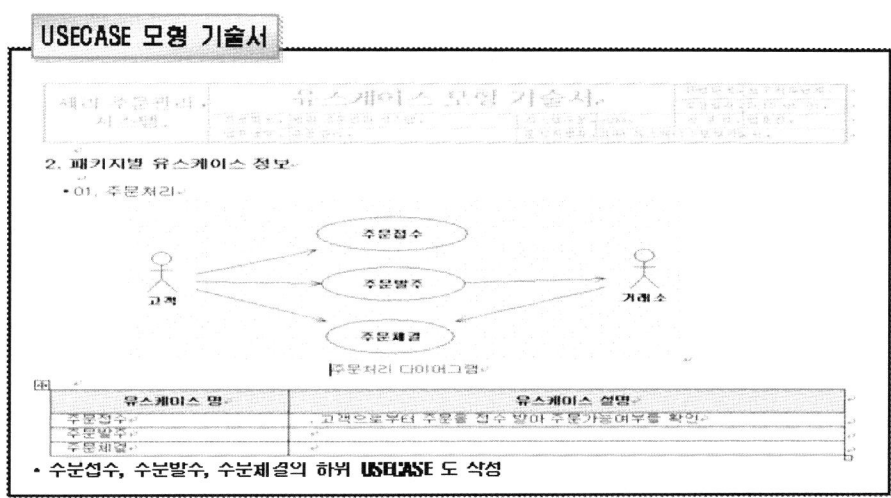

위의 Use Case 다이어그램에서 나타낸 Use Case당 한 개씩 Use Case Specification을 작성한다.

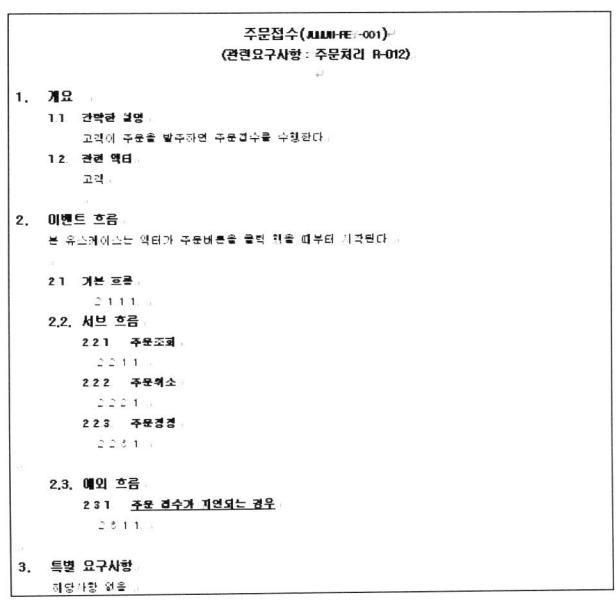

－유즈케이스 구조화

<<include>>와 <<extend>>

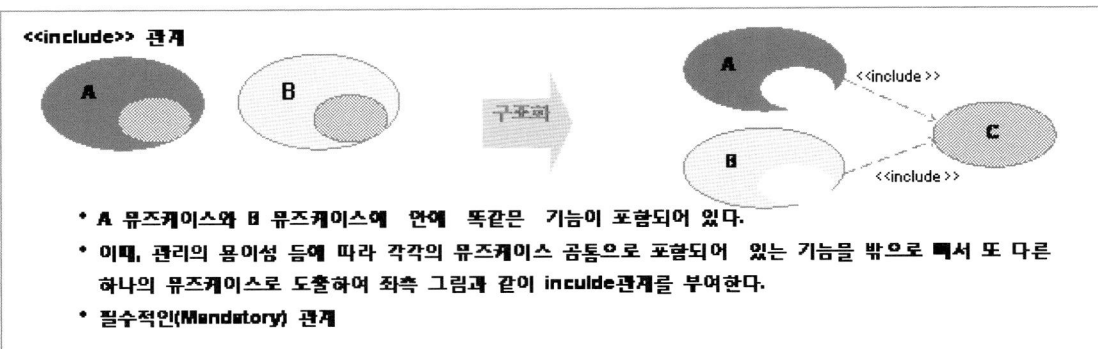

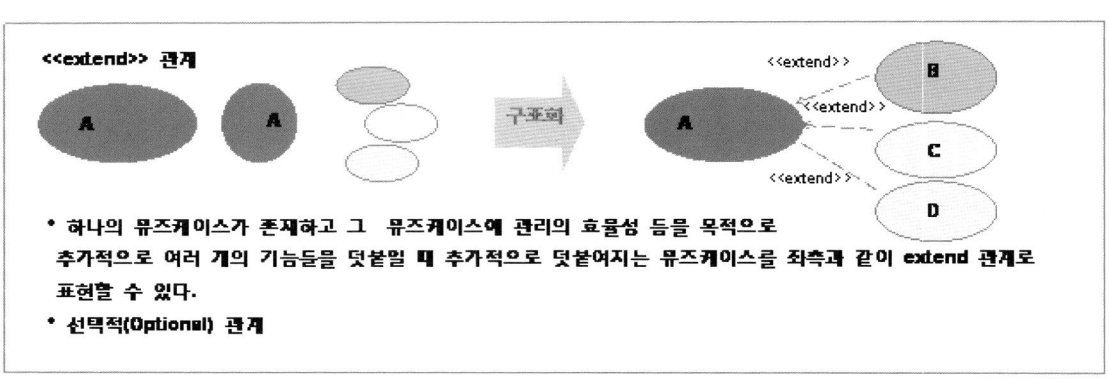

:: 도우미 임기술사

[설명]

include와 extend는 UML의 스테레오 타입이다. UML 스테레오 타입은 사용자가 임의로 정의할 수 있는 타입을 의미한다. 하지만 여기에서 이미 예약되어 있는 타입이 존재하는 그것이 Boundary, Entity, Control, include, extend, interface 등이 존재한다. 이러한 타입은 이미 그 용도를 예약해서 사용하는 스테레오 타입이다.

include는 표현은 결제라는 작업을 처리하면 결제 유즈케이스가 존재하고 현금 결제와 카드 결제 유즈케이스가 존재한다고 생각해 보자. 결제 유즈케이스의 역할은 현금 결제이면 현금 결제 유즈케이스를 실행하고 카드이면 카드 결제 유즈케이스를 실행한다. 이러한 경우 결제 유즈케이스는 현금 결제와 카드 결제 유즈케이스를 포함하는 include 인 것이다.

extend는 결제 유즈케이스가 기본적으로 현금 결제 처리기능을 가지고 있고 만약 카드인 경우에 카드 결제 유즈케이스를 실행하는 관계이다.

(2) 클래스 다이어그램
- Class, Interface 및 그들간의 관계를 표현한 Diagram
- Class Diagram: **시스템의 정적(Static) 설계 View**
- 메소드, 속성 시그니처 표기법
- 속성: AttributeName: AttributeType
- 메소드: MethodName(paramName:paramType, paramName2:paramType,...): returnType

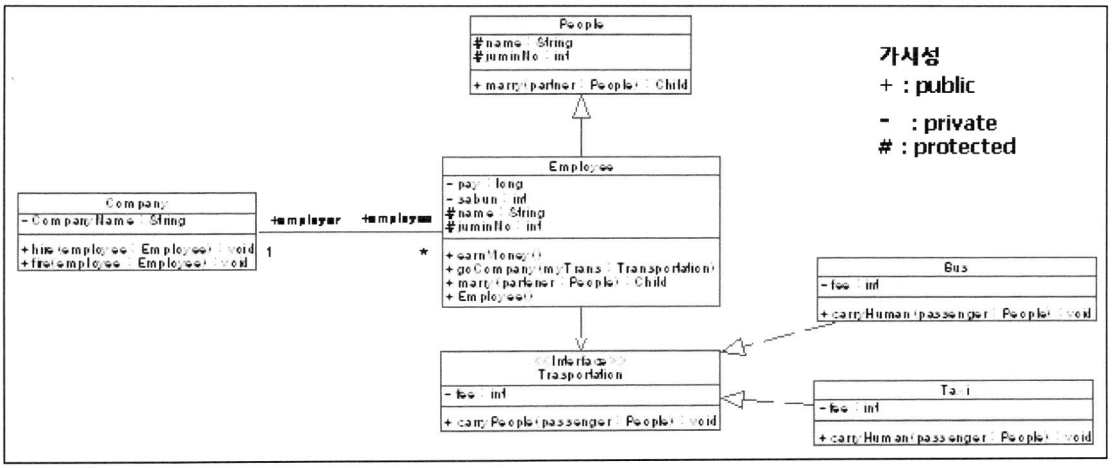

- 코드 생성

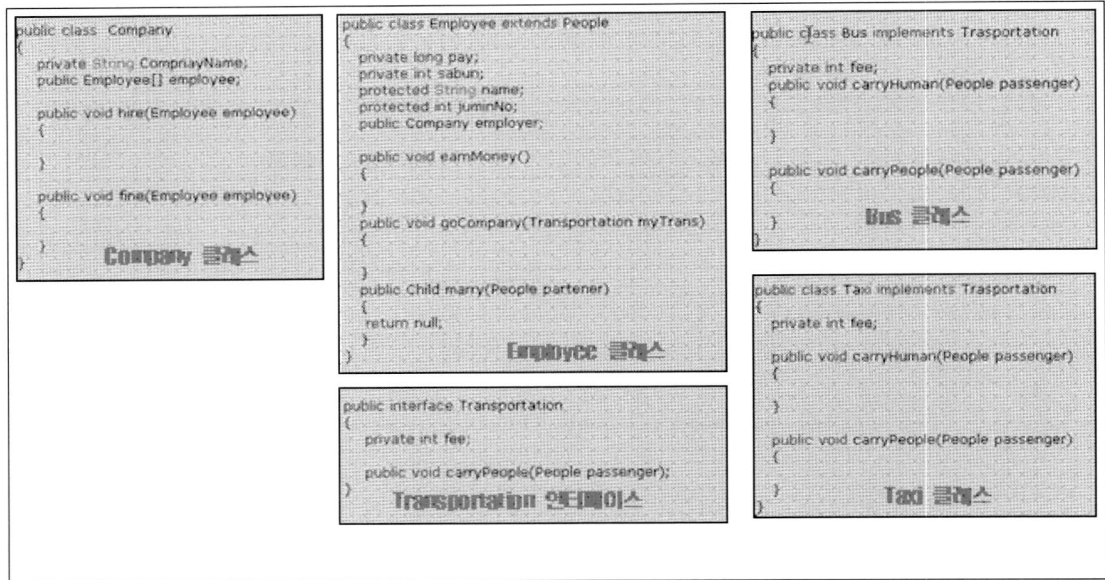

```
public class  Company
{
  private String ComprayName;
  public Employee[] employee;

  public void hire(Employee employee)
  {

  }

  public void fine(Employee employee)
  {

  }
}
                    Company 클래스
```

```
public class Employee extends People
{
  private long pay;
  private int sabun;
  protected String name;
  protected int juminNo;
  public Company employer;

  public void earnMoney()
  {

  }

  public void goCompany(Transportation myTrans)
  {

  }

  public Child marry(People partener)
  {
  return null;
  }
}
                    Employee 클래스
```

```
public interface Transportation
{
  private int fee;

  public void carryPeople(People passenger);
}
          Transportation 인터페이스
```

```
public class Bus implements Trasportation
{
  private int fee;
  public void carryHuman(People passenger)
  {

  }

  public void carryPeople(People passenger)
  {

  }
}
                    Bus 클래스
```

```
public class Taxi implements Trasportation
{
  private int fee;

  public void carryHuman(People passenger)
  {

  }

  public void carryPeople(People passenger)
  {

  }
}
                    Taxi 클래스
```

(3) Sequence Diagram

- 시간의 흐름에 따른 객체간 메시지의 흐름을 표현
- 메시지(Message): 한 객체가 다른 객체에게 서비스를 요청
- 힘수호출(동기, 비동기), Singal
- 시스템의 동적인 행위를 기술하며, 객체들 사이의 메시지 교환(혹은 method 호출)을 시간의 순서에 따라 기술한다.

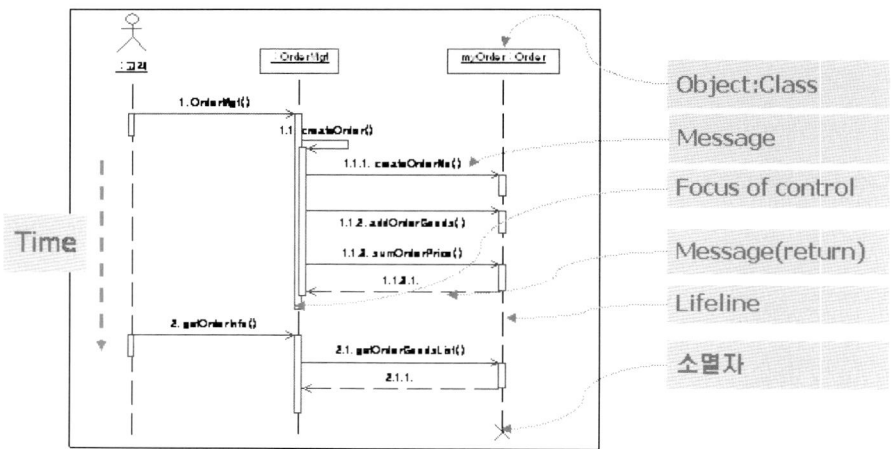

문제〉	UML 2.0		
카테고리	소프트웨어 공학〉방법론〉모델링	난이도	중

답>

1. 소프트웨어와 엔티티(사물) 간의 모형적합 모델링 UML 2.0

가. 과거 UML 1.X 문제점

- 복잡성: 불명확한 문법, 커스터마이징 제한, 벤더 간 모델 비교 어려움
- 이해 어려움: Notation, 컴포넌트 개념 지원 미약, 아키텍처 설계 미흡, 설계와 코드의 불일치

나. UML 2.0 등장

- 플랫폼 및 도메인 독립적이고 (1)SDLC 전 공정을 지원하는 실행모델 기법을 수요한 모델링 언어((2)OMG: Object Management Group)

2. UML 2.0 특징 및 구조

가. UML 2.0 특징

1) (3)BPEL 지원: 비즈니스 오케스트레이션을 수행하는 BPEL 지원
2) 소프트웨어 아키텍처: 컴포넌트와 컴포넌트 간의 인터페이스 정의와 같이 SA 지원 강화
3) (4)MDA: PIM 작성, UML Profile을 통한 PSM 변환

4) (5)MDD: (6)Round-trip Engineering Simulation(System (7)V&V 자동화)

나. UML 2.0 구조

분류	상세내용	비고
상부구조	**(8)메타 모델 기반**, 사용자 모델 기반, 구조/행위 정의	구조/행위 다이어그램
하부구조	각종 표준의 메타모델 수준의 기본 구조체	**(9)MOF, CWM**
다이어그램	CASE 벤더 도구들 간의 모델 호환성 제공	
(10)OCL	모델수준에서 구성요소 제어/제약	

3. UML 2.0 장점 및 고려사항

가. UML 2.0은 Timing Diagram, Composition Diagram, Communication Diagram 등의 활용으로 과거 UML 1.X에 비해서 다양한 요소 표현가능

나. UML 2.0도 모델링 언어 불과하므로 소프트웨어 분석/설계 및 도메인에 대한 철저한 분석이 중요

다. 용도, 목적에 따른 추상화 수준 원칙 수립과 설계가 수행되어야 함

풀 이

- UML 2.0은 과거 UML 1.X의 소프트웨어 아키텍처 지원, BPEL 지원, MDA와 완벽한 호환성을 제공하지 못하는 부분을 해소하기 위해서 OMG에서 제시한 객체지향 모델링 언어이다.

주요 용어설명

(1) SDLC(Software Development Life Cycle/ISO 12207): SDLC는 소프트웨어 탄생부터 소멸까지의 전 과정을 체계적으로 정리한 모형으로 SDLC 모형의 종류에는 폭포수, 프로토타이핑, 복형/점증형, 나선형, 클린룸, RAD, 4세대 모형이 존재한다. SDLC는 개발 생명주기에 대해서 제시하고 소프트웨어 발주 프로세스(RFP/제안서/계약) 및 개발, 유지보수 전 과정을 모형화 한 ISO 표준은 ISO 12207이다.

(2) OMG: OMG는 UML, MDA를 제시한 표준화 기구이다.

(3) BPEL: Business Process Execution Language, BPM(Business Process Management)이라는 비즈니스 프로세스 자동화 툴에서 컴포넌트와 매핑하여 비즈니스 프로세스를 실행하기 위한 XML기반 언어이다.

(4), (5), (8), (9) MDA: Model Driven Architecture는 설계독립적인 모델(PIM)을 MOF라는 저장소에 저장

하여 자동으로 설계 종속적인 모델로 매핑할 수 있는 소프트웨어 개발방법론이다. MOF는 여기서 메타모델을 제시 해 주고 메타모델은 모델을 설명할 수 있는 메타데이터를 저장하는 저장소의 구조이다. CWM은 모델을 데이터웨어하우스 스키마(구조)로 변환 할 수 있는 모델이다.

(6) Round-trip Engineering: 분석/설계/구현의 전 과정을 자동화 툴을 통해서 수행할 수 있는 방법을 의미한다. 즉 클래스 모델을 설계하고 자동으로 소스코드로 변환하는 과정이다.

(7) V&V: Verification과 Validation 즉, Verification은 개발팀이 각 개발단계의 산출물을 검증하는 작업이고 Validation은 고객의 요구사항을 소프트웨어로 제대로 구현했는지 확인하는 작업이다.

(10) OCL(Object Constraint Language): UML 1.x는 객체지향 모델을 완전히 할 수 없어서 인스턴스 수준의 정보를 정확히 기술할 수 위해서 제약사항을 기술한 언어이다.

예상문제

가. 1교시형
   1) UML 2.0
   2) MDA
   3) MOF
   4) BPEL
   5) OCL

나. 2교시형
   1) UML 2.0에 추가된 다이어그램의 종류와 각 예제를 제시하시오.

문제〉	OCL(Object Constraint Language)로 기술할 수 있는 제약 조건들의 유형 중에서 불변 가설(Invariant)에 대해 설명하시오.		
카테고리	소프트웨어 공학〉UML	난이도	상

문제풀이

답〉

1. UML에서 객체의 제약조건의 논리적 사실 표현을 위한 OCL의 개요

가. OCL(Object Constraint Language) 의 정의

- UML에서 객체의 제약 조건을 UML 메타 모델의 적격 규칙(Well-formedness Rule)을 기반으로 소프트웨어 모듈 제약사항을 정형적으로 나타내도록 설계된 명세 언어

나. OCL의 특징

- 제약 사항에 대한 Side-effect는 없음
- 참이나 거짓이 아닌 결과를 낼 수 없으며 변수 값을 조작하지도 않음
- 클래스 다이어그램에 표현된 OCL 문장은 속성값의 정의, 연관관계 나타낼 필요가 없음

2. 객체의 제약(Constraint)의 유형 및 작성방법

가. 객체의 제약(Constraint)의 유형

제약	상세 내용
불변가설 (Invariant)	인스턴스가 살아있는 동안 항상 만족(TRUE)가 되어야 하는 조건
선행조건(Precondition)	Operation 이 실행되는 순간에 만족(TRUE) 가 되어야 하는 조건
후행조건(Postcondition)	Operation 이 실행된 직후 만족(TRUE) 가 되어야 하는 조건

나. Invariant 작성 방법

표현예시	표현 의미
context Student inv: self.age >= 0	- Student class 가 속성으로 age를 가지고 있을 때, - Student 인스턴스가 존재하는 동안 age는 항상 0보다 크거나 같아야 함을 의미

context
Typename::op(param1:Type1,...):ReturnType
  pre paramOK: param1)param2
  post resultOK: result=param1+param2
	- 선행조건과 후행조건을 기술할 수 있음
	- 선행/후행 조건에는 이름을 붙일 수 있음

3. OCL의 의미 및 활용 방안

가. UML 그래픽 모델에서 자연어로 기술된 모호성을 정형화된 언어로써 모델 구성 요소의 제약 사항 정확하게 묘사하여 모델 구성의 적법성 여부를 판단하기 위해 이용됨

나. OCL 로 기술된 제약사항을 기반으로 테스트 케이스를 도출하고, 소프트웨어 품질을 향상하는 테스트 커버리지를 극대화하는 도구로 활용될 수 있음. "끝"

- OCL은 Software Model을 작성하는 모델링 언어로서, UML의 다이어그램상에서 표현할 수 없는 제약조 건을 이해하기 쉽고 간결하게 작성하도록 도와 줌으로서 UML 모델링 시의 보조 도구로 사용된다.
- UNL 2.0에서는 기본 구조에 OCL을 Add-On하여 UML Constraints에 한정되지 않은 더 많은 정보들을 Model에 포함하도록 도와준다.
- Invariant, Precondition, Postcondition 등의 제약조건이 있으며, 사용방법은 아래와 같다.

제약	상세 내용	사용 예시
불변가설(invariant)	인스턴스가 살아있는 동안 항상 만족(TRUE)가 되어야 하는 조건	context Student inv: 　　age > 21 or balance > 100
선행조건(Precondition)	Operation 이 실행되는 순간에 만족(TRUE) 가 되어야 하는 조건	context Account::doStudy(amount:Integer) pre: balance >= amount
후행조건(Postcondition)	Operation 이 실행된 직후 만족(TRUE) 가 되어야 하는 조건	context Account::doStudy(amount:Integer) post: balance = cost −amount

- 불변조건(invariant)의 표현

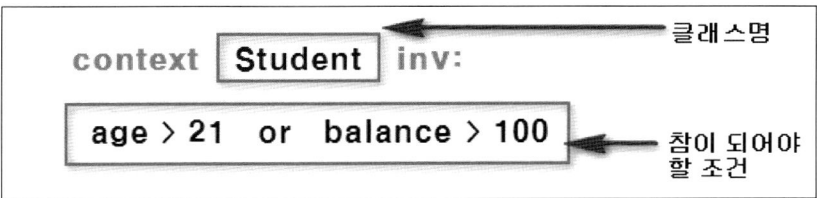

- 학사업무에서의 기본적인 불편조건의 사례

　　　: 모든 강사는 교수 또는 대학원생이다.

　　　: 대학원생은 자신이 등록한 과목을 수강할 수 없다.

　　　: 등록한 학생이 없다면 개설된 과목은 시작할 수 없다.

- OCL의 미리 정의된 객체 오퍼레이션

제약	상세 내용
o.oclIsKindOf(t: OclType): Boolean	객체 o의 타입이 t 또는 t 하위 타입이라면 참
o.oclIsTypeOf(t: OclType): Boolean	객체 o의 타입이 t의 타입과 일치하면 참
o.oclAsType(t: OclType): OclType	객체 o의 타입을 t로 변환 자바에서 명시적인 타입 캐스팅과 유사
사용 예시) context s: Student 　　　inv: s.IsKindOf(Person)	

가. 1교시형

    1) UML 상호작용 다이어그램

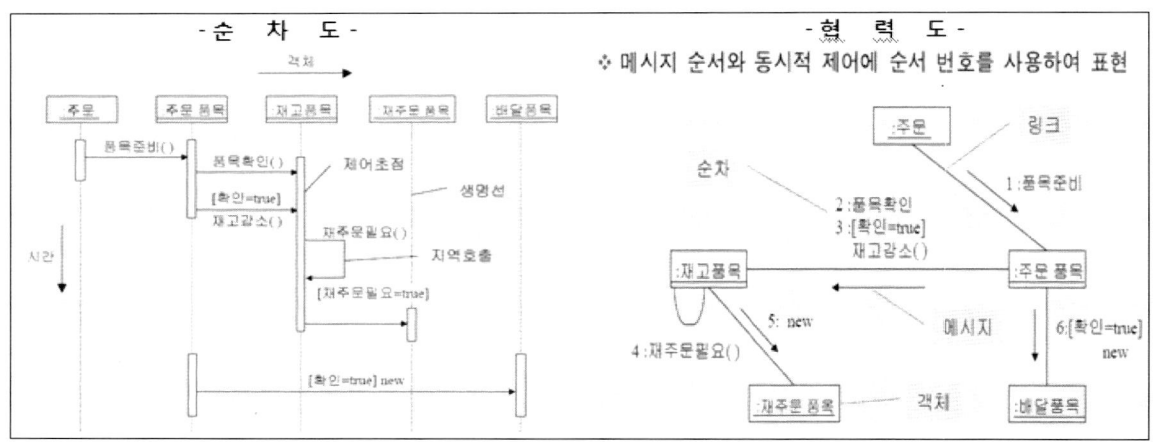

나. 2교시형

    1) OCL을 사용하여 주어진 제약조건을 정의하시오.

        "모든 강사는 교수 또는 대학원생이며 대학원생은 자신이 등록한 과목을 수강할 수 없다."

        "개설과목에 대한 수강 신청 시 수강생의 이수학점은 20 학점 이상이어야 한다."

문제〉	UML(Unified Modeling Language) 2.0에 대해 다음 물음에 답하시오. (1) 클래스간의 관계를 나타내는 Association, Aggregation, Composition 에 대해 비교 설명하시오. (2) UML 4-계층 구조에 해당하는 M0 계층, M1 계층, M2 계층, 그리고 M3 계층에 대해 설명하시오.
카테고리	소프트웨어 공학〉UML 난이도 중

문제풀이

  답〉

1. 모델 중심의 개발을 위한 추상화 도구, UML 2.0의 개요

가. UML(Unified Modeling Language) 2.0의 개념

- 문법(Syntax)과 의미(Semantic)을 통해, 시스템 및 SW를 가시화(visualize), 명세화(Specification), 구축(Construction), 문서화(Documentation)하는 OMG 표준 모델링 언어

나. UML 2.0의 특징

특징	설 명
시스템 View Point 강화	-아키텍처의 표현방법 강화 -Composite-Structure Diagram을 통해 아키텍처의 Component-Connect View 표현
MDA의 기능확장	-MetaModel의 표현 강화(MOF, UML Profile) -실행속성(Executable) 기법 수용, 분석/설계와 실제 구현 간의 차이를 극복
Embedded 표현강화	-임베디드 모델링 언어인 ITU-T의 SDL 개념 차용 -Capsule: 프로토콜을 가진 클래스, Port: 클래스간의 연결을 추상화
정확해진 언어정의	-MDD에 필요한 고급 자동화 구현 가능, 모호성 제거
4가지 명세서	-Infrastructure, Superstructure, OCL, Diagram Interchange

2. UML 2.0의 Association, Aggregation, Composition 관계

가. Association 관계(연관관계)

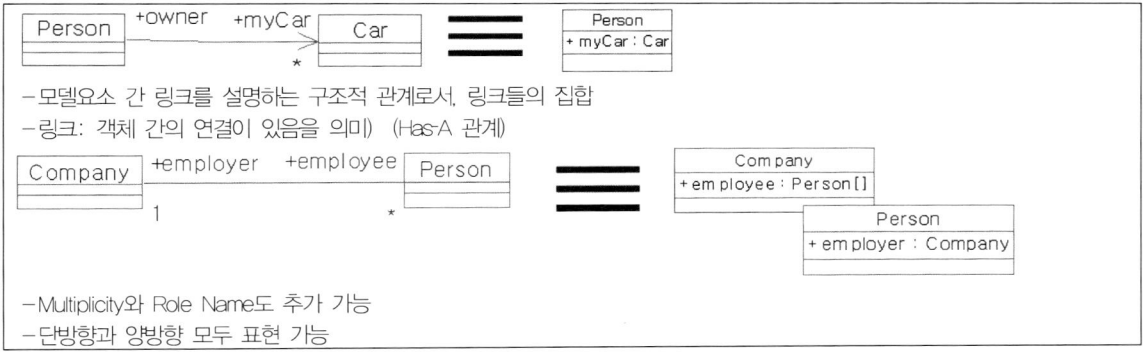

- 모델요소 간 링크를 설명하는 구조적 관계로서, 링크들의 집합
- 링크: 객체 간의 연결이 있음을 의미 (Has-A 관계)

- Multiplicity와 Role Name도 추가 가능
- 단방향과 양방향 모두 표현 가능

나. Aggregation 관계

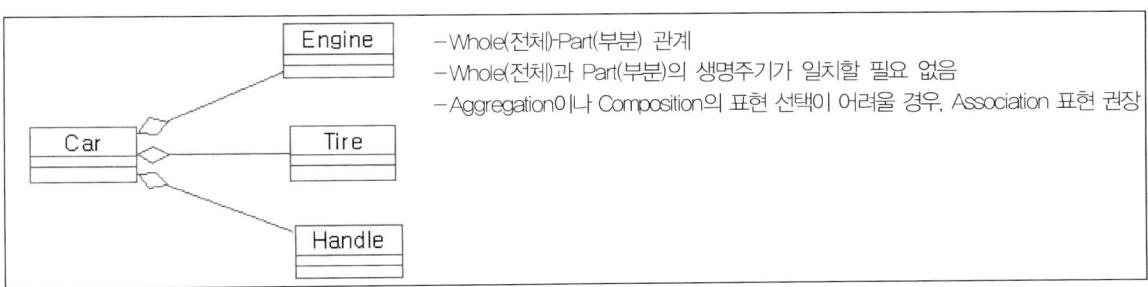

- Whole(전체)-Part(부분) 관계
- Whole(전체)과 Part(부분)의 생명주기가 일치할 필요 없음
- Aggregation이나 Composition의 표현 선택이 어려울 경우, Association 표현 권장

다. Composition 관계

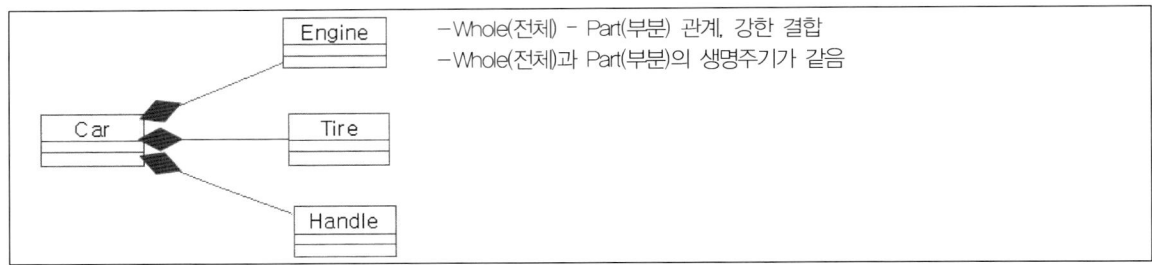

3. UML 2.0의 4 계층 구조

가. UML 2.0의 4계층 구조

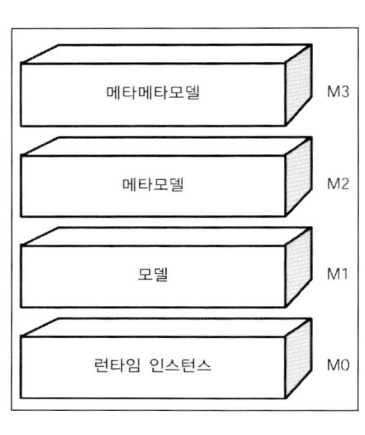

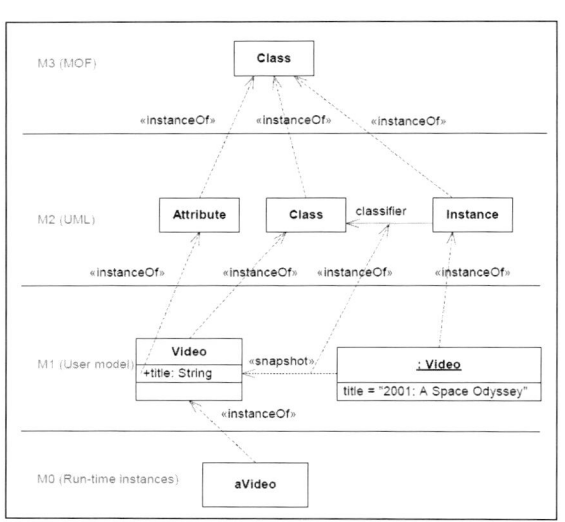

계층	내 용	기술요소
M0. 런타임 인스턴스 계층	모델이 만들어낸 코드, 실행수준의 단계	Binary Code
M1. 모델 계층	일반적인 모델링 수준의 도메인 설계	User Model, UML
M2. 메타모델 계층	모델을 설정하는 언어를 정의	CWM, 클래스/노드
M3. 메타메타 모델	메타모델을 정의하는 상위수준의 메타모델	MOF

나. UML의 4계층 구조의 특징

　－UML의 근본 구조를 이해하기 위한 하부구조를 모델링, 패키지 간의 관계로 구성

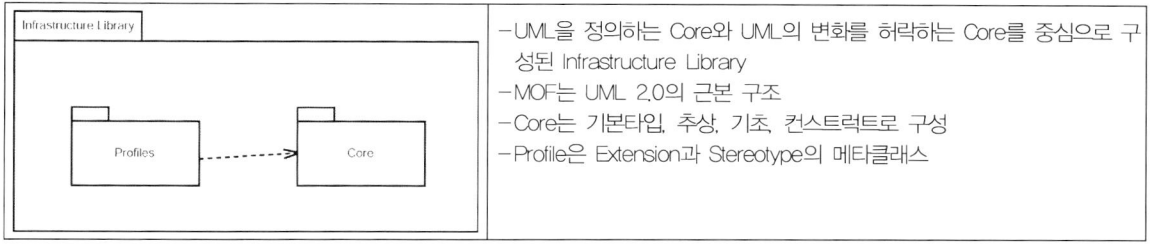

- UML을 정의하는 Core와 UML의 변화를 허락하는 Core를 중심으로 구성된 Infrastructure Library
- MOF는 UML 2.0의 근본 구조
- Core는 기본타입, 추상, 기초, 컨스트럭트로 구성
- Profile은 Extension과 Stereotype의 메타클래스

-UML의 확장 메커니즘을 구현하기 위한 기술 설명: 스테레오타입, 제약, 꼬리값(Tagged Values)
-추상화의 수준에 따라 정의 가능한 메타모델의 개념 설명
-UML을 통한 모든 객체들의 구현을 위한 기초 마련

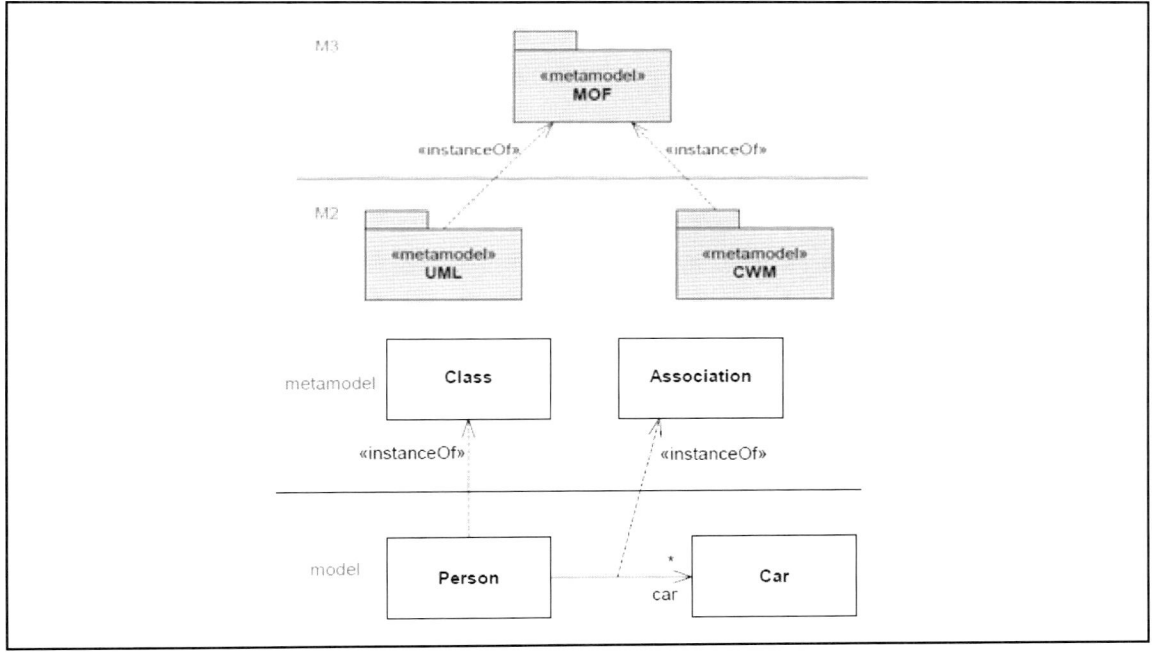

4. UML 2.0의 활용을 위한 고려사항

가. 아키텍트 측면

-UML을 이용한 시스템의 전체적인 청사진과 포괄적 기능점검을 구현하고, 세부적인 기능 테스트를 위해서는 코드 사용을 병행하는 유연한 실무적 대안 필요
-사용자의 요구사항, 기능항목 점검을 위한 UML이 아닌 산출물과 업무 배정을 위해 UML을 사용하는 것은 지양

나. 개발자 측면

- 추상화된 메타모델 수준의 UML, 상세한 UML의 이해수준이 아닌 개발업무의 범위에 따른 UML 사용수준 범위에서 적용
- 의사소통 수단으로서의 UML, 표준화된 UML Profile 사용과 표기법 사전 교육 실시
- 개발일정, 추상적인 모델 수준의 개발목표를 공유하기 위하여 사용

풀이

- UML2.0의 구조(4가지 명세서)

영역	내용
상부구조 (Superstucture)	사용자 수준에서 메타모델을 기반으로 시스템의 구조와 행위를 정의하는 13개의 다이어그램
하부구조 (Infrastructure)	UML 뿐만 아니라, OMG가 주관하는 각종 표준의 통합 과정에 활용되는 메타 모델수준의 기본 구조체를 명시
OCL (Object Constraint Language)	모델 수준에서의 요소에 대한 제어 및 제약 사항을 정의
벤더호환영역 (Diagram Interchange)	CASE 도구 벤더들 간의 모델 호환성 문제를 다룸.

- UML2.0의 MDA 기능 확장
  - 메타모델의 표현 강화(MOF, UML Profile)
  - Infrastructure, Kernel 등 명확한 구조화를 통한 MDA 지원
  - 실행속성(Executable) 기법 수용, 분석/설계와 실제구현 간의 차이를 극복

- UML 다이어그램의 분류

분류	설명	예시
기능 다이어그램	사용자 관점의 시스템 기능과 활동을 표현	Use Case Diagram, Activity Diagram, State Chart Diagram
동적 다이어그램	객체간의 메시지에 의한 인터렉션과 객체의 상태를 표현	Sequence Diagram, Communication Diagram, Timing Diagram, Interaction Overview
정적 다이어그램	클래스, 오브젝트, 컴포넌트 등 시스템 요소들의 정적 구조 및 연관성을 표현	Class Diagram, Object Diagram, Component Diagram, Deployment Diagram, Package Diagram, Commposite Structure Diagram

- UML의 확장 메커니즘
  - UML 모델링 요소의 의미(Semantics)를 확장하거나 새로운 의미를 가지는 추가된 UML 모델링 요소들의 정의
  - 보다 복잡한 요구사항을 정확히 모델링하기 위해 추가되는 Semantics 표현 요소
  - 스테레오타입(Stereotypes), 제약사항(Constraints), 태그정의(Tag Definitions), 태그값(Tagge Values) 등을 사용함
  - UML의 부족한 모델링 표현을 보완해 MDA의 PIM, PSM 등의 모델링 지원

- UML 확장 메커니즘의 종류

종류	설명
스테레오타입 (Stereotypes)	-UML 모델링 요소에 새로운 요소를 추가할 수 있도록 정의하는 모델링 요소 예) 예외를 일종의 클래스로 다룰 수 있도록 확장
태그정의 (Tag Definitions)	-어떤 모델링 요소에 추가될 수 있는 새로운 속성(Property) 항목을 정의하는 요소(꼬리표)
태그값 (Tag Values)	-태그정의에 의해 추가된 속성 지정된 값(꼬리표 값) -기본적인 데이터타입 값이거나 다른 모델링 요소에 대한 참조, 또는 컬렉션
제약사항 (Constraint)	-어떤 모델링 요소에 특정 제약 사항을 추가함으로써 해당 모델링 요소의 의미를 재정의

- UML Profile
  - 확장 메커니즘을 사전에 정의하여 추상화 수준이 다른 모델간의 전환을 자동화 시키는 핵심 메커니즘으로 UML 모델을 특별한 목적에 맞도록 UML의 Stereotype과 Tagged Value 메커니즘을 사용해 확장함
  - 특정 소프트웨어 도메인이나 개발 플랫폼 등에 필요한 스테레오타입, 제약사항, 태그정의, 데이터타입들을 하나로 묶은 패키지

- UML Profile의 사례

구분	종류	설명
PIM 수준	UML4EDOC	Enterprise Application을 PIM 수준에서 UML로 기술
	UML4EAI	Loosely-coupled 시스템을 PIM 수준에서 UML로 기술
PSM 수준	UML4EJB	EJB를 PSM 수준에서 UML로 표현
	UML4SOAP	웹서비스를 PSM 수준에서 UML로 표현
	UML4CORBA	CORBA 컴포넌트 모델을 PSM 수준에서 UML로 표현
	UML4.NET	.NET/COM+를 PSM 수준에서 UML로 표현

가. 1교시형

   1) UML 확장메커니즘, UML 프로파일

나. 2교시형

   1) UML 다이어그램을 중심으로 한 산출물들을 제시하여 소프트웨어 개발 프로젝트의 생명주기 프로세스를 설명하시오.

문제 6〉	웹프로그래밍에 있어, OR-Mapping 의 필요성과 구현단계에서 적용되는 기술에 대하여 설명하시오.
카테고리	소프트웨어〉웹 프로그래밍 난이도 중

문제풀이

  답〉

1. 웹프로그래밍에서 OR-Mapping의 개요
가. OR-Mapping의 개념
- 도메인 객체의 속성과 **(1)관계형 데이터베이스** 테이블의 칼럼을 서로 대응 시키고 도메인 객체의 속성값과 대응되는 칼럼의 값을 일치시키는 것을 자동화 함으로써 객체의 상태를 지속적으로 유지하는 방법(객체와 테이블 그리고 시스템(RDBMSs)을 변형 및 연결해 객체와 데이터베이스의 변형에 유연하게 대처 가능)

나. 웹프로그래밍에서 OR-Mapping의 구조와 등장배경

OR-Mapping 구조	OR-Mapping 등장배경
	초기 데이터베이스 개발모델 -JSP, Servlet에서 Persistence Layer처리 -개발기간 짧음, 복잡도 증가, 유지보수 어려움, 비객체지향
	(2)MVC모델에서의 데이터베이스개발 모델 -DAO, EJB를 이용한 Persistence Layer개발 -MVC모델적용 가능, 객체단위 개발 가능, 유지보수 어려움
	Persistence Layer담당하는 Framework 개발모델 -iBatis, Hibernate같은 Persistent담당 Framework개발 -**(3)객체지향 프로그래밍** 가능, Query처리용이, Business Layer에 집중 가능

2. 웹프로그래밍에서 OR-Mapping의 필요성

가. 객체 모델과 관계형 모델의 차이로 각 클래스를 테이블로 매핑하는 방법의 문제점

1) 객체 간 관계는 데이터베이스에서 joint으로 매핑

  - 매핑 최적화하지 않은 경우 높은 성능 오버헤드 수반 가능성

2) 객체에서 사용되는 상속/계층 개념은 관계형 모델로 이해 불가

3) 표준 관계형 모델은 Java와 같은 언어 지원용 확장 기능 제공 불가

4) 쿼리가 SQL로만 작성된 경우에 쿼리와 객체 간 관계가 불분명 가능성

나. OR-Mapping의 필요성(극적인 생산성 향상을 가능하게 하는 다양한 혜택제공)

1) Object Stat의 로딩 및 저장(Persist) 위해 SQL 작성할 필요 없음

  - 쿼리 작성은 필요하나, ORM 툴 이용 시 사용 용이, JDBC와 같은 복잡한 코딩 작업 불필요

2) 관계형 모델과 관련된 성능 오버헤드 수반 없이 요구사항에 적합한 도메인 모델 생성 가능

  - 로우와 컬럼이 아닌 오브젝트 관점에서 작업 수행 가능

3) 변경 사항을 자동 감지

  - 전체 개발 라이프 사이클에 걸쳐 에러의 가능성을 줄임

4) SQL 구문은 ORM툴에 의해 추상화 가능

  - 데이터베이스 벤더 별로 제공되는 SQL 구문에 대한 종속성 줄임, 호환성 향상

3. 웹프로그래밍에서 OR-Mapping의 구현단계에서 적용되는 기술

가. OR-Mapping의 Mapping Concept(Persistent Class와 Table 사이 Mapping방법)

1) One-to-One Relationship(1:1)

2) One-to-Many Relationship(1:n)

3) Owned Relationships(Aggregation)

4) Referenced Relationship(Association)

5) Many-to-Many Relationships(n:n)

나. Persistent Framework

1) ORM은 persistent framework에 의해 수행

- 데이터베이스에 객체 조회하는 방법과 객체를 데이터베이스 테이블 및 컬럼으로 표현되는 형태로 저장하는 방법 지원

- 대부분의 애플리케이션 요구사항 만족하는 개발환경을 Persistent Framework를 이용하여 구현가능

2) Transparent Persistence

- OR Mapping Tool이 관계형 데이터베이스에 저장된 테이터를 객체 프로그래밍 언어로 직접 조작하는 기능(ODBC 또는 JDBC를 사용하는 Database Sub-language와는 다른 개념)

4. 웹 프로그래밍에서 OR-Mapping의 사용 시 고려사항

가. 웹 프로그래밍에서 OR-Mapping 적용 전 고려사항

고려사항	주요 내용
타깃 데이터베이스에 대한 충분한 이해	-ORM 적용 전 SQL및 데이터베이스 locking모델 충분히 고려
OR-Mapping 제품 선택 전 충분한 검토	-요구사항 반영하는 환경 구축 후 여러 제품 비교 테스트 필요 -테스트 과정으로 ORM의 성능기준 만족 여부 검증(리스크 최소화)

나. 웹 프로그래밍에서 OR-Mapping 적용 시 고려사항

고려사항	주요 내용
필요한 경우에는 SQL 사용	-Hibernate, TopLink 같은 ORM제품은 SQL쿼리 작성 기능 제공 -SQL문 직접 작성 하는 경우도 있음
ORM이 적절하지 않은 경우 고려	-다수의 레코드에 대해 자주 벌크 업데이트 수행하는 애플리케이션 -OLAP 애플리케이션 -데이터의 인출 및 업데이트 위해 핸드코딩으로 작성된 SQL 및 저장 프로시저 이용하는 데이터베이스 환경 -순수 SQL기반 접근 방법 적용이 적합한 애플리케이션 "끝"

풀 이

- 웹프로그래밍에서의 OR-Mapping은 Object와 Relational Modeling 구현물 사이, 이 구현물을 지원하는 시스템간 변환 프로세스로 객체와 데이터베이스의 변형에 유연하게 대처할 수 있도록 객체와

테이블, 시스템(RDBMSs)을 변형 및 연결해주는 작업을 함

- 웹프로그래밍에서 객체 모델과 관계형 모델의 차이로 각 클래스를 테이블로 매핑하는 방법에서 의 문제점으로는 Mapping을 최적화하지 않은 경우는 높은 성능 오버헤드 수반가능성, 객체에서 사용되는 상속/계층 개념은 관계형 모델로는 이해가 불가능, 표준 관계형 모델은 Java와 같은 언어 지원을 위한 확장기능제공 불가, Query가 SQL로만 작성된 경우에는 Query와 객체간 관계의 불분명 가능성 등이 존재함
- OR-Mapping의 도입은 Object Stat의 로딩 및 저장(persist)위해 SQL 작성할 필요 없음 보장, 관계형 모델과 관련된 성능 오버헤드 수반 없이 요구사항에 적합한 도메인 모델 생성 가능성, 변경 사항을 자동 감지, SQL 구문은 ORM툴에 의해 추상화 가능성 등을 지원함
- 웹프로그래밍에서 OR-Mapping의 구현단계에서 적용되는 기술로는 Persistent Class와 Table 사이 Mapping방법인 다섯 가지 Mapping Concept, ORM은 Persistent Framework에 의한 수행과 Transparent Persistence 기능을 보장하는 Persistent Framework임
- 웹프로그래밍에서 OR-Mapping 적용 전 타깃 데이터베이스에 대한 충분한 분석과 OR-Mapping 제품 선택 전 충분한 검토가 수행되어야 하고, 필요한 경우에는 SQL을 사용하고 ORM이 적절하지 않은 경우를 고려하여 적용되어야 함

주요 용어설명

(1) 관계형 데이터베이스: 일련의 정형화된 테이블로 구성된 데이터 항목들의 집합체로서, 그 데이터들은 데이터베이스 테이블을 재구성하지 않더라도 다양한 방법으로 접근하거나 조합이 가능함
(2) MVC모델: Model+View+Contoller의 구조로 기술개발에 있어 전체 프로젝트 구조를 기능별로 분화시킨 것임
(3) 객체지향 프로그래밍(Object-Oriented Programming): 컴퓨터프로그램을 명령어의 목록으로 보는 시각에서 벗어나 여러 개의 독립된 단위, 즉 "객체"들의 모임으로 파악하고자 하는 컴퓨터 프로그래밍의 패러다임

예상문제

가. 1교시형
  1) OR-Mapping의 Mapping Concept

나. 2교시형

1) 객체지향 방법론을 사용하여 프로젝트를 수행하고 있다. 데이터베이스는 기존 시스템과의 관계를 고려하여 관계형을 사용하기로 결정하였다. 이 경우 고려할 OR Mapping에 관하여 설명하시오(80회 정보관리 2교시).

13. 요구사항

1) 요구사항 개념

- 문제의 해결 또는 목적 달성을 위하여 **사용자에 의해 요구되거나, 표준이나 명세** 등을 만족하기 위하여 시스템이 가져야 하는 서비스 또는 제약사항(명시적, 묵시적)
- **무엇(What)이 구현되어야 하는가에 대한 명세로, 시스템의 동작 방법과 시스템 특징이나 속성들에 대한 설명이며, 시스템 개발 프로세스 상의 제한 사항**

[길라잡이]

- 요구사항에서 가장 중요한 것은 범위를 확정하는 것이다. 범위를 확정하고 확정된 범위 검증을 위해서 고객에게 검증(Validation)을 수행한다.
- 이렇게 확정된 범위에 대해서 프로젝트 진행에서 변경관리를 수행한다.

2) 요구사항의 중요성

- 요구사항은 시스템 설계의 베이스라인
- 요구사항은 구현의 정확성을 판단하는 기준
- 요구사항은 시험 시 테스트 케이스(test case)를 (자동으로) 생성하는 기반

〈프로젝트 실패원인〉

단계	프로젝트 실패 원인	비율
요구 분석 (46.3%)	사용자 입력의 부족	12.8%
	불완전한 요구사항	15.3%
	요구사항 변경	18.2%
개발 (27.9%)	분석, 설계의 잘못된 이해	12.3%
	프로그래머의 실수	15.6%
테스트 (25.8%)	잘못된 입력	13.4%
	테스터의 실수	12.4%

〈요구사항과 개발 이해당사자 간 관계〉

관련자	요구사항과 관련된 활동
고객/사용자	요구사항 검증
관리자	비용 및 일정 결정
시스템 엔지니어	소프트웨어 작업 할당
테스터	테스팅을 위한 기본 지침 제공
S/W 엔지니어	상위 단계 설계를 위한 가이드
기타 모든 관련자	프로젝트 수행을 위한 가이드

3) 요구사항의 특성

- 시스템의 **외적인 행위(External Behavior)에 대해 객관적으로 기술해야** 한다.
- ➔ (임기술사) 외부와의 인터페이스를 정의한다. 인터페이스는 사람 혹은 타 시스템일 수 있다.
- 구현 단계에서 지켜야 **제약사항**을 명시해야 한다.

→ **(임기술사)** 제약사항은 예를 들어 DBMS는 반드시 Oracle로 하고 구현은 J2EE로 구현하라! 혹은 업무적인 제약요소를 의미하고 이러한 것은 그 회사의 규정 및 법률을 의미한다.

- 유지보수를 위해 참조할 수 있어야 한다.

→ **(임기술사)** 유지보수 시에 참조를 위해서는 표준화된 방법을 통해서 명세화 되어 있어야 하고 Case Tool을 통해서 관리가 되어야 한다.

- 예기치 못한 상황에 대한 대응 방안의 성격을 나타내야 한다.

→ **(임기술사)** 예기치 못한 상황에 대응하기 위해서 프로젝트 초기에 위험계획서를 작성하고 발생하는 위험을 지속적으로 관리한다.

- **추적 가능해야 한다(Traceable).**
- **정확해야 하며, 일관되어야 하며, 완전해야 하며, 모호하지 않아야 하며, 이해하기 쉬워야 한다.**
- 시스템이 개발되거나 사용되는 동안의 요구사항의 변화에 대비해 계획을 세우는 것은 필수이다.

4) 요구사항의 분류

대분류	중분류	설 명
구현 측면	올바른 요구사항	주어진 목표를 달성하기 위하여 시스템이 수행해야 할 특징, 기능
	잘못된 요구사항	구현되지 않아도 시스템의 목표를 달성하는데 영향을 주지 않는 기능
	필수적 요구사항	시스템 목표 성취를 위해 존재해야 할 올바른 요구사항들의 완전한 집합
기능적 측면	**기능적 요구사항**	목표 시스템의 구현을 위하여 소프트웨어가 가져야 하는 기능과 속성 → 수행될 기능과 관련되어 입력과 출력 및 그들 사이의 처리과정을 기술
	비기능적 요구사항	시스템 **전체 품질 또는 특성을 정의하기 위하여 기술된 기능**이 가져야 하는 **성능, 사용가능성과 같은 행위적 특성** ※ 향후 아키텍처 요구사항으로 도출
관리적 측면	지속성 요구사항	조직의 핵심활동 관련 안정된 요구사항으로 문제영역을 모델로부터 유도
	휘발성 요구사항	시스템의 개발 환경이나 사용자의 요구에 의해 변화하는 요구사항

[길라잡이]

- 요구사항 종류 중에서 관리적 요구사항이 존재한다. 관리적 요구사항은 정기적인 보고 혹은 중간 점검, 방법론에 대한 요구사항이다.

5) 요구사항 분석이 어려운 이유

문제점	내 용
문제영역에 대한 명확한 이해부족	개발자들이 도메인에 대한 지식이 부족, 사용자로부터 제시되는 요구를 잘못 이해 하거나 분석함으로써 요구사항이 불명확하게 작성
참여자 사이에 이해 문제	각 이해집단 사이에서 참여자들은 제시되는 문제에 대하여 자신의 역할과 환경에 따라 서로 다른 관점으로 표현하고 분석함으로써 같은 내용에 대해 충돌 또는 의미의 모호함 등 발생
의사소통에 대한 문제	개발시스템규모가 커지고 여러 명의 분석가가 공동으로 작업을 수행함에 따라 명확한 업무와 기능분담의 어려움이 발생, 조직환경과 업무특성에 따라 참여자 사이에 충분한 의견교환이 없으므로 일관성이 없음
요구사항의 변경	요구사항은 시스템에 대한 사용자 변경요구와 시스템 개발단계에서 얻어지는 새로운 지식 및 환경에 의해 계속적인 진하로 인하여 변경

6) 요구사항 분석가의 요구지식

- 해당 업무에 대한 지식: 사용자 요구를 해결하기 위해 소프트웨어와 정보시스템에 대한 전반적인 이해가 선행
- 의사소통 능력: 다양한 관점의 사용자로부터 제시되는 모순된 요구에 대하여 참여자들 사이에 중재

:: 도우미 임기술사

[설명]

요구공학은 프로젝트 진행 전체에 걸쳐서 반복적으로 이루어지는 프로세스이다. **사용자 요구사항은 기능적 요구사항과 비 기능적 요구사항(품질 요구사항)으로 정의되며 이러한 요구사항을 모델링하는것이 요구사항 모델링 방법**이다.

요구사항 모델링 방법으로는 앞서 방법론에서 이야기한 구조적 분석기법과 객체지향 분석기법 등이 존재하는 것이다.

요구공학에서 사용자 요구사항이 반드시 가져야 할 몇 가지 특징을 정의하면 다음과 같다.

- **일관성**: 사용자 요구사항에서 상충된 요구사항이 없어야 한다. 즉, 서로 다른 고객이 서로 다른 요구사항을 정의하는 것이 없어야 한다.
- **추적성**: 도출된 요구사항은 요구사항 ID를 부여해서 요구사항, 분석, 설계, 테스트의 전공정이 추

적 가능해야 한다. (예: 요구사항 추적 메트릭스)

- **완전성**: 사용자 요구사항이 빠지지 않게 모두 정의되어야 한다.
- **명확성**: 모호한 요구사항을 배제해야 한다.
- **이해성**: 다이어그램 표기법을 통해서 이해가 쉽도록 작성하고 사용하는 용어도 기술적 용어를 최대한 배제한다.
- **변경용이성**: 명세화된 요구사항에 대해서 변경이 쉽도록 관리되어야 하고 표준화된 작성 방법을 통하여 작성되어야 한다.

[키워드]
－요구사항 특징, 요구사항 문제점 및 해결방법

[예상문제]
가. 2교시형

1) 요구사항 모델링 시에 발생할 수 있는 문제점과 해결방안을 설명하시오.
2) 사용자 요구사항 종류와 요구사항 모델링 방법에 대해서 설명하고 요구사항이 가져야 할 특징을 설명하시오.

14. 요구공학

1) 요구공학의 개요

가. 요구공학의 정의

- 제품 개발을 위한 요구사항 설정 단계에서부터 제품 개발과 테스트, 생산에 이르기까지 개발공 정의 단계마다 초기에 정한 개발 요구사항들은 물론 이후의 상세 요구사항들이 제품설계와 구현 단계에서 제대로 지켜지고 있는지를 검증해 나가는 기법
- 시스템 요구사항 문서를 생성하고 검증하고 관리하기 위하여 수행되는 구조화된 활동의 집합으로 시스템적 해결이 필요한 문제에 대하여 관련 요구의 추출과 분석 및 문제를 해결할 수 있는 시스 템의 외부 행위를 기술하는 것을 포함하여 요구사항 명세를 최종 산출물로 생성(요구정의 활동)

나. 요구공학 활동

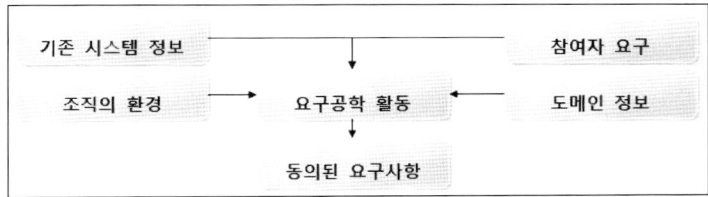

2) 요구공학 프로세스 프레임워크

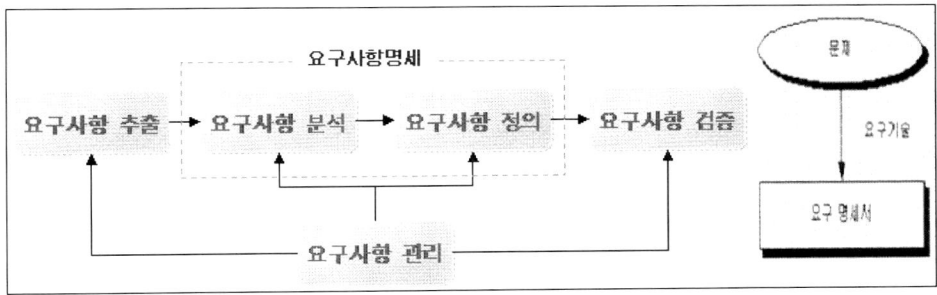

구분	내 용
요구사항 추출	문제를 이해하고 요구사항 추출
요구사항 분석	추출된 요구사항을 분석하여 요구사항을 구조화하고 각종대안들을 결정함
요구사항 정의	시스템이 무엇을 해야 할지를 기술, 분석된 요구사항을 명세화함
요구사항 검증	문제를 기술하고, 서로 다른 부분들과 일치 여부를 확인함
요구사항 관리	요구사항에 대한 최종결정 및 베이스라인 관리, 변경통제 및 확인 기능

:: 도우미 임기술사

[설명]

사용자 요구사항은 추출, 분석, 정의, 검증의 단계를 통해서 이루어진다. 또한 마지막으로 검증된 산출물을 관리하는 요구사항 관리를 수행한다.

요구사항 추출은 RFP 및 제안서에 제시된 과제를 기준으로 요구사항을 추출하고 요구사항 추출에서 중요하게 생각해야 하는 것은 사용자 요구사항이 **빠지지 않고 모든 요구사항이 추출** 되어야 한다.

또한 해당 **기업의 제약조건 및 법률/규정 등을** 식별하여야 한다.

요구사항 분석은 추출된 요구사항에 대해서 해결방법을 정의하고 사용자 요구사항을 정리하는 작업이다. 이렇게 정리된 요구사항은 **요구사항 정의 단계에서 사용자 요구사항을 확정하고 명세화를** 수행한다. 요구사항 정의는 **사용자 요구사항 중에서 기능적 요구사항과 비 기능적 요구사항 모두를 정의하여 전체 시스템의 범위를 확정하고 기능 및 비 기능 요구사항에 대해서 세부적인 명세화를** 수행한다.

이렇게 정의된 요구사항은 **고객과의 협의(Validation)을 통해서 사용자 요구사항을 검증**한다. **사용자 요구사항의 검증을 위해서 요구사항 Inspection(공식검토 회의)을 수행**할 수도 있다.

마지막으로 **요구사항 관리는** 검증된 요구사항에 대해서 **공식적인 변경관리 계획, 절차, 담당자, 책임과 역할을 정의**한다.

[용어설명]
* Inspection: 품질향상을 위해서 프로젝트 진행단계에서 이루어진 공식검토 회의로 Check list를 활용하여 소프트웨어 품질을 확인하는 활동

[키워드]
- 요구공학 프로세스 절차 및 활동

[예상문제]
가. 2교시형
1) 요구사항의 추출, 분석, 정의, 검증, 관리 단계의 활동에 대해서 설명하시오.
2) 사용자 요구사항은 고객과의 협의를 통해서 공식적으로 확정된다. 이러한 고객과의 협의단계에서 프로토타입을 사용하기로 했을 때 고객 및 개발기관 입장에서 장점과 단점을 설명하시오.

가. 요구사항 추출

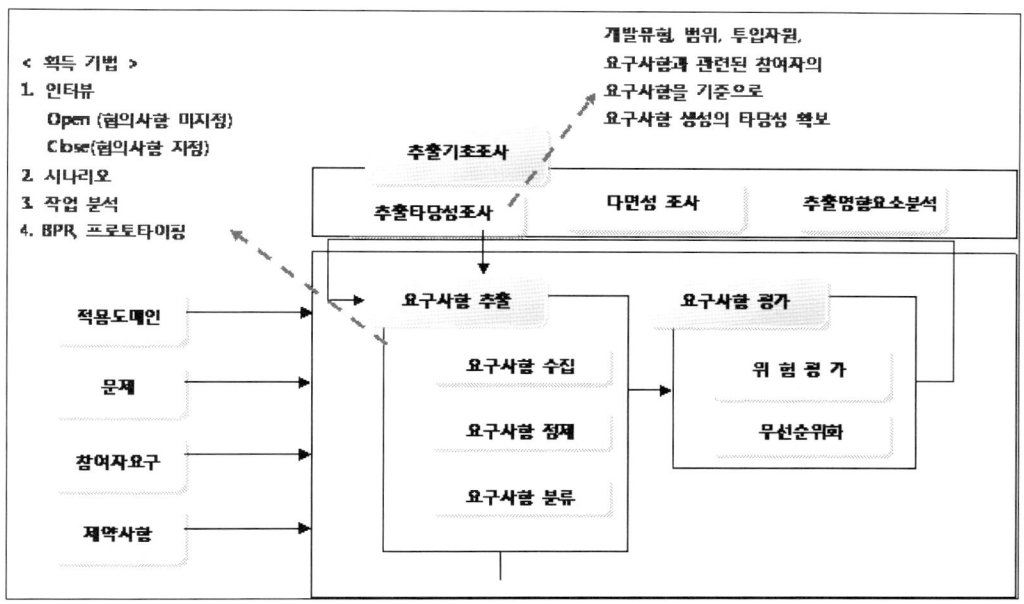

나. 요구사항 분석

1) 요구사항 분석 기준

- 분석은 시스템을 **계층적이고 구조적으로 표현**되어야 함
- 외부사용자 및 내부시스템 구성요소간의 **인터페이스를 정확히 분석**하여야 함
- 분석단계 이후의 **설계와 구현단계에 필요한 정보를 제공**하여야 함

2) 요구사항 분석 활동

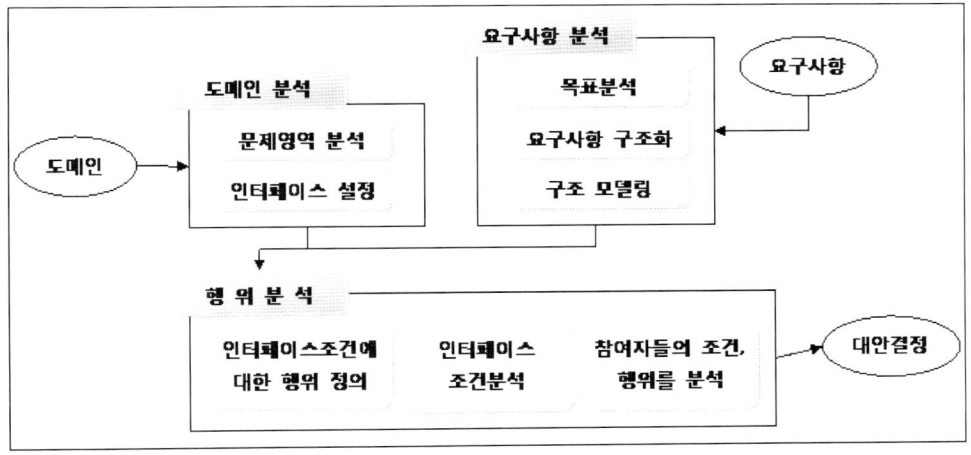

다. 요구사항 정의

  1) **요구사항 명세화**: **요구사항 명세서**(Software Requirement Specification: SRS) 작성
     - 시스템이 무엇(What)을 수행할 것인가를 기술
     - 시스템의 달성 목표를 기술하지만 목표 달성을 하기 위한 해결방법은 기술하지 않음
     - 명세서에 명시된 조건들은 고객과 개발자 사이에서 합의되어야 한다.

  2) **요구사항 명세서의 의미**
     - 고객과 개발자간의 S/W 생성 목적에 대한 동의기준 수립
     - 개발일정과 비용산출의 근거 제공, 개발에 투입되는 노력을 절감
     - 에러 검증과 확인을 위한 기본적인 자료
     - 변경이 쉽고, 개선에 대한 근거를 제시

  3) **요구사항 명세의 원리**
     - **명확성**: 각각의 요구사항 명세 내용은 하나의 의미만을 가져야 한다.
     - **완전성**: 기능, 성능, 속성, 인터페이스, 설계제약 등에 관한 시스템 요구사항이 포함된다.
     - **검증가능성**: 요구사항 내용의 충족여부와 달성 정도의 확인이 가능하여야 한다.
     - **일관성**: 명세 내용 간의 상호 간 모순이 없어야 한다.
     - **수정용이성**: 요구사항 변경 시 쉽게 수정할 수 있어야 한다.
     - **추적가능성**: 각 요구사항 근거에 대한 추적과 상호참조가 가능하여야 한다.
     - **개발 후 이용성**: 시스템 개발 후 운영 및 유지보수에 효과적으로 이용 가능하여야 한다.

  4) **요구사항 명세의 기술**
     - **기능적 요구사항**
     • 데이터 모델: 개념적 모델의 상태를 구체화 한 것으로 생성,삭제 등의 실행 정의
     • 데이터 흐름 처리모델: 시스템 행위가 어떻게 이루어지는가를 표현하며,
     • 데이터 모델의 입출력이 데이터의 일부분으로 사용됨.
     • 프로세스 모델: 병행, 상호작용, 타 프로세스들간의 동기화 등의 사건과 활동 기술
     - **비 기능적 요구사항**
     • **시스템 결과에 의해 나타나는 전체적인 품질이나 속성 또는 기능적 요구사항을 구현할 때 고려해야 하는 제약사항을 정의**
     • S/W뿐만 아니라 시스템 전체에 대한 요구사항(**신뢰성, 성능, 보안성, 사용가능성, 안정성** 등)
     * 품질 요구사항의 특징
     - 품질 요구사항은 명세와 검증이 매우 어려움

- 품질 요구사항을 객체에서 표현하는 방법
- 손실이 예상되는 비용의 측정
- 품질 요구사항은 검증 할 수 있음

라. 요구사항 검증

- 사용자 요구가 요구사항 명세서에 올바르게 기술되었는가에 대하여 검토하는 활동

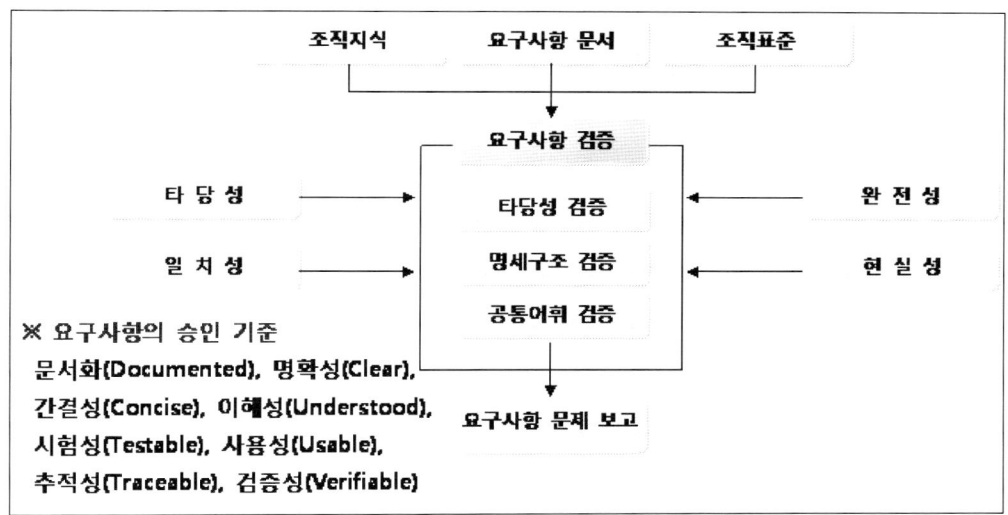

마. 요구사항 관리

- 모든 요구공학 프로세스 단계와 병행적으로 수행되면서 요구사항에 대한 변경을 제어함.
- 제품이 성공적으로 완성되었는지 아닌지를 합의하기 위한 기본으로 역할과 책임 부여

1) 요구사항 변화관리

- 지속적 / 휘발성요구사항, 시스템 환경변화에 의한 변화성 요구사항
- 긴급성 요구사항, 잘못된 시스템 이해, 조직의 업무 절차에 관련된 호환성 요구사항 등

2) 요구사항 변경관리

- 변경통제: 정적요구사항 변경(시스템 본질적 측면), 동적요구사항 변경(특정고객에 한정)
- 변경영향분석: 비용, 일정, 관리계획, 위험도, 인력추가 가능성, 기술적 측면 등

3) 요구사항 추적관리: FFR(Forward, 순방향 추적), BTR(Backward, 역방향 추적)

4) 요구사항 형상관리: 형상버전 제어, 형상상태 제어

[참고] <u>CMM 성숙도 레벨 2에서의 요구사항 관리 수준</u>

- S/W 요구사항은 문서화 되어야 한다.
- 요구사항 명세는 프로젝트 다른 요소들 간의 관계를 정의한다.
- 기능적 요구사항, 비기능적 요구사항 및 인증기준을 정의하고 문서화 한다.
- 요구사항 관리를 위하여 적절한 자원과 비용이 요구된다.
- 요구사항은 개발과 관리를 위한 기준선 설정과 제어가 필요하다.
- 요구사항에 대한 변경은 검토되고 프로젝트 계획에 포함되어야 한다.
- 각각의 요구사항에 대한 상태를 포함하여 측정이 수행되어야 한다.

:: 도우미 임기술사

[설명]
- 요구사항 프로세스
- 요구사항 추출
  1) RFP 및 제안서를 통해서 과제 정의
  2) 고객과의 인터뷰를 통한 요구사항 추출
  3) 기존 시스템의 기능에서 이전, 변경, 신규 기능 식별
  4) 업무 규정집, 관련 업종 규정 분석
- 요구사항 분석
  1) 사용자 요구사항을 기능적 요구사항 및 비기능적 요구사항으로 구조화
  2) 시스템의 대략적인 범위와 해당 시스템과 타 시스템 간의 인터페이스 식별
- 요구사항 정의
  1) 전체적인 시스템 범위를 확정
  2) 기능적 요구사항과 비 기능적 요구사항에 대한 명세화(예: Use Case Specification)
  3) 제약사항을 정의
- 요구사항 검증
  1) 프로토타입 등(예: 프로토타입 정의서)을 활용하여 고객에게 사용자 요구사항 검증
  2) 잘못 된 요구사항 정의에 대한 도출 및 수정, 재 검증 수행

- 요구사항 관리
  1) 변경관리 프로세스 정의
  2) 자동화 Tool 확정
  3) 변경관리 조직 및 책임과 역할 정의

[키워드]
－요구공학 프로세스 절차 및 활동, 요구사항 명세의 원리

[예상문제]
가. 2교시형
  1) 변경관리 계획서에 포함되어야 내용을 설명하시오.
  2) 사용자 요구사항에 대한 정의 후에 사용자 요구사항을 검증하기 위한 명세화 조건을 설명하시오

문제〉　　　요구사항 모델링

카테고리　　　　　　소프트웨어 공학〉방법론〉요구공학　　　　　난이도　　중

답>

1. 사용자 요구사항에 대한 명세화 및 관리방법 요구사항 모델링의 개념
가. 요구사항 모델링 개념
－사용자 요구사항에 대해서 분석 수행 후에 자연어 혹은 정형화된 명세 표기법에 의해서 사용자 요구사항을 명세화 하고 사용자에게 검증하는 일렬의 단계
나. 사용자 요구사항 분석기법
  1) FOA(Functional Oriented Analysis): 기능(DFD)와 데이터(ERD)를 분리하여 분석
  2) OOA(Object Oriented Analysis): 기능과 데이터를 함께 분석, UML 표준, 점진/반복

2. 요구사항 모델링의 특징 및 요구사항 모델링과정

가. 요구사항 모델링의 특징

1) 요구사항 관리: 추출, 분석, 명세, 검증단계로 이루어짐

2) 주요 산출물: 요구사항 기술서, 요구사항 명세서, **(1)요구사항 추적 메트릭스**

3) 명세원칙: 정확성, **(2)명확성**, **(3)완전성**, **(4)일관성**, 이해용이성, 변경 가능성

4) 요구사항 검증: Inspection, Walkthrough, Prototype

나. 요구사항 모델링 과정

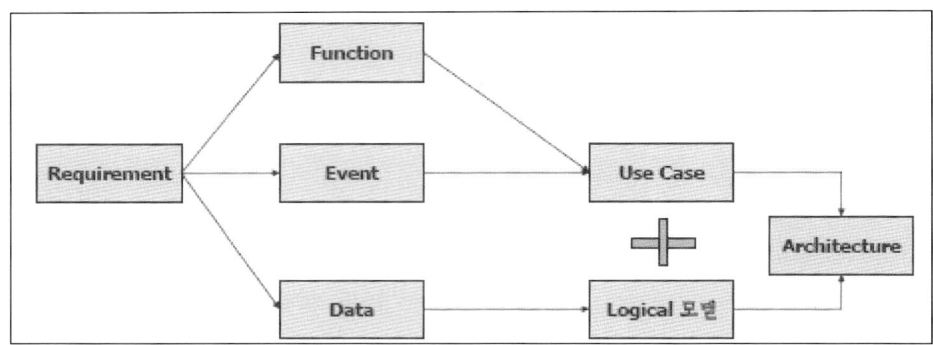

- Use Case는 시나리오를 통해 기능적 요구사항과 이벤트를 동시에 표현하며 전체적인 뷰와 세부 흐름까지 모델링 함
- 시스템 범위가 작은 경우 기능단위 상세 스펙을 정의, 시스템 범위가 큰 경우 Use Case 모델링을 통한 요구사항 분석방법이 효율적

3. 요구사항 모델링 시에 고려사항

가. 사용자 요구사항에 대한 정확한 이해를 바탕으로 모델링을 수행하여 모델링 후에는 사용자의 검증 과정이 필요

나. 요구사항 모델링은 소프트웨어 개발 단계에서 1회성 작업이 아니라 완료 시점까지 지속적으로 관리되는 공학적 관점으로 이해가 바람직(요구공학)함

풀 이

- 요구사항 모델링은 사용자의 요구사항을 추출하고 기능적, 비기능적(품질요구사항) 요구사항을 정의하고 명세화 작업을 수행 후 고객에서 해당 요구사항에 대한 적정성을 검증 받는 Validation

작업을 통하여 해당 요구사항을 확정한다.

- Validation은 고객에게 검증 받는 작업으로 공식검토회의를 통해서 수행할 수 있다.

- 이렇게 확정된 요구사항은 고객이 승인한 공식적인 산출물이므로 Baseline(기준선)이 되어 공식적인 변경 통제대상이 된다. 즉, 요구사항 관리 단계에서 요구사항에 대한 변경관리 프로세스 및 변경 조직정의, 책임과 역할 정의를 수행하여 Baseline의 변경을 통제한다.

- 요구사항의 목적은 범위를 명확히 정의하는 것이며, 이러한 범위는 고객과 반드시 합의된 범위이어야 한다. 통계적으로 프로젝트 실패원인 중 40% 이상이 요구사항 파악에 대한 문제로 밝혀졌다. 그러므로 요구사항의 정의하고 그것을 명세화 하며 마지막으로 검증하는 일렬의 단계가 프로젝트 성패에 가장 중요한 요소이다.

- 이렇게 요구사항에 추출, 정의, 명세, 검증, 관리하는 활동을 요구사항 모델링 방법 혹은 요구공학이라고 표현할 수 있다. 이러한 요구사항 모델링 방법은 구조적 분석기법과 객체지향 분석기법 등의 다양한 방법으로 모델링 될 수가 있는 것이다.

주요 용어설명

(1) 요구사항 추적 메트릭스: 요구사항기술서, 요구사항명세서, 분석, 설계, 구현, 테스트 전 과정에서 요구사항이 쌍방향으로 추적될 수 있도록 한 문서이다. 초기 요구사항에서 요구사항 ID를 부여하고 각 요구사항 ID를 통해서 요구사항이 어떻게 분석, 설계, 구현, 테스트 되었는지를 확인할 수 있다.

(2) 명확성: 요구사항은 그 의미가 단 한가지로만 해석되어야 한다.

(3) 완전성: 요구사항은 사용자가 요구하는 모든 기능을 포함하고 있어야 한다.

(4) 일관성: 상충된 요구사항이 발생하면 안 된다. 즉, 두 명 이상의 고객이 서로 반대되는 요구사항을 요구하면 안 된다. 이러한 요구사항이 발생하면 고객과의 협의를 통해서 해소해야 한다.

예상문제

가. 1교시형

　　1) 요구사항 명세화의 조건

　　2) 요구공학

　　3) 공식검토회의

나. 2교시형

1) 요구사항 모델링의 각 공정과 구조적, 객체지향 모델링 기법에 대해서 설명하시오.

2) 요구사항의 특징, 문제점 및 요구공학에 대해서 설명하시오.

문제〉	소프트웨어 시스템 개발에 있어 성공과 실패의 가장 중요한 요소는 요구사항으로, 기업에서 요구사항 관리능력은 필수적인 활동으로 인식되고 있다. 성공적인 프로젝트 개발에 필요로 하는 요구사항관리 방안에 대하여 기술하시오.		
카테고리	소프트웨어 공학〉요구사항 관리	난이도	중하

답>

1. 프로젝트 성공을 위한 요구사항 관리

가. 요구사항 관리의 정의

- 고객으로부터 요구사항을 수집하고, 검토하며, 합의를 이루고, 변경을 관리하며, 추적하는 프로젝트 초기부터 종료 시까지 끊임없이 반복되는 일련의 과정

나. 요구사항관리의 필요성

- Gold Plating: 고객 요구사항 충족 불가능한 필요 이상의 품질 제공
- Scope Creeping: 요구사항 정의 부적확성은 범위 증가를 초래
- SW Invisibility: 요구사항 도출의 불명확성, 이해 관계자별 상이한 시각
- Changeability: 요구사항은 프로젝트 전반에 걸쳐 다양하게 변화함

다. 요구사항 관리의 목적

- Requirement Control: 고객 요구사항의 문서화와 통제
- Mutual Understanding: 고객과 요구사항에 대한 공통된 이해기반 형성
- Mutual Agreement: 요구사항에 대하여 고객과 합의 형성 및 유지

2. 요구사항의 종류 및 요구사항 관리의 주요관점

가. 요구사항의 종류

구분	주요 내용
기능적 요구사항	-시스템이 제공하는 기능, 작동에 대한 요구사항
비기능적 요구사항	-기능요구사항 외의 요구사항 -비즈니스 규칙에 의한 제약사항, 구동환경, 제약조건, 품질속성
명시적 요구사항	-사용자와의 인터뷰, 현장조사 등에서 발견할 수 있는 요구사항
잠재적 요구사항	-요구사항의 이해과정에서 쉽게 들어나지 않는 요구사항 -예상 시나리오 없어 발견하기 힘듦

나. 요구사항 관리의 주요관점

구분	주요 내용
외부 인터페이스 요건	-외부기관/시스템 사이에서 발생되는 모든 입/출력에 대한 요건 -외부기관 추가/변경, 제도/기준 등의 변화로 인터페이스 형식의 변경 -관리 Point: 중복성과 표준 준수 정도에 따라 관리
기능개선 요건	-애플리케이션에서 입력 발생되는 출력에 대한 요건 -관리 Point: 불가변성, 범용성에 따라 관리
성능개선 요건	-해당기관의사용자가필요로 하는 성능개선사항 ● 정적인 수치 요구사항: 동시사용자수, 처리하는 정보량과 종류 ● 동적인 수치 요구사항: 일정한 기간내에 처리하는 트랜잭션이나 작업의 수 -관리 Point: 실현가능성, 측정가능성에 따라 관리
보안개선 요건	-중요데이터에 대한 훼손, 변조, 도난, 유출에 대한 물리적 접근통제 (제한구역, 통제구역) 및 사용통제(인증, 암호화, 방화벽 등) 요건 -관리 Point: 불가변성, 실현가능에 따라 관리

3. 요구사항 관리 방안

가. 요구사항 관리의 영향요인

요인	주요 내용
조직문화	-동기부여: 조직구성 및 책임과 역할 할당 -조직의 정치적/조직적 요소, 팀워크
환경	-적절한 프로세스(성과중심)/방법론, 수준 높은 프로젝트 관리
조직구성원	-참여자의 역량, 관련자의 권한, 의사소통/협의 기술

나. 요구사항 관리 전략

구분	주요 내용
관리환경 수립	참여자 동기 부여 위한 성과중심 관리 프로세스 구축/내재화
의사소통/협력	효율적 의사소통을 위한 R&R 부여, 고객-개발팀 간 협력
가치지향적 관리	Biz 목적 가시성 확보 위한 기대관리/요구사항 우선 순위화
변경통제 체계	변경 관련 항목 이해, 타 항목과 결합/중복/불필요 제거
지속성 유지	지속적이고 민첩한 요구사항 변경의 적용 및 통제

다. 요구사항 관리 프로세스

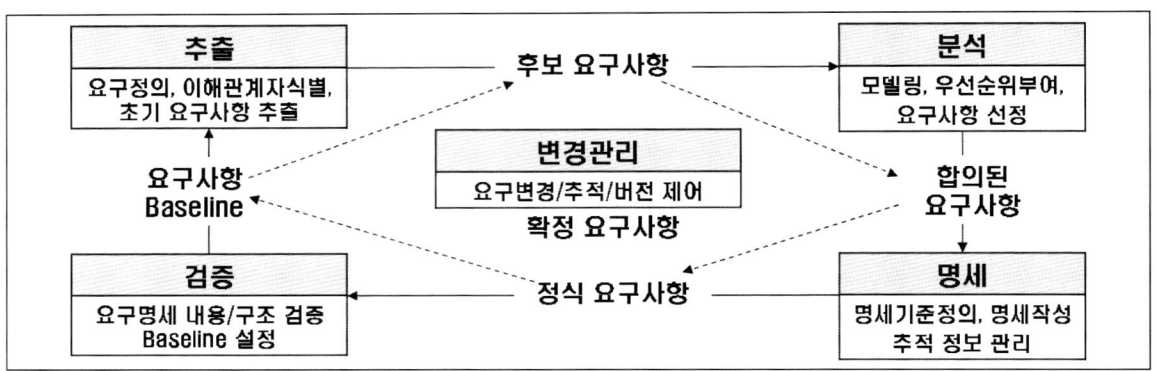

4. 요구사항 관리의 문제점 및 해결방안

문제점	해결방안
-요구사항 관리프로세스에 대한 이해와 실무적인 경험을 갖춘 전문가 부족 -요구사항을 정확히 문서화하기보다는 시스템에 대해서만 관심 -요구사항을 관리하는 방식이 과제를 수행하는 조직유형에 따라 상이	-요구사항에 대한 관리기법의 이해와 실무 경험 축적 필요 -요구사항 관리의 중요성 인식 필요 -자동화된 도구를 이용하여 효율적인 요구사항 관리와 추적 필요

- 조직의 인적, 구조적, 프로세스적으로 정립된 조직의 문화를 갖추고 고객이 요구하는 가치와 비즈니스 측면의 가치 구현을 위하여 올바른 요구사항 정보 도출
- 시간과 비용 및 위험에 대한 예측을 기반으로 프로젝트를 관리 "끝"

풀 이

1. 요구사항의 정의

- 사용자의 문제를 해결하거나 목적 달성하기 위해 SW 갖춰야 하는 조건이나 기능적 요소

－문제해결, 목적 달성을 위하여 사용자 요구, 표준명세 만족을 위해 시스템이 가져야 하는 서비스 또는 제약사항

2. 요구사항 관리 프로세스

절차	내용	Activity	영향요인/기준	기법
요구사항 획득	－추출기초조사 －요구사항 추출 －요구사항 평가	－추출타당성/다면성조사 －요구사항수집, 정제, 분류 －위험평가, 우선순위화	－변경영향평가 －참여자 역량 －업무성숙도 －조직환경 －관련자 권한	인터뷰, 시나리오
요구사항 분석	－도메인 분석 －요구사항 분석 －행위분석	－문제영역, 인터페이스 설정 －목표분석, 요구사항 구조화 －행위정의, 분석	－계층적 구조적 표현 －외·내부 시스템 구성요소 간 인터페이스 분석 명확	SADT (구조적 분석방법), 상태전이도, ERD, 객체지향 분석방법
요구사항 명세	－기능적 요구사항 －비기능적 요구사항	－데이터, 데이터흐름, 프로세스모델, 프로덕트 －신뢰, 성능, 보안, 안정, 사용 가능	－명확성, 완전성, 일관, 수정용이, 추적, 검증가능	비정형/정형 명세기법
요구사항 검증	－타당성 검증 －명세구조 검증	－요구사항에 품질 확인	－구현가능성, 정확성, 완전성, 일관성	V&V

－요구사항 변경관리: 공식적으로 검토되고 합의된 기준선은 결정하고 이를 기반으로 모든 변경을 공식적으로 통제하기 위하여 적용하는 기법

● 외부적 변경요인: 경제동향, 정부 법규/규제, 개발환경 등 컴플라이언스

● 내부적 변경요인: 미흡한 요구사항 도출, 적절한 시기에 요구 도출 부족, 주요고객 참여 미흡, 고객 마인드나 인식변화 등

－요구사항 추적성 관리: 요구사항으로부터 분석/설계/개발/테스트까지의 연관성에 대한 추적, 요구사항의 출처 파악(Rationale)

● 순방향: 요구사항으로부터 파생된 작업 산출물 추적, 요구사항이 시스템에 적절 반영 추적

● 역방향: 해당 작업 산출물의 기반되는 이전 단계 산출물 추적, 결함의 근본원인 추적 식별

예상문제

가. 1교시형

　　1) 요구사항 추적성

나. 2교시형

    1) 요구관리의 체계적이고 효율성 증대를 위하여 고려되고 있는 요구공학의 도입 적요에 대하여 설명하시오.

15. 모듈화

1) 소프트웨어 모듈성의 개요
가. 소프트웨어 모듈성의 정의
- 모듈: 소프트웨어 구조를 이루는 기본적인 블록, 모듈의 크기에 대한 견해는 다양함
- **시스템을 기능적 단위로 분해하고, 계층적 순서와 자료의 추상화를 구현**하는 것으로 프로그램이 효율적으로 관리될 수 있도록 하는 모듈 구성상의 소프트웨어적인 특성

나. 소프트웨어 모듈성의 원리
- 비용과 모듈의 관계 기준: 일반적으로 모듈 수가 증가하면 인터페이스 비용도 증가
- **정보은폐(Information Hiding)**: 어렵거나 변경 가능한 사항을 타 모듈로부터 은폐
- **자료 추상화(Abstraction)**: 각 모듈 자료구조를 액세스하고 수정하는 함수 내에 주요 자료구조의 표현 내역을 은폐

다. 소프트웨어 모듈 수와 비용/노력과의 관계

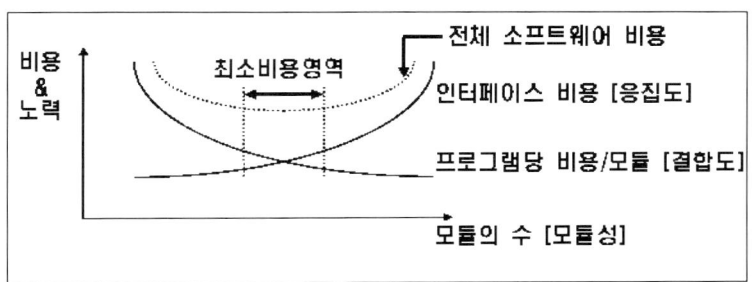

라. 모듈화의 기준 및 목적
- 추상화 수준, 정보은닉, 모듈의 독립성(응집도와 결합도)의 정도로 판단함
- 모듈의 응집도가 높을수록 개발하고 유지보수하고 재사용 하는 것이 쉬워지며, 오류가 적어짐
- 전통적인 응집도와 결합도의 측정은 구조적인 설계와 구조적 프로그래밍을 염두하고 정의된 것임

2) 소프트웨어 모듈 결합도/응집도의 특징 및 모듈화 수준
가. 소프트웨어 모듈 결합도의 특징
- 결합도: 모듈 간의 상호의존도를 측정하는 척도, 독립성을 평가하는 기준

- 다른 모듈과의 결합은 피할 수 없음
- 모듈 간 인터페이스 복잡도, 모듈 진입과 참조에 교환정보의 종류와 특성으로 결합도 결정 결합 도가 낮은 상태에서 소프트웨어의 품질에 좋은 결과가 나타남
- 소프트웨어 설계 시에 모듈 결합도를 낮추기 위한 방안 수립이 필요함

나. 소프트웨어 모듈 응집도의 특징

- 모듈을 이루는 각 요소들이 공통의 목적을 달성하기 위하여 얼마나 관련이 있는가를 나타냄
- **모듈을 구성하는 내부 처리요소 간의 기능적 연관성을 평가하는 척도**
- **응집도가 높아지면 다른 모듈과의 의존도가 작아지고 독립성이 강해짐**
- 한 모듈 내에 필요한 함수와 데이터들의 친화력을 측정하는 데 사용
- 응집도가 높아지면 재사용성이 향상되고 품질도 향상되는 효과가 있음
- 모듈간 결합도를 최소화하여 응집도를 높이고 유지보수를 용이하게 함

3) 소프트웨어 모듈 결합도의 수준

유형	교환정보	교환경로	내 용
데이터 결합도	필수자료	단일 매개변수	- 두 모듈 간 매개변수를 통해 필요한 자료 교환 - 두 모듈은 서로에 Black Box 결합 - 독립성 높음, 최상의 결합
스탬프 결합도	복합자료	다중항목자료구조	- 매개변수로 복합 자료구조(Record, Array, File)를 사용하는 경우
컨트롤 결합도	제어자료	제어 Flag	- 다른 모듈에게 제어요소를 전달하는 경우 (Function, Switch, Flag 등) - 제어요소를 전달하는 모듈이 전달받는 모듈의 세부 처리 내역을 알고 있어야 함
외부 결합도	외부자료	공통영역	- 모듈이 외부환경과 연관되어 있는 경우(특수 H/W, 통신 Protocol, OS, Compiler…) - 타 모듈, 타 파일에서 정의된 자료 그대로 사용 - 음성적 정보교환, 유지보수 곤란
공유 결합도	공통자료	공통영역	- 동일 전역변수 공유, 자료 변경 시에 영향 - 매개변수를 교환하지 않는 간접 정보 교환 - 모듈/자료 분리로 재사용 어려움
내용 결합도	내용	직접조작	- 모듈이 다른 모듈의 내부기능/자료를 직접 참조 - 다른 모듈의 중간으로 Branching - 유지보수 어려움

4) 소프트웨어 모듈 응집도의 수준

유형	수행기능	응집대상	내 용
기능 응집도	단일기능	한 개의 Task (예: 판매세금계산)	−모든 명령이 한가지 문제해결을 위한 작업 수행 −잘 정의된 하나의 기능, 필요한 모든 구성 요소들을 포함 −구조적 설계원리에 적합한 패러다임 −가장 이상적으로 재사용 추천
순차 응집도	자료처리	공통데이터 (다음 거래를 읽고 마스터파일을 변경함)	−한 활동의 출력이 다음 활동의 입력으로 사용 −일련의 활동들이 체인 형식으로 구성
통신 응집도	자료처리	공통데이터	−서로 다른 기능이 동일 자료 사용하나 처리순서는 상관없음 −입력 값에 따라 출력이 달라짐 예) 출력파일을 출력한 후 저장
절차 응집도	흐름제어	비공통 데이터	−관련 없는 기능요소가 배열된 순서로 수행 − 한 모듈내의 활동들이 순차적으로 수행 −순차적으로 구성되어야 할 여러 모듈을 하나의 모듈로 강제로 통합하였을 경우 발생
시간 응집도	흐름제어	비공통 데이터	−각 기능 요소가 순서 상관없이 특정시점에 반드시 수행되는 기능요소들이 모여있는 경우 예) 초기화 작업, 파일 닫기가 있는 모듈
논리 응집도	자료처리흐름제어	상호배제 없이 병행	−모듈 내 기능요소가 일반적인 같은 성질을 처리 예) 추가, 삭제, 갱신 등이 한 모듈에 같이 있는 경우
우연 응집도	자료처리흐름제어	서로 관련 없는 활동	−아무 관련 없는 처리 요소들로 모듈이 형성되는 경우

5) 소프트웨어 설계 시 응집도/결합도 최적화 및 모듈성 측정 방안

가. 모듈성을 최대한 확보하기 위해서는 모듈간의 결합도는 최소화(Minimize coupling)하고 모듈 내부 요소간의 응집도는 최대화(Maximize Cohesion)해야 함

나. 상속트리 깊이 측정: 깊은 트리는 설계 복잡도를 높임

다. 자식클래스의 수 측정: 직접 상속 받는 하위 클래스의 수, 자식의 수가 커질수록 재사용성 커짐

라. 작업 결합도의 측정: 다른 클래스 이용하는 작업의 수, 다른 클래스들이 이용하는 작업의 수 등

:: **도우미 임기술사**

[설명]

모듈화는 독립적인 소프트웨어를 모듈 단위로 구성하여 모듈단위로 재사용하는 방법으로 모듈의 재사용은 소스레벨에서 재사용을 지원한다. 또한 모듈은 실행 중에 Dynamic Library 형태의 재사용도

가능하다. 이러한 재사용을 극대화 하기 위해서는 각 모듈에 대한 이해용이성을 위해서 추상화를 수행하고 독립성을 위해서 결합도와 응집도를 통해서 모듈을 구성하는 것이다.

[키워드]
－모듈화 특징, 결합도와 응집도 종류, 정보은닉(은폐), 모듈 독립성

[기출문제]
가. 1교시
  1) 모듈과 컴포넌트 비교

[예상문제]
가. 1교시형
  1) 모듈화 특징 및 컴포넌트와 비교하시오.

나. 2교시형
  1) 모듈화의 결합도와 응집도의 종류를 설명하시오.

16. SW 아키텍처

1) Software Architecture 개요

가. SW Architecture의 정의

- SW를 구성하는 컴포넌트3들, 이들간의 상호작용 및 관계, 각 컴포넌트들의 특성 및 이들이 구성하는 SW의 설계 및 진화를 위한 각종 원칙들의 집합
- 시스템에 관계되는 여러 이해관계자의 관심사항과 이에 따른 관점을 반영한 다양한 모델의 집합 **SW 시스템을 다양한 관점에서 모형화**하고, 이를 개발 문제에 성격에 맞게 적절히 활용하도록 하는 핵심요소

[길라잡이]

- 어떤 아키텍처이건 공통적으로 핵심 컴포넌트, 핵심 컴포넌트 간의 관계와 이를 제약하는 제약조건이 나타난다.
- 소프트웨어 아키텍처의 제약조건을 설계원칙 혹은 물리적 구현 시 제약사항이 해당된다.
- SW 시스템의 다양한 관점은 사용자, 분석/설계자, 시스템 엔지니어, 개발자 등이 바라본 시스템의 모습을 제공한다는 뜻이다.

2) SA의 중요성, 필요성, 등장배경

- SW복잡도 증가: SW목적과 기능의 다양화로 목적에 맞게 **기능을 유기적 분할, 통합이 복잡**

➔ (임기술사) 최근 정보시스템의 규모가 커지고 그 역할도 높아지고 있다. 그러므로 전체 시스템의 규모가 커지고 복잡도도 증가했다. 또한 다양한 하드웨어 및 소프트웨어 플랫폼의 등장으로 시스템 간의 인터페이스 부분의 복잡성이 증가했다.

- 품질특성: **요구분석, 설계 단계부터 품질특성을 고려하여, 고품질의 SW개발 필요**

➔ (임기술사) 사용자 요구사항에 대한 품질특성 즉, 품질 요구사항을 사전에 받아 해당 품질을 달성할 수 있도록 시스템을 구성하여 고객의 고품질 요구를 만족, 다시 말해 품질 요구사항을 상세히 하여 구체적인 방법과 구현을 수행해야 한다.

3) SA의 활용(기대효과)

- 품질특성 추론: SW 구현 사전에 SA가 제공하는 다양한 모델을 통한 사전 품질 특성 추론 가능

➔ (임기술사) SA는 다양한 관점의 시스템을 가시화하므로 다양한 품질특성 추론을 수행한다. (RUP 4+1 View)

- 의사소통: 여러 이해관계자의 다양한 관점을 충족시키는 일관된 내용 제공 ➔ **(임기술사)** 다양한 관점의 시스템을 가시화하고 각 이해당사자와 의사소통을 수행하여 고객이 이해할 수 있는 시스템 설명이어야 한다.
- 기술변화대처: 기술, 플랫폼에 독립적인 모형에 기반하여 향후 변경되는 IT환경 변경 유연성 확보 ➔ **(임기술사)** Layer 아키텍처를 통해서 기술 플랫폼 독립적인 아키텍처를 확보한다.
- 개발용이: 구현단계서 발생하는 설계문제에 대한 합리적 의사결정 및 문제해결 여건제공

4) SA의 특징
- 아키텍처는 시스템의 구조와 인터렉션을 정의한다.
- 아키텍처는 시스템의 복잡성 관리를 위하여, 문제영역을 추상화하고, 중요한 엘리먼트에 집중한다.
- 아키텍처는 stakeholder의 요구를 충족 및 조정, 조율한다.
- Stakeholder들의 관점(Viewpoint)에서 관심(Concern)들은 반드시 비즈니스 기능에 국한되지 않는다.

이해당사자	주요 관심사항/요구사항
엔드유저	정확한 작동, 기능의 신뢰성, 가용성, 성능, 보안성
고객	비용, 안정성, 제품 인도일정
PM	프로젝트 가시화, 자원배분, 위험관리, 예산
개발자	명확한 요구사항, 단순하고 일관성 있는 설계
유지보수자	변경용이성, 기능 확장성, 잘 정리된 문서화

- 여러 이해관계자별로 다양한 요구사항들이 도출되므로, 각 요구사항들의 Tradeoff 관계를 고려 조율(Cordinate) 하는 것이 아키텍트의 주요한 자격요건이 된다.
- 아키텍처는 근거(Rationale)를 제시한다.
- 여러 이해당사자가 불필요한 논쟁 감소, 의사소통 원활
- 아키텍처는 아키텍처 스타일을 활용한다.
- 아키텍처 스타일: 비슷한 영역을 공유하는 시스템 간 아키텍처 유사성, 패턴
- 아키텍처 스타일을 이용하여 경험적 솔루션의 재활용 효과 발생
- 아키텍처는 환경의 영향을 받는다
- 환경(Environment): 비즈니스 미션, 내부제약조건(조직내 표준 등), 외부제약조건(법규, 제도), HW시스템 등 아키텍처를 둘러싼 모든 것

5) IEEE 1471

가. 정의: 아키텍처 표현을 위한 요소 및 이들간의 관계를 일반화하여, 다양한 SW시스템에서 활용할 수 있도록 하는 아키텍처 명세를 정의하는 메타모델

[길라잡이]

- 아키텍처 명세를 정의하는 메타모델: 아키텍처 정의서가 있어야 할 항목을 정의

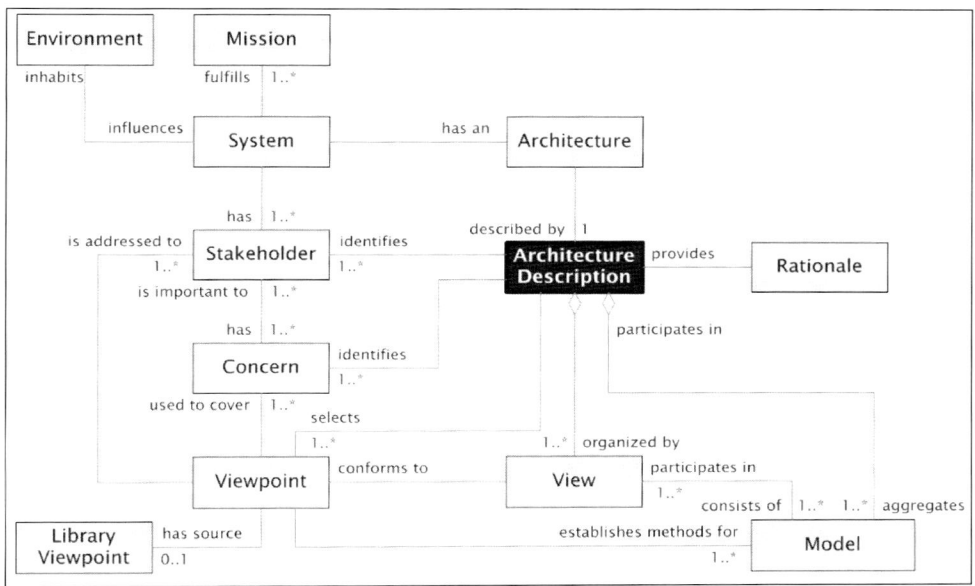

항목	설 명
시스템(System)	– 비즈니스 목적이나 사명(Mission) 완수, 특정 환경의 영향 – 하나의 아키텍처(Architecture) 소유 – 특정기능이나 기능세트를 달성하기 위해 조직된 컴포넌트 집합
이해관계자(Stakeholder)	– 시스템에 관심(Concern)을 갖는 사람이나 조직
관점(View Point)	– 모델(Model) 작성방법을 정의, 신규 생성 또는 라이브러리 관점(Library Viewpoint) 활용
아키텍처	– 아키텍처 기술서로 문서화되어 구체화, 아키텍처 결정 근거(Rationale) 제시 필수
아키텍처 기술서	– 이해관계자들의 시스템에 대한 관심을 관점(View Point)에 맞춰 작성한 뷰(View)로 구성
결정 근거 (Rationale)	– 여러 이해당사자가 불필요한 논쟁 감소, 의사소통 원활 – 아키텍처 평가 시 주요 판단 기준
관심(Concern)	– 이해당사자들의 요건
환경 (Environment)	– 시스템에 대한 개발, 작동, 정책, 기타 영향요소들의 설정과 환경 – 내부제약조건(조직 내 표준 등), 외부제약조건(법규, 제도), HW시스템
사명 (Mission)	– Stakeholder의 목적달성을 위해 시스템이 수행하는 연산

6) 아키텍처 수립 절차

단계	액티비티	내 용
요구사항 분석	요구사항 분석	-요구사항 취득, 식별, 명세, 분류, 검증 -기능적/비기능적 요구사항 분류 및 명세
아키텍처 분석	품질요소식별	ISO9126(기능성, 신뢰성, 효율성, 유지보수성, 이식성) ➔ (임기술사) ISO 9126을 활용할 수 있다는 뜻이지 이것으로 해야 한다는 것은 아니다.
	품질요소 우선순위결정	-Utility Tree(품질요소의 목표 및 영향도 식별) -품질시나리오 작성 ➔ (임기술사) 품질요소에 대해서 분류하고 중요도, 난이도를 정의해서 우선순위를 결정한다.
	전술개발 (Tactic Develop)	-품질속성별 전술 개발 및 명세 ➔ (임기술사) 품질요소에 대해서 어떻게 달성할 수 있는지 해결방법을 정리한다.
아키텍처 설계	관점 및 View 정의	-이해당사자 파악 및 이해당사자별 관점, View정의(SA 4가지 View: Module view, Component Connector View, Allocation view, Code View) ➔ (임기술사) 다양한 사람들이 바라본 시스템을 가시화 즉, 사용자, 개발자, 분석/설계자, 시스템 엔지니어가 바라본 시스템을 다이어그램화 수행 (RUP 4+1 View 혹은 SA 4가지 View 활용)
	아키텍처 스타일 선택	-Pipe-Filter, MVC, Layer등 스타일 혼용 적용 ➔ (임기술사) 품질요소를 만족할 수 있는 이미 검증된 스타일이 있다면 스타일을 적용한다.
	후보아키텍처 도출	-Context Diagram, 및 각종 View별로 다이어그램작성 -SAD(Software Architecture Description)기술 ➔ (임기술사) 사용자 품질을 만족할 수 있는 여러 아키텍처를 제시하고 각 아키텍처 별 장점과 단점 분석
검증 및 승인	아키텍처 평가	-아키텍처의 요구사항 만족 적합성 평가 -품질속성 간 Tradeoff 관계 평가(ATAM) ➔ (임기술사) 품질요소 간의 서로 상충관계를 분석하여 평가 예를 들어 RAM Disk를 도입해서 성능도 올라가고 안정성도 확보되었다.
	아키텍처 상세화(반복)	-설계 메커니즘 도출 (Persistency, Transaction 등)디자인패턴 고려
	아키텍처 승인	-고객 및 이해당사자 최종 승인 ➔ (임기술사) 여러 후보 아키텍처 중에서 사용자와 최종아키텍처 결정

:: **도우미 임기술사**

[설명]

아키텍처 수립절차를 보면 사용자 요구사항에서 기능 및 비 기능적 요소를 식별한다. 앞서 이야기한 것처럼 비기능적 요소가 품질속성(품질특성)이다. 즉, 사용자가 바라본 품질속성을 정의하고 그 품질속성별로 우선순위를 부여한다. 이때 이러한 작업을 유틸리티 트리를 작성하여 수행한다.

● 유틸리티 트리 분석(예제)

		Priority (중요성,난이도)
Utility		
Performanc	No1. 장운영시간(08:00~15:15)중 Peak Time시 다수의 사용자가 동시에 초당 100건의 거래를 요청하며, 요청된 거래는 평균1초 이내에 처리되어야 한다.	(H,H)
Availibilit	No2. 장운영시간(08:00~15:15)중 주문관련 DataBase에 Lock이 발생하여 주문 프로세스가 동작을 멈춘다. 30초간 주문프로세스가 미동작시 운영자에게 알리고 미동작상태가 1분을 초과하지 않게 한다.	(H,M)
	No3. 장운영시간(08:00~15:15)중 거래소로 부터 체결 응답이 없어 체결 프로세스가 미동작 상태다. 30초간 체결프로세스가 미동작시 운영자에게 알리고 사용자에게 통보가 1분을 초과하지 않게 한다.	(H,L)
Security	No4. 정상적으로 식별된 사용자가 주문체결데이터를 외부 지역에서 변경하려고 시도한다. 시스템은 감사 추적을 시작하고, 당일 선물결제전 현재의 데이터를 복구한다.	(M,*)

- 유틸리티 트리는 위와 같이 품질요소에 대해서 정확한 시나리오를 정의하고 우선순위를 정의한다. 또한 유틸리티 트리 작성 이후에 세부적인 해결 책이 포함된 품질속성 시나리오 정의서를 작성하여 구체적으로 명세화를 수행한다.

- 품질속성 시나리오 정의서(예제)

시나리오 번호	No 1.		
속성	성능		
환경	장운영시간(08:00~15:15)		
자극	Peak Time 대량주문		
반응	초당 100건의 거래 처리		
성능에 영향을 주는 요소	Data Base IO Bound Process, CPU Bound Process		
아키텍처 개선 대안	Sensitivity	TradeOff	Risk
Multi Thread - Load Balancing	S1		R1
Data Cache	S2		
CPU, Memory 추가	S3		R2
DB Connection Multi Channel	S4		
근거	S1: Queue의 수가 많을수록 Load Balancing하여 성능이 향상될 수 있다. S2: 메모리 Cache의 Size에 따라 DISK IO를 감소시키고 성능이 향상될 수 있다. S3: H/W(CPU및 Memory)의 용량 향상은 성능을 향상에 영향을 준다. S4: Connection Channel이 많을수록 DB IO 처리시간을 단축시킬 수 있다. R1: Load Balancing 을 할수록 CPU사용률은 높아진다. R2: 추가 개발 비용이 발생할 수 있다.		

– 품질속성 시나리오 정의서 작성 이후에는 다양한 관점의 시스템을 가시화를 수행한다(SA 4가지 View).

- Component & Connector View

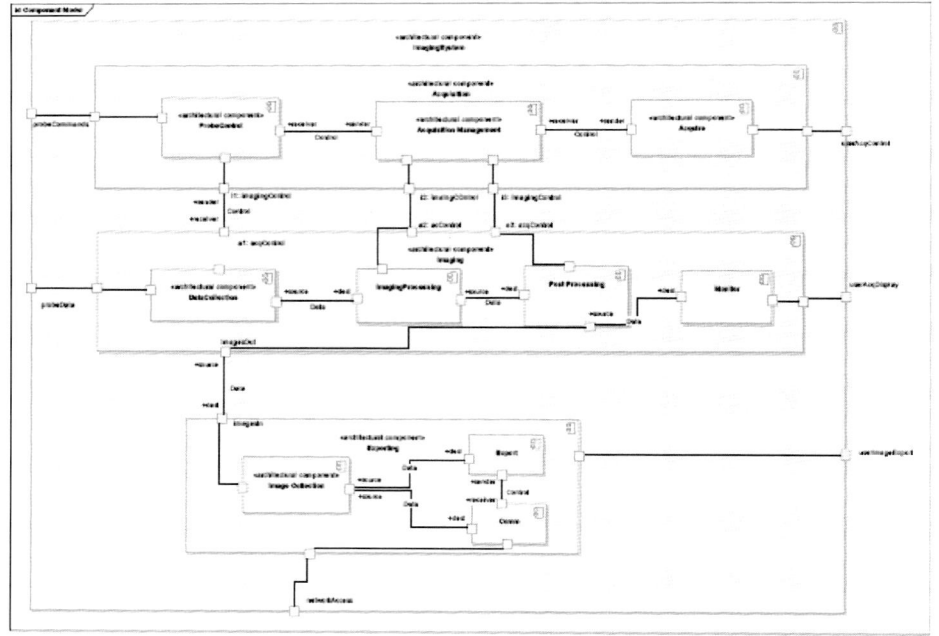

– 컴포넌트와 컨넥터를 표현하여 시스템과 외부 인터페이스를 정의한다.

- Allocation View

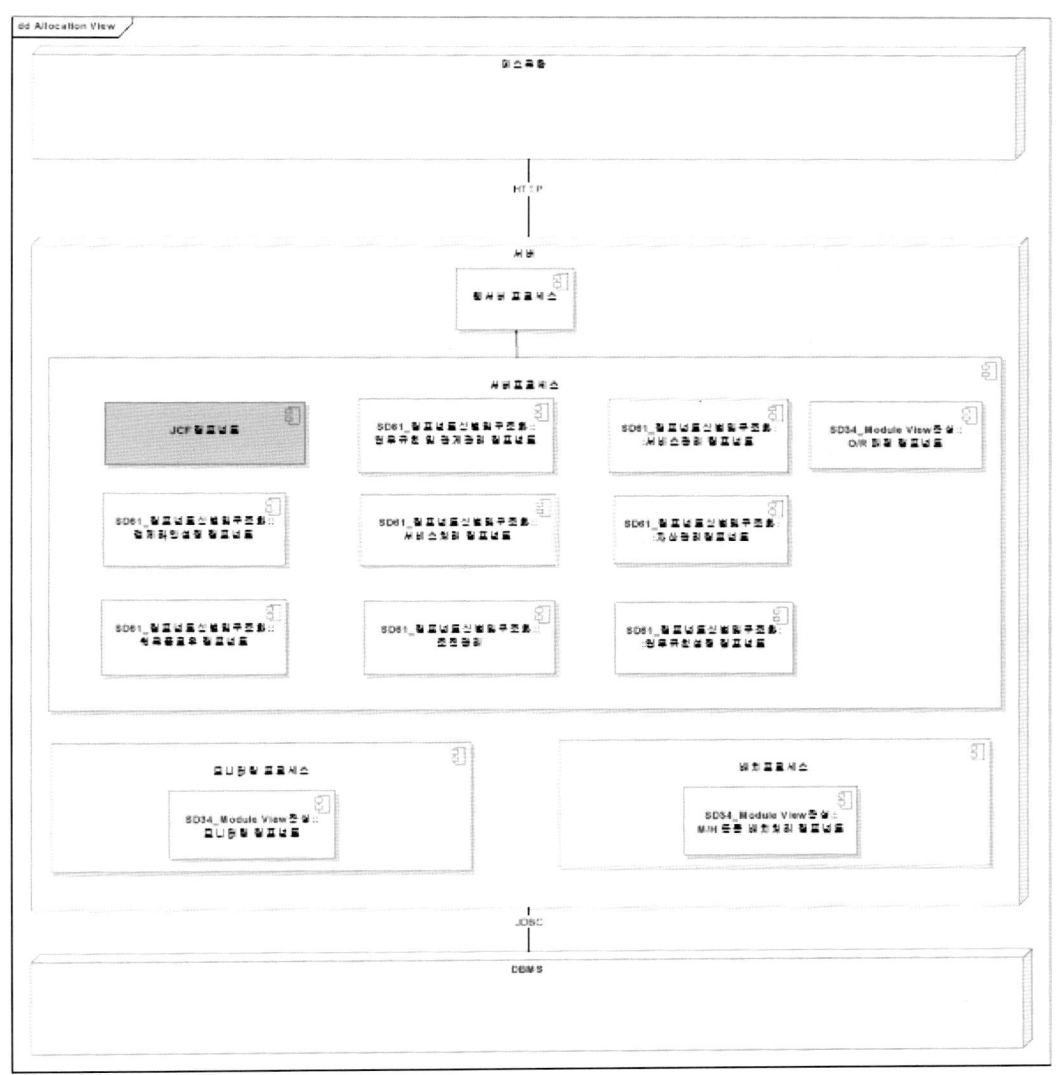

－하드웨어를 표현하고 하드웨어에 있는 컴포넌트의 배치를 표현한다.

- Module View

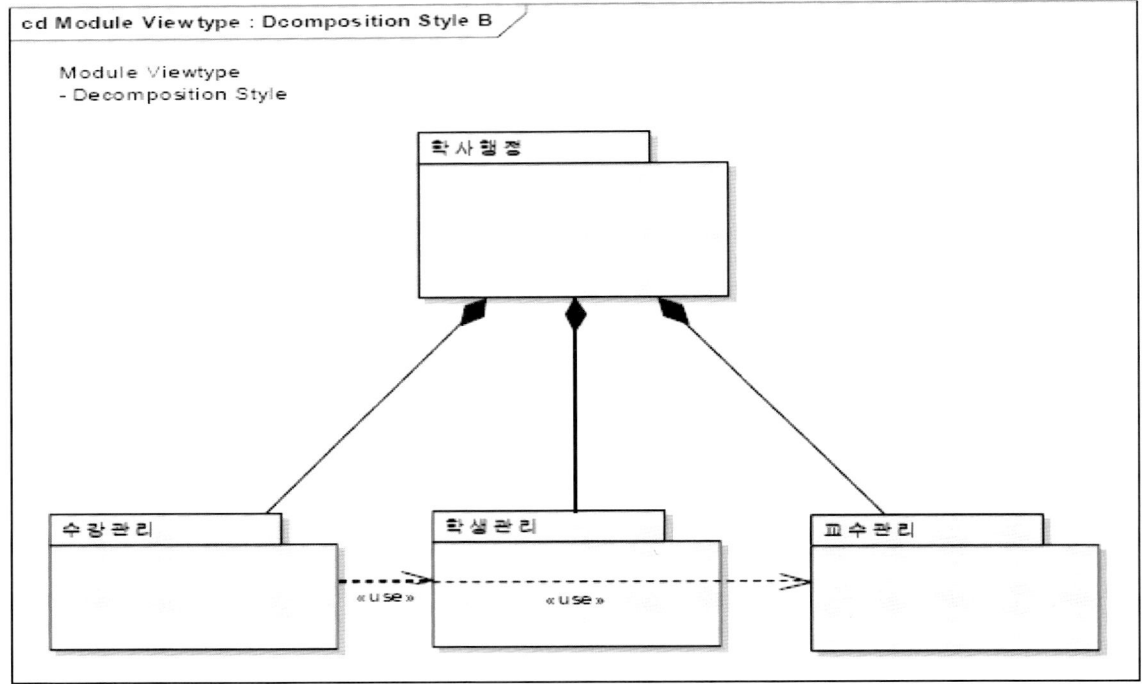

－컴포넌트 내의 기능을 표현하는 모듈을 표현한다.

- Code View

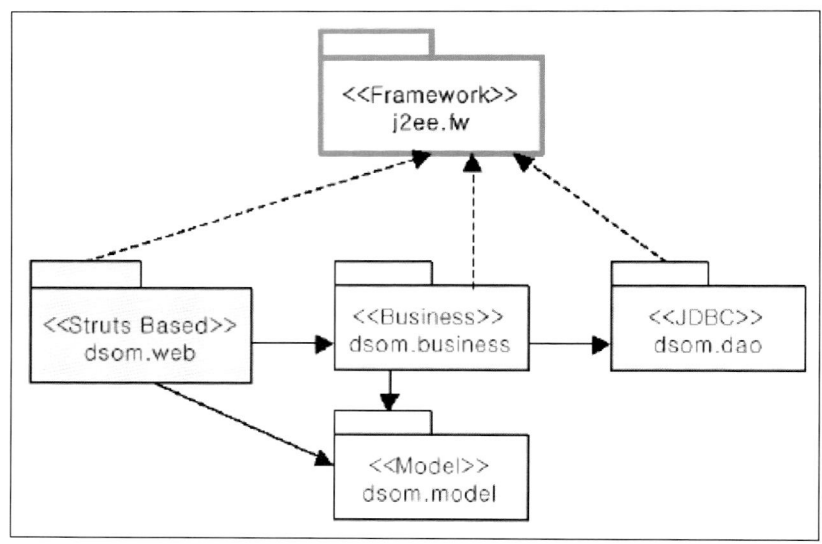

－소프트웨어 패키지를 표현한다.

소프트웨어 아키텍처의 관점을 표현할 때 위의 예처럼 SA 4가지 View를 활용 할 수도 있지만, RUP 의 4+1 View를 활용해도 된다.

[키워드]
－SA 특징, SA 활용, IEEE 1471, SA 수립절차

[예상문제]

가. 1교시형

  1) IEEE 1471

  2) 유틸리티 트리

나. 2교시형

  1) SA 특징과 SA 구축 시에 고객, PM, 분석/설계자, 개발자 입장에서 활용방법을 설명하고 SA 구축 프로세스를 설명하시오.

7) SW 아키텍처 품질 속성

가. 품질 속성 모델 = 기능적 요구사항+ 비기능적 요구사항(=기술적 요구사항)

[길라잡이]

- 소프트웨어 아키텍처 품질속성은 아래의 내용처럼 FURPS+ 혹은 ISO 9126을 활용 할 수도 있고 프로젝트에 맞게 만들어서 활용해도 된다. FURPS+ 및 ISO 9126은 범용적인 품질특성을 정의하고 있으므로 기본적인 품질항목을 정의한다. 하지만 프로젝트에 맞게 다소 수정해서 활용해야 한다.

나. FURPS+ 품질 속성 모델(HP사 제시, RUP에서 이용)

요소	내용	사례
Functionality (기능성)	−완성된 시스템이 제공해야 하는 기능 −적합성, 정확성, 상호운영성, 제약충족성, 보안성	쇼핑몰에서 상품결제기능, 장바구니 기능
Userability (사용성)	−시스템의 UI 및 기능 이용 시 사용편의성 −이해용이성, 운용성, 학습성	어린이 교육용 SW에서 호기심 자극하는 UI 메뉴
Reliability (안정성)	−완성된 시스템의 기능 신뢰도 −성숙성, 장애내구성, 회복성	24*365 서비스 가능, 장애 시 10분 이내 복구
Performance (성능)	−시스템의 효율적 기능수행 −자원가용성, 용량적합성, 시간적정성	100명의 동시 사용자 요청 10초 내 처리
Supportabilty (지원성)	−변경용이 및 기능확장 용이성 −유지보수성, 이식성, 대체성	추후 Global사업확장을 위한 Unicode지원
+	−법, 제도, IT Compliance	

다. ISO 9126 모형

요소	내용	사례
Functionality (기능성)	−완성된 시스템이 제공해야 하는 기능 −적합성, 정확성, 상호운영성, 제약부합성, 보안성	금융시스템에서 신용 평가 및 여신 기능
Reliability (신뢰성)	−완성된 시스템의 기능 안정성 −성숙성, 장애내구성, 회복성	100명의 동시 사용자 요청 10초 내 처리
Usability (사용성)	−시스템 UI 및 기능 이용 시 사용편의성 −이해용이성, 운용성, 학습성	노인용 실버 포탈에서 폰트 크기 20 Pt
Maintainabilty (유지보수성)	−SW의 기능 확장성 및 변경 용이성 −분석성, 변경성, 안정성, 시험성	Refactoring이 쉽도록 Design Pattern적용
Portability (이식성)	−SW가 다양한 환경과 연동 및 적용 여부 −적응성, 설치성, 대체성, 순응성	UNIX, Window에 어디서나 작동되는 SW
Efficiency (효율성)	−시스템 기능의 최적화된 성능 제공 −시간효율성, 자원효율성	100만 건의 데이터 트랜잭션 10초 내 처리

8) 아키텍처 스타일

가. 정의: 비슷한 영역을 공유하는 시스템간 아키텍처 유사성, 패턴으로써 중요한 아키텍처 종류를 설명하고 있다.

[길라잡이]

- 아키텍처 스타일 품질요소에 대한 해결책을 제시한다. 즉, 아키텍처 스타일의 예를 Peer to Peer, Client/Server, Layer, Virtual Machine 등이 존재한다.
- 이러한 스타일을 적용하면 장점과 단점을 파악이 가능하고 어떤 구조에 이런 스타일을 적용해야 하는지 알 것이다. 이것이 아키텍처 스타일이다.

나. 특징

1) 서로 밀접한 설계 결정 사항들을 패키지로 묶은 것이다.

2) 재사용을 허용하는 알려진 속성을 가지고 있다.

3) 아키텍처 스타일을 이용하여 경험적 솔루션의 재활용 효과 발생

4) 아키텍처 구성의 이론적 근거(Rationale)제공

다. 유형

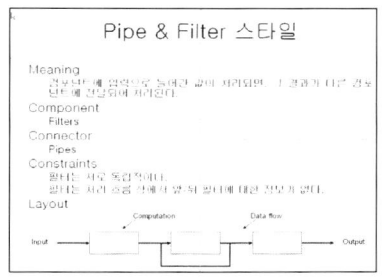

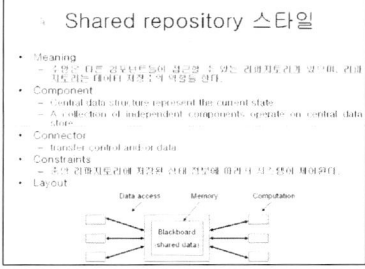

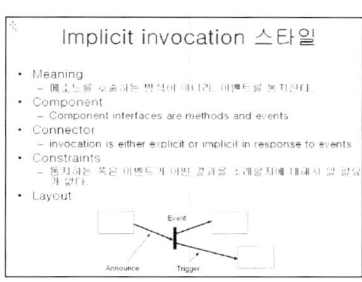

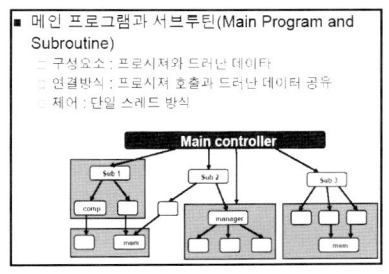

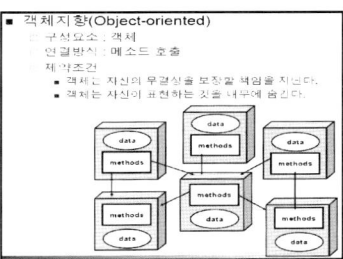

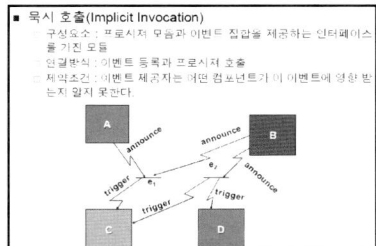

9) 아키텍처(표준화) 이슈

─ 스타일 이질성(Heterogeneousness): 한 시스템에 한 스타일만 적용하는 경우는 거의 없다. 위치
(Locationally) 이질성: 실행 시점 구조가 다른 부분에서 다른 스타일로 드러난다.

예) 메인 프로그램과 서브루틴으로 이루어진 시스템의 일부가 리포지터리를 가지고 있을 수 있다.

─ 계층(Hierarchically) 이질성: 한 스타일의 컴포넌트가 분해될 때 다른 스타일을 따른다.

예) 객체가 파이프와 필터로 구현될 수 있다.

─ 동시성(Concurrency) 이질성: 시간의 흐름에 따라 다른 스타일을 따른다.

10) SW 아키텍처 평가

가. 정의: 아키텍처 접근법이 품질속성에 미치는 영향을 판단하여 아키텍처의 적합성을 판단 및 평가하는 표준절차(아키텍처 접근법: 한 품질 속성을 달성하기 위해 아키텍처가 제시하는 판단들을 모아 놓은 체계)

[길라잡이]

- 소프트웨어 아키텍처 평가는 품질속성을 정의하고 각 품질속성에 정의한 대응방법에 대해서 서로 연관성을 분석하는 것이다.
- 그래서 해당 대안을 수행했을 때 효과 등을 파악하는 작업이다.

나. 목적 및 필요성
- 시스템과 프로젝트의 위험요소 조기 발견 및 제거
- 비기능적 요소의 소프트웨어 반영도에 따른 영향도 평가
- 아키텍처는 프로젝트의 성패를 좌우하는 핵심요소

다. 기대효과
- 이해관계자들의 의사 소통 원활/품질 목표를 명확하게 정의 가능
- 상충하는 품질 목표들의 우선 순위를 정의/아키텍처에 대한 명확한 상을 공유 가능
- 아키텍처 기술서의 품질 향상/재사용 범위확장/향상된 아키텍처 구축 경험 축적

라. 평가 유형

관점	유형	내용 및 기법
평가의 가시성	가시적 평가	Inspection, review, validation/verification
	비가시적 평가	SAAM,ATAM,CBAM,ARID,ADR
평가의 시점	이른 평가	아키텍처 구축과정 중 어느 때나 평가 검증, 비용 및 평가부담이 적음
	늦은 평가	기존시스템의 요구사항 적합성을 판단할 때 사용

마. SW 아키텍처 평가 모형

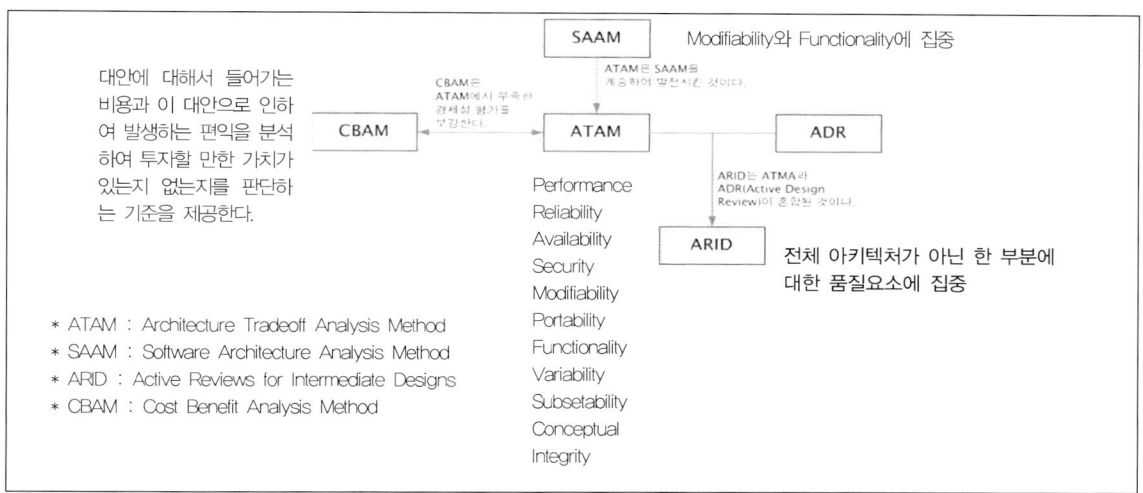

대안에 대해서 들어가는 비용과 이 대안으로 인하여 발생하는 편익을 분석하여 투자할 만한 가치가 있는지 없는지를 판단하는 기준을 제공한다.

* ATAM : Architecture Tradeoff Analysis Method
* SAAM : Software Architecture Analysis Method
* ARID : Active Reviews for Intermediate Designs
* CBAM : Cost Benefit Analysis Method

SAAM — Modifiability와 Functionality에 집중

ATAM은 SAAM을 계층하여 발전시킨 것이다.

CBAM은 ATAM에서 부족한 경제성 평가를 보강한다.

Performance
Reliability
Availability
Security
Modifiability
Portability
Functionality
Variability
Subsetability
Conceptual
Integrity

ARID는 ATMA과 ADR(Active Design Review)이 혼합된 것이다.

전체 아키텍처가 아닌 한 부분에 대한 품질요소에 집중

[길라잡이]

● CBAM은 비 기능적 요소 반영에 따른 비용대비 효과를 분석하는 평가방법이다.

유형	내용 및 기법
ATAM	아키텍처가 품질속성을 만족시키는지 판단 및 **품질속성들이 이해상충관계(Trade-off)까지 평가**, 잘 정의된 분석 및 평가 절차, 레거시 시스템의 아키텍처 평가도 가능
ADR	SW 아키텍처 구성요소간 **응집도 평가**
SAAM	**Modifiability와 Functionality에 집중**, 평가용이: 평가 경험이 없는 조직에서도 활용가능
ARID	전체 아키텍처가 아닌 **특정 부분에 대한 품질요소에 집중**

바. SW아키텍처 평가 절차(ATAM)

Phase	Activity	주체
소개	-Present the ATAM(ATAMA소개) -ATAM 단계와 기법, 평가 산출물 소개	아키텍처 평가 리더
	-Present Business Drivers(비즈니스 동인 소개) -비즈니스 관점 시스템 배경 및 전체 모습 설명	프로젝트의사결정자
	-Present Architecture (아키텍처 소개)	수석 아키텍트
조사와 분석	-Identify Architectural Approaches(아키텍처 접근법 식별) -ABAS(Attribute Based Architectural Style)	아키텍처 평가팀
	-Generate Quality Attribute Utility Tree(품질속성 유틸리티 작성) -사전탐사 시나리오 작성	아키텍처 평가팀, 프로젝트 의사결정자
	-Analyze Architectural Approaches(아키텍처 접근법 분석) -위험/무위험(Risk/Nonrisk), 민감점(Sensitivity points), 절충점(trade-off points) 정의	아키텍처 평가팀

테스트 및 결과보고	−Brainstorm and Prioritize Scenario(브레인 스토밍 및 시나리오 우선순위 결정)	아키텍트, 프로젝트리더
	−Analyze Architectural Approaches(아키텍처 접근법 분석 반복)	아키텍처 평가팀
	−Present Results(결과발표)	아키텍처 평가팀

사. SW 아키텍처 평가 시 고려사항

- −비즈니스목표와 기술 목표의 정렬이 사전 선행되어야 함
- −관점에 따라 품질 목표가 상충됨: 우선 순위를 선정
- −아키텍처는 정확한 수치로 측정 할 수 없음: 수치를 얻는 게 아닌 위험을 줄이는 것임
- −아키텍처 평가는 아키텍처의 장단점을 드러낼 뿐임, 아키텍처 평가로 찾아낸 단점을 보완하는 것은 가격대 성능 비를 따지는 관리 영역의 책임
- −무엇보다도 아키텍처 평가는 아키텍처의 적합성을 평가하는 것임, 따라서, 아키텍처를 평가할 때 제일 중요한 작업은 적합성을 판단할 수 있도록 아키텍처가 달성해야 하는 목표를 찾아내서 우선순위를 매기는 것이다. 적합성은 보통 아키텍처가 시스템에 필요한 품질속성을 달성하고 있는 지로 평가함

11) 소프트웨어 아키텍트

가. 소프트웨어 아키텍트 정의

- −프로젝트의 전체적인 설계/아키텍처 구성에 책임을 갖고 있으며, 프로젝트와 관련된 여러 개발 활동들과의 상호 연계를 관리하는 사람

나. 소프트웨어 아키텍트의 역할

1) Key Technical Consultant의 역할
2) 기술적인 영역의 의사결정자 및 리더십 역할
    : 프로젝트의 성공을 위한 가장 우선적인 것은 많은 요구사항들 간의 Trade-Off들에 대한 파악과 이를 근거로 한 의사결정
3) 기술적 코치 역할: 해당 프로젝트 수행 시 기술적인 리더십을 가지고 끌어가는 역할
4) 프로젝트 코디네이터 역할: 관리자와 개발자간의 의견충돌에 대한 중재자
5) 아키텍처 구현자 역할: 구현을 통하여 신기술 및 솔루션에 대한 실제적인 검증이 필요
6) 아키텍처의 중요성 인식 확산자: 소프트웨어 아키텍처의 중요성을 인식시킴

다. 소프트웨어 아키텍트에게 요구되는 스킬

1) 기술적인 측면뿐만 아니라 조직의 다양한 사람과의 조정능력이 필요
   - 프로젝트 관리자, System Architect, 소프트웨어 개발자, 다른 Software Architect 마케팅담당, 고객 등
2) 무엇보다도 경험이 중요함
   - 자신의 실무 경력을 통하여 쌓은 경험
   - 많은 사람들이 시행착오를 통하여 정리한 것을 간접적으로 취득한 경험

비교	개발자	설계자	아키텍트
관점	- 기능 관점 예) 버튼이 눌렸을 때 어떻게 반응할까?	- 구현 관점 예) 버튼을 어떻게 구현할까?	- 이해관계자 관점 예) 버튼이 얼마나 자주 눌릴까? 동시에 얼마나 많은 버튼이 눌릴까?
역할	- 프로그래밍 언어를 통한 개발능력 - 테스트 정의서를 통한 테스트 수행	- 요구사항을 보고 프로세스 및 DB를 설계 - 프로그램 맹세서 작성	- 설계팀 구성, 의존관계 파악, 요구사항 검토, 지원자면접, 기술능력 제고, 품질유지, 훈련
능력	- 개발능력 - 표준의 이해 - 의사소통 능력	- 업무에 대한 이해 - 프로세스 모델링 능력 - DB 모델링 능력 - 의사소통 능력	- 비전 제시자, 핵심기술 조언자, 의사결정자, 코치, 조정자, 구현능력, 대변자

:: 도우미 임기술사

[설명]

소프트웨어 아키텍처는 **다양한 관점에서 시스템의 전체 구조를 볼 수 있는 Top down View**이다. 이것은 전체 시스템의 청사진을 나타낸다. 전체 시스템의 청사진을 나타낼 대 있어야 하는 것은 **핵심 컴포넌트, 핵심 컴포넌트 간의 관계, 제약조건을 명시**해야 한다.

이러한 **소프트웨어 아키텍처의 기능 핵심 컴포넌트 식별하고 검증, 사용자 관점의 품질요소 및 품질 만족을 달성, 재사용 컴포넌트 식별, 계층화(Layer)를 수행, 제약조건 명세화** 하는 것이다. 마지막으로 **분석/설계자, 개발자, 테스터에게 지침**을 제공한다.

[키워드]
- 아키텍처 스타일 종류, 아키텍처 평가 종류, ATAM 절차, 소프트웨어 아키텍트 역할

가. 1교시형

1) 아키텍처 스타일

2) 소프트웨어 아키텍트 역할

3) ATAM

4) CBAM

나. 2교시형

1) 소프트웨어 아키텍처 평가기법의 종류에 대해서 설명하시오.

| 문제〉 | 소프트웨어 아키텍처는 전체 시스템에 대한 Top-down View를 제시하여 전체적인 청사진을 제시한다. 이러한 소프트웨어 아키텍처 구축의 필요성과 EA의 Application Architecture와 차이점을 설명하고 SA 보고서를 구성을 제시하시오. |
| 카테고리 | 소프트웨어 공학〉방법론〉객체지향 난이도 상 |

답>

1. 소프트웨어에 대한 (1)Top down View 소프트웨어 아키텍처의 필요성 및 활동

가. 소프트웨어 아키텍처의 필요성

구분	도입 전	도입 후
범위	–개별적인 시스템 구성	–전체 관점에서 넓은 청사진 제공
구성요소	–개별시스템의 모든 단위기능	–시스템의 핵심이 되는 핵심 구성요소 및 인터페이스 정의
변화에 대응	–표준이 미비한 단위 기능의 자체변경으로 변경 및 영향도 파악이 어려움	–시스템의 골격제시 및 표준제시 –변경에 대한 원칙 제시 및 범위 파악제시

나. 소프트웨어 아키텍처 구성을 위한 활동

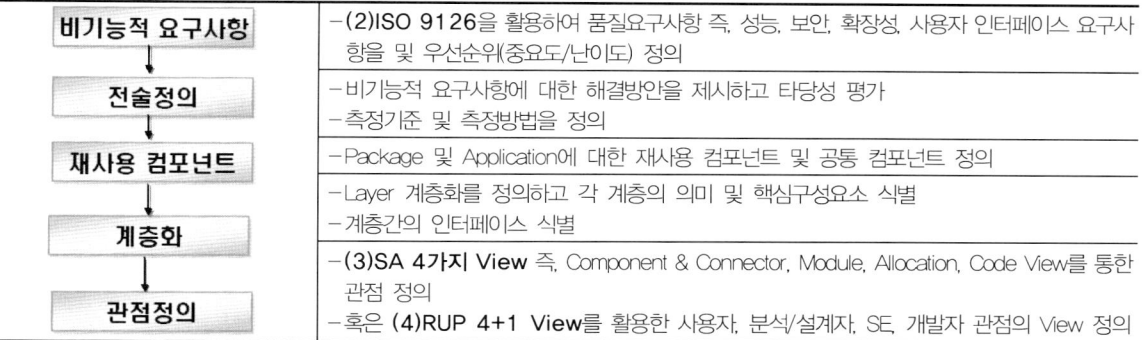

비기능적 요구사항	-(2)ISO 9126을 활용하여 품질요구사항 즉, 성능, 보안, 확장성, 사용자 인터페이스 요구사항을 및 우선순위(중요도/난이도) 정의
전술정의	-비기능적 요구사항에 대한 해결방안을 제시하고 타당성 평가 -측정기준 및 측정방법을 정의
재사용 컴포넌트	-Package 및 Application에 대한 재사용 컴포넌트 및 공통 컴포넌트 정의
계층화	-Layer 계층화를 정의하고 각 계층의 의미 및 핵심구성요소 식별 -계층간의 인터페이스 식별
관점정의	-(3)SA 4가지 View 즉, Component & Connector, Module, Allocation, Code View를 통한 관점 정의 -혹은 (4)RUP 4+1 View를 활용한 사용자, 분석/설계자, SE, 개발자 관점의 View 정의

-SA의 기본 제약조건 정의: 플랫폼, 특성 등의 기본원칙을 기술

2. 아키텍처 관점에서 EA와 SA 관계 및 차이점

가. EA의 Application Architecture와 SA의 관계

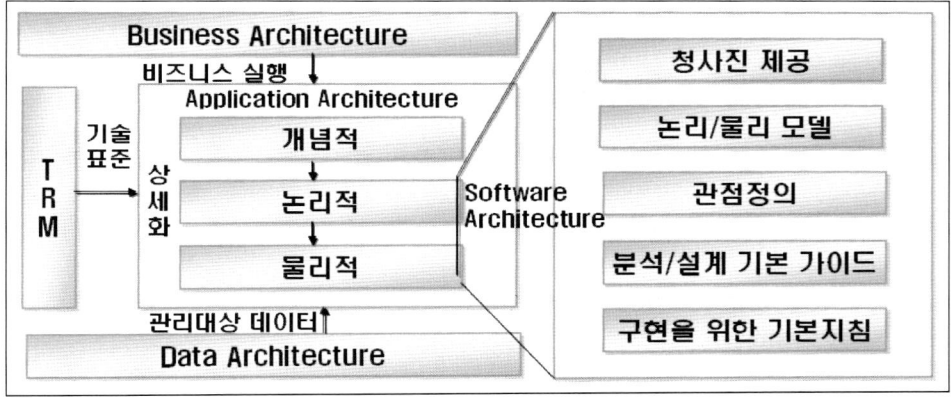

-EA의 Application Architecture는 Software Architecture를 포함하고 있음

-EA 컨설팅은 개념레벨의 AA만 수행, 논리/물리적 레벨은 SI 프로젝트에서 수행

-그러므로 PMO 조직은 비즈니스부터 애플리케이션/데이터/기술 간의 추적성 및 정렬유지

나. EA의 Application Architecture와 SA의 차이점

차이점	Application Architecture	Software Architecture
적용 시점	-EA 컨설팅	-RUP 개발방법론
범위	-컨설팅 시 개념적 레벨	-논리적 및 물리적 레벨
분석기법	-EA 모델링 툴	-UML 기반의 컴포넌트, 클래스
추적성	-BA, DA, TA 간의 연결 -상호연계 메트릭스 작성	-요구사항, 분석, 설계, 구현, 테스트까지 추적성 제공
관리	-(5)EA Governance 제시	-구축 이후에 대한 관리방법 미 제시
활용	-구축 프로젝트에 대한 기본원칙 및 가이드라인	-프로젝트 팀에 대한 해당 -소프트웨어의 분석/설계/구현 기본 지침
관리조직	-임원, BA, AA, DA, TA 조직 ((6)TOGAF EA Governance 조직)	-PM, SA, PL, 테스트, 아키텍처
품질기준	-아키텍처 기본원칙만 정의	-세부적인 품질항목 요소 및 전술 제시

3. Software Architecture 보고서

항목	주요 내용
개요 및 품질요소	-SA에서 측정하기 위한 품질항목 정의(예: ISO 9126)
제약조건	-아키텍처를 제약하는 하드웨어, 소프트웨어 제약조건 　(예: J2EE 기반 플랫폼 사용)
품질요소 식별	-측정된 품질요소를 식별하고 각 의미를 정의 -품질요소에 대한 우선순위(중요도, 난이도) 정의
소프트웨어 설계 전략	-품질요소에 대한 해결방안을 모색하고 해결방안을 제시
재사용 컴포넌트	-패키지 및 애플리케이션에 대한 재사용 컴포넌트 제시
품질평가 기준	-아키텍처를 평가하기 위한 방법 정의 -품질요소 별로 평가방법 및 성공조건을 정의
소프트웨어 아키텍처 (계층화)	-시스템의 계층화를 수행하고 각 계층의 정의 및 각 계층에서 수행되는 소프트웨어를 정의
관점 정의	-Use Case, Logical, Implementation, Component, Deployment View를 정의 　(혹은 SA View: C&C, Module, Allocation, Code) -사용자, 분석/설계자, 시스템 엔지니어, 개발자가 본 시스템 구조 제시

4. AA와 SA 기대효과 및 활용방안

가. AA와 SA 기대효과

　1) 임원 및 관리자 관점

　　　-EA를 통한 비즈니스, 데이터, 애플리케이션, 기술 관점에서의 전체적인 청사진 제시

　　　-비즈니스와 IT와의 연결 및 소프트웨어 아키텍처를 통한 시스템의 세부 구성요소와 관계정의

　2) 분석/설계자 관점

- 분석/설계에 대한 기본지침 제공, 모델링의 기본원칙 및 가이드라인
- 시스템 간의 인터페이스 및 재사용 컴포넌트 식별 및 활용
3) 개발자 및 테스터
- 개발 가이드라인 및 테스트 가이드 라인 제공
- 시스템의 핵심 Use Case에 대한 테스트케이스 및 테스트 방법 제공
- 품질항목식별 및 전술을 통한 만족도 향상

나. 활용방안
- 비즈니스 민첩성: 비즈니스 변화 발생 시의 전체시스템의 영향범위 및 영향도 분석
- 향후 소프트웨어에 대한 방향성 및 기본지침 제시
- 소프트웨어 품질: 품질기준, 평가방법((7)ATAM, (8)CBAM) 제공

출제의도

본 문제는 EA와 소프트웨어 아키텍처 간의 어떤 관계가 있는지 이해하고 있는지를 묻고 있다. 또한 그것을 과연 답안에 어떻게 표현해서 제시할 것인지도 같이 보고 있다.

그리고 소프트웨어 아키텍처 기본적인 구축방법과 소프트웨어 아키텍처 보고서의 구성을 확인해서 소프트웨어 아키텍처를 정확히 이해하고 있는지 확인한다.

풀 이

- EA는 개념적, 논리적, 물리적 측면에서 비즈니스, 데이터, 애플리케이션, 테크니컬의 모든 부분을 포함한다. 그러므로 EA는 소프트웨어 아키텍처를 포함한다.
- 소프트웨어 아키텍처는 전체 시스템의 핵심 컴포넌트와 컴포넌트 간의 상호작용인 인터페이스를 식별하고 전체 시스템을 제약하는 제약요소를 정의하는 것으로 고객의 품질 요구사항을 수렴 후에 전체 시스템을 제시하는 활동이다.
- 고객의 품질 요구사항 식별을 위해서 ISO 9126과 같은 품질특성을 활용할 수도 있고, 해당 프로젝트에 맞는 품질 요구사항을 정의해도 된다. 이러한 품질 요구사항과 각 요구사항의 시나리오, 우선순위를 나타낸 것이 유틸리티 트리이다.
- 이러한 유틸리티 트리가 작성되면 해당 품질 요구사항을 달성하기 위한 해결책을 제시하며 이러한 해결 책을 근간으로 사용자, 분석자, 설계자, 개발자, 시스템 엔지니어의 다양한 관점으로 전

체 시스템을 제시한 것이 최종 아키텍처가 된다.

- 이러한 아키텍처는 ATAM 및 CBAM과 같은 아키텍처 평가를 수행할 수가 있다. 하지만 최종 아키텍처의 결정은 고객 즉, 이해당사자가 결정한다.

주요 용어설명

(1) Top down View: 소프트웨어 아키텍처는 시스템을 깊게 분석/설계하는 작업이 아니라 사용자, 분석/설계자, 개발자, 시스템 엔지니어 관점에서 바라 본 전체 시스템을 넓게 보여 줄 수 있는 청사진이어야 한다.

(2) ISO 9126: 고객이 바라본 품질특성으로 기능성, 사용성, 유지보수성, 신뢰성, 이식성, 효율성의 주 특성과 주 특성별 부특성을 정량적으로 측정하는 국제표준이다.

(3) SA 4가지 View: C & C View, Allocation View, Module View, Code View를 의미한다.

- Component & Connector View: 전체 시스템의 컴포넌트와 컴포넌트 간의 커넥터를 표현하여 외부 인터페이스를 정의한다.
- Allocation View: 시스템 위에 컴포넌트가 올라간 모습을 표현한다.
- Module View: 컴포넌트 내의 모듈을 정의한다.
- Code View: 패키지를 표현한다.

(4) RUP 4+1 View: Use Case, Logical, Process, Deployment, Component View로 표현되고 이것은 사용자, 분석자, 설계자, 시스템 엔지니어, 개발자가 바라 본 전체 시스템을 표현한다.

(5) EA Governance: EA 산출물을 관리하기 위해서 EA 프로세스, EA 조직, EA 인력 정의한 관리체계로 EA Governance를 지원하기 위해서 EAMS라는 시스템이 존재한다.

(6) TOGAF: 정보기술 아키텍처를 기업에 적용하기 위해서 Open Group에서 제시한 EA 프레임워크를 의미한다.

(7) ATAM: 품질요소 간의 상충관계를 분석하여 아키텍처를 구축 및 평가하기 위한 방법이다.

(8) CBAM: 비용 대비 효과측면에서 아키텍처를 평가한다.

예상문제

가. 1교시형

　　1) IEEE 1471

2) 아키텍처 평가

3) SA 4가지 View와 RUP의 4+1 View

4) 품질속성(비기능적 요구사항) 및 유틸리티 트리

나. 2교시형

1) 소프트웨어 아키텍처의 필요성과 소프트웨어 아키텍트의 역할 및 SA 보고서를 제시하시오.

2) 소프트웨어 아키텍처 수립 및 평가 방법인 ATAM의 각 단계를 설명하시오.

문제〉	귀하는 차세대시스템 구축팀의 아키텍트다. SAD(Software Architecture Document)문서는 상세화 단계(Elaboration Phase)까지는 골격이 갖추어져야 된다. 이때 SAD문서에 포함되어야 할 항목들을 목차의 형태로 기술하시오.	
카테고리	SW공학〉개발방법론	난이도 상

답〉

1. SW 아키텍처를 실체화, 가시화 하는 SAD의 개요

가. SAD(Software Architecture Document)의 정의

−SW 제작 및 시스템 구축에 있어 관련 이해당사자 별 여러 가지 View를 취합, SW 아키텍처를 명
세한 문서

나. SAD의 주요 목적

−아키텍처 작성의 최종 산출물

−구축된 아키텍처의 커뮤니케이션 수단

−아키텍처 구축의 근거(Rationale)를 제시, 이해 당사자간 불필요한 논쟁 방지

−후임 아키텍트나, 유지 보수자 들의 이해를 용이케 함

2. SAD의 주요 구성 표준 및 작성 공정

가. SAD의 주요 구성 표준(IEEE-1471 기준)

항목	설 명
시스템 (System)	-비즈니스 목적이나 사명(Mission) 완수 -특정 환경(Environment)의 영향 -하나의 아키텍처(Architecture) 소유 -특정 기능이나 기능세트를 달성하기 위해 조직된 컴포넌트 집합
이해관계자 (Stakeholder)	-시스템에 관심(Concern)을 갖는 사람이나 조직
관점 (View Point)	-모델(Model) 작성 방법을 정의, 신규 생성 또는 라이브러리 관점(Library Viewpoint) 활용
아키텍처	-아키텍처 기술서로 문서화되어 구체화, 아키텍처 결정 근거(Rationale) 제시 필수
아키텍처 기술서	-이해관계자들의 시스템에 대한 관심을 관점(View Point)에 맞춰 작성한 뷰(View)로 구성
결정 근거 (Rationale)	-여러 이해당사자가 불필요한 논쟁 감소, 의사소통 원활 -아키텍처 평가 시 주요 판단 기준
관심 (Concern)	-이해 당사자가 고려하는 주요 요구사항 및 품질속성
환경 (Environment)	-시스템에 대한 개발, 작동, 정책, 기타 영향요소들의 설정과 환경 -내부제약조건(조직 내 표준 등), 외부제약조건(법규, 제도), HW시스템
사명 (Mission)	-Stakeholder의 목적달성을 위해 시스템이 수행하는 연산

나. SAD의 작성 공정

공정	공정별 활동
아키텍처 기술서 정보작성	-작성일, 문서 상태, 작성 조직, 작성이력, 문서의 범위, 용어집, 참조사항
이해관계자, 관심식별	-이해관계자 식별(Role위주 식별: 사용자, 개발자, 유지보수자,업무 담당자) -이해당사자 별 목표, 공통 관심(Concern)식별·품질속성과 매우 밀접한 관련
관점 선택	-관점(View Point)는 View를 식별, 정의, 분류하는 기준이며 View의 메타모델 -(1)4+1 View를 선택할 것인가, Simens 4 View를 선택할 것인가, 혹은 또 다른 View의 기준을 마련해서 시스템을 바라볼 것인가?
관점별 설명 기술	-해당 관점을 선택 혹은 신규 작성했으면 그에 대한 설명, 선택 근거(Rationale), 관련 이해 당사자 등, 뷰 작성 기준 등을 기술
뷰 작성	-관점 설명에서 작성된 뷰 작성기준에 의거 실제 뷰(도해, 표, 다이어그램, text)을 작성 예) 4+1 View를 선택했다면, Logical View, Process View..등에 따라 각종 관련된 다이어그램 작성 (Logical View-)클래스 다이어그램, 시퀀스 다이어그램)
전체 뷰 작성 및 취합	-각종 개별 View의 상호연관성과 일관성을 표현하기 위해 Overview형식의 상위 View를 작성 및 상호간 의 정합성 점검

-SAD는 아키텍처 작업과정의 최종 산출물이므로 SAD를 작성하는 과정이 바로 아키텍처를 구축
하는 과정

3. 상세화(Elaboration)단계에서 SAD의 목차 구성 항목

OOO 뷰 1. 가장 중요한 모습 2. 구성요소 일람 　2.1. 구성요소 　2.2. 관계 　2.3. 인터페이스 　2.4. 행위 3. 컨텍스트 다이어그램 4. 변이 지침 5. 아키텍처 결정 배경 　5.1. 이론 근거 　5.2. 분석 결 　5.3. 추정 6. 용어 7. 기타 8. 관련 뷰	I.SAD 문서 개요 II. 아키텍처 이해당사자 별 주요 관심 III. 아키텍처 View 식별 기준 　1.1 관점 일람표 　　ー뷰 작성 기준, 식별, 분류 체계 기술 　1.2 뷰 양식 IV. 전체 View 　1. 시스템 개괄 　2. View 사이의 관계 　3. OOOO뷰 　...... V. 아키텍처 구성요소 사전 VI. 용어사전	ー문서의 목적, 참조 문헌, 목차, 작성일 ー문서의 범위와 수준 ー개정 이력 ーSAD의 핵심 내용으로 관점에 의해 기준으로 선정된 각종View의 내용을 도해, 다이어그램, 텍스트로 서술 ーClass Diagram, Sequence Diagram, State Chart Diagram

II. 아키텍처 이해당사자 별 주요 관심

이해당사자	주요 관심사항 / 요구사항
엔드유저	정확한 작동, 기능의 신뢰성,가용성,성능,보안성
고객	비용,안정성, 제품 인도일정
PM	프로젝트 가시화,자원배분, 위험관리,예산
개발자	명확한 요구사항, 단순하고 일관성 있는 설계
유지보수자	변경용이성,기능확장성, 잘 정리된 문서화

4. SAD작성 시 주요 고려사항
　ー이해관계자와 이해관계자들의 관심을 식별해서 아키텍처 기술서에 명시
　ー이해당사자들의 관점에서 문서 작성((2)**이해당사자**들의 수준, 그들이 사용하는 용어로 작성)
　ー가시화, 명세화, 문서화를 용이케 하기 위해 UML 표기법 및 다이어그램 활용

풀 이

　ー프로젝트 진행 상황에서 대규모 프로젝트가 아닌 이상 소규모의 프로젝트인 경우에는 실제 투입된 인력에서 SW 아키텍처의 Role을 가지기가 쉽지 않은 상황에서 실질적인 아키텍트의 역할에 대한 부분이 아직까지 SI업체 전반에 인식화가 되지 않은 상황이다.
　ー아키텍트의 전사관점/프로젝트 투입 관점에 영역별 권한 및 책임에 대한 부분에 고민이 필요하고, 아키텍처 문서의 경우 문서 내부에 들어가 사항에 대해서도 기본적인 사항에 대한 틀만 잡혀 있을 뿐 사업부에 따라 아키텍처 문서에 담는 내용이 다른 현실에서 좀 더 표준화 되고 체계화된 아키텍처 문서의 표준을 정립하고 아키텍처 문서에 요구사항 파악부터 최종 아키텍처 정의서가

작성될 때까지의 프로세스가 명확하게 사전에 정의되고 공유되어야 한다.

- 아키텍처 문서에서 초기 아키텍처와 대안 아키텍처를 정의하고 정의된 아키텍처별로 어떠한 평가 절차를 거쳐서 최종 아키텍처를 선정하게 되었는지에 대한 부분이 확실하게 정량적 수치로 표현되어 설득력 있는 아키텍처 대안을 수립하는 것이 아키텍트의 몫이다.
- 80회를 기점으로 해서 SW아키텍처 부분에 대한 문제는 정보관리와 조직응용 측면에서 꾸준하게 출제되고 있으며, 차후에도 중점적으로 관심을 가지고 학습을 해야 할 부분이다.

주요 용어설명

(1) 4+1 View: 유즈케이스를 중심으로 총 5개의 관점으로 시스템을 바라봄

   1) 유즈케이스 관점: 최종 사용자가 바라보는 시스템의 기능을 의미하며, Logical 관점은 소프트웨어를 구성하기 위한 모듈들의 구성으로 Layer 같은 구조가 이에 해당함

   2) Process 관점: 시스템의 동시성에 관한 내용으로 시스템에 어떤 프로세스, 스레드가 있는 지 식별하고 그들간의 관계(소유, 동기화 등)를 표현

   3) Implementation 관점: 최종 소스코드들의 관계로 자바의 패키지간의 관계가 이에 해당함

   4) Deployment 관점은 시스템의 노드들(컴퓨터, 디바이스)이 어떻게 배치되고 그들이 어떻게 연결되어 있는지를 의미

그리고 이러한 모든 관점들은 유즈케이스를 중심으로, 즉 요구사항을 끈으로 서로 연결되어 있다.

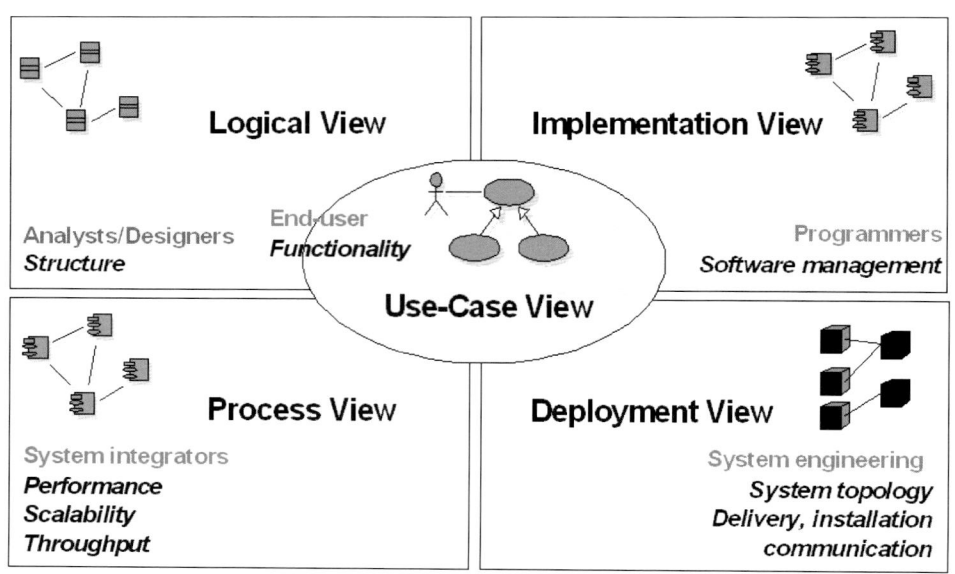

(2) 이해당사자: Stakeholder들의 관점(Viewpoint)에서 관심(Concern)들은 반드시 비즈니스 기능에 국한되지 않음

이해당사자	주요 관심사항 / 요구사항
엔드유저	정확한 작동, 기능의 신뢰성, 가용성, 성능, 보안성
고객	비용, 안정성, 제품 인도일정
PM	프로젝트 가시화, 자원배분, 위험관리, 예산
개발자	명확한 요구사항, 단순하고 일관성 있는 설계
유지보수자	변경용이성, 기능 확장성, 잘 정리된 문서화

예상문제

가. 1교시형

   1) 아키텍처 스타일

   2) ATAM

   3) CBAM(Cost Benefit Analysis Model)

   4) 아키텍처 View

나. 2교시형

   1) EA와 SW아키텍처의 연관성에 대해서 설명하시오.

   2) SW 아키텍처 도출절차 및 도출된 아키텍처에 대한 평가방안을 제시하시오.

   3) 기능적 요구사항을 대상으로 분석, 설계공정 절차에 대해 설명하고, 비 기능적 요구사항을 이용한 SW 아키텍처 구축절차에 대해서 설명하시오.

17. MDA

1) MDA(Model Driven Architecture)의 개요

가. MDA의 정의

- 메타모델을 기반으로 구현환경에 독립적인 모델을 구축하고, 이를 자동으로 구현환경에 적합한 구현종속모델로 변환할 수 있게 하는 소프트웨어 개발 아키텍처(OMG 표준)

[길라잡이]
- MDA는 설계 독립적인 모델을 만들고 설계 독립적인 모델을 종속적인 모델로 변환이 가능한 소프트웨어 구조를 의미한다.
- 즉, UML을 활용하여 모델을 만들고 그 모델일 MOF라는 저장소에 저장한다. MOF에 저장된 설계 독립적인 모델은 EJB, DCOM, CORBA와 같은 설계 종속적인 모델로 변환이 가능하다.
- 여기서 MOF 저장소에 XMI를 저장하여 XML로 변환이 가능하고 CWM이라는 것을 활용해서 DW 스키마로 변환이 가능하다.

나. MDA의 등장배경

1) 기존 미들웨어 프레임워크의 한계
   - OMG의 CORBA, SUN의 J2EE, MS의 닷넷
   - 전체 개발 노력의 30% 미만을 차지하는 구현 단계만의 생산성 향상에 초점
   - 미들웨어 프레임워크 간 연동 문제
2) 표준 모델의 정의가 시급
   - 컴포넌트 기술은 미시적으로는 미들웨어 프레임워크, 거시적으로는 컴포넌트 기반
   - S/W 개발, 관리, 구현, 유지보수, 배포 등 SDLC 전반에 걸친 기술을 모두 요구함.
   - 기술요소 간 포괄적 호환성을 위해 표준구조 정의가 필수

다. MDA의 장점

- **구현 자동화**: 메타모델을 이용하여 구현공정의 대부분을 자동화할 수 있는 구조
- **재사용성**: 프로젝트 진행 전체결과를 재사용 가능(분석, 설계, 구현 등)
- **이식성**: 구현환경과 독립적으로 정의되므로, 이식성(Portability)을 증가
- **상호 호환성**: 표준화를 통한 애플리케이션 구축으로 이기종 플랫폼에서도 독립적인 운용

2) MDA 모델 유형 및 관련 표준화 요소

가. MDA 관련 표준화 요소(OMG)

표준	내 용
UML	OMG에 의해 표준화된 객체지향분석 및 설계표준으로 구현 환경에 무관하게 표준화된 방법으로 시스템을 모델링언어
MOF	다른 메타모델을 정의하기 위한 메타-메타 모델로 UML과 CWM은 MOF 기반 메타모델, MOF는 모델 저장소 역할
CWM	DW 영역에서 DW 아키텍처를 정의한 메타모델로 데이터소스, 타깃, 영역간 데이터 변환을 위한 표준모델 제시
XMI	MOF 기반 모델을 XML로 매핑하기 위한 표준사양, 즉 XML 기반 데이터 표준 관리언어

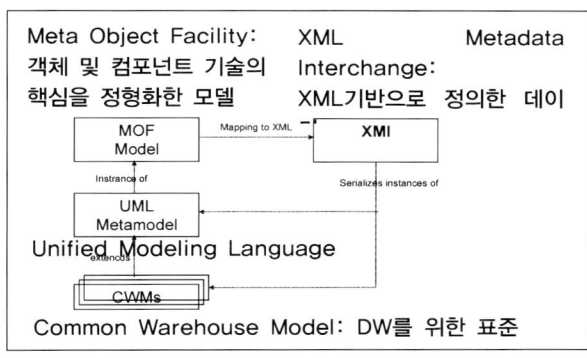

[길라잡이]
- UML 2.0에서 MDA를 지원하며, MDA를 위해서 사용자 정의 타입(스테레오 타입)이 강화되었다.
- 이것을 User Profile이라고 한다.

3) MDA 기반의 개발방법론: MDD(Model Driven Development)

가. MDD 개요
- 플랫폼 독립적인 SW모델로부터 플랫폼 종속적인 SW모델로 자동 변환하고, 소스코드를 자동 생성함으로써 원하는 플랫폼에 맞는 SW를 쉽고 빠르게 개발할 수 있는 개발방법론

나. MDD의 모델 변환 방법

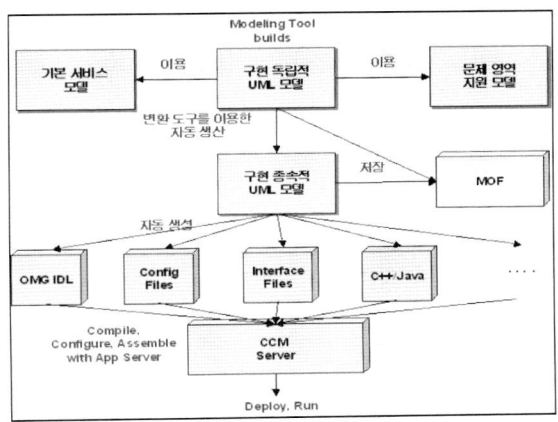

4) MDA 등장에 따른 SW 개발방법의 변화

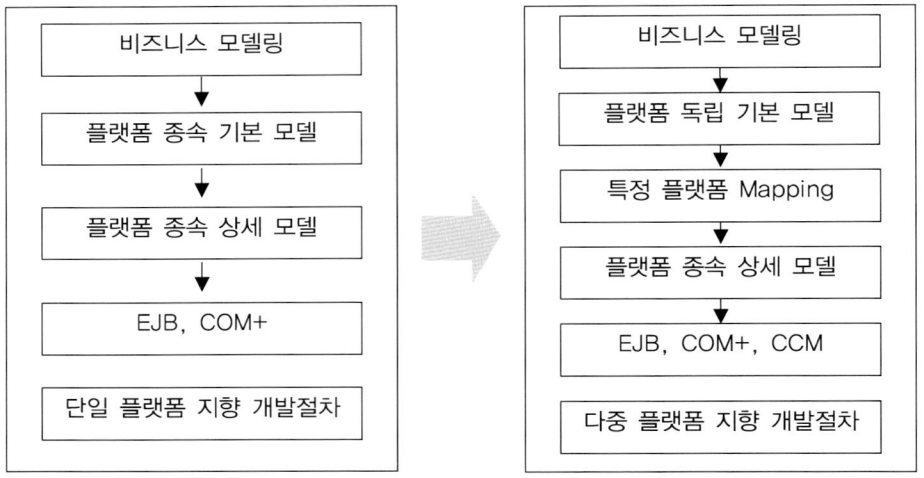

5) MDA 적용 향후 과제 및 적용 전망

가. MDA 적용 향후 과제
- 기술변화에 따라 새로운 UML Profile 생성 필요
- Legacy 시스템을 PIM 변환 또는 Wrapping하기 위한 방법 개발
- 개발자들의 이해가 쉬운 OMG 표준화 작업 및 기술적 성숙성 필요

나. MDA 적용 전망
- 시스템 설계와 구현의 분리를 SW 개발의 방향으로 자리매김하기 위해서는 OMG 등 표준화그룹의 지속적인 표준화 작업과 MDA 적용사례의 발굴이 필요
- 과거 통합 CASE 툴에 대한 환상이라는 걱정의 시각 존재

:: **도우미 임기술사**

[설명]

MDA는 설계 모델의 재사용을 높이기 위해서 **업무 공통 모델 정의, 설계 독립모델, 설계 종속모델로 변환 할 수 있는 아키텍처**이다. MDA의 설계 독립모델은 기술 독립성을 제공하고 MDA를 활용하여 기술 종속적인 모델로 변환이 가능하다.

[키워드]

－UML, MOF, CWM, XMI, CIM, PIM, PSM, UML 2.0 MDA 지원(UML Profile)

[예상문제]

가. 1교시형

　1) MOF

　2) MDA

문제〉	소프트웨어 개발 방법론은 과거 객체지향방법, CBD 방법에서 최근에 CBD를 기반으로 하는 MDA(MDD), SOD, PLD 방법론으로 발전하고 있다. 이것은 소프트웨어 재사용성을 증대시키려는 관점으로 진화하고 있다. 이 중에서 MDA 개념에 대해서 설명하고 MDA 핵심 구성요소와 MDD에 대해서 설명하시오.

카테고리	소프트웨어 공학〉개발방법론	난이도	중

(문제풀이)

답>

1. 최근 소프트웨어 개발 방법론 진화와 MDA 개념

가. 최근 소프트웨어 개발 방법론 진화

MDA	SOD	PLD
－재사용 할 수 있는 소프트웨어 모델 구축 －OMG 표준, 설계레벨에서 재사용 지원	－비즈니스 서비스 정의, **(1)오케스트레이션**을 통한 재사용 －비즈니스 적시성 및 IT 관점의 호운영성	－업무 공통모델에 대한 컴포넌트 기반 재사용 －선진 비즈니스 모델에 대한 재사용 (Core Asset)

　－SOD: Service Oriented Development, PLD: Product Line Development

나. 설계단위 재사용을 위한 MDA(Model Development Architecture) 정의

　－**(2)Meta Model**을 기반으로 구현 환경에 독립적인 시스템을 개발하고 이를 자동으로 구현 환경에 배치함으로써 구현단계에서 생산성 향상 및 표준 Meta Model에 기반으로 둔 시스템 간의 상호 호환성 확보

　－OMG가 만들어낸 플랫폼 기술과 표준 모델링 언어(UML등)를 이용하여 구현된 여러 산업표준을

결합한 모델방식의 새로운 소프트웨어 아키텍처

다. MDA 장점

장점	내 용
공정 자동화	표준 메타모델을 사용해서 대부분의 구현환경 공정에 대한 자동화 수행
재사용성 향상	시스템 분석, 설계, 구현, 결과, 관리 등 프로젝트 진행 전체 결과 재사용
이식성 향상	구현 환경과 독립적인 환경으로 정의되어 이식성 증대
상호운영성	Cross-Platform 상호 운영성 솔루션에 대한 빠른 개발
도메인 융통성	모든 도메인에 사용할 수 있는 융통성 확보

－애플리케이션 개발비용, 품질, 생산성 향상을 가지고 옴

2. MDA 핵심 구성요소

가. MOF(Meta-Object Facility)

－OMG에서 발표한 표준으로 플랫폼에 독립적인 메타데이터와 데이터를 정의, 조작, 통합할 수 있는 모델기반의 프레임워크, 정보 저장 기술

나. 세부 구성요소

구성요소	내 용
CMW	－데이터웨어하우스를 관리 및 이용하는데 사용되는 메타모델 －관계형 데이터베이스 테이블, 레코드, 구조체, OLAP, XML, 다차원 설계 등과 같은 수 많은 데이터 모델 및 포맷 생성 가능 －데이터 모델이나 데이터 변환, 소프트웨어 배포 등에 내용 포함
XMI	－MOF와 호환성이 있는 모델들을 XML 문서형태로 표현하고 이를 MOF 호환 데이터베이스에 저장할 수 있는 표준 －XMI 문서는 MOF XML 문서임
UML 메타모델	－MOF와 완전한 호환성은 보장되지 않음 －UML 2.0은 MOF와 호환성을 가짐
UML Profile	－UML 확장해서 MOF와 호환성 제공, UML Profile 자체가 MOF 메타모델 －UML 모델을 확장하기 위해 일반확장 메커니즘 정의 －추가적으로 스테레오 타입, 태그 값이 정의된 엘리먼트, 애트리뷰트, 메소드, 링크로 이루어짐 －확장 컬렉션을 사용해서 특정 도메인에 대한 문제를 기술하여 도메인 내용을 모델링 할 수 있음

3. MDD 개발 프로세스

가. MDD 개발 프로세스 특징

－비즈니스 프로세스 및 소프트웨어 기술서를 바탕으로 추상적인 모델 추출

－추상적인 모델을 실현 가능한 구현 모델로 변환

－즉 CIM, PIM, PSM 모델을 통해서 구현모델 변환을 자동화하고 재사용하는 방법을 제시

나. MDD 개발 프로세스 처리흐름

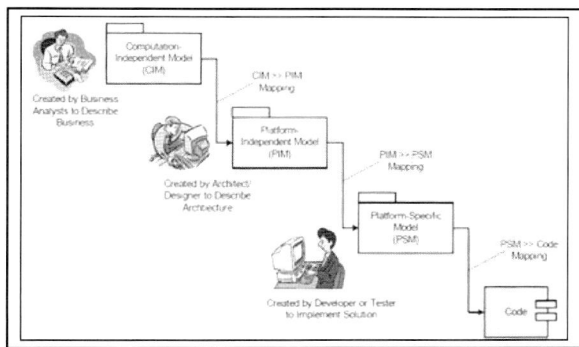

1) CIM(Computation Independent Model): 비즈니스를 분석하고 요구사항을 추출
2) PIM(Platform Independent Model): 비즈니스 아키텍트, 디자이너가 플랫폼 독립모델링 수행. 특정 구현 모델과 독립적이고 아키텍처 제시
3) PSM(Platform Specification Model): 개발자, 테스터가 자동화 툴을 활용하여 특정 플랫폼에 맞는 모델을 도출

다. MDD 개발 프로세스 주요 내용

단계	내 용
비즈니스 요구사항	－고객으로부터 비즈니스를 분석하고 비즈니스 요구사항을 정의
도메인 모델 작성	－UML을 사용해서 도메인에 대한 모델 작성. 플랫폼 독립적인 모델작성(PIM)
기술 종속성 모델 작성	－특정 기술과 관련 있는 기술모델 작성(PSM) －직접작성 할 수도 있고 자동화 툴을 활용해서 작성도 가능
애플리케이션 코드생성	－MDA 툴을 사용해서 애플리케이션 코드 생성 －자동으로 만들어진 코드를 가지고 수정 혹은 최적화 수행

[참고]

◆ MDA는 다른 디자인 프로세스보다 고수준의 추상화를 먼저 시작한다. 예를 들어 PIM은 매우 추상적이다. 여기에는 엔티티와 서비스만 정의되어 있을 뿐이다.
◆ PSM은 메타데이터의 형태로 애플리케이션을 완전하게 기술한다. PSM 수준에서 개발자들은 해당 기술과 관련된 디자인을 직접 코드를 건드리지 않고 향상시킬 수 있다.
◆ PSM에서 만들어진 코드는 완성된 애플리케이션에 근접하게 된다. 기존에 많은 도구들이 자동으로 만들어낸 코드들이 애플리케이션의 일부에 해당하는 것에 비해서 그 범위와 정도에 큰 차이가 있다.
◆ PIM에서 PSM을 만들어내고 PSM에서 코드를 만들어내는 알고리즘은 기본적인 것은 제공되지만 아키텍트가 변경하거나 재정의할 수 있다.

4. MDA 발전 및 최근 동향

가. 소프트웨어 재사용 관점의 변화

- 과거 모듈에서 실 세계 사실과 매핑되는 엔티티 그리고 실행 중에 재사용 여부를 결정할 수 있는 컴포넌트 기술로 발전
- MDA는 구현보다는 한 개의 설계모델을 구현모델과 매핑할 수 있는 설계레벨의 재사용 지원
- 또한 비즈니스 프로세스를 재사용 할 수 있는 관점으로 변화하고 있으며 그 중에서 Product Line 의 Core Asset과 SOA의 Service로 진화

나. MOF와 호환되는 UML 2.0 필수적

- 과거 UML 1.X는 MOF와 완벽한 호환이 되지 않으므로 MDA 지원에 한계가 있었음
- 하지만 UML 2.0은 UML Profile을 통해서 MOF와 완벽히 호환되는 모델을 제시

본 문제는 소프트웨어 품질을 정량화 시키는 품질모델을 이해하고 각 품질모델의 발전과 품질모델별 특성을 이해하는지를 묻고 있는 것이다.

- 품질모델은 McCall, Boehm, ISO 표준 모델들이 존재한다. 이 중에서 ISO 9126은 소프트웨어 품질특성을 제시하고 ISO 14598은 품질특성의 적용방법을 제시한 국제표준이다.
- 또한 ISO 12119는 패키지 소프트웨어에 대한 품질특성과 적용방법을 제시한다.
- ISO 표준은 품질특성을 나타내는 ISO 9126과 적용방법과 절차를 나타내는 ISO 14598 표준 간의 차이점을 없애고 통합 모델로 제시한 것이 ISO 25000 표준이다.
- 과거 품질모델 중에서 McCall과 Boehm 품질모델이 존재하며 이것은 모두 소프트웨어 품질을 정량적으로 나타낼 수 있는 방법을 제공한다.

(1) 비즈니스 오케스트레이션: 다른 말로는 서비스 오케스트레이션이다. 오케스트레이션이라는 것은 단위 서비스를 조립해서 결합 서비스를 만드는 것을 의미하고 이러한 오케스트레이션을 하

기 위한 것이 BPM & SOA의 BPEL이다.

(2) 메타모델(Meta Model): 메타데이터는 데이터를 설명할 수 있는 설명력이 있는 데이터이다. 그러므로 메타모델은 이러한 설명력이 있는 메타데이터의 구조를 정의한다. MDA에서 이러한 메타데이터의 구조를 정의한 최종 결과물은 MOF라는 저장소이고 이 저장소를 만들기 위한 것은 UML 2.0에 UML Profile이다.

예상문제

가. 1교시형

   1) UML Profile

   2) MOF

   3) UML 2.0

   4) MDA

나. 2교시형

   1) MDA에서 PIM 모델을 PSM 모델로 변환하는 공정인 MDD에 대해서 설명하시오.

   2) 최근 소프트웨어 개발방법론인 MDD, SOD, PLD에 대해서 설명하시오.

18. 디자인패턴

1) 소프트웨어 엔지니어의 경험: 디자인패턴

가. 디자인패턴의 정의
- 프로그래머들이 유용하다고 생각되는 객체들간의 일반적인 상호작용 방법들을 모은 목록
- 반복적으로 발생하는 문제들을 해결해 온 전문가들의 **경험을 모아서 정리한 것**
- 여러 번 반복하여 사용할 수 있는 문제에 대한 솔루션을 기술한 것(Gamma)
- **패턴을 사용하게 되면 이미 검증된 해결방안을 계속 재사용할 수 있음**

[길라잡이]
- 디자인패턴은 문제에 대한 해결책을 정리한 것이다. 즉, 설계단계에서 어떤 형태의 문제 발생 시에 설계자들의 경험을 정리한 디자인패턴을 활용하여 해당 문제에 대한 해결방안을 제시 받을 수가 있다.

나. 디자인패턴의 역사
- 디자인패턴의 연구는 1990년대 초반 Erich Gamma[1992]에 의해 시작
- 일반적으로 GoF(Gang of Four)의 분류가 많이 활용되고 있음
- 23개의 일반적이고 유용한 패턴들을 제공

다. 패턴의 구성요소(GoF)
- **패턴명 및 분류**: 패턴 명칭과 패턴 유형
- **문제 및 배경**: 해당 문제상황과 해결이유
- **솔루션**: 해결책 설명 및 구성요소별 역할
- **사례**
- **결과**: 패턴 적용 시 효과
- **샘플 코드**

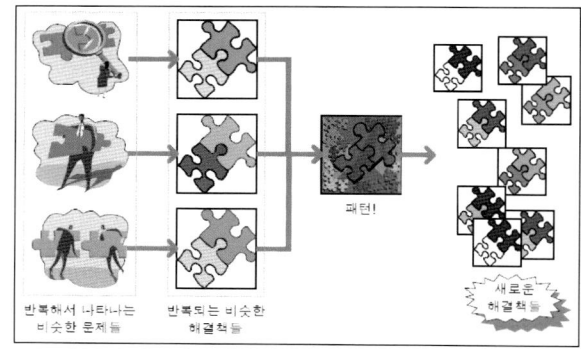

2) 디자인패턴의 유형

구분		Creational Pattern (생성패턴)	Structural Pattern (구조패턴)	Behavioral Pattern (행위패턴)
의미		객체의 생성방식을 결정 하는 패턴	Object를 조직화하는데 유용한 패턴	Object의 행위를 Organize, Manage, Combine하는 데 사용되는 패턴
범위	클래스	Factory Method	Adapter(Class)	Interpreter, Template Method
	객체	Abstract Factory, Builder, Prototype, Singleton	Adapter(Object), Bridge, Composite, Decorator, Façade, Flyweight, Proxy	Command, Iterator, Mediator, Memento, Observer, State, Strategy, Visitor

- Facade 패턴: 복잡하게 얽혀있는 서브시스템이나, 클래스들을 정리하여 **상위수준의 Control 클래스를 두도록 하는 패턴**(클라이언트의 단순한 Call 구조 유도, 개발자의 역할분리 가능)
- Singleton 패턴: 생성하고자 하는 **인스턴스의 수를 오직 하나로 제한하는 패턴**
- Factory 패턴: 객체를 생성하기 위한 **인터페이스를 정의**하여 어떤 클래스가 인스턴스화 될 것인지는 서브클래스가 결정하도록 하는 것(일명 Virtual Constructor 패턴)
- Observer 패턴: 일대다의 **객체의존관계에서 한 객체가 상태를 변화시켰을 때 의존관계에 있는 다른 객체들에게 자동적으로 통지하고 변화시킴**(일명 Publish-subscribe 패턴)
- Visitor 패턴: 클래스에 속한 모든 객체들에 수행되는 오퍼레이션을 표현할 때 사용, **여러 종류의 노드 클래스 사이에 오퍼레이션이 분산되어 복잡한 시스템을 구성하는 경우, 각 클래스로부터 관련된 오퍼레이션을 Visitor라고 불리는 분리된 객체로 분리해 패키지화**

3) 디자인패턴 적용 규칙

가. 구현(Implementation) 클래스가 아니라, 인터페이스(Interface)를 가지고 프로그래밍한다.

- 인터페이스 클래스의 메소드를 바탕으로 호출
- 인터페이스를 구현한 클래스의 내부 변화(비즈니스 로직 변경)에 영향을 받지 않음

[길라잡이]

- 인터페이스를 가지고 프로그래밍 하라는 것은 아래와 같다.

- Caller라는 클래스는 Callee 클래스를 직접 호출하지 않고 Callee 클래스의 가상함수를 가지는 Interface를 호출한다.
- 이렇게 해서 Caller는 Callee가 변경되어도 영향을 받지 않는다.

나. 상속(Inheritance)이 아니라 위임(Delegation)을 사용한다.

- 불필요한 수퍼 클래스의 속성 및 메소드를 상속받음
- 상속의 경우 컴파일 시 수퍼클래스와 서브클래스의 구조가 결정됨
- 위임의 경우 런타임 시 필요한 클래스를 사용

[길라잡이]

- 아래의 클래스 다이어그램은 상속을 나타낸다. 즉, 상속은 컴파일 시에 상속이 결정되어서 Runtin 시에 변경이 불가능하다.

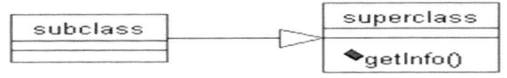

- 위의 상속이 아니라 위임이다. 위임은 Caller의 getinfo() 메소드가 Callee, Callee2 클래스의 getinfo() 메소드를 호출 시에 실행 중에 자유롭게 원하는 것을 호출할 수가 있다.

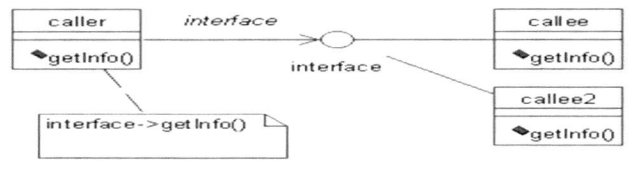

다. 커플링(Coupling)을 최소화한다.

- God Class를 만들지 않음
- 한 클래스의 변화가 전체클래스를 변화되지 않게 해야 함

4) 디자인패턴 장/단점 -> *해당 문제에 최적화된 해법을 제시할 수 있으면 그것이 패턴임*

장점	단점
-시스템 개발 시 공통 언어 역할 -코드의 품질 향상 -향후 변화에 대한 대비 -유지보수 용이성	-오용된 패턴은 유지보수를 더 어렵게 만들 수 있음 -잘못 해석된 패턴은 재사용성을 더 어렵게 만들 수 있음 -잘못 사용된 패턴은 개발을 더 어렵게 만들 수 있음 -설계자가 패턴을 익히는데 오랜 훈련 시간을 필요로 함

[설명]
- 디자인패턴은 클래스 모델링을 수행할 때 발생되는 문제에 대한 해결책을 제시한다. 예들 들어 클래스 모델에서 각각의 클래스가 데이터베이스에 직접 접근하여 SQL을 실행한다고 가정하면 이러한 클래스 모델보다는 데이터베이스 처리를 전문으로 하는 DAO(Data Access Object) 클래스를 활용하라고 가이드 한다. 이런 것이 디자인패턴이다.

[키워드]
- 문제에 대한 해결책, 디자인패턴 구성요소, 패턴 종류, 적용규칙, 장점과 단점

[예상문제]
가. 2교시형
  1) 디자인패턴의 종류 4개를 상세히 설명하시오.

  문제〉   Visitor Pattern 및 Observer Pattern에 대해서 설명하시오.
  카테고리   소프트웨어 공학〉방법론〉모델링   난이도   상

답>

1. 공통 Operation 수행을 표현하기 위한 Visitor Pattern 개요

가. Visitor Pattern 정의
- (1)클래스에 속한 모든 객체들에 수행되는 오퍼레이션을 표현할 때 사용

나. Visitor Pattern 활용
- 여러 종류의 노드 클래스 사이에 오퍼레이션이 분산되어 복잡한 시스템을 구성하는 경우
- 각 클래스로부터 관련된 오퍼레이션을 Visitor라고 불리는 분리된 객체로 분리해 패키지화 수행

다. Visitor Pattern 사용

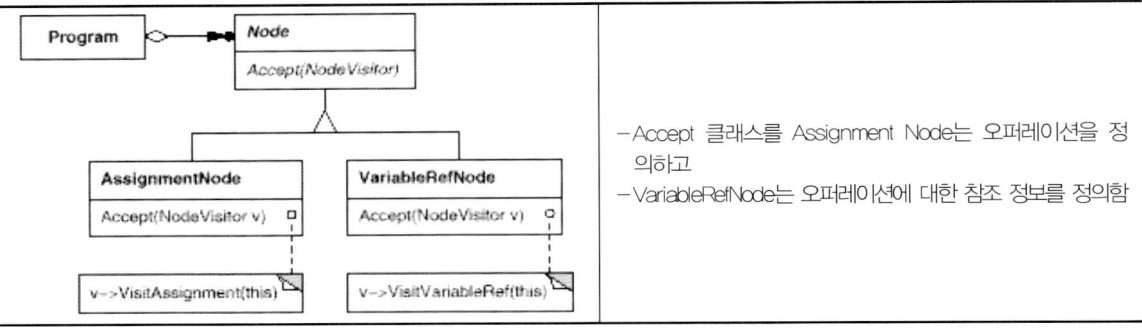

- Accept 클래스를 Assignment Node는 오퍼레이션을 정의하고
- VariableRefNode는 오퍼레이션에 대한 참조 정보를 정의함

2. 객체 상태 통지를 위한 Observer Pattern 개요

가. Observer Pattern 정의

- 일대다의 객체 의존관계에서 한 객체가 상태 변화를 시켰을 때 의존관계에 있는 다른 객체들에게 자동적으로 통지하고 변화시킴(일명 Publish-Subscribe 패턴)

나. Observer Pattern 사용

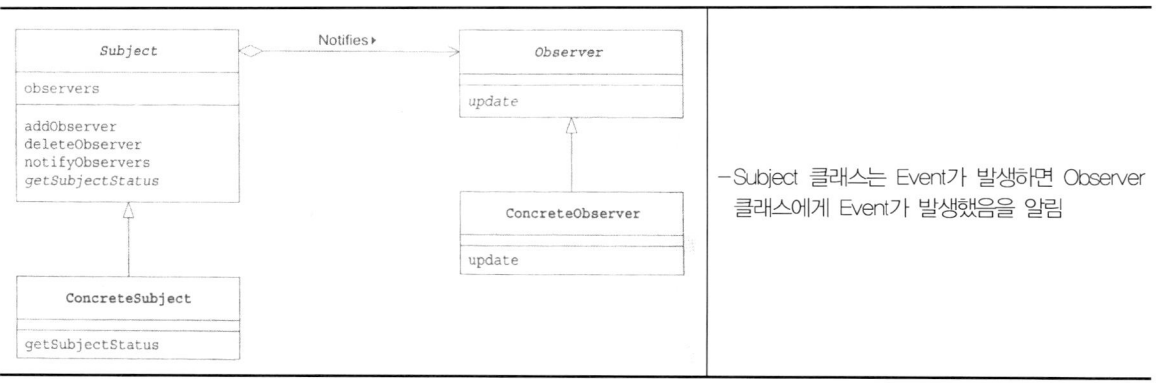

- Subject 클래스는 Event가 발생하면 Observer 클래스에게 Event가 발생했음을 알림

다. Observer Pattern 사용 예제

1) Model/View/Controller(MVC)

- Smalltalk 언어에서, 하나의 데이터 모델을 여러 형태로 보여 주고자 할 때 사용되는 유명한 패턴이다.

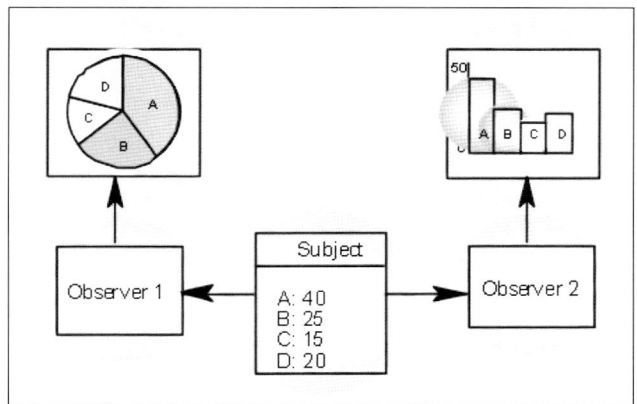

－Model과 View의 관계는 Observer 패턴에서 Subject와 Observer의 역할과 서로 대응된다.

풀이

－디자인 (2)**패턴**은 프로그래머들이 유용하다고 생각되는 객체들 간의 일반적인 상호작용을 재사용성을 극대화 시키기 위해서 만들어 든 목록이다. 즉, 객체설계 시에 재사용성을 향상시키기 위해서 모델러들의 경험을 제시하여 모델링 시에 발생되는 문제에 대한 해결책을 제시한다.

－디자인패턴은 GoF(Gang of Four)의 분류가 많이 사용되고 23개의 유용한 패턴을 제공한다. 패턴은 패턴 명과 분류, 문제 및 배경, 솔루션, 사례, 결과, 샘플코드를 제공하여 문제에 대해서 자세한 해결책을 제시해 준다.

－주요 디자인패턴의 종류는 다음과 같다.

1) Façade 패턴: 복잡하게 얽혀있는 서브 시스템이나, 클래스들을 정리하여 상위수준의 Control 클래스를 두도록 하는 패턴(클라이언트의 단순한 Call 구조 유도, 개발자의 역할분리 가능)

2) Singleton 패턴: 생성하고자 하는 (3)**인스턴스**의 수를 오직 하나로 제한하는 패턴

3) Factory 패턴: 객체를 생성하기 위한 인터페이스를 정의하여 어떤 클래스가 인스턴스화 될 것인지는 서브클래스가 결정하도록 하는 것(일명 Virtual Constructor 패턴)

4) Observer 패턴: 일대다의 객체의존관계에서 한 객체가 상태를 변화시켰을 때 의존관계에 있는 다른 객체들에게 자동적으로 통지하고 변화시킴(일명 publish-subscribe 패턴)

5) Visitor 패턴: 클래스에 속한 모든 객체들에 수행되는 오퍼레이션을 표현할 때 사용, 여러 종류의 노드 클래스 사이에 오퍼레이션이 분산되어 복잡한 시스템을 구성하는 경우, 각 클래스로부터 관련된 오퍼레이션을 Visitor라고 불리는 분리된 객체로 분리해 패키지화

(1) 클래스: 실세계의 사실(Entity)를 객체지향으로 표현하기 위해서 애트리뷰트(데이터)와 오퍼레이션을 묶어 놓은 객체에 대한 청사진이다.
(2) 패턴: 패턴은 문제에 대한 해결책을 제시하는 것으로 아키텍처 패턴(아키텍처 스타일)과 디자인 패턴으로 구분된다. 아키텍처 패턴은 전체 시스템 구조에 대한 해결책을 제시하고 디자인패턴은 클래스 모델링 시에 발생하는 문제에 대한 해결책을 제시한다.
(3) 인스턴스: 객체가 실행되면 가지는 특정 값 및 상태를 의미한다.

예상문제

가. 1교시형
    1) Factory 패턴

나. 2교시형
    1) 디자인패턴의 종류와 특징에 대해서 설명하고 아키텍처 스타일과 차이점을 설명하시오.
    2) 디자인패턴을 활용하여 1개 문서를 PDF, ASCII, UNICODE로 출판할 수 있는 모델링을 제시하시오.

19. SW 테스트

1) 소프트웨어 테스트의 개요

가. 테스트의 중요성

(1) 테스트의 중요성: 시스템 개발에 드는 총비용의 50%이상, 총기간의 50% 정도를 테스트할애 (Myers, 1979)

(2) 테스트는 오류를 발견하기 위한 과정: 명세나 설계 문서, 소스 코드를 점검

(3) 테스트의 목적: 소프트웨어를 구성하는 요소들이 잘 조화를 이루며 제대로 동작하고 성능 요구에 맞다는 것을 검증하고 확인하는 것

(4) 테스트의 어려움

- 결점을 발견하기 위하여 의도적으로 동료 프로그래머의 작업 결과를 분석하는 것이기 때문에 심리적으로 받아들이기 매우 어려운 작업 -> 개발 팀의 작업이 끝난 후 별도의 팀이 구성되어 테스트

- 관리하기 어려운 작업

(5) 시스템을 정확히 시험할 수 있는 능력은 개인의 역량에 맡기는 경우가 많음

나. 테스트의 정의

- **시스템이 정해진 요구를 만족하는지, 예상과 실제결과가 어떤 차이를 보이는지 수동 또는 자동 방법을 동원하여 검사하고 평가하는 일련의 과정(IEEE, 1993)**

- 노출되지 않은 숨어있는 결함(Fault)를 찾기 위해 소프트웨어를 작동시키는 일련의 행위와 절차

- 좁은 의미: 코드가 작성된 다음에 오류를 발견하는 과정

- 넓은 의미: 검증(Verification)이나 확인(Validation) 또는 품질 보증(Quality assurance)도 포함

다. 테스트의 필요성

- 고객측면: 사용자 요구 만족도 향상
- 품질측면: 제품 신뢰도의 향상
- 운영측면: 잠재적 위험요소 제거 및 운영 안정성 보장
- 비용측면: 소프트웨어 품질저하 및 오류로 인한 추가 소요비용 방지

라. 테스트 작업의 특징

- 테스트는 오류를 발견하려고 프로그램을 수행시키는 것이다.
- 완벽한 테스트는 불가능하다.
- 테스트는 창조적인 일이며 힘든 일이다.
- 테스트는 오류의 유입을 방지할 수 있다.
- 테스트는 구현과 관계없는 독립된 팀에 의하여 수행되어야 한다.
- 산출물: 응용흐름도[비공식], 테스트 환경 구성도[비공식], 통합 및 시스템 테스트 계획서[공식], 통합연동 시나리오[비공식], 테스트 단위 정의서[비공식], 테스트 상세명세서[공식] 통합 및 시스템 테스트 결과서[공식], 결함관리대장[공식]

2) 소프트웨어 테스트 품질 척도: 테스트 용이성(Testability)

가. 시험품질척도

- 컴퓨터 프로그램을 얼마나 쉽게 시험할 수 있는가에 대한 성질
- 컴퓨터 엔지니어가 설계단계에서부터 테스트용이성을 염두에 두고 설계해야 함

구 분	내 용
작동성(Operability)	- 시스템이 bug를 적게 가지도록 하여 시험이 효율적으로 되도록 함
관찰성(Observability)	- 입력에 대해 출력이 명확히 가시적으로 생성되도록 함
조종성(Controllability)	- 출력은 입력의 조합으로 생성될 수 있도록 함
분해성(Decomposability)	- 모듈들은 독립적으로 시험되어져야 함
단순성(Simplicity)	- 시험할 것이 적을수록 시험이 빨리 종료됨 - 기능적 단순성, 구조적 단순성(오류 전달이 제한적이 되도록 아키텍처가 모듈화 되어야 함), 코드단순성(코딩규정 준수)
안정성(Stability)	- 실패를 잘 극복할 수 있도록 함
이해성(Understandability)	- 설계변경이 프로그램으로 잘 전달되어야 하며 문서화가 정확, 완전해야 함

나. 좋은 테스트 사례

- 오류를 찾아낼 확률이 높아야 한다.
- 중복되어서는 안 된다.
- 오류가 많이 발생할 수 있는 부분을 선택하여 시험해야 한다(Pareto 원리 적용).

3) 소프트웨어 테스트의 유형

구분	유형	특 징
테스트 정보 획득 대상	화이트박스 테스트	**프로그램 내부 로직을 보면서 테스트(구조 테스트)** −**구조 테스트**: 프로그램의 논리적 복잡도 측정 후 수행 경로들의 집합을 정의 −**루프 테스트**: 프로그램의 루프 구조에 국한해서 실시 −문장검증/선택검증/루프검증
	블랙박스 테스트	**프로그램 외부 명세를 보면서 테스트(기능 테스트)** 내부동작은 자세히 관찰하지 않음 −**동등 분할/ 경계값 분석/Cause-Effect 그래프/오류예측 기법** 등 −Data driven Test
프로그램 실행 여부	동적 테스트	**프로그램 실행을 요구하는 테스트** −화이트박스, 블랙박스
	정적 테스트	**프로그램 실행 없이 구조를 분석하여 논리성 검증** −**코드검사**: 오류 유형 체크리스트 및 역할에 의한 formal 한 검사방법 −**워크스루**: 역할/체크리스트가 없는 비공식적 검사방법
테스트에 대한 시각	검증	**과정을 테스트**(Are we building the product right?) −올바른 제품을 생산하고 있는 지 검증
	확인	**결과를 테스트**(Are we building the right product?) −만들어진 제품이 제대로 동작하는 지 확인
테스트 단계	단위테스트	모듈의 독립성 평가, White Box테스트
	통합테스트	모듈간 인터페이스 테스트(결함테스트)
	시스템테스트	전체 시스템의 기능수행 테스트(**회복, 안전, 강도, 성능,구조**)
	인수테스트	사용자 요구사항 만족도 평가(**확인, 알파, 베타**)
	설치테스트	사용자 환경

구분	유형	특 징
테스트 목적	회복(Recovery) 테스트	고의적 실패 유도
	안전(Security) 테스트	불법적인 소프트웨어
	강도(Stress) 테스트	과다 정보량 부과
	성능(Performance) 테스트	응답시간, 처리량, 속도
	구조(Structure)테스트	내부논리 경로, 복잡도 평가
	회귀(Regression)테스트	변경 또는 교정이 새로운 오류를 발생시키지 않음을 확인
	병행테스트	변경시스템과 기존시스템에 동일한 데이터로 결과 비교

[길라잡이]

• 위의 테스트 유형은 기본적으로 학습해야 하는 내용이다. 모든 내용을 안보고 쓸 수 있게 준비가
  필요하다.

4) 테스트 수행 시 유의점

- 테스트 시나리오는 고객 요구사항을 바탕으로 고객, 개발자, 테스터가 함께 작성
- 테스트 시나리오는 Black Box 테스트를 바탕으로 작성함
- 테스트 결과서는 테스트 시나리오에 충실하게 작성함
- 테스트 결과서의 결과는 인지하기 쉬운 용어로 쉽게 서술함

5) 테스트 수행전략

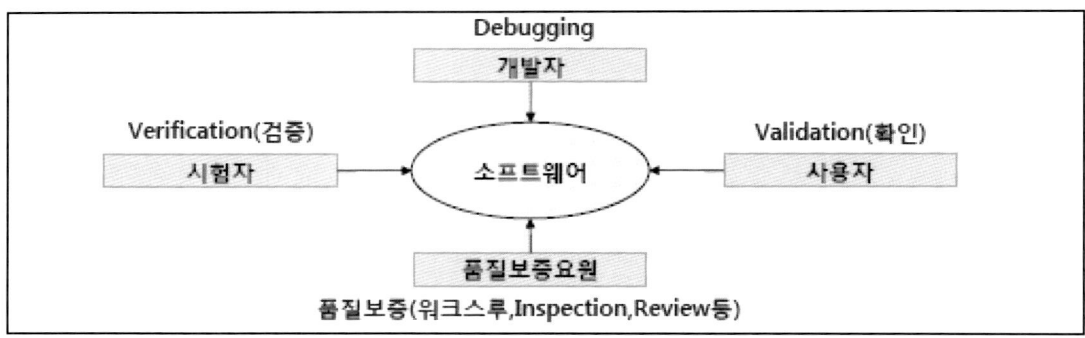

6) 테스트 관련 최근 동향

- 프로그램 실행에 의한 테스트는 자동화 도구 이용 추세
- 프로그램과 개발단계 모든 산출물에 적용 가능한 코드검사나 워크스루 같은 정적 테스팅이 품질 보증의 주요 활동으로서 강조되고 있음
- 임베디드 시스템이나 정보가전 등 다양한 플랫폼에서의 테스트 기법 연구 필요

문제〉　　화이트 박스 테스트의 검증기준

카테고리　　　　소프트웨어 공학〉방법론〉테스트　　　　난이도　　상

(문제풀이)

답〉

1. 소프트웨어 품질을 향상 시키기 위한 화이트 박스 테스트 검증 기준

가. 테스트 검증 기준

- 화이트 박스 테스트에서 모든 경로에 대한 테스트를 수행하였는지 경로를 확인

나. 화이트 박스 테스트 시에 테스트 검증의 중요성

1) 분기 등으로 발생하는 모든 경로 추적
2) 모듈의 기능을 모두 테스트하여 모듈 오류를 최소화

2. 테스트 검증 기준 예제 및 종류

가. 예제

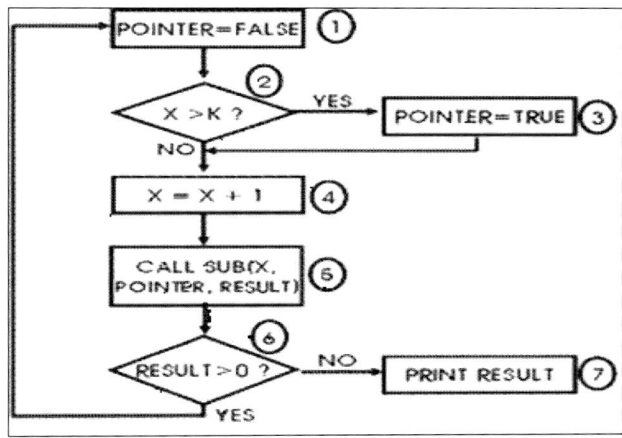

나. 테스트 검증 기준 종류

종류	내 용
문장 검증 기준	- 모든 문장이 한번씩 수행되도록 검증하는 기준 - 예제: 1-2-3-4-5-6-7
선택 검증 기준	- 경로에서 나타나는 모든 분기점을 파악 - 두 개의 분기점에서 참과 거짓 모두 테스트 - 예제: 1-2-3-4-5-6-7, 1-2-4-5-6-1
경로 검증 기준	- 수행 가능한 모든 경로를 검사 - 예제: 1-2-3-4-5-6-7, 1-2-3-4-5-6-1, 1-2-4-5-6-7, 1-2-4-5-6-1
조건 검증 기준	- IF 문장, While 문장 안에 있는 조건을 조사하는 기준 - 예제: if(x 〉 10 OR y 〈 1)은 경우 x 〉 10 경우와 OR y 〈 1 모든 경우를 테스트

3. 화이트 박스 테스트 검증 기준의 활용 및 현황

가. 소프트웨어 알고리즘이 복잡한 경우 모든 경로를 분석하여 테스트를 수행

나. 모듈에서 오류가 발생할 경우가 많은 대규모 시스템 및 위험이 높은 소프트웨어 적용

나. 모든 경로를 테스트 하는 경우 많은 비용/시간/인력이 필요함

다. 전문 테스터 및 테스트 검증 자동화 툴을 활용하여 테스트 정확성과 생산성을 향상

풀 이

- 화이트 박스 테스트는 소프트웨어의 내부구조를 중심으로 테스트를 수행하는 테스트 기법이다. 화이트박스 테스트는 단위, 통합, 시스템, 인수의 전 테스트 단계에서 테스트를 수행 할 수 있다.
- 화이트 박스 테스트는 구조 테스트를 통해서 내부 모듈을 검증할 수 있다. 이러한 구조 테스트 시에 모듈의 모든 로직이 테스트 될 수 있도록 **(1)테스트 커버리지**가 중요하다. 테스트 커버리지 분석 시에 모든 모듈의 경로를 수행했는지 검증하는 방법이 화이트 박스 테스트의 검증기준이라 는 것이고 검증기준은 문장, 선택, 경로, 조건으로 분류된다. (답안 참조)

주요 용어설명

(1) 테스트 커버리지: 전체 소프트웨어가 테스트되는 정도

예상문제

가. 1교시형

1) 페어와이즈 조합 테스팅

2) 직교 배열 테스트

나. 2교시형

1) 소프트웨어 테스트 수행 시에 테스트 조직역할과 테스트 공정에 대한 평가방법인 TMM과 TPI에 대해서 설명하시오.

문제〉   테스트 자동화

카테고리   소프트웨어 공학〉방법론〉테스트   난이도   하

 문제풀이

답>

1. 테스트 생산성 및 정확성 향상을 위한 테스트 자동화

가. 테스트 자동화(Test Automation) 정의

  1) 테스트 환경, 반복적 테스트 및 테스터가 하기 어려운 성능, 보안 부분의 테스트를 자동화하여 테스트를 효과적으로 할 수 있는 활동 및 기법(도구)

나. 테스트 자동화 목적

  1) 반복적이고 지루한 테스트를 제거하여 테스터에게 좀 더 심도 있는 테스트를 수행하게 함

  2) 테스트 생산성 향상 및 인간이 테스트하기 어려운 부분을 검증

2. 테스트 자동화 분류 및 자동화 도구

가. 테스트 자동화 분류

  1) 획득기반: 패킷을 복제하여 대용량 트랜잭션 생산, 화면 클릭 이벤트를 저장하여 반복적으로 실행

  2) 명세기반: 요구사항 명세서를 기준으로 테스트 자동화 스크립트 작성/실행

  3) 코드기반: 소스코드를 기준으로 테스트 자동화 스크립트 작성/실행

나. 테스트 자동화 도구 종류

단계	테스트 자동화 도구	활용
분석/설계	명세 및 코드 기반 테스트 설계도구, 테스트 관리 도구	Early Design
구현	(1)인스펙션, 리뷰도구, 정적 분석 도구	요구사항 점검
테스트	커버리지 분석도구, 동적 분석 도구, 패킷/이벤트 성능시험 도구	완벽한 테스트 불가

3. 테스트 자동화 장점 및 단점

  가. 테스트 자산관리 체계 구축, 테스트 실패비용 감소, 테스트 커버리지 향상

  나. 시스템 시에 성능, 강도, 보안 테스트 강화를 통한 고객만족도 향상

  다. 테스트 환경 구축의 어려움, 실제 데이터를 활용하여 테스트 수행, 테스트 스크립트 언어의 범용성 확보

라. (2)**테스트 오라클**에 대한 자동화 어려움, (3)**TMM**과 같은 테스트 성숙도 모델을 통한 테스트 수행

풀 이

- 테스트 자동화는 소프트웨어 테스트 시에 자동화 소프트웨어를 사용하여 테스터가 직접하기 어려운 성능, 보안, 코드 커버리지 분석 등을 수행하는 활동이다. 테스트 자동화 시에 자동화 소프트웨어에게 테스트 스크립트를 만들어 주어야 하는데 테스트 스크립트를 만드는 방법은 획득, 명세, 코드로 분류된다.
- 획득기반은 두 가지로 분류된다. 첫 번째 이벤트 방식은 테스터가 화면의 버튼, 메뉴, 툴바 등을 클릭하면 그 순서대로 스크립트가 만들어지고 해당 스크립트를 테스트 자동화 소프트웨어가 실행 해 준다. 두 번째 패킷기반은 통신 프로그램 테스트 시에 클라이언트가 서버에 패킷을 하나 발송하면 해당 패킷을 지정한 수만큼 복사하여 서버 애플리케이션에 대해서 성능 및 (4)**강도 테스트**를 수행할 수 있다.
- 명세기반은 요구사항 명세서를 참조하여 스크립트를 직접 만드는 것을 의미하고 코드기반은 소스코드를 참조하여 스크립트를 만드는 것일 의미한다.

주요 용어설명

(1) 인스펙션(Inspection): 공식검토회의로 프로젝트 진행 중에 공식적으로 Check List(점검항목)을 활용하여 소프트웨어의 결합을 검사하는 공식화된 품질보증 활동이다. 품질점검 시에 오류가 발생하면 Rework을 발생할 수 도 있고 Re-inspection이 발생할 수도 있다. 또한 공식검토회의는 Review, Walk-through, Inspection으로 분류되는 Review는 공식화 정도가 가장 낮고 Inspection은 공식화 정도가 높다.

(2) 테스트 오라클(Test Oracle): 테스트 오라클은 테스트 시에 결과로 예상되는 예측 값이다. 즉, 모듈에 1을 입력하면 10이 나와야 한다면 1은 테스트케이스가 되고 10은 테스트 오라클이 된다. 테스트 오라클은 테스트 자동화로 예측하기 가장 어려운 것이다.

(3) TMM(Test Maturity Model): 소프트웨어 테스팅의 계획, 명세, 실행, 기록완료여부, 마감활동을 점검하는 테스팅 프로세스의 성숙도 수준 측정 모델이다.

테스트 심사 모델 종류

비교항목	TMM	TPI
테스트 레벨	하위레벨과 상위레벨 테스팅을 유사한 수준으로 접근	상위레벨 테스팅에 집중
성숙도 평가	조직차원 성숙도 평가	각 개별프로세스 성숙도 평가를 위해 조직의 성숙도 평가
모델개발	학계에서 개발하여 업계로 발전	시스템 테스팅 전문업체 개발 및 확산
테스트 핵심영역 간 의존성	핵심영역 간 의존성을 정의하지 않음	핵심영역 간 의존성 정의

(4) 강도 테스트: 고의적으로 예외상황을 유발하여 시스템의 극한 상황을 테스트를 수행한다. 예를 들어 인증서버에 장애를 발생시키고 복구하면, 모든 고객이 동시에 로그인을 할 것이다. 즉, 이러한 상 황을 만들고 테스트를 수행하는 것이 강도 테스트이다.

예상문제

가. 1교시형

1) 테스트 자동화

나. 2교시형

1) 웹 시스템 보안점검 시에 테스트 자동화 방법을 설명하시오.

문제〉 테스트 심사 프로세스인 TMM과 TPI에 대해서 설명하시오.

| 카테고리 | 소프트웨어 공학〉테스트〉테스트 심사 | 난이도 | 중 |

문제풀이

답>

1. 소프트웨어 테스팅을 심사하는 TMM 개요

가. TMM(Testing Maturity Model) 정의

- 소프트웨어 테스팅의 계획, 명세, 실행, 기록완료여부, 마감활동을 점검하는 테스트팅 프로세스의 성숙도 수준 측정 모델

나. TMM 프로세스 개선

1) 준비 및 시작단계: 비즈니스 목표, 품질정책, 조직의 현 상태 파악
2) 로드 맵 단계: 테스트 개선 모델의 목표나 활동 이행 순서
3) 활동계획 단계: 로드 맵에 따른 단기간 수행활동의 계획수립
4) 평가단계: 테스트 프로세스 수행여부, 로드 맵 목표 달성여부, 차후 개선활동 파악

다. TMM 5단계 모델

단계	내 용
최적화	- 결점예방과 품질제어 활동, 지속적인 테스트 프로세스 개선 - 통계적 방법을 통한 다양한 평가기준 측정
관리/측정	- 테스트 활동이 측정되고 정량화 되는 단계 - 소프트웨어 품질평가(측정 가능한 품질특성을 정의하고 테스트) - 모든 개발활동에 대한 검토가 테스트와 품질제어 활동의 필수요소로 인식 - 테스트 관련 문서들, 테스트 절차도 검토 대상
통합	- 소프트웨어 생명주기 전체에 걸쳐 수행(테스트와 SDLC 전체통합) - 사용자나 의뢰인의 요구사항에 맞춰 정립, 요구사항이 테스트케이스에 반영 - 별도의 테스트 조직존재, 교육훈련을 포함한 전문적인 활동으로 인지
정의	- 테스트 정책과 목표설정, 소프트웨어 생명주기에 하나의 독립된 단계로 정의 - 테스트와 디버깅 구분, 소프트가 명세를 만족하는지 검증
초기	- 테스트 프로세스 미정립, 테스트와 디버깅 차이가 구분되지 않음 - 단순히 소프트웨어가 작동하는 것을 보여주는 단계

라. TMM 문제점

- 인력이나 조직구성원을 위한 목표나 활동 설명이 누락
- 활동에 대한 구체적인 설명, 점검사항 없음, 테스트 도구, 테스트 시스템, 테스트 환경 등의 테스트 인프라 주의점 결여, 소프트웨어 개발 성숙도(CMMI)이 낮으면 테스트 능력 성숙도도 영향을 받음, 프로세스 개선에 대한 지침 부족

2. TPI 개요 및 TPI 모델 구조

가. TPI(Test Process Improvement) 개요

- 소프트웨어 테스팅 프로세스 개선 로드 맵을 제시 해 주는 모델
- 소제티(Sogeti)에서 개발한 모델로 테스트 프로세스의 핵심영역(Key Area)를 20개로 나누고 각 핵심영역 별로 2~4레벨로 평가하는 테스트 심사 프레임워크
- 핵심영역은 Check Point를 이용해 평가되고, 핵심영역별로 개선 제안이 존재하여 개선을 지원하는 체제

나. TPI 모델 구조

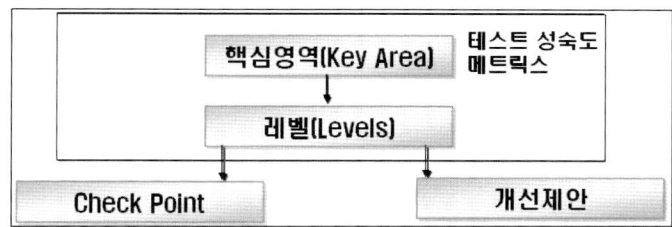

3. TMM 모델과 TPI 모델 차이점

비교항목	TMM	TPI
테스트 레벨	하위레벨과 상위레벨 테스팅을 유사한 수준으로 접근	상위레벨 테스팅에 집중
성숙도 평가	조직차원 성숙도 평가	각 개별프로세스 성숙도 평가를 위해 조직의 성숙도 평가
모델개발	학계에서 개발하여 업계로 발전	시스템 테스팅 전문업체 개발 및 확산
테스트 핵심영역 간 의존성	핵심영역 간 의존성을 정의하지 않음	핵심영역 간 의존성 정의

풀이

- 테스트의 효과성을 높이기 위해서 대표적으로 TMM, TPI라는 테스트 성숙도 모델이 존재한다. 이 두 모델은 테스트 활동의 효과성을 높이기 위해서 각각 어떤 준비와 활동을 해야 하는지를 제시한다. 또 두 모델 모두 핵심영역을 제시하여 각 테스트 활동에 대해서 어떻게 해야 하는지에 대한 구체적인 방법을 제시한다.
- 이러한 성숙도 모델은 결과적으로 개발팀의 테스트 능력을 향상시키고 테스트 능력의 향상은 최종적으로 소프트웨어 품질을 향상시킨다.

가. 1교시형

    1) TMM과 TPI

문제〉   스레드 테스트

카테고리   소프트웨어 공학〉방법론〉테스트   난이도   중

답>

1. 소프트웨어 품질 향상 및 위험감소를 위한 스레드 테스트

가. 스레드 테스트(Thread Test)의 정의

  1) 고객 요구사항을 (1)**짧은 Iteration & Tracking**을 통해서 안정화 시키기 위해 핵심 모듈에 집중
하여 수행하는 테스트 수행

나. 스레드 테스트 주요 목적

  1) Adaptive: No Baseline, Small Release, Flexible Iteration Plan

  2) 구현중심: (2)**Refactoring, Simple Design, (3)Metaphor**

2. 스레드 테스트 특징 및 유형

가. 스레드 테스트 특징

  1) Continuous Delivery: Continuous Integration, Daily Build

  2) 핵심 모듈에 집중한 테스트 케이스, 테스트 오라클, 테스트 시나리오 설계

  3) TDD: 핵심 모듈 객체 역할 중심 테스트

  4) 통합관리: 핵심 모듈 간 스레드 테스트 통합, 위험/이슈 관리 수행

나. 스레드 테스트 활용방안

활용방안	내 용
XP	(4)User Story, (5)CRC 카드의 객체 역할 중심의 핵심 모듈 집중 테스트
TDD	의사소통, Feedback을 통한 핵심 모듈 안정화
파일럿	핵심 모듈에 대한 파일럿 수행 및 테스트, 검증

3. 스레드 테스트 시 고려사항

가. 핵심 기능한 가중치에 의한 반복계획을 수립하고 반복횟수에 의한 테스트 수행

나. 요구사항 단계에서 각 요구사항별 우선순위를 식별하여 핵심 모듈까지 추적성을 제공

다. 핵심 모듈은 화이트 박스 테스트 및 커버리지 분석 도구를 통한 테스트 품질 향상

라. 핵심 모듈 간의 인터페이스는 점증형 테스트를 통한 단계적 통합 수행

풀 이

- 스레드 테스트는 소프트웨어의 중요 모듈에 대해서 먼저 테스트를 수행하는 활동을 의미한다. 소프트웨어의 중요 모듈은 기능적 중요 모듈과 기술적 중요 모듈로 분류하여 생각할 수 있으며 기능적 중요 모듈은 요구사항 분석 시에 요구사항의 중요도(우선순위)를 통해서 식별 할 수 있고 기술적 중요도는 요구사항 분석 시에 난이도(우선순위)를 통해서 식별할 수 있다.

주요 용어설명

(1) 짧은 Iteration & Tacking: 소프트웨어를 개발할 때 소프트웨어 독립된 단위로 분류하여 초기, 중기, 말기의 각 단계별로 반복해서 소프트웨어를 개발하는 공정이다. 즉, 소프트웨어 생명주기 모델에서 폭포수 모델은 요구사항, 분석, 설계, 구축, 테스트 단계로 소프트웨어를 개발하지만, 반복형은 요구사항, 분석, 설계, 구축, 테스트 단계를 반복해서 소프트웨어를 개발하는 방법이다.

(2) Refactoring: 소프트웨어의 복잡도를 낮추기 위해서 소프트웨어의 내부기능은 그대로 두고 소프트웨어 모듈을 개선하는 활동이다. 간단하게 생각하면 알고리즘을 효율적으로 개선한다고 생각하면 된다.

(3) Metaphor: 소프트웨어의 기술적 아키텍처를 의미한다.

(4) User Story: 사용자 요구사항이다.

(5) CRC카드: 객체지향 모델링 시에 객체의 객체식별과 각 객체의 책임과 역할을 정의한 카드를 의

미하다. CRC 카드를 통해서 각 객체의 역할을 분명히 한다.

가. 1교시형
  1) 테스트케이스
  2) 점증형 테스트와 빅뱅 테스트
  3) Gray Box 테스트

문제〉   Test Coverage

카테고리   소프트웨어 공학〉테스트   난이도   중

문제풀이

답>

1. 테스트 품질 측정 지표, Test Coverage의 개요
가. 테스트 커버리지(Test Coverage)의 정의
  − 주어진 시스템 또는 컴포넌트의 모든 요구사항에 대한 테스트 또는 테스트 케이스의 평가 척도 제공을 위한 구조 기반 기법

나. 테스트 커버리지의 중요성
  − SW 품질의 정량화: SW 신뢰도, 품질 측정을 위해 필요함
  − SW 오류 원인/분포 탐지: 테스트 커버리지 측정통한 오류 검출

2. 테스트 커버리지의 종류

가. 제어흐름 기반 테스트 커버리지의 종류

종류	내 용	보장성
구문(SC)	코드 구조 내의 모든 구문을 호출/수행	가장 낮음
결정(DC)	결정포인트 내 모든 분기문 호출	SC 포함
조건(CC)	결정 포인트 내의 개별조건식을 모두 호출	DC보다 강력
조건/결정(C/DC)	모든 각 개별조건식을 적어도 한번 수행	DC, CC 포함
변형조건/결정	결정 포인트 내의 타 개별조건식 결과에 독립적으로 전체 조건식의 결과에 영향을 줌	C/DC 포함
다중조건	결정포인트 내 모든 개별조건식의 모든 가능한 논리적 조합 호출(대량 테스트케이스 양산)	결함제거100% (MC/DC 포함)

나. 자료흐름 기반 테스트 커버리지의 종류

종류	내 용	보장성
All Node(AN)	대상 프로그램의 모든 노드가 포함되도록 선정	낮음
All Edge(AE)	대상 프로그램의 모든 Edge가 포함되도록 선정	효율적
All Defs(AD)	특정 변수 값이 변경 전에 활용되도록 path 선정	간단
All Uses(AU)	노드의 변수에 대한 dcu,dpu 만족하는 path 선정	AN 포함
All du paths	모든 Path를 포함시켜 테스트 케이스 선정	AU보다 강력

ㅡEdge: Statement의 흐름 또는 Decision에 의한 branch 등을 의미함

3. 테스트 커버리지 최적화 방법 및 현황

가. Pairwise Test,Othogonal Array Test, Mutation Test를 통한 테스트케이스 최적화하여 테스트 투입 비용 효율성 확보 필요

나. 테스트 케이스 생성도구, 실행 프레임워크,평가 도구, 관리 도구, 성능분석 도구 등과 같은 테스트 자동화 도구 연구 개발 확대

"끝"

풀 이

ㅡ테스트 커버리지(Test Coverage)는 다음과 같이 정의될 수 있다.

1) 소프트웨어 테스트의 품질을 측정하는 도구

2) 현재 테스트 코드가 프로젝트 코드를 얼마나 커버하고 있는지를 수치로 알려주는 도구

3) 테스트가 모든 코드를 커버한다고 버그로부터 해방될 수 없지만, 사전 어느 부분이 테스트가

잘되고 있는지 알려준다.

4) 소프트웨어 품질을 보증하는 기본 중의 기본

즉, 소프트웨어의 품질을 정량적으로 보증하기 위한 테스트의 품질을 측정하는 데 사용되는 가장 기본적인 도구라 할 수 있다.

- (1)**테스트 커버리지**는 블랙박스, 화이트박스 테스트의 테스트 범위 및 품질을 평가하기 위해 사용될 수 있다.
- 명세기반의 블랙박스 테스트에서의 커버리지 측정은 전문 도구를 사용하거나 평균 및 표준편차로 통제 범위를 정하고 이 범위를 벗어나는 결과값에 대하여 원인을 분석하고 개선사항을 도출하여 테스트 품질을 향상시킬 수 있다.
- 요구 기반으로 테스트를 수행하는 경우에는 요구사항 반영률을 다음과 같이 구할 수 있다.
  1) 화면 기준 테스트의 경우, 테스트율 = 테스트한 화면/대상화면*100(%)
  2) 위험 기반 테스트의 경우, 테스트율 = 테스트한 위험건수/전체건수*100(%)
- 테스트 커버리지를 무한정 넓혀 품질을 향상시킬 수는 있으나, 소프트웨어 개발 프로젝트의 특성상, 100% 커버리지에 대한 테스트를 수행할 수는 없다. 따라서, 입력조건이 다양한 경우 Pairwise 또는 Orthogonal Array를 이용하여 케이스의 수를 낮추고 품질을 높이는 방법을 사용할 수 있다.
- 구조적 테스트 기법에서의 커버리지는 크게 제어흐름 기반과 자료흐름 기반의 두 가지 유형으로 분류된다.
- 제어흐름기반의 테스트 커버리지는 다음과 같은 포함관계를 가진다.

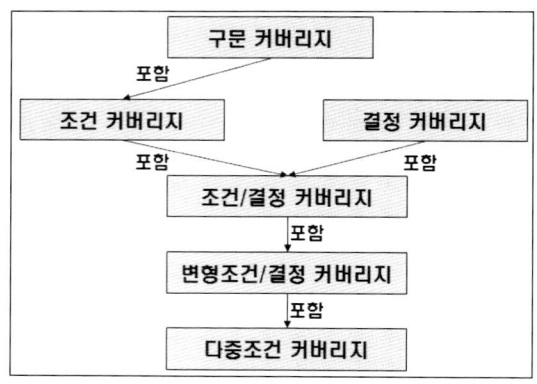

- 각 커버리지의 테스트 케이스 도출 방법을 다음의 예제를 통해 설명한다.

Sample Program

if(x>1 && y==0) z = z/x;
if(z==2 || y>1) z = z+1;

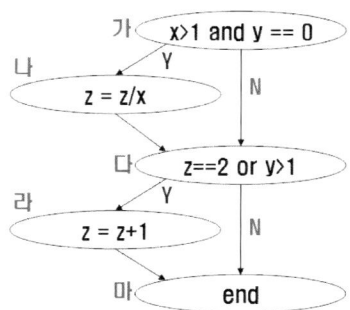

구문(Statement Coverage)	
제어 흐름	가 → 나 → 다 → 라 → 마
테스트 케이스	x = 2, y = 0, z = 4
문제점	판단결과가 NN일 때의 결함 발견 불가능

결정(Decision Coverage)	
제어 흐름	가 → 나 → 다 → 라 → 마 가 → 다 → 마
테스트 케이스	x = 2, y = 0, z = 4 x = 1, y = 0, z = 4
문제점	YN, NY 등과 같은 복합 결정에 대한 결함 발견 불가능

조건(Condition Coverage)	
제어 흐름	가 → 다 → 라 → 마 가 → 다 → 마
테스트 케이스	x = 2, y = 2, z = 2 x = 1, y = 0, z = 4
문제점	전체 구문에 대한 테스트가 불가능

변형조건/분기(Modified Condition/Decision Coverage)	
제어 흐름	가 → 나 → 다 → 라 → 마 가 → 다 → 라 → 마 가 → 다 → 마
테스트 케이스	x = 2, y = 0, z = 4 x = 2, y = 2, z = 4 x = 1, y = 0, z = 4
문제점	입력인자의 개수가 많을 경우, 조건/결정보다 더 많은 테스트 케이스 수가 필요함

– 자료흐름 기반의 테스트 커버리지의 종류는 다음과 같다.

구분	케이스 추출방법
All-node	프로그램의 모든 node(statement)가 포함되도록 선정
All-edge	프로그램의 모든 edge(statement의 흐름 또는 decision에 의한 branch 등)가 포함되도록 선정
All-defs	한 노드에서 정의된(assigned) 특정 변수가 그 값이 변하기 전에 적어도 한번은 활용(c-use/p-use)될 수 있도록 path를 선정하고 이에 따른 test case를 추출(노드는 프로그램 전체로 확장)
All-p-use	한 노드에서 정의된 특정 변수가 그로부터 존재하는 모든 dpu의 원소(값이 바뀌지 않고 predicate use로 사용된 노드들)까지의 path가 존재하도록 선정(노드는 프로그램 전체로 확장)
All-c-use	한 노드에서 정의된 특정 변수가 그로부터 존재하는 모든 dcu의 원소(값이 바뀌지 않고 computational use로 사용된 노드들)까지의 path가 존재하도록 선정(노드는 프로그램 전체로 확장)
All-c-use/some-p-use	All-c-use를 적용시키되, c-use가 존재하지 않는 variable에 대해서는 p-use를 적용시키는데 이때는 all이 아닌 some으로 적용
All-p-use/some-c-use	All-p-use를 적용시키되, p-use가 존재하지 않는 variable에 대해서는 c-use를 적용시키는데 이때는 all이 아닌 some으로 적용
All-uses	한 노드에서의 variable에 대해 그의 dcu, dpu를 만족시키는 path를 모두 고려
All-paths	프로그램의 모든 path를 포함시켜서 test-case를 선정

주요 용어설명

(1) 테스팅 기법의 분류

구분		케이스 추출방법
정적 테스팅		Inspection, Validation & Verification, Pairwise Testing, Orthogonal Array Testing, Prior Defect History Testing, Risk-Based Testing, Run Chart, Statistical Profile Testing
동적 테스팅	블랙박스	Boundary Value Testing, Cause-Effect Graphing, Control Flow Testing, CRUD Testing, Thread Testing, Decision Tables Testing, Equivalence Class Partitioning, Exception Testing, Finite State Testing, Free Form Testing, Positive and negative Testing, Prototyping, Random Testing, Range Testing, Regression Testing, State Transition Testing
	화이트박스	Basis Path Testing, Branch Coverage Testing, Condition Coverage Testing, Data Flow Testing, Loop Testing, Mutation Testing, Sandwich Testing, Statement Coverage Testing

예상문제

가. 1교시형

1) Orthogonal Array Testing

나. 2교시형

1) McCabe's Basis Path Tesing의 단계 및 테스트 케이스를 도출하시오.

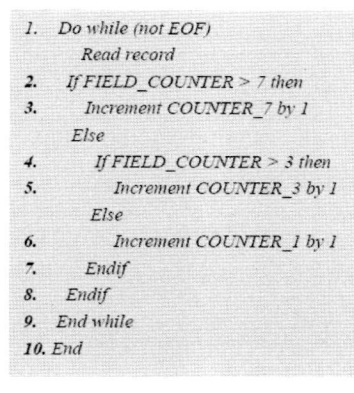
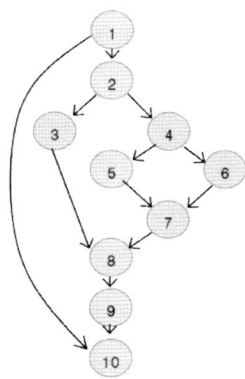

설명)

−Basis Path Testing[6]은 프로그램의 흐름이나 논리적인 경로에 기반 하여 테스트 케이스를 식별하는 테스팅 기법이다. 이때, Basis path란 프로그램 내에서 반복이 허용되지 않는 유일한 경로를 의미하며, 테스트하고자 하는 프로그램은 Basis path의 조합으로 나타낼 수 있다.

−McCabe's Basis Path Tesing의 단계
 1. 프로그램에 대한 제어 흐름 그래프를 그린다
 2. Cyclomatic 복잡도를 계산한다
 3. path의 'basis set'을 선택한다
 4. 각 path를 실행시키는 테스트 케이스를 생성한다

−테스트 케이스

순번	Basis Path	Test Case(FILED_COUNTER의 값)
1	1 → 10	NULL
2	1 → 2 → 3 → 8 → 9 → 10	7보다 큰 경우의 값
3	1 → 2 → 4 → 5 → 7 → 8 → 9 → 10	3보다 큰 경우의 값
4	1 → 2 → 4 → 6 → 7 → 8 → 9 → 10	3보다 작거나 같은 경우의 값

−추가적으로 McCabe의 복잡도 계산 방법을 학습할 필요가 있음

20. 테스트 프로세스

1) 테스트 수행 절차

단계	세부단계	설 명
테스트 계획	1. 테스트 요구사항 수집 2. 테스트 계획 작성 3. 테스트 계획 검토	1. 테스트 목표수립, 테스트대상 및 범위 선정 2. 테스트 전략, 일정, 보고를 위한 테스트 계획서 작성 3. 작성된 테스트 계획을 정제, 테스트 계획을 확정
테스트 케이스설계	1. 케이스 설계기법 정의 2. 케이스 도출 3. 원시 데이터 수집	1. 테스트 케이스를 설계하기 위한 기법을 정의 2. 정의된 테스트 종류 및 테스트케이스 설계기법을 이용하여 테스트케이스 도출 3. 정의된 테스트케이스를 수행하기 위해 적절한 원시데이터 개발
테스트 실행/측정	1. 테스트 환경 구축 2. 케이스 실행 및 측정	1. 테스트 계획서에 정의된 테스트 환경 및 자원을 설정하여 테스트 실행을 준비 2. 정의된 테스트케이스를 실행하고 결과를 측정
결과분석/보고	1. 측정결과 분석 2. 테스트 결과 보고	1. 테스트케이스의 수행결과의 측정치 분석 2. 테스트측정결과 분석서를 기본으로 테스트결과 보고서를 작성
오류추적/수정	1. Causal Effect 분석 2. 오류 수정 계획 3. 오류 수정 4. 수정 후 검토	1. 테스트결과보고서의 테스트결과를 확인하여 오류지점을 분석 2. 오류 수정 우선순위를 결정하여 오류수정 계획 작성 3. 디버깅 도구 등을 이용하여 오류수정 4. 수정된 코드와 오류수정결과보고서를 검토, 수정 정합성 검증

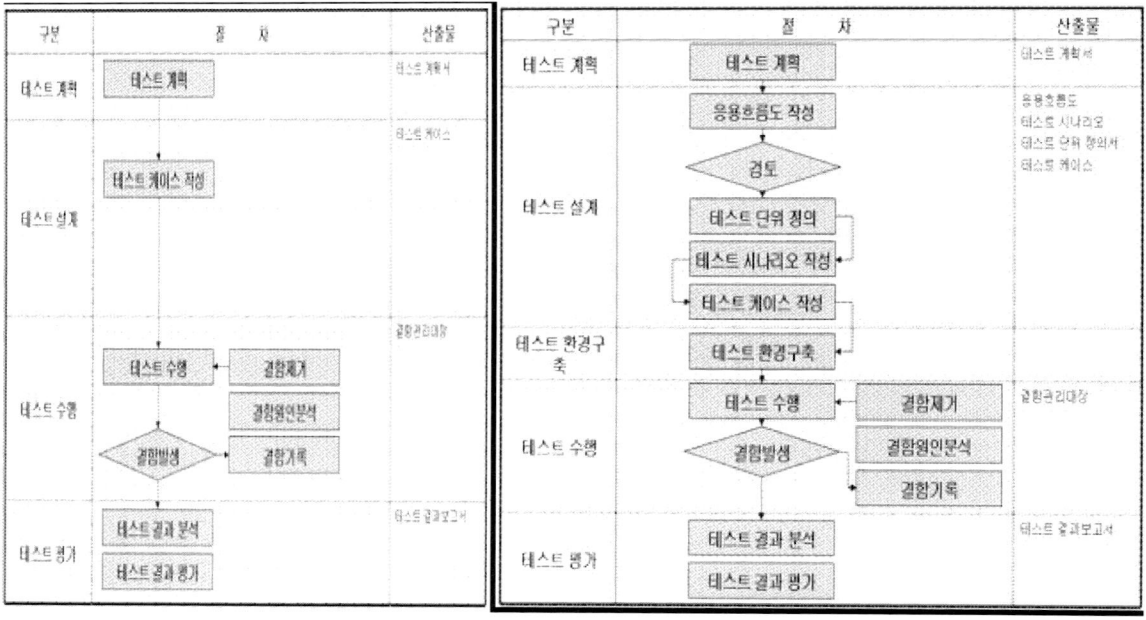

소프트웨어 테스트 설계기법 중 경험기반 기법(Experience-based technique)을 나열하고 설명하시오.

카테고리	소프트웨어 공학〉테스트	난이도	중

답〉

1. Agile한 테스트 수행을 위한 경험기반 테스트 기법

가. 경험기반 기법(Experience-based technique)의 정의

- 유사 SW나 기술에서의 경험을 바탕으로 소프트웨어의 사용과 환경에서 발생할 수 있는 결함을 중심으로 테스트 케이스를 추출하여 직감적으로 테스트하는 기법

나. 경험기반 테스트 기법의 종류

종류	주요 내용
탐색적 테스팅 접근법 (Exploratory Testing approach)	테스트 설계, 수행, 계획, 테스트 기록, 학습을 동시에 진행하는 휴리스틱(발견적인) 접근법
분류 트리 기법 (Classification Tree Method)	SW 일부 또는 전체를 트리구조로 분석 및 표현, 테스트케이스를 도출
체크리스트	테스트하고 평가해야 할 내용과 경험과 노하우를 분류 정리하고 목록화
특성 테스팅	ISO9126 등의 품질모델에 있는 품질특성을 근간으로 테스트케이스를 도출하는 방법

2. 탐색적 테스팅 기법과 분류 트리 기법

가. 탐색적 테스팅 기법

1) 탐색적 테스팅의 구성요소

구성요소	주요 내용
테스트 차터(Charter)	-테스트 대상, 방법, 중요도 제안 및 각 세션별 임무 설정 -High Risk 대상에 차터 많이 수행
시간 제한(Time Box)	테스트 차터 정의 시 수행될 각 세션당 시간(60, 90분)
테스트 노트(Note)	대상제품에 대한 기록, 발견결함/장애,시험방법/기술 요약
요약보고(Debriefing)	테스트 중 발견된 결함과 이슈사항(팀원), 경험공유

2) 테스트 케이스 기반 테스팅과 탐색적 테스팅의 비교

테스트 케이스 기반 테스팅	탐색적 테스팅
선 설계 후 테스트 방식(테스트 설계자≠수행자)	테스트 설계 시 수행(테스트 기록은 선택적)
(비유) 준비된 연설을 하는 것과 같음, 테스트는 미리 착안된 생각에 따라 수행	대화를 하는 것과 같음, 테스트는 아이디어를 반영하고 생각을 발전시키는 방향으로 수행
테스트 실행 관리(Controlling Test Execution)	테스트 설계 향상(Improving Test Design)
테스트 실행을 시작하기 전에 테스트 케이스 작성	프로젝트 기간 내내 테스트 계획/설계/실행을 반복
테스트 문서 작성, 검토에 많은 에너지를 소비, 생성될 테스트의 전체의 수를 줄이는 경향	테스트문서 작성, 검토에 대한 필요성 최소화로 보다 많고 복잡한 테스트에 상대적으로 많은 노력 투자
테스터간의(특성능력) 차이를 제거하는 노력	테스터간의 특성 능력 차이를 십분 활용하려는 노력
테스터가 아닐 수 있는 테스트 설계자가 테스트 설계	테스트 설계자일 수 있는 테스터가 테스트를 설계
완벽하게 한번에 테스팅 수행	점진적이고 주기적으로 테스팅 수행

3) 탐색적 테스팅 기법의 기대효과
- 경험적 테스팅의 체계화
- **(1)테스트 케이스**를 작성하는 시간을 줄여 보다 많은 테스트 실행 가능
- 테스터, 테스터 엔지니어의 역량을 월등히 향상
- 적은 테스트 인력으로 많은 테스트 수행 가능
- 명세가 거의 없고 시간이 부족한 경우 테스트를 효과적/효율적 수행

나. 분류 트리기법의 절차 및 특성

1) 분류 트리 작성 절차

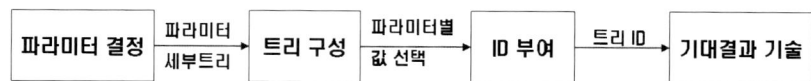

2) 분류 트리기법의 특성

특성	주요 개념
구조화	테스트 아이디어를 트리구조로 시각화하여 테스트케이스 설계
중복회피	트리구조 말단의 조합통한 케이스 작성하므로 불필요 중복 회피 가능
적용성	복잡성 처리 SW의 일부/전체를 테스트하는데 적합
활용성	개발 설계 검증 용도 사용 가능, 조기 테스트 설계에 활용
경제성	케이스 개수, 트리 복잡도 이용한 비용 추정 가능

3. 체크리스트 기법의 종류 및 특성 테스팅의 케이스 정의 방법

가. 체크리스트의 종류

분류	주요 내용
일반 체크리스트	수행해야 할 테스트 목록과 절차를 나열
기능 체크리스트	전체시스템의 최상위 기능 체크 개별적인 컴포넌트(단위) 기능 서로 다른 레벨(단위, 통합, 시스템 레벨 등)의 기능과 그루핑
시스템 요소 체크리스트	상위 레벨 서브시스템, 모듈 개별 구문이나 데이터 아이템 서로 다른 레벨의 시스템 요소와 그루핑

- 다른 경험기반 테스팅 기법과 같이 공식적인 테스팅을 보완하는 용도로 사용

나. 특성 테스팅의 케이스 정의 방법

- 테스트 대상제품에 대한 평가항목(각 품질 특성)별 비율(일종의 가중치)선정
- 제품 특성 및 경험 기반으로 각 품질 특성별 관련 테스트 케이스 도출
- 기능정의서, 요구정의서 등에 언급된 모든 기능을 테스트 케이스로 작성

4. 경험기반 기법의 활용 효과 및 유의사항

가. 경험기반 기업의 활용 효과

- 체계적인 기법의 보강(공식적인 기법 적용 이후 사용) 시, 불충분한 스펙, 극심한 시간적 압박, 타 기법에서 다루기 힘든 특별성 요구되는 경우 유용
- 가장 심각한 결함 발견 확신을 지원, 테스트 프로세스 점검 기준 제공

나. 경험기반 기법의 활용 시 유의사항

- 테스터의 유사 애플리케이션 테스팅 또는 기술 경험, 직관력, 기술력에 따라 효율성 및 효과성의 정도가 매우 달라짐
- 테스터가 테스트할 시스템에 대해 완전히 이해한다는 전제로 적용, 테스트 프로세스의 마지막 단계에서 사용하는 것이 적절함 "끝"

– (2) 품질특성에 대한 가중치(예시)

품질특성	비율(%)	비율(가중치)에 영향을 주는 요인
기능성	35%	– 새로운 제품/기능, 정보보호, 복잡도 증가, 외부 환경 – 프로젝트 비용 절감, 인력 부족 등
신뢰성	15%	– 돈거래와 관련된 제품, 원격제어나 실행가능성 – 실행환경 불안정, 고가의 결함처리 비용 지출 예상
효율성	25%	– 동시사용자, 대량의 자료처리, 고가의 장비 등
사용성	10%	– 짧은 제품 사이클, 특별한 사용층(전문가 마니아) – 고객의 나이/성별/사용 경험, 치열한 경쟁시장 등
이식성	10%	– 다양한 실행환경 지원, 동시에 유사 제품설치가능성 등
유지보수성	5%	– SI성격, 납품 후 운영에 관여,급격한 사용자증가 가능성 – 지속적인 업데이트, 고객 요구사항의 잦은 변경 등

주요 용어설명

(1) 테스트 케이스
  – 특별한 목표 또는 테스트 상황(test condition)을 테스팅하기 위해 개발된 입력값, 실행 사전조건, 예상결과, 실행 사후조건 등의 집합
  – 특별한 목표와 테스트 상황은 특정 프로그램 경로를 실행하거나 지정된 요구사항을 준수하는지 검증하는 것을 의미
(2) 품질특성
  – 항목의 품질에 영향을 미치는 특징(feature)이나 특성

예상문제

가. 1교시형
1) 경험기반 테스트 기법 중 다음을 설명하시오(각각)
  (1) 탐색적 테스팅 접근법, (2) 분류트리 기법, (3) 체크리스트, (4) 특성 테스팅

나. 2교시형
1) 문제에서 프로젝트 별 특징적 환경(대규모, 사업기간, 사업수행 조직 등등)을 제시하고 테스트 계획수립 시에 활용 가능한 테스트 기법을 설계하시오.

21. 회귀테스트

1) 반복 점진적인 관점의 테스트 회귀테스트의 정의

가. 회귀테스트(Regression Test)의 정의

- 테스트 수행 결과 발생한 결함을 수정 조치 했을 때 부작용(Side-Effect)으로 발생하는 또 다른 결함 여부를 파악하기 위한 일종의 반복적 테스트

나. 회귀테스트의 필요성

항목	내용
SW구조의 복잡성	- 상호간 모듈의 의존성이 심화되어 결함조치 통한 한쪽 모듈의 변화가 다른 모듈에 변경 파급효과가 큼
성능과 기능의 Trade Off	- 기능상의 결함을 단순 조치함으로써 현격한 성능저하 초래 우려
결함조치 확인	- 기존 테스트에서 발견된 결함이 실제로 완벽하게 조치되었는지 확인 필요
정합성 테스트	- 개별 모듈 간의 변경 통한 정합성 - 전역변수 및 공유 알고리즘 변경으로 인한 정합성

2) 회귀테스트 주요 수행 전략과 수행 고려 사항

가. 회귀테스트의 주요 수행 전략

주요 고려 사항	내용
범위와 수준 정의	- 회귀테스트는 많이 하면 할수록 좋지만, 자원 및 비용의 낭비가 심함. - 초기 테스트 계획 수립 시 범위와 수준을 전략적으로 고려한 계획수립
단계별 회귀테스트 수행	- 단위 테스트 단계: 상대적으로 회귀테스트 다회 수행 용이, 발견 결함 조치용이 - 통합/시스템 테스트 단계: 회귀테스트 다회 수행 어려움, 결함이 쉽게 발견되지 않음 - 단위 테스트 단계에서 사전에 상당수의 결함을 해결해야 하며, 통합/시스템 단계에서는 기준을 수립하여 전략적 수행(기준: Risk, 중요도, 모듈결합도, 성능 등을 고려)
Test Case 결함 내성극복	- Test Case의 특징상, 반복적인 테스트 수행으로 인해 해당 Test Case로 발견할 수 있는 결함의 빈도수는 차츰 0으로 수렴됨(살충제 패러독스) - Test Case의 내성을 극복할 수 있도록 다양한 관점에서 Test Case의 설계가 필요 - 반복 점진 Test: 최초 주요 테스트케이스 위주로 테스트 수행 -> 결함 조치 -> 회귀테스트 수행(테스트 반복) -> 신규 결함을 발견하는 테스트케이스 추가 -> 테스트 점진적 진화

나. 효과적인 회귀테스트 수행 방안

항목	내 용
Record & Replay테스트	-Case툴을 이용하여 최초 테스트 상황 Recording후, Data Pool을 이용하여 테스트 -데이터를 변경시켜면서 반복적으로 테스트 -> 테스팅 비용 절감
전략적 Test Case설계	-회귀테스트케이스 시나리오는 가변적임. 따라서 최초에 테스트케이스를 미리 예측 작성하는 것은 어려움 -테스트를 진행하면서 수행하는 결함조치 결과에 기반한 시나리오로 테스트케이스 유동적으로 신규 작성하는 테스트 계획수립이 필요
주요 대상 선정	-응집도가 높은 모듈 내부 보다는 모듈간 결합도가 높은 부분에 집중해서 반복 수행
반복횟수 선정	-회귀테스트 반복횟수 지정 기준 마련(예: 기본적으로 해당 부분에 3회 이상 반복 수행하되, 결함발생률이 이전보다 10% 미만으로 떨어지면 회귀테스트를 완료한다.)

3) 회귀테스트의 수행 사례

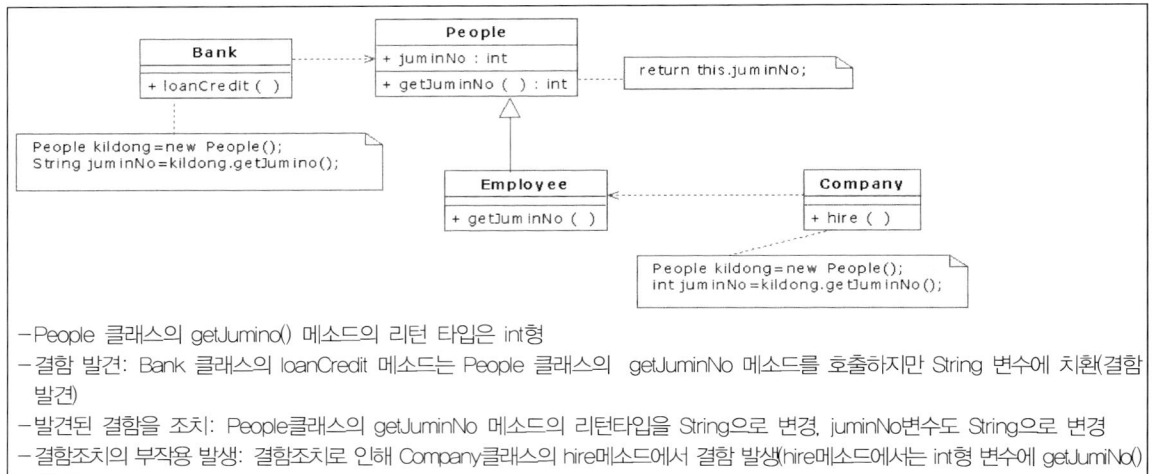

- -People 클래스의 getJumino() 메소드의 리턴 타입은 int형
- -결함 발견: Bank 클래스의 loanCredit 메소드는 People 클래스의 getJuminNo 메소드를 호출하지만 String 변수에 치환(결함 발견)
- -발견된 결함을 조치: People클래스의 getJuminNo 메소드의 리턴타입을 String으로 변경, juminNo변수도 String으로 변경
- -결함조치의 부작용 발생: 결함조치로 인해 Company클래스의 hire메소드에서 결함 발생(hire메소드에서는 int형 변수에 getJumiNo() 치환)
- -부작용을 방지하기 위해서는 결함이 발생한 People클래스에 종속된 클래스별로 Regression Test를 수행해야 함

4) 회귀테스트의 효용

가. XP프로그래밍 등에서 반복되는 리팩토링, 변경등에 대하여 발생되는 결함파악에 용이

나. CBD기반의 프로그램 등에서 재사용의 빈도가 높은 컴포넌트의 결함 수정 시에 회귀테스트 적용 필수

다. 공통 유틸, 라이브러리 모듈에 대한 결함 수정 시 회귀테스트 효과 높음

응용소프트웨어 테스트 중에 회귀테스트(Regression Test)에 대하여 설명하시오.

| 카테고리 | 소프트웨어 공학〉테스트 | 난이도 | 상 |

답>

1. 반복 점진적인 관점의 테스트 회귀테스트의 정의

가. 회귀테스트(Regression Test)의 정의

- 테스트 수행 결과 발생한 결함을 수정 조치 했을 때 부작용(Side-Effect)으로 발생하는 또 다른 결함 여부를 파악하기 위한 일종의 반복적 테스트

나. 회귀테스트의 필요성

항목	내 용
SW구조의 복잡성	- 상호간 모듈의 의존성이 심화되어 결함조치 통한 한쪽 모듈의 변화가 다른 모듈에 변경 파급효과가 큼
성능과 기능의 tradeOff	- 기능상의 결함을 단순 조치함으로써 현격한 성능저하 초래 우려
결함조치 확인	- 기존 테스트에서 발견된 결함이 실제로 완벽하게 조치되었는지 확인 필요
정합성 테스트	- 개별 모듈 간의 변경 통한 정합성 - 전역변수 및 공유 알고리즘 변경으로 인한 정합성

2. 회귀테스트 주요 수행 전략과 수행 고려 사항

가. 회귀테스트의 주요 수행 전략

주요 고려 사항	내 용
범위와 수준 정의	- 회귀테스트는 많이 하면 할수록 좋지만, 자원 및 비용의 낭비가 심함 - 초기 테스트 계획 수립 시 범위와 수준을 전략적으로 고려한 계획수립
단계별 회귀테스트 수행	- 단위 테스트 단계: 상대적으로 회귀테스트 다회 수행 용이, 발견 결함 조치 용이 - 통합/시스템 테스트 단계: 회귀테스트 다회 수행어려움, 결함이 쉽게 발견되지 않음 - 단위 테스트 단계에서 사전에 상당수의 결함을 해결해야 하며, 통합/시스템 단계에서는 기준을 수립하여 전략적 수행(기준: Risk, 중요도, 모듈결합도, 성능 등을 고려)
Test Case 결함 내성 극복	- (1)Test Case의 특징상, 반복적인 테스트 수행으로 인해 해당 Test Case로 발견할 수 있는 결함의 빈도수는 차츰 0으로 수렴됨(살충제 패러독스) - Test Case의 내성을 극복할 수 있도록 다양한 관점에서 Test Case의 설계가 필요 - 반복 점진 Test: 최초 주요 테스트케이스 위주로 테스트 수행 결함 조치→ 회귀테스트 수행(테스트 반복) → 신규 결함을 발견하는 테스트케이스 추가→ 테스트 점진적 진화

나. 효과적인 회귀테스트 수행 방안

항목	내용
Record & Replay 테스트	(2)CASE툴을 이용하여 최초 테스트 상황 Recording후, Data Pool을 이용하여 테스트 데이터를 변경시키면서 반복적으로 테스트 → 테스팅 비용 절감
전략적 Test Case 설계	회귀테스트케이스 시나리오는 가변적임. 따라서 최초에 테스트케이스를 미리 예측 작성하는 것은 어려움. 테스트를 진행하면서 수행하는 결함조치 결과에 기반한 시나리오로 테스트케이스 유동적으로 신규 작성하는 테스트 계획수립이 필요
주요 대상 선정	응집도가 높은 모듈 내부보다는 모듈간 결합도가 높은 부분에 집중해서 반복 수행
반복횟수 선정	회귀테스트 반복횟수 지정 기준 마련(예: 기본적으로 해당 부분에 3회 이상 반복 수행하되, 결함 발생률이 이전보다 10% 미만으로 떨어지면 회귀테스트를 완료)

3. 회귀테스트의 수행 사례

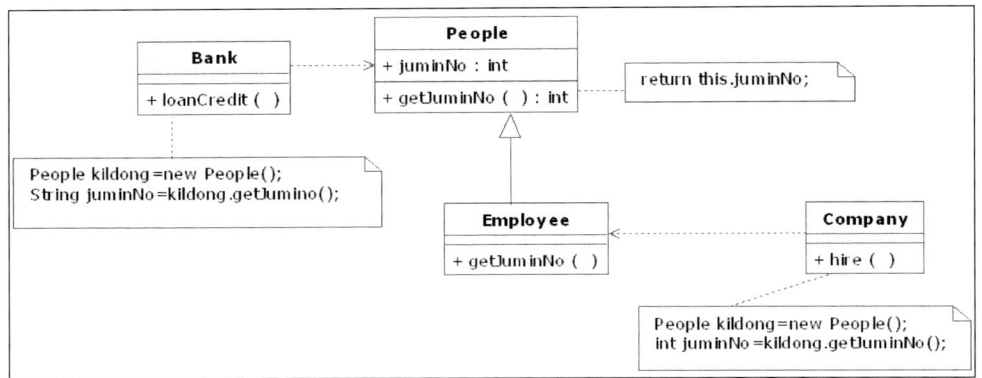

1) People 클래스의 getJumino() 메소드의 리턴 타입은 int형

2) 결함 발견
   - Bank 클래스의 loanCredit메소드는 People클래스의 getJuminNo 메소드를 호출 하지만 String 변수에 치환(결함발견)

3) 발견된 결함을 조치
   - People클래스의 getJuminNo 메소드의 리턴타입을 String으로 변경, juminNo 변수도 String으로 변경

4) 결함조치의 부작용 발생
   - 결함조치로 인해 Company클래스의 hire메소드에서 결함 발생[hire메소드에서는 int형 변수에 getJumiNo() 치환]

5) 부작용을 방지하기 위해서는 결함이 발생한 People클래스에 종속된 클래스별로 Regression Test를 수행해야 함

4. 회귀테스트의 효용

가. (3)**XP 프로그래밍** 등에서 반복되는 (4)**리팩토링**, 변경 등에 대하여 발생되는 결함파악에 용이

나. CBD기반의 프로그램에서 재사용의 빈도가 높은 컴포넌트의 결함 수정 시에 회귀테스트 적용 필수

다. 공통 유틸, 라이브러리 모듈에 대한 결함 수정 시 회귀테스트 효과 높음

풀 이

- 회귀테스트는 시스템의 일부 또는 전체를 수정하는 동안 변경에 의한 영향이 문제를 일으키지 않는지 또는 변경한 시스템이 의도한 요구사항을 잘 만족하는지 발견하기 위하여 선택적으로 다시 테스트 하는 기법이다.

- 이미 테스트된 프로그램의 테스팅을 반복하는 것으로, 결함 수정 이후 변경의 결과로 도입되었거나 발견되지 않았던 또 다른 결함을 발견하는 것이다.(단어 의미 그대로 '퇴행/회귀(Regression)' 여부를 확인하는 테스팅) 이러한 결함은 테스트 중인 소프트웨어에 존재하거나 다른 관련이 있는 또는 전혀 관련이 없는 소프트웨어 컴포넌트에 있을 수 있다.

- 리그레션 테스팅은 소프트웨어 또는 그 환경이 변경되면 수행한다.

- 리그레션 테스팅을 수행하는 범위와 정도는 이전에 정상 동작했던 소프트웨어에서 결함을 발견하지 못해 야기될 수 있는 리스크에 바탕을 둔다.(위험성이 높으면 리그레션 테스팅을 보다 넓은 변위로 보다 상세하고 철저하게 수행한다.)

- 리그레션 테스팅은 모든 테스트 레벨에서 수행될 수 있으며, 기능, 비기능 그리고 구조적 테스팅에 적용할 수 있다.

- 테스트가 확인 테스팅으로 쓰이거나 리그레션 테스팅을 보조한다면 그 테스트는 반복적인 성향을 갖게 되며, 리그레션 테스트 스위트는 여러번 반복 수행되며 대개는 서서히 변화하기 때문에 리그레션 테스팅은 자동화에 적합한 후보가 된다.

주요 용어설명

(1) Test Case: 선택된 데이터를 기초로 시험이 이루어지며 높은 확률로 버그를 찾아낼 수 있도록 테스트 시나리오를 잡을 경우의 시나리오 중 세부 단계 또는 시나리오의 줄거리

(2) CASE툴: 소프트웨어 공학에서 개발된 방법론들을 컴퓨터를 이용하여 구현함으로써, 수작업으로

이루어지던 소프트웨어 개발 계획, 요구분석, 설계, 코딩, 시험, 유지보수까지의 소프트웨어 개발의 전 과정을 자동화하여 소프트웨어 개발 및 유지보수의 생산성과 개발된 소프트웨어의 신뢰성 향상 지원하는 도구

(3) XP 프로그래밍: 짧은 반복개발을 통해 Pilot을 우선 구현하고, 위험을 줄이기 위해 단순한 설계부터 시작하는 Light Weight 방법론

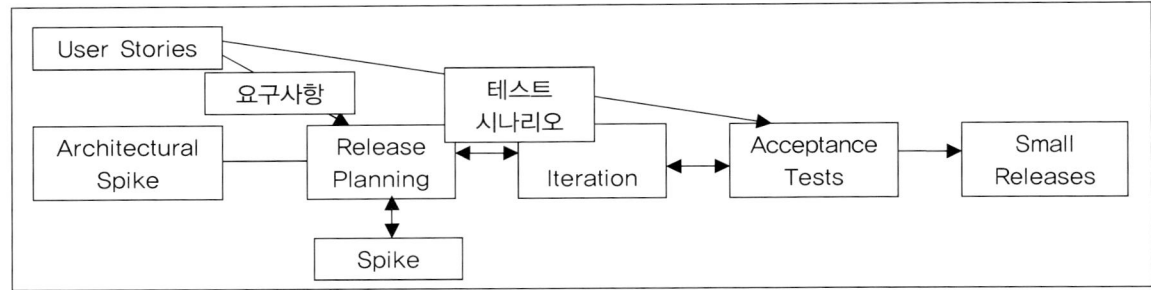

(4) 리팩토링: 소프트웨어를 보다 쉽게 이해할 수 있고, 적은 비용으로 수정할 수 있도록 겉으로 보이는 동작의 변화 없이 내부 구조를 변경하는 것

예상문제

가. 1교시형

   1) Test 자동화

   2) 리그레션 테스트

   3) 인스펙션과 워크스루

   4) 테스트 오라클

   5) TMM(Test Maturity Model)

   6) Driver와 Stub

나. 2교시형

   1) 웹 기반 프로그램의 테스트에서 성능 테스트 절차, 성능테스트 도구에 대해서 설명하시오.

   2) SW 테스팅 자동화 시 기술적, 환경적 요구사항에 대해서 설명하시오.

22. SW 유지보수

1) SW 유지보수의 개요

가. 유지보수의 정의

- SW가 인수·설치된 후 폐기될 때까지 결함제거, 성능향상, 변화된 환경에 적응토록 SW를 변경하는 모든 SW 공학적 작업
- SDLC의 마지막 단계로 소프트웨어의 생명을 연장시키는 작업
- 개발은 Coding 중심의 작업, 유지보수는 이해 중심의 작업

나. 유지보수의 중요성: 소프트웨어 라이프사이클 비용 중요

- 유지보수 비용 증가(개발비용의 2~4배)
- 신규 프로젝트보다 기존 제품 유지보수에 더 많은 인력과 비용소요
- 유지보수 기간이 김(개발: 1~2년, 유지보수: 5~10년)
- 기존 시스템 수정작업의 증가(원인: 새로운 Biz 요구 충족)

다. 유지보수가 어려운 점

- 소프트웨어의 특성: Invisibility, Complexity, Changeability
- Old Code: 비구조적이고, 코드자체가 없는 경우 존재(Alien Code)
- 중요성 미인식 및 관리 부재

2) 유지보수의 유형

가. 사유에 따른 유형

형 태	설 명	특 징
수정적 유지보수(Corrective)	프로그램 오류로 인한 소프트웨어 오류 수정	하자유지보수, 처리오류, 수행오류, 구현오류
적응적 유지보수(Adaptive)	프로그램 환경변화에 소프트웨어 적응	이식개념, HW/SW 변화
완전적 유지보수(Perfective)	프로그램 특성 변경 및 추가 유지보수성 향상	수행력 향상
예방 유지보수(Preventive)	시스템의 유지보수성을 증가시키는 것을 목표로 한 활동	문서갱신, 설명추가, 시스템모듈구성 향상

나. 시간에 따른 유형

- 계획(Scheduled): 주기적인 유지보수(시스템점검)
- 예방(Preventive): 예방차원 유지보수(보안패치, 바이러스)

−응급(Emergent): 승인 전 유지보수 실행 (7*24시스템, 메일서버, 홈쇼핑)

다. 대상에 따른 유형

  −데이터/프로그램: 데이터의 Conversion 시, 프로그램 수정 시

  −문서화: 문서의 표준변경

  −시스템 유지보수

3) 유지보수 주요 활동
가. 유지보수 요청에 의한 기본 활동

절차	수행 내용	수행주체
SW의 이해	−프로그램구조파악, 변수/자료구조파악, 응용지식습득	유지보수인력전체
유지보수 요청	−MRF(Modification Request Form) −CR(Change Request) 작성	사용자
변경요구분석	−요구사항 내용 분석 −유지보수 유형/심각성/우선순위 결정(수정/신규개발 등)	분석가
영향/효과 예측	−변경 프로그램 및 문서 파악 −변경으로 인한 효과/ 영향 분석	분석가
승인	−분석 내용에 따라 유지보수 여부 승인 −유지보수 실행에 대한 승인	통제위원회
변경 및 테스트	−프로그램 변경 −프로그램 테스트(Regression), 문서수정/형상관리	개발자

나. 기타 활동

  1) 문서유지 관리: 유지보수 작업에서 발생하는 여러 문서들 관리 및 유지, 현행화 등

  2) 품질보증활동: 유지보수 시기, 구성 계획 등의 적절성과 유지보수관련 문서와 일치화

  3) 효율화 작업: 유지보수 비용 절감 및 시스템의 안정적 운영을 위한 제반 활동

4) 소프트웨어 유지보수 문제점 및 해결방안
가. 소프트웨어 유지보수 문제점 및 해결방안

  (1) 문제점

    −소스코드와 문서상 불일치로 프로그램 이해의 어려움

    −사용자 각각 우선순위가 높으므로 일정관리의 어려움

    −유지보수에 따른 부작용(Side Effect, 역효과) 발생 가능성

－유지보수 비용 및 인력 증가

－유지보수 절차, 조직 및 운영방법이 비 체계적

(2) 해결방안

－표준화된 개발방법론 및 개발도구를 적용해야 함

－소프트웨어 재공학 도구의 활용(재구조화, 역공학 등)

－변경관리, 형상관리 등 프로젝트 관리기법 도입

－유지보수 인력을 개발에 미리 참여, 개발인력을 유지 보수자로 채용

나. 객체지향에서의 소프트웨어 유지보수

(1) 장점

－단일 클래스에 대한 변경이 프로그램의 다른 부분에 영향을 주지 않을 수 있음

－적은 양의 코드만 작성하여 쉽게 클래스를 재사용

(2) 단점

－이해가 어려움, 의존관계의 추적이 어려움(상속), 동적 바인딩으로 여러 메소드 중에 어느 메소 드가 수행될지 추적이 어려움

－정보은닉으로 외부에서 자료 값의 확인이 어려움

문제〉　소프트웨어 유지보수 활동과 유지보수 비용산정에 대해서 설명하시오.

카테고리　　　　　　　소프트웨어 공학〉유지보수　　　　　　난이도　　　　하

답>

1. 소프트웨어 생명주기를 향상 시킬 수 있는 유지보수 개요

가. 소프트웨어 변화의 원리(Lehman의 관찰)

1) 계속적으로 변경 원칙: 소프트웨어는 계속 변화함

2) 복잡도 증가의 원리: 소프트웨어 복잡도는 계속적으로 증가함

3) 프로그램 진화의 원리: 크기, 기간, 오류 등 소프트웨어 변화는 일정한 추세가 있음

4) 조직적 안정화의 원리: 대규모 시스템은 안정화 상태에 있는 경우가 많음

5) 친근성 유지의 원리: 전체 단계에 있어서 각 버전의 변화는 거의 일정함

나. 소프트웨어 유지보수의 의미

- 소프트웨어 인수, 설치된 후 폐기될 때까지 결함제거, 성능향상, 변화된 환경에 적응하도록 소프트웨어를 변경하는 모든 소프트웨어 공학적 작업

- SDLC의 마지막 단계로 소프트웨어 생명을 연장시키는 작업

- 개발은 Coding 중심의 작업, 유지보수는 이해 중심의 작업

2. 소프트웨어 유지보수 유형

가. 유지보수 목적에 따른 분류

유형	주요 내용	특징
하자보수(Corrective)	- 정보시스템 사용시 고장이 발생 하였을 때 행해지는 장애검출, 재가동, 고장 식별, 장애장치 분리 및 재구성, 원래의 상태로 복구하는 절차	- 하자 유지보수 - 처리 및 수행, 구현 오류
기능개선(Perfective)	- 새로운 기능을 추가시키고 기존 소프트웨어를 개선	- 이식개념 - HW, SW 변화
환경적응(Adaptive)	- 새로운 데이터 및 운영체제, 하드웨어 환경으로 이식	- 수행력 향상
예방조차(Preventive)	- 유지보수 용이성을 높인다거나 신뢰성을 향상시키는 작업	- 문서갱신, 설명추가

나. 유지보수 시간

1) 계획보수: 미리 정해진 내용의 소프트웨어 변경을 정해진 기일에 계획적으로 실시하는 유지보수

2) 예방보수: 컴퓨터 시스템의 정기보수와 같이 소프트웨어 에러발생을 미리 방지하기 위하여 수행하는 형태(예: Fail Over)

3) 응급보수: 사용 중에 예측 못한 에러가 발생할 경우 수행하는 유지보수

4) 지연보수: 유지보수가 필요하나 긴급성 정도에 따라 추후 수행하는 유지보수

3. 소프트웨어 유지보수 활동 및 유지보수 비용산정

가. 유지보수 목적에 따른 분류

절차	주요 활동	산출물
유지보수계획	−유지보수 활동과 세부업무 정의, 형상관리 계획수립, 현행 시스템 파악, 변경요청 처리 절차 개발, 변경 요청 기록관리	−유지보수계획서 −변경요청서
유지보수요청	−변경 유지보수 요청	−변경요청서작성
유지보수수행	−변경대상 산출물 개정 및 변경, 변경 프로그램 검증 및 승인 −유지보수 시험계획 수립	−변경 산출물 −시험 계획서
시험 및 승인	−시험계획에 기초한 시험실시 및 결과 승인 −수정완료 사항 승인 및 기록관리	−시험 결과서 −변경 프로그램
전환	−전환관련 소프트웨어 및 데이터 표준 파악 및 준수 −전환 시 문제점을 고려한 백업, 타 시스템 영향 분석 수행 −사용자 및 운영자 교육	−전환 계획서 −교육자료

나. 소프트웨어 유지보수 비용산정 방법

비용산정방법	주요 활동
COCOMO	−M = ACT * DE * EAF −M: 유지보수를 위한 노력, ACT: 전체 프로젝트 규모에서 유지보수가 차지하는 연평균 비율(Annual Change Traffic) −DE: 개발 할 때 필요했던 노력(Development Effort) −EAF: 유지보수 작업을 위한 노력 조정 수치(Effort Adjustment Factor)
Function Point	−사용자 관점에 추가된 기능, 변경된 기능, 삭제된 기능을 파악하고 조정인자를 통한 규모산정
Belady와Lehman	−M = p + Ke^(c-d) −M: 유지보수를 위한 노력, P: 분석, 평가, 설계변경, 코딩 등 실제 활동비용 −K: 통계에 의한 상수, c: 설계의 비구조성이나 문서의 결함을 나타내는 복잡도 −d: 소프트웨어와의 친숙성

국내 SW 대가 산정 방식	SW 유지보수비 및 운영비	유지보수 총 점수 (개발 SW)	①SW 개발비 산정가 x 유지보수 난이도(10%~15%) ②직접경비
		상호 협의(상용SW)	①발주기관과 업체가 상호 협의하여 결정
		운영비	①직접인건비 ②제경비 = 직접인건비의 110% ~ 120% ③기술료 = (직접인건비 + 제경비)의 20% ~ 40% ④직접경비

4. 소프트웨어 유지보수 문제점과 개선방향

문제점	개선방향
−소프트웨어에 대한 변경이 수시로 발생하며 우선 순위가 자주 변경됨 (형상관리의 부재) −문서화 되어 있지 않은 프로그램 이해의 어려움 −변경을 가정하여 설계되는 소프트웨어는 거의 없음 −유지보수 담당 인력에게 동기부여 미흡 −유지보수 자동화 도구 부족 (테스트나 디버거 정도에 그침)	−표준화된 개발 방법론 및 개발도구의 적용 −소프트웨어 재공학 도구 활용: 분석, 재구조화, 역공학 실시 −SDLC 단계의 각 단계에서 품질 보증 활동의 강화 −유지보수 요인에 대한 예방활동 실시 −변경관리, 형상관리 등 적절한 프로젝트 관리 기법 도입

- 소프트웨어 유지보수는 소프트웨어 개발이 완료되는 시점에 발주기관과 개발기관 사이의 검수가 종료되고 개발된 소프트웨어에 대한 교육을 실시한다. 이러한 교육이 끝나면 유지보수 팀은 개발된 소프트웨어에 대해서 유지보수를 수행한다.
- 유지보수는 신규 기능추가, 기능개선, 오류정정, 시스템 확장, 소프트웨어 복잡도 저하 등의 다양한 활동을 수행한다. 이러한 활동들은 소프트웨어 생명주기 비용을 낮추고 고 품질의 소프트웨어를 제공하기 위한 일렬의 과정이다.
- 이러한 유지보수 활동에서 무분별한 활동은 통제할 수 없고 소프트웨어의 복잡도를 높여서 유지보수 비용 증대와 품질저하를 발생시킨다. 그러므로 소프트웨어 유지보수 방법의 체계수립이 필요하다.
- 유지보수 비용산정은 소프트웨어 대가 산정방법인 기능점수(FP), LoC(Line of Code), COCOMO/COCOMO Ⅱ 등의 다양한 방법을 통해서 산정할 수 있다.

예상문제

가. 1교시형

   1) 소프트웨어 유지보수 종류와 절차

나. 2교시형

   1) 국내 소프트웨어 대가 산정방식에 의한 소프트웨어 유지보수 비용산정에 대해서 설명하시오.

   2) 소프트웨어 유지보수의 문제점과 해결방안을 설명하시오.

STEP 2

1. SW 규모산정

1) 소프트웨어 규모산정의 개요

가. 소프트웨의 비용 예측(Software Cost Estimation)의 정의

- 특정 소프트웨어를 개발하는 데 필요한 **인력, 시간, 장비 등 관련 자원을 예측**하는 방법 프로젝트 관리의 기본활동

➔ **(임기술사)** 프로젝트의 비용의 예측은 프로젝트 수행 전에 제안을 하기 위한 활동으로, 잘못된 제안비용의 제시를 통하여 계약이 발생하면, 사업자에게 손실 위험으로 발생하고 이러한 손실을 회복하기 위해서 사업자는 프로젝트의 공정을 빠르게 수행하려고 한다.이러한 문제는 곧 소프트웨어 품질저하를 유발하게 된다.

나. SW 비용산정 시 실무적 어려움

- 소프트웨어 특성만큼이나 견적치 간 편차가 큼

➔ **(임기술사)** 소프트웨어의 품질은 이해당사자별로 차이가 발생하고 실체가 없는(무형) 소프트웨어의 비용산정하는 것은 그만큼 오차가 발생한 확률이 높다.

- 초기 견적치의 정확도가 매우 낮음

➔ **(임기술사)** 초기 견적의 정확도가 낮은 것은 사업 발주시점에 발주기관의 RFP의 구체성이 떨어지면 정확도가 낮을 확률은 높아진다.

- 변경이 잦고 폭이 커서 초기견적의 의미가 떨어짐

➔ **(임기술사)** 프로젝트 진행 후에 추가 요구사항 및 기존 요구사항에 대한 변경은 초기견적의 의미를 없게 만든다.

- 견적치에 대한 신뢰도가 매우 낮음

➔ **(임기술사)** 견적에 대한 근거 즉, 동일한 기능을 수행하는 데 기술/기법을 다르게 하면, 여러 업체에서 제안한 금액을 비교할 수 없고, 비교 대상이 없어지면 근거는 더 떨어지게 된다.

- 상세하고 정확한 데이터가 축적되어 있지 않아 경험 데이터의 활용이 매우 어려움

➔ **(임기술사)** 초기견적과 완료시점의 비용을 데이터베이스 화하여 초기견적과 완료시점의 비용의 차이를 관리하여 업무별 경험적 데이터가 필요하다.

- 소프트웨어 생산성과 품질에 대한 표준이 없음

➔ **(임기술사)** 생산성을 측정하기 위해서 LoC(혹은 FP)/MM(Man Month)로 산정할 수 있지만, 문제는 개발자가 일하는 생산성은 사람별로 차이가 발생한다. 또한 품질을 관리측정하기 위해서 품질 메트릭스가 존재하지만, 완벽하게 평가는 어렵다.

- 소프트웨어 견적을 위한 체계적인 노력이 국내에서는 거의 없음
➡ **(임기술사)** 정확한 견적을 위한 체계적 노력은 과거에는 부족했지만, 2010년부터 시행되는 소프트웨어 대가 산정 기준으로 조금씩 체계화를 수행하고 있다.
- 외국의 데이터나 상용화 모델의 적용이 우리의 현실과는 많은 차이가 있어서 그대로의 사용은 거의 불가능함
➡ **(임기술사)** 외국의 견적 산정방식으로 우리 환경에 맞게 수정을 해서 사용하고 있으며, 그래서 소프트웨어 대가 산정 방식, 소프트웨어 노임단가 등을 고지하는 것이다.

2) SW 규모산정 유형 및 정확한 규모산정을 위한 고려사항

가. SW 규모산정 유형

구분	내 용	종류
하향식	- 프로그램의 규모 기준 - 프로그램의 규모를 예측하고 **과거 경험을 바탕으로 예측한** 규모에 대한 소요 인력과 기간을 추정 - 프로그램 규모	- Delphi - 전문가 감정
상향식	- **소 작업에 소요되는 기간을 먼저 계산하고 여기에 투입할 인력과 참여도를 곱하여 최종 인건비용 계산** - 시스템 개발에 필요한 모든 소 작업에 드는 노력을 일일이 계획할 수 있음 - 개인의 **주관에 의한 추정이 될 수 있음**	- LOC
수학식	- **과거 실적자료에 의하여 추출된 공식**을 가지고 규모, 난이도 등의 변수들을 대입하여 전체프로젝트 개발에 소요비용을 예측 - 수학 및 확률 공식을 포함하여 개발비 산정의 자동화를 목표로 한 방식	- COCOMO - Function Point

[길라잡이]
- Delphi 기법은 중재자를 활용한 회의방법으로 중재자 간의 상호영향을 최소화 하는 회의방법이다.
- Delphi 기법은 익명성, 중재자 활용, 반복적 수행과 같은 특성을 가진다.
- 전문가 감정 기법은 전문가들이 모여서 상호 의사소통으로 규모를 산정한다.

3) 정확한 SW 비용산정을 위한 원칙

가. 정확한 SW 비용산정을 위한 원칙

- 조직의 표준 프로세스와 견적모델 그리고 정확한 데이터 수집 필요
- 비용산정을 할 때는 참여자의 다양한 의견을 수렴해야 한다.(견적전문가, 관리자, 고객 등)

- 소프트웨어 견적에 있어서 소프트웨어 규모는 가장 중요한 비용산정요소이다.

➔ **(임기술사)** 소프트웨어 규모가 크면 일반적으로 소프트웨어 복잡도도 같이 증가한다. 소프트웨어 복잡도가 증가하면 당연히 위험요소가 증가하며 관리도 어려워진다. 즉, 소프트웨어 규모는 소프트웨어를 분석하는데 가장 중요한 변수이고 소프트웨어 규모산정을 통해서 소프트웨어 비용과 품질을 결정할 수가 있다.
- 신규 개발 및 메이저 개선 프로젝트인 경우는 다양한 견적기법 중에서 톱다운(Macro) 방식이나사 용 툴(사업대가모델 등)을 활용한다.
- 상세한 계획수립을 위해서는 상향식 견적(기능점수 방법 등)을 도입한다.
- 기능변경이나 소규모 개선은 프록시 기반 모델이 적절하다.
- 견적 결과는 문서화 하라. 가정사항이나 제약사항 등
- 계획에 대비한 진행상태를 추적하고 필요시 재견적을 한다.
- 재견적은 개발공정단위로 실시하는 것이 합리적이다.(대규모 변경이 발생 시)

4) SW 비용산정 검증 방법 및 검증효과
가. 검증목적 또는 수준별 유형
- 고수준 검증기법
- 보통수준 검증기법
- 상세수준 검증기법

나. 전문가에 의한 검증
- 견적과정의 표준 프로세스 준수여부 평가
- 견적과정의 측정기준 준수여부 평가
- **견적결과(규모, 비용, 공수, 기간, 품질, 리스크 등)에 대한 적정성 평가**
➔ **(임기술사)** 적정성을 평가하려면 우선적으로 식별이 명확해야 한다.
- 견적과정의 문제점 및 개선항목 식별 제시

다. 견적검증모델에 의한 검증
- 과거 유사프로젝트 생산성 및 프로젝트 특성대비 Gap 식별
- 과거 프로젝트 측정결과대비 평균 또는 중앙값 대비 Gap식별
➔ **(임기술사)** 사업자는 프로젝트에 대한 정보를 데이터베이스화 하려 전사관점에서 관리 및 통제

를 수행해야 한다.

－다양한 생산성 영향요소 선택 적정성 평가

:: 도우미 임기술사

[설명]

　소프트웨어의 견적은 소프트웨어의 규모를 산정하여 비용으로 환산한다. **소프트웨어 규모를 산정하는 방식은 LoC, Delphi, COCOMO, COCOMO II, 생명주기예측 모형, FP 모델이 존재한다.** 이러한 모델은 소프트웨어 규모를 산정하여 최종 도출된 규모를 지식경제부가 제시한 비용으로 환산하여 견적을 도출하는 것이다.

　이러한 소프트웨어 견적은 발주 프로세스(제안 프로세스) 단계에서 발주기관이 제시된 RFP의 구체성이 중요하다. 구체적이지 않는 RFP를 기준으로 견적활동을 수행하면, 그 예측의 결과오차가 당연히 커지게 된다. 이러한 문제를 해결하고자 新 RFP 가이드 라인을 발표했고, **新 RFP 가이드 라인은 발주기관에서 RFP를 제시할 때 포함해야 하는 내용을 구체적으로 제시한 것이다. 즉, 기능적, 비기능적 요소(품질요구사항), 제약사항을 모두 명시화하여 기능점수(FP)로 도출할 수 있는 수준으로 명시화**했다.(新 RFP 가이드 라인의 ISMP 방법론)

● LoC(Line Of Code)기법

－LoC는 소프트웨어 규모를 측정할 때 소프트웨어의 라인 수를 산정하여 측정한다.

－개발이 완료된 소프트웨어인 경우 LoC는 소프트웨어 라인 수만 파악하면 된다. 하지만 라인 수는 개발자의 개발능력과 개발언어에 지배를 받아서 객관화 하기 어려운 문제를 가지고 있고 개발이 완료된 소프트웨어에 대한 산정은 상대비교가 어려운 문제가 있다. 즉, JAVA로 개발한 시스템과 C로 개발한 시스템의 규모는 상대비교를 할 수가 없기 때문이다.

－LoC는 개발초기에 프로젝트 규모를 예측하기 위해서 PERT기법을 활용하여 규모를 예측한다.

[키워드]

－소프트웨어 규모산정 유형별 특징, 소프트웨어 견적의 어려운 점

[예상문제]

가. 1교시형

1) Delphi와 LoC기법을 활용한 소프트웨어 견적 프로세스를 제시하시오.

나. 2교시형

1) 국내 소프트웨어 대가 산정방식의 문제점과 해결방안을 설명하시오.

2) 경험기반의 소프트웨어 대가 산정방식 5개를 설명하시오.

2. COCOMO

1) 객관적 측정 라인수에 의한 규모산정 COCOMO의 정의

가. COCOMO(COnstructive COst MOdel)의 정의
- Boehm이 제안한, 원시프로그램의 규모를 추정하고 이를 준비된 식에 대입하여 소요 인원/월을 예측하는 비용예측방법
- ➔ (임기술사) COCOMO는 LOC(Line of Code)를 활용하여 규모를 예측하고 예측된 규모를 COCOMO 모델 유형별로 통계적 식을 대입하여 최종규모를 산정한다.

나. COCOMO의 특징
- 개발에 필요한 MM(Man Month)의 관계를 과거 수행한 프로젝트의 경험에 의거하여 산출
- 다양한 성격의 SW개발 프로젝트에 대하여 세가지 유형 구분하고 프로그램 규모, 소요인원/원 산식 산출

2) COCOMO의 모델 및 비용승수

가. COCOMO의 모델

소프트웨어 유형	공식	설명
단순형 (Organic)	SM=2.4*(KDSI)1.05	-소규모팀, 잘 알려진 응용시스템, 과학기술용 시스템 -5만 라인 이하 소프트웨어
중간형 (Semidetached)	SM=3.0*(KDSI)1.12	-단순형과 삽입형 중간 규모 -트랜잭션처리 위주 시스템 -30만 라인 이하 소프트웨어
삽입형 (Embedded)	SM=3.6*(KDSI)1.20	-HW포함, 실시간 시스템 -미사일 유도, 신호기 제어 -30만 라인 이상 소프트웨어

- KDSI는 Kilo Byte 단위 LOC의 예측 즉, KLoC임

나. 소프트웨어에 영향을 주는 비용승수
- 제품 특성: 신뢰성에 대한 요구, 문제복잡도, DB크기
- 컴퓨터 특성: 수행시간 제약, 주기억장치제약, 처리시간
- 개발요원 특성: 응용경험, 프로그래머능력, 개발언어 경험
- 프로젝트 성격: SW도구사용, 요구개발일정
- ➔ (임기술사) COCOMO의 비용승수는 재사용 모델에 대한 내용은 포함하고 있지 않다. 그래서

COCOMO 기법을 구조적 및 정보공학 방법론에서 사용하는 규모산정 방식이라고 한다.

3) COCOMO의 전제 사항

가. Staff Month계산에서 한 달에 152시간을 일할 수 있다고 가정
  - 주 40시간, 한달 평균 4주, 휴가, 병가 등으로 인한 근무시간 단축

나. **요구사항이 프로젝트 기간 동안 많이 변경되지 않는다고 가정하며(Predictive), 프로젝트가 적절히 관리된다고 가정**

다. KDSI(Delivered Source Code)는 Comment를 제외한 수치

라. 간단한 수식이므로 쉽게 도구로 구현가능, 유연성이 우수한 방식

3. COCOMO II

1) SW SDLC별 모델을 반영한 비용산정 기법 COCOMO II의 개요

가. COCOMO II(COstructive COst Model II)의 정의

- SW 개발의 프로젝트 **진행 정도에 따라 3가지 단계로 나누어 서로 다른 비용모델을 적용**하는 비용 산정기법

→ **(임기술사)** COCOMO는 소프트웨어 규모산정 시에 한 개의 Object를 기준으로 소프트웨어 규모를 산정한다. 하지만 COCOMO II는 SDLC(Software Life Cycle)별도 각각 다른 방법을 제시한다.

나. 기존 COCOMO의 문제점

- SW 제품을 하나의 개체로 보고, 승수들을 전체에 적용

→ **(임기술사)** 소프트웨어 유형별로만 산정하는 방식을 제시

- 실제 대부분의 대형 시스템은 서로 상이한 서브시스템을 구성

→ **(임기술사)** COCOMO에서 제시한 소프트웨어의 유형이 실제 단위시스템 별로 혼재되어 있을 수 있음

2) COCOM II의 특징 및 산정단계

가. COCOMO II의 특징

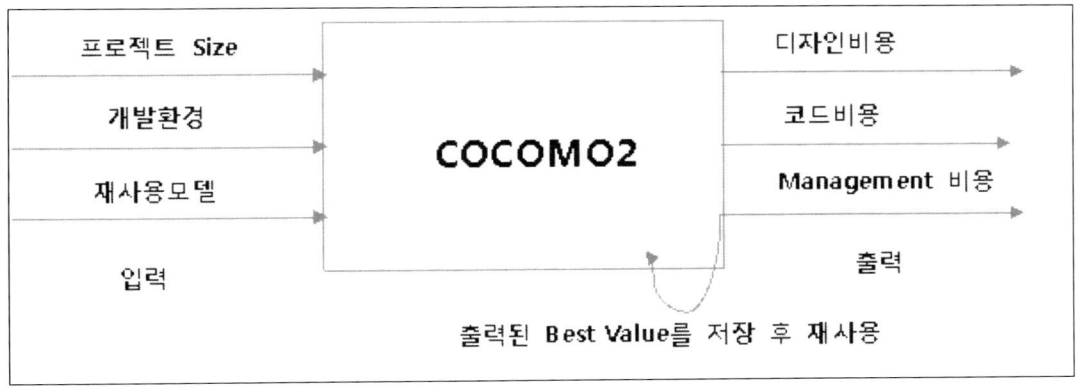

나. COCOMO II의 산정단계

초기 프로토타입 단계	- 사용자 인터페이스, **3세대 언어 컴포넌트 개수를 세어 응용점수를** 계산
초기 설계 단계	- 아키텍처 수립이전 비용, 기간 추정모델 - 대안이 되는 자세한 구조와 기능의 탐구기능 - **SW의 규모측정을 위하여 기능 점수 방법 채택**
초기 설계 이후	- 아키텍처 개발 후 세부적인 비용 추정 - 시스템에 대한 자세한 이해를 바탕으로 함 - **초반 COCOMO에서 제안된 LOC에 의하여 소요되는 노력을 추정**

3) COCOMO II의 활용분야 및 비용산정 시 고려사항

가. COCOMO II의 활용분야

제안단계	발주자, 수주자	최적의 프로젝트 낙찰가 및 제안가 추정
착수단계	비용/인력/위험대비	전체 소용비용, 인력산정, 위험비용 예측
수행단계	생산성지수	개발인력에 대한 개발생산성 평가
운영단계	유지보수 비용	운영/유지보수에 대한 비용평가

나. 비용산정 시 고려사항

- 각 단계별 서로 다른 비용산정기법 적용à 비용산정 복잡성, 고객이 COCOMOII에 이해가 완벽하지 않아, 본수 산정방식(LOC)와 동시 제공
- 기업 내 비용산정을 위한 표준 프로세스 수립 및 적용을 통해 일관적이고, 효율적인 비용산출 노력 필요

::도우미 임기술사

[설명]

COCOMO는 소프트웨어 규모산정 시에 LoC를 활용하는 방식이다. 즉, COCOMO에서 제시한 모델별로 LoC를 산정하여 통계적 기법을 적용한다. 하지만 COCOMO SDLC 단계별로 각각 분리된 산정방식을 제시하지는 않는다. 이러한 문제를 해결하고 재사용 모델을 산정하기 위해서 COCOMO II가 제시 된 것이다.

LoC의 예측은 PERT 식을 활용하여 예측을 수행한다.(프로젝트 관리 부분 참조)

[키워드]

－COCOMO 모델 계산식, COCOMOII 산정 단계, COCOMO와 COCOMOII 차이점

[예상문제]

가. 1교시형

　1) COCOMO

　2) COCOMO II

나. 2교시형

　1) LoC를 통한 소프트웨어 규모 추정과 COCOMO를 활용한 규모 추정 방식의 차이점을 설명하시오

4. FP

1) SW 규모 및 비용산정의 비가시성을 해소하는 FP의 개요

가. FP(Function Point)의 정의

- 최종 **사용자관점**에서 **SW 기능을 논리적으로 식별**, SW의 규모와 비용을 정량적, 객관적으로 측정하는 SW 규모산정 기법

➔ **(임기술사)** FP는 사용자가 요구한 기능만을 대상으로 소프트웨어 규모를 산정하는 방식으로 이렇게 산정된 규모를 지식경제부의 고시 내용에 따라 1점당 비용으로 환산할 수가 있다.

나. FP의 특징

- 사용자 관점: 최종 사용자에게 의미 있고, 필요한 기능만 포함

➔ **(임기술사)** 사용자가 요구한 기능만을 규모산정 대상으로 한다. 즉, 기술적 요소를 배제하여 순수하게 사용자가 요구한 기능만을 그 대상으로 하여 상대비교의 요소로 활용할 수가 있다.

- 논리적: **단순 물리적인 양이 아닌 Logical Functionality** 추출

➔ **(임기술사)** 하드웨어 구성과 같은 내용은 규모산정의 대상으로 하지 않고 사용자 관점만 대상으로 한다.

- 일관성: 개발환경, 측정자에 관계없이 일관적인 결과

➔ **(임기술사)** Mainframe, Client Server, Web System 및 개발언어와 같은 부분은 고려하지 않고 사용자가 요구한 기능만을 산정하기 때문에 일관성이 있음

2) FP의 산정절차도 및 산정 절차

가. FP의 산정절차도

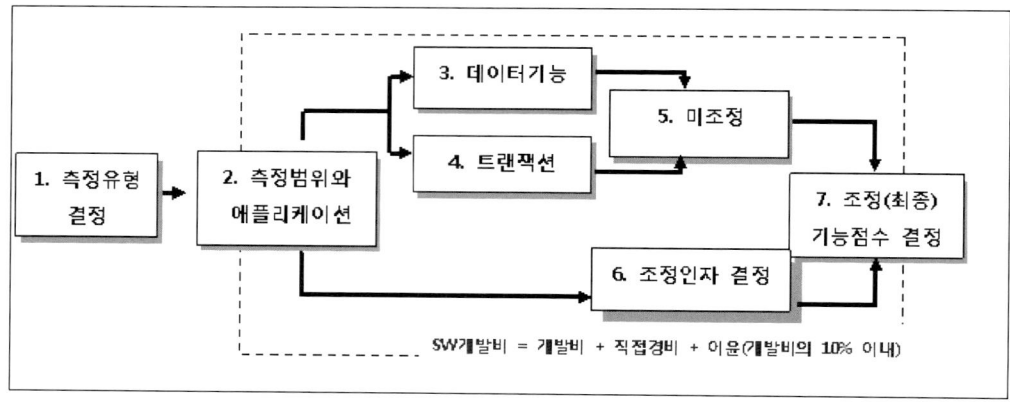

나. FP의 산정 절차

절차	내 용
측정 유형 설정	− 개발(완료된 SW 비용산정), 개선(EFP: 개선, 변경 부분 점수 산정), − 애플리케이션(AFP: 개선완료 시 현 시스템 기능 측정, Baseline)
범위와 영역 설정	− 대상 SW와 외부사용자간 경계 식별 − 대상 SW구성요소, 서브 시스템 파악
데이터 기능 측정	− EIF, ILF도출 후 DET, RET 식별 통한 복잡도 산정
트랜잭션 기능 측정	− 단위프로세스(EI, EO, EQ)식별 − FTR(File Type Transfer)통한 복잡도, 기여도 계산
미조정 FP산정	− 일반 시스템 특징에 기반한 14개 조정인자 산정 − 기능점수 통한 미조정 FP도출
최종 FP산정	− 최종 FP=AFT=VAF*UFP

- − DET (Data Element Type): 사용자에게 의미 있고, 비반복적, 유일한 데이터
- − RET(Record Element Type): EIF, ILF에서 사용자가 식별 가능한 데이터 세부요소

3) FP의 측정요소 및 FP의 유형

가. FP의 측정요소

구분	항목	내 용
데이터 기능 (테이블)	ILF	Internal Logical File: 측정 경계 내에서 유지(=입력, 수정, 삭제)되는 논리적 데이터 그룹
	EIF	External Interface File: 대상 SW내에서 이용되며, 경계 밖에서 참조되는 데이터
트랜잭션기능 (단위프로세스 = 화면, 배치)	EI	External Input: 대상 SW외부에서 들어오는 데이터, 제어정보(ILF를 유지함)
	EO	External Output: 대상 SW외부로 나가는 가공 데이터(차트, sum)
	EQ	External inQuery: 대상 SW외부로 나가는 무 가공 단순 데이터

나. FP의 유형

유형	내 용
개발 프로젝트 기능점수	− DFP: Development Function Point(개발완료 시) − 프로젝트 활동들에 영향을 받는 모든 기능들(구축, 커스터마이징) 포함 − 프로젝트가 종료된 후 고객에게 인도된 SW기능 측정
개선 프로젝트 기능점수	− EFP: Enhanced Function Point(개선 요구사항 완료 시) − 추가, 수정, 삭제되는 모든 기능을 포함하나, 영향을 받는 애플리케이션의 경계는 변하지 않음. 유지보수 및 아웃소싱 사업에 사용
애플리케이션 기능점수	− AFP: Application Function Point(개선 요구사항 완료 후 FP 재 계산 시) − 사용자가 사용하는 기능만 포함, 사용자에게 인도되는 모든 기능을 포함하느냐로 분리 − 사용자가 현재 사용 중인 애플리케이션의 기능을 측정(현 시스템 규모 측정 시)

4) FP의 활용방안과 장애요인별 해결책

가. FP의 활용방안

비용측면	−프로젝트 제안 단계 시 예산 편성 기준 ➔ **(임기술사)** 2004년 본 수 방식폐지, 2010년 5월 LoC 방식 폐지로 개발비 제안 시에 FP를 사용해서 제안해야 한다. −수행완료 후 소요비용 평가 및 유지보수 비용 예측 ➔ **(임기술사)** 인도 시점 산정을 통하여 완료 후 정확한 규모산정 가능
계약측면	−계약관련 분쟁 발생시 조정의 근거 ➔ **(임기술사)** FP는 상대비교가 가능하기 때문에 소송 문제 시에 활용이 가능함 −아웃소싱 계약 체결 시 SOW, SLA와 더불어 의사소통 수단 ➔ **(임기술사)** SOW는 범위명세서, SLA는 서비스 수준에 대한 계약으로 FP로 기능을 분석 후 SOW, SLA 수행
품질 측면	−프로세스 개선 분석 가능, 품질 측정 기준선 제공, 산출물 규모 사전예측
관리측면	−비용 및 규모의 비가시성 해소(기성고 관리 기준선 산정) ➔ **(임기술사)** 기성고는 비용과 일정을 통합 관리하는 기법 −측정되고 계량화된 프로젝트 합리적 관리

나. 장애요인 해결책

(1) 복잡한 계산 방식, 숙련 된 기술요구, 요구사항 도출 어려움

　−충분히 단순화된 측정절차, 관계 데이터 이용, 통계 데이터(유형간 분포도)이용

(2) 사용자 관점 치중, 숨겨진 EI, EO, EQ도출 어려움

　−기능과 복잡도 측정 시 가정을 허용, 과거 데이터, 사례참조, 간이법 활용

(3) 업무의 난이도와 업무량을 고려한 FP체계 수립 미흡

　−프로젝트 수행 데이터 축적, 차후 발생할 유사 프로젝트 대비를 위한 데이터 분석 및 활용

[FP의 유형]

항목	정규법	간이법
개념	**−상세한 기능점수를 산출하기 위한 자료** **−기존시스템 산출물** (테이블 정의서, 상세 스펙 등)가 존재 하는 경우 −기능의 개수뿐 아니라, 각 기능의 유형별 복잡도까지 산정하여 UFP를 도출 한 후 개발비를 산출하는 방법	**−상세한 기능점수를 산출하기 어려운 제안** 단계에서 사용자의 요구사항에 따라 트랜잭션 과 데이터 기능을 개략적으로 도출한 후 사업 대가 기준의 평균 복잡도를 **이용하여 개발비를 산출하는 방법**
특징	개발 완료 된 SW의 대가 산정	제안 및 견적 수립 시 예산, 소요단가 산정
절차	1. 기능 목록 작성 (기존 시스템 산출물 등을 참조) 2. FP 산정 규칙에 의거하여 데이터 기능과 트랜잭션 기능 측정 3. UFP 산출 4. 4개의 보정 항목 적용으로 개발원가 도출 및 이윤과 직접 경비를 합하여, 총 개발비 산출	1. 기능 목록 작성 (RFP 등을 참조) 2. FP 산정 규칙에 의거하여 트랜잭션 기능(EI, EO, EQ) 구분 3. 구분된 트랜잭션 기능을 근거로 데이터 기능 도출 4. 사업대가 기준의 평균 복잡도를 각 기능별로 곱하여 UFP 산출 5. 4개의 보정 항목 적용으로 개발원가 도출 및 이윤과 직접 경비를 합하여, 총 개발비 산출

Function Point의 특징 및 요구 분석 단계 이후의 Function Point를 이용한
소프트웨어 비용산정 절차와 활성화 방안에 대해 기술하시오.

답>

1. 사용자 관점의 정량적인 SW 대가 산정 FP의 특징

가. 기능점수(Function Point)의 특징

- 논리적 설계에 기초하여 사용자에게 제공되는 기능을 정량화 하는 (1)소프트웨어 규모산정 기법
- 사용자 관점: 최종사용자에게 의미 있고, 필요한 기능만 점수에 산정
- 독립적: 공수, 적용방법론, 개발 환경 등에 무관하게 일관된 점수 산정
- 수명주기 측정: 개발사전 및 개발, 운영 등 (2)SDLC 전 과정에서 측정 가능
- 외부 사용자 관점에서 측정

나. 프로젝트 Life cycle 단계별 기능점수 적용기법

예산단계	제안단계	착수, 요구정의 분석단계	설계단계	개발단계
적용기법: 간이법			적용기법: 정규법	
-(구 정통부) 평균복잡도 적용 3.9* EI + 5.0*EO + 3.8*EQ + 7.5*ILF + 5.3*ELF			-IFPUG 4.1.1 기법 적용 -트랜잭션 기능과 데이터 기능의 복잡도 고려 요소(FTR/DET, RET/DET)를 계수하여 복잡도를 산정하고 기능점수를 도출	

2. 요구분석 단계 이후의 FP 기반의 SW 비용산정 절차

가. 비용산정 절차

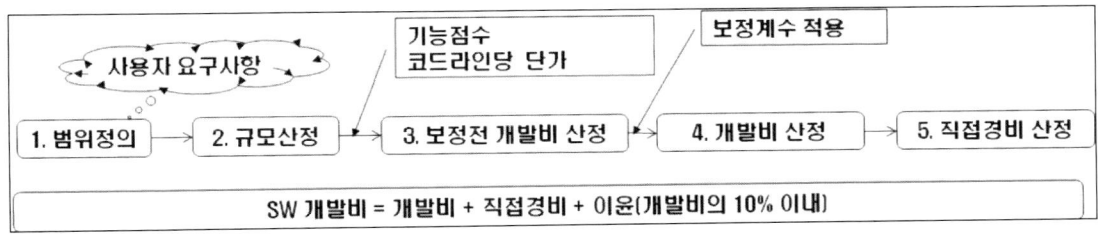

나. 비용산정 단계별 절차 및 템플릿

단계	절차	템플릿
1. 범위정의	① 프로젝트 프로파일 작성	[1. 프로파일]
	② 프로덕트 정의	[2. 범위정의]
	③ 프로세스 정의 (ISO 12207)	
2. 규모산정	④ 단위 프로세스명 및 FP 유형 식별	[3. 규모산정]
	⑤ 가중치 결정 　-RET/FTR 파악 　-DET 파악	
	⑥ 직접 스텝 수 산정	
	⑦ 규모당 단가 적용	
3. 기초인건비 산정	각종 보정계수 적용 ⑧ 개발언어 보정계수 ⑨ Application 규모 보정계수 ⑩ Application 유형 보정계수 ⑪ 하드웨어 유형 보정계수	[4. 기초인건비 산정]
4. 직접인건비 산정	⑫ 직접인건비의 110%	[5. 보정계수 적용]
5. 제경비 계산	⑬ 직접인건비 + 제경비의 20 ~ 30% 　(추가 10%는 특별품질보증 요구시)	[6. 비용산정]
6. 기술료 계산	⑭ 직접경비 항목 파악	
7. 직접경비 계산	⑮ 직접인건비+제경비+기술료+직접경비	
8. SW개발비 계산	Ⓐ 개발자 생산성 수준 파악	
9. 공수 산정	Ⓑ 기초 소요공수 산정	[7. 생산성]
	Ⓒ 직접 소요공수 산정	[8. 공수산정]
	Ⓓ 원가 산정	
		[9. 원가산정]

3. 요구분석 단계 이후의 점수 측정 절차(정규법)

가. 기능점수 측정 절차(ISO 14143)

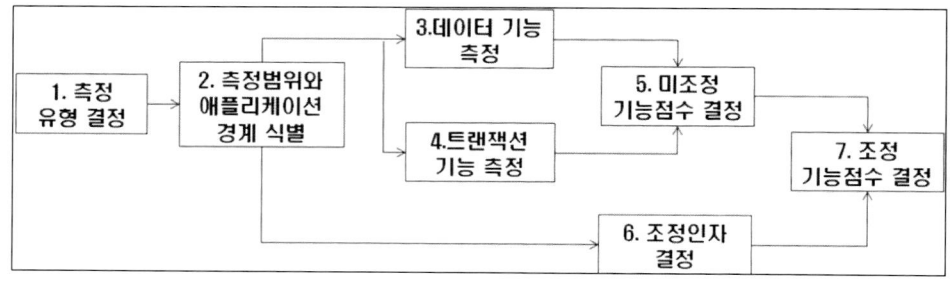

　- 조정기능점수 AFP = UFP(조정 전 기능점수) * VAF(조정인자)

나. 기능점수(FP) 산출 절차(정규법)

절차	수행 방법	계산 요소
측정방법 및 유형결정	‑개발/개선/애플리케이션 유형 선택	‑정규법(설계 이후), 간이법(제안/요구분석)
측정범위 및 경계설정	‑범위 명확화, 애플리케이션 경계 정의	‑데이터기능과 트랜잭션기능 측정기준 결정
데이터 기능 측정	‑(2)ILF/EIF산정, 복잡도 산정	‑(3)DET, RET 산정
트랜잭션 기능 측정	‑(4)EO/EI/EQ 산정, 복잡도 산정	‑DET, FTR(File Type Reference)
조정 전 기능 점수	‑데이터+트랜잭션 기능(복잡도 반영)	‑통계적 수치에 의한 복잡도 계산
영향도(TDI) 산정	‑시스템의 특성에 따른 비기능적 평가	‑14개 항목에 대해 0~5점 척도로 평가
조정계수(VAF)산정	‑총 영향도 기반으로 VAF 계산	‑VAF = 0.65 + 0.01 * TDI
조정된 FP 측정	‑조정 전 기능점수에 조정계수 적용	‑AFP = UFP * VAF

4. 현행 기능점수(FP) 비용산정 문제점 및 활성화 방안

가. 현행 비용산정의 문제점

(1) 관리측면

‑다양한 산정기법에 대한 조직 맞춤설계 부족하고 과거 프로젝트 산정 자산의 재사용이 되지 않고 있으며, 정량적 수치산정보다는 주관적 판단에 의지하여 형식적으로 관리됨

(2) 산업측면

‑산정기법 표준작업 미비로 참조모델 구축이 어렵고, 최저가 입찰제 등으로 소프트웨어 품질이 저하되며, 실제 직/간접비, 제경비가 포함되어 있지 않음

나. FP 기반의 비용산정 활성화 방안

구분	활성화 방안	주요 내용
관리측면	표준 프로세스	‑조직에 맞는 비용산정 표준 프로세스 개발
	내재화	‑비용산정 프로세스 구성원들의 생활화
	전문가 확보	‑(5)CFPS 획득자를 중심으로 인력 확보
산업측면	표준화	‑국내 SW 사업자의 수행능력 및 개발방법론 고려
	모델개발	‑표준 측정 모델 개발 및 보급
	현실적인 보정계수	‑정보기술의 발전과 사업 환경 변화 반영하도록 개선
공공측면	지원체계 확립	‑공공부문 정보화 추진 시 제도의 보급 확산을 위한 SW 비용산정지원단 운영
	민관학 협력체계	‑공공/민간부문 정보화 사업비 수집, 분석 사업대가 현실화 추진
	교육	‑대가기준의 올바른 이해, 예산 수립시 산정자료 제공

‑검증된 선진모형을 연구하여, 공공부문 선진 발주문화를 선제시하고, SW가치환경 조성을 통해 국제표준 준칙의 글로벌 환경 조성을 해야 함

"끝"

- FP의 특징은 첫 번째 최종 사용자 입장에서 S/W의 규모를 견적(개발자 입장에서 S/W 견적량인 소스코드 양과 무관), 두 번째 프로젝트 완료 후 생산성 평가를 위해 개발되었으나 사전에 개발에 소요되는 공수를 예측하는 모델로 사용 가능하다. 세 번째 개발환경과 기술에 무관하게 측정 가능하고, 사용자 요구에 따라 시스템 기능 설계 시 개발 중에도 측정 가능하다. 네 번째 생산성과 품질 등의 척도로도 활용 가능, 다섯 번째로 FP 의 측정을 위해서는 모든 기능과 각 기능별 복잡도가 식별되어야만 한다. 제안단계까지는 추정은 가능하나 측정(산정)은 불가능하다. 따라서, 알려지지 않은 기능과 그 기능의 복잡도에 대한 가정 허용한다.
- 정보관리에서는 수 차례 출제되어 수험생들은 누구나 학습하는 토픽이나 전자계산조직응용에서는 서술형으로는 84회에 최초로 출제되었다. 향후에는 계산 방식에 대해서도 반드시 숙지하여야 한다.

(1) 소프트웨어 규모산정 기법: SW의 개발 규모를 산정할 때 사용되는 기법으로 프로그램 본 수만 계산하는 LOC방법, COCOMO, COCOMOII 방법, 프로젝트 참여 인원만 계산하는 ManMonth 계산 방법 등이 있으며 최근에는 발주자와 수주자의 이견을 줄이는 SW가 제공하는 기능의 수를 측정하는 Function Point(FP)가 많이 사용된다. 국내에서는 과거 정보통신부 고시로 규정하고 있는 소프트웨어사업 대가의 기준을 공공기관에서 주로 사용하고 있음. 이는 국가기관 등이 소프트웨어 개발, 데이터베이스 구축, 정보전략계획 수립 등의 정보화 사업을 추진함에 있어 정보통신기술의 발전 및 사회적 여건변화에 유연하게 대처하고, 소프트웨어 산업과의 선 순환적 구조를 가질 수 있도록 소프트웨어사업에 대한 예산수립이나 발주 시 적정비용 등을 산정하기 위한 기준을 제공하는 것을 목적으로 하고 있다

(2) ILF/EIF: ILF(Internal Logic File)는 애플리케이션 경계 내부에서 유지되며 사용자가 식별할 수 있는 논리적으로 연관된 데이터 그룹 또는 제어정보이고 EIF(External Logic File)는 사용자가 식별할 수 있는 논리적으로 연관된 데이터 그룹 또는 제어정보로 다른 애플리케이션의 경계 내부에서 유지되며 측정대상 애플리케이션이 뜻한다

(3) DET, RET: DET(Data Element Type)는 사용자가 식별가능하고 반복되지 않는 유일한 필드이고 RET(Record Element Type)는 사용자가 식별 가능한 데이터 요소의 서브그룹으로 선택적 서브그룹과 필수적 서브그룹으로 나누어 진다

(4) EO/EI/EQ: 단위 프로세스의 트랜잭션 유형을 나타내는 것으로 EI(External Input)는 애플리케이션 경계 밖에서 들어오는 데이터 및 제어정보 처리, 하나 이상의 ILF를 유지(변경)함, EO(External Output)는 데이터 및 제어정보를 애플리케이션 경계 밖으로 보내는 단위로 프로세스, 로직 처리 수행(수학처리, 파생 데이터, 계산 등)한다. EQ(External Inquiry)는 데이터 및 제어정보를 조회하는 기능을 뜻한다

(5) CFPS(Certified Function Point Specialist): 기능점수 측정 전문가

::도우미 임기술사

[설명]

FP는 사용자 관점에서 소프트웨어의 규모를 정량적으로 측정할 수 있는 국제표준이다. 또한 2010년 5월부터 국내 소프트웨어 개발비 산정은 FP를 활용한 규모산정으로 시행하는 것으로 단일화 되어 있다.

FP의 사용자 관점은 사용자가 요구한 기능만을 규모산정 대상으로 식별한다는 것이다. 그래서 개발언어, 시스템 구조와 같은 기술적, 물리적 측면은 규모산정에서 제외하고 FP 산정 후 보정계수를 활용하여 반영하고 있다. 또한 FP는 최종 인도되는 소프트웨어 규모를 산정하는 방식으로 만들어져 있어서 본래는 제안단계에서 활용할 수가 없다. 하지만 제안단계에서 예측을 수행하기 위해서 표준 데이터를 활용한 간이법이 만들어진 것이다. 즉, 간이법은 DET, RET, FTR을 별도로 식별하지 않고 ILF, EIF, EO, EI, EQ의 수를 파악해서 표준 값을 입력하는 방식이다.

완료시점에 산정하는 정규법은 시스템의 범위를 정의하고 각 범위 내에 있는 세부 구성요소에 경계를 정의한다. 이것은 쉽게 생각하면 화면 혹은 배치 프로그램이라서 생각해도 된다. 이렇게 경계가 식별되면, 트랜잭션 기능점수, 데이터 기능점수를 산정한다.

트랜잭션 기능점수는 경계 밖에서 안으로 들어오는 데이터 EI(예: 사용자가 화면에 입력), 경계 내에서 밖으로 나가는 데이터 EQ, EO(파생데이터 생성, 보고서 출력 등의 추가작업 수행)을 식별하고 EI, EQ, EO별로 각각 필드 수를 카운트 한다. FTR은 EI, EQ, EO가 사용하는 ILF와 EIF 수 이다. 이렇게 DET와 FTR의 개수를 파악한 후에 FP에서 제시한 복잡도/기여도 메트릭스를 활용하여 점수로 계산한다.

데이터 기능점수는 애플리케이션 경계 내에서 유지하는 데이터 ILF와 애플리케이션 경계 밖에서 참조하는 데이터 EIF를 식별하고 각각 사용하는 필드인 DET수를 계산하며, ILF와 EIF 내에서 사용되는 집합의 수를 파악한다. 즉, 서브집합의 수가 RET이다. 그 다음 복잡도/기여도 메트릭스를 활용하여 점수로 계산한다.

트랜잭션 기능점수와 데이터 기능점수를 합산하면 미조정 FP가 계산되고 미조정 FP에 14개의 조정 인자를 반영하면 최종FP로 변환된다. 조정인자는 미조정 FP의 값을 최대 35%를 올리거나 내릴 수가 있다.

[키워드]
- 사용자 관점, 기술독립성, 상대비교, ILF, EIF, DET , RET, EI, EO, EQ, DET, FTR
- 정규법, 간이법

[예상문제]
가. 1교시형
  1) FP

나. 2교시형
  1) FP 특징과 LoC와의 차이점, 산정유형 및 절차에 대해서 설명하시오.
  2) 국내 소프트웨어 대가 산정 기준에 대해서 설명하시오.

5. 발주관리 프로세스

1) 발주관리 개요

가. 발주 프로세스 이해

　　－시스템 및 소프트웨어, 또는 IT서비스를 발주하기 위한 활동으로 개념 및 요구상세화로 시작하
　　여 **제안요청서 준비, 제안서 평가 및 계약, 공급자관리** 등을 거쳐 목표로 하는 최종 산출물에
　　대한 인수까지의 활동과 작업

나. 발주 프로세스 관련 표준과 적용 현황

　　－ISO /IEC 12207: 1995, IT Software Life－Cycle Process
　　－미국:ISO －12207의 산업표준 IEEE/EIA 12207 적용
　　－일본:ISO －12207을 일본의 SW개발사업 특성을 고려, 국가표준인 SLCP－JCF98 제정/운용
　　－국내:ISO －12207을 번역, 국가표준(KS/KICS), 단체표준(TTA)으로 제정했으나, 활용이 미비함 －>
　　국내 환경 및 특성에 부합한 표준/지침 부재가 원인으로 파악.
　　=> 공공부문 SW 사업 발주 및 관리 표준 프로세스 지침 수립

다. 발주관리 프로세스 프레임워크

　　－SW 도입을 위한 전체 수명주기 **과정에서의 일련의 기본적인 활동과 이를 수행하기 위한 프로세**
　　스상의 절차 및 작업내용 등을 관리적, 공학적 측면에서 규정한 상위 수준의 틀
　　➔ (임기술사) ISO 12207은 소프트웨어의 탄생부터 소멸까지 예측되는 활동에 대한 정의와 각각의
　　활용에 수행해야 하는 작업을 정의해서 소프트웨어 개발 및 유지보수 시에 기본적인 지침을 제
　　공하는 장점이 있다.

- 발주 프로세스 세부작업과 산출물

활동	작업	출력물
5.1.1 발주준비	5.1.1.1 개념 및 요구 상세화	- 개념 및 요구 기록 - 운영개념기술서
	5.1.1.2 기본 시스템 요구사항 정의	- 시스템요구사항명세서(기본)
	5.1.1.3 기본 소프트웨어 요구사항 정의	- 소프트웨어요구사항기술서(기본)
	5.1.1.4 발주계획서 작성	- 발주계획서
	5.1.1.5 인수전략 정의	- 인수전략
5.1.2 제안요청서 준비	5.1.2.1 제안 요구사항 문서화	- 제안요청서
	5.1.2.2 계약조건 정의	- 계약조건
	5.1.2.3 공급자선정 절차 및 기준 수립	- 공급자선정 절차 및 기준
5.1.3 계약 및 변경	5.1.3.1 입찰공고	- 입찰공고
	5.1.3.2 제안서 평가	- 제안서 평가결과
	5.1.3.3 공급자 선정	- 공급자 평가결과
	5.1.3.4 계약 협상 및 체결	- 계약서
	5.1.3.5 계약변경	- 계약서(변경)
5.1.4 공급자 관리	5.1.4.1 사업수행계획서 검토 및 승인	- 사업수행계획서
	5.1.4.2 공급자 계약이행 점검	- 계약이행 점검결과
	5.1.4.3 공급자와의 협력	- 회의록
5.1.5 인수 및 종료	5.1.5.1 인수준비	- 인수계획서
	5.1.5.2 검사 및 인수시험	- 시험결과보고서(인수시험)
	5.1.5.3 인수 및 사업종료	- 인수 및 사업종료 결과

6. 분리발주

1) SW 산업 활성화를 위한 SW 분리발주의 개념
가. SW 분리발주의 정의

- 정보시스템구축에 있어 **발주자가 전체 사업을 IT서비스 업체 등에 HW와 SW, 시스템 통합 등을 일괄 계약하지 않고, HW, SW, IT서비스 용역 등으로 각각 발주·계약 하는 형태**

➜ **(임기술사)** 소프트웨어 사업 환경개선을 통하여 소프트웨어 산업 활성화의 방안으로 분리발주가 등장했다. 분리발주는 중소 소프트웨어 사업자에게 새로운 시장에 진입할 수있는 기회를 제공 한다. 하지만 소프트웨어 품질의 문제점으로 국내 소프트웨어 인증 모델,GS(Good Software)와 같이 제도가 같이 등장하게 된다.

나. 기존 발주와 비교한 SW 분리발주의 특징

	일괄발주	분리발주
사업분석	- 개괄적인 사업분석으로 사업내용 및 절차 불투명 - 시스템품질, 적정 SW 사용여부 등 평가 미흡	- 구체적인 사업분석을 통한 분리발주 가능 SW선정 - 시스템의 품질 수준 재고 및 사업관리의 효율성 향상
SW선정	- IT서비스 업체가 선정 - 비공개 지명 입찰 - 영업이익 우선의 SW선택 - 불합리한 하도급 관행	- 발주기관이 직접 선정 - 공개 선정 - 기술성 평가 및 BMT를 통해 최적의 SW 선택
장점	- 행정 업무의 편리성 - 통합 및 하자 추궁의 용이성	- 투명하고 공정한 발주관리(SW 및 시스템의 품질 제고) - SW 업체 독자적인 입찰기회 제공 SW 산업발전 기여 - 발주자는 SW 선택권 회복통한 시스템유연성 확보

2) SW 분리발주의 유형 및 기대효과
가. SW 분리발주의 유형

유형	사례	기대효과
HW, SW 분리발주	공공기관에서 업무용 PC 구입시, HW인 PC와 그에 탑재되는 OS를 분리발주	MS-Windows와 공개 SW인 리눅스 간 품질 경합으로 비용절감 효과 발생
IT서비스 용역과 SW 분리발주	복잡한 업무 분석, 설계, 구현 서비스 용역 및 그를 뒷받침하는 각종 CASE툴의 분리발주	SI인력과 전문 CASE툴 사용함으로써 최상의 산출물 작성 효과발생
IT서비스 용역과 HW 분리발주	레거시 시스템과 연계된 신규 업무 개발 시, IT서비스와 HW장비 분리발주	업무와, 장비에 최적화된 업체 선정 기회 발생

나. SW 분리발주의 기대효과

구분	요소	설명
SW 변화대처	향상성	- 구체적인 사업 분석을 통한 정보시스템 품질향상
	유연성	- SW에 대한 부분별 개선 작업 가능으로 환경변화 대처 가능
SW 선정시점	경쟁성	- 발주자의 SW 선정에 따른 SW 업체 경쟁력 제고
	공정성	- 솔루션 업체의 품질 위주 경쟁 및 하도급 폐해 시정 가능
SW 여건조성	투명성	- 정보시스템 대형화에 따른 공정한 발주 시스템 구축 욕구 증대
	성숙도	- SW산업 환경변화에 따른 분리발주 여건 조성

- SW산업의 투명성과 공정성을 제고하여 정보시스템의 품질 향상 및 비용절감에 기여하고 SW산업 발전에 이바지 하고자 하는 목적임

3) SW 분리발주의 이슈별 해결 방안

가. SW 분리발주 사업 추진 시 주요 이슈

(1) 기존 IT서비스 업체의 저항: SI업체의 사업영역을 침범한다는 오해의 소지 발생-> IT산업의 발전이라는 대승적 관점에서 공정하고, 합리적인 상생모델 제시(정부, SW협회중심)

(2) 고품질의 우수 SW 수배의 어려움: 발주자 입장에서 원하는 기능을 최적의 SW 찾기가 쉽지 않음-> 공인기관의 인증된 BMT통해 우수 기술력 갖춘 SW 데이터베이스 구축 및 지속 갱신

(3) 기존 계약체결 방식의 맹점: SW업체와 분리발주 계약을 맺더라도, 최저 낙찰가로 계약하면 SW 분리발주의 의미 퇴색 -> 협상에 의한 계약 체결을 통한 기술력 중심의 계약 방식 도입

나. SW 분리발주 수행 시 발생 이슈 및 해결방안

주요 이슈	내용	대응
발주자 업무증가	-분리발주를 위한 사업 분석 -SW 선택, 사업자관리 등의 전문적인 업무와 입찰·평가·계약 건수의 반복적인 업무가 추가 발생	-일정 규모 이상의 사업부터 단계적으로 실시 -분리발주 가이드라인, 매뉴얼 제공, 교육실시 등 발주업무 지원
통합 리스크발생	-SW호환성 확보가 어려워 시스템 개발의 실패 가능성이 높다는 우려	-솔루션 및 SI업체에게 시스템 환경 및 SW 사양 등 시스템 통합에 필요한 정보 제공 -사업자 간 상호 협력 의무 부과
비용 증가	-SW 비용 증가로 추가 예산이 소요된다는 주장	-솔루션 업체 간 경쟁으로 우수 SW를 저렴한 가격으로 구매할 수 있고, 업그레이드·유지보수 등 비용 절감 예상 ※ 일본의 분리발주 추진 주요 목적은 정보화 사업의 비용 절감
하자 책임	-SI업체와 SW업체 간 하자책임 소재 다툼과 영세 SW업체의 도산 등으로 안정적인 유지보수가 곤란함	-계약 단계 시 SI업체와 솔루션 업체 간 책임소재를 명확히 하고, SW 임치제 및 SW개발실명제 등으로 유지보수에 필요 한 정보 지원

4) 분리발주 활성화를 위한 주요 추진 방향

가. 분리발주 가이드라인 제정

  (1) 분리발주 대상 SW 기준 마련

    －10억 원 이상 SW 사업에 사용되는 5천만 원 이상의 SW는 분리발주

  (2) 분리발주 매뉴얼 제공

    －분리발주 시 발주단계별 검토사항 및 시행방법을 구체적으로 제시

  (3) 분리발주 모범사례 도출 사업 실시

    －SW 분리발주실시를 위한 분리발주 대상 SW선정, 사업 관리 등에 대한 컨설팅지원

    －분리발주 대상 SW 분석, 사업 계획서•제안 요청서 작성지원

    －분리발주SW 성능비교시험(BMT) 무상지원－발주관리전문교육지원

나. 발주자 업무지원

    －SW 진흥원의 발주 업무지원 기능

    －통합전산센터의 PMO 기능 활성화 추진

  ※ 발주기관이 요청하는 HW/SW 발주・개발・운영 및 기술적 사항지원

    －분리발주 교육과정을 마련하여 전문교육실시

다. SW 정보제공

  1) 분리발주대상 SW 선정을 위한 종합 정보 제공 추진

    －기존의 분리발주된 SW 정보제공－분리발주 가능 SW 발굴 및 DB 구축

  2) 안정적 유지 보수 지원

    －(SW임치제) 공공 SW사업 계약 시에는 SW의 소스코드를 컴퓨터 프로그램심의위원회에 보관
    하도록 하여 업체도산 시에도 유지보수를 가능토록 함

- 정부의 소프트웨어 산업활성화 제도는 고품질의 소프트웨어를 확보하여 제품(Product)의 경쟁력을 향상시키는 방향으로 초점이 맞추어져 있다.

- 소프트웨어 산업 활성화 방법
  - 분리발주: 하드웨어와 소프트웨어 분리발주, 소프트웨어를 분리발주의 형태로 하여 중소업체에 참여율을 높이고 있다. 하지만, 여러 업체의 참여로 관리/통제의 어려운 문제점 발생시키고 업체간의 의사소통과 공유의 문제점을 유발한다.
  - 분할발주: 분석, 설계, 구현, 테스트의 SDLC(Software Development Life Cycle) 단계를 각각의 업체에게 발주하는 것이다. 하지만 이것은 각 단계가 정형화 되어야 가능할 것이다.
  - 소프트웨어 대가 산정기준: 소프트웨어 대가 산정의 공정성을 확보하기 위해서 기존 LoC를 폐지하고 FP(Function Point)를 활용하여 대가산정을 수행하는 가이드 라인을 제시한다. 소프트웨어 대가 산정기준은 개발비, 재개발, 유지보수 비용, 컨설팅, 데이터베이스 구축을 나누어서 제시하고 있다.
  - RFP 가이드 라인 & ISMP 방법론: 소프트웨어 품질을 저하는 요인 중에 하나가 RFP의 불명확화로 제안을 구체적으로 할 수 없고 사전 위험을 식별할 수 없는 문제점을 가지고 있다. 그래서 ISMP는 기능점수를 도출할 수 있는 수준으로 사용자 요구기능, 기술적 요구사항, 제약사항을 명확히 하여 기능점수를 산정할 수 있게 한다. 또한 발주기관의 기능점수 산정을 의무화하여 제안된 비용의 공정성을 확보하려는 장점도 가지고 있다.
  - GS(Good Software) 인증: 중소업체 소프트웨어의 품질을 인증하기 위한 제도로 Product 측면에서 소프트웨어 품질을 인증하는 제도이다.
  - 국내 소프트웨어 인증 모델(K - Model): 미국의 CMMI 인증은 인증에 따른 많은 비용 발생과 지속적으로 유지하기 위한 유지비용 등에 부담을 가지고 있다. 그래서 중소업체 소프트웨어 개발 능력을 프로세스 측면에서 인증하는 모델과 CMMI보다 간략하고 인증비용을 간소화한 장점을 가진다.
  - 소프트웨어 임치제도: 중소업체의 소프트웨어 라이선스를 공인된 기관에 위탁하는 제도로 이러한 위탁을 통하여 중소업체의 파산으로 인한 유지보수의 연속성을 확보하려는 의도를 가지고 있다.

- 위와 같은 제도를 활용하여 소프트웨어 산업을 활성화 하려고 하고 있다.

문제〉　　　SW 임치제도에 대하여 설명하시오.
카테고리　　　　　　　　　SW공학〉SW 분리발주　　　　　　　난이도　　하

답〉

1. 안정적인 SW 사용을 보장하는 SW 임치제도
가. SW 임치제도(SW Escrow)의 정의
- SW 거래 시 저작권자가 사용권자를 위하여 소스코드 및 기술정보를 신뢰성 잇는 제3기관(수치인)에게 맡겨 두었다가, 저작권자의 폐업으로 인하여 유지보수가 어려운 계약상의 일정한 조건이 발생한 경우 수치인이 소스코드를 사용자에게 교부함으로써 사용권자의 안정하고 지속적이 SW사용을 보호하는 제도

나. SW 임치제도의 목적
- 저작권자의 비즈니스 연속성 미 보장으로 인한 사용권자 발생 손실 최소화
- 개발업체의 기술정보 미공개, 영업비밀, 핵심기술 보호
- 사용자는 SW저작권을 양도받을 필요 없으므로 비용 저렴

2. SW임치 계약 유형 및 임치물 기술 검증 방안
가. SW임치 계약 유형

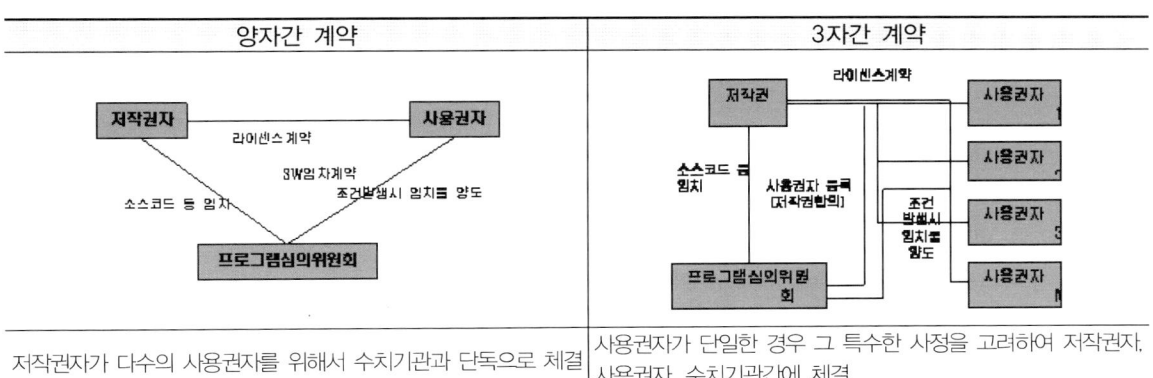

양자간 계약	3자간 계약
저작권자가 다수의 사용권자를 위해서 수치기관과 단독으로 체결	사용권자가 단일한 경우 그 특수한 사정을 고려하여 저작권자, 사용권자, 수치기관간에 체결

- 일반적으로 저작권자와 수치인간의 양자간 SW임치계약은 저작권자 다수와 다수의 사용자가 라이선스 계약을 전제함
- 임치대상은 Source Code, Object Code, 실행 프로그램, 설계서, 사양서, 매뉴얼, 플로우차트, 회로도 등이 됨

나. SW 임치물 검증 방안

절차	활동	내용
기본확인	바이러스 검사	백신프로그램 구동, 임치물 감염여부 확인
	가독성 확인	저장매체의 판독여부 및 암호설정 여부 확인
산출물확인	제출프로그램 확인	파일, 디렉토리, 외부참조 모듈 확인
	문서확인	유지보수 문서, 개발사양서, 클래스 다이어그램, 산출물 문서
기술검증	검증 장비 세팅	검증을 위한 HW/SW설치준비
	실행프로그램 생성	검증시나리오 확인, 임치물 이용 실행프로그램 생성
	환경설정 및 확인	환경확인(NW, HW, DB), 환경 매뉴얼 확인
	결과통보	실행프로그램을 사용자에게 교부, 임치물 봉인

3. SW 임치제도의 활요 및 전망

가. SW임치물의 신뢰성 확보를 위해 기술검증제도의 정착이 필요하고 중소SW 개발업체에 대한 불공정 하도급 관행해결을 위한 대안으로 활용 가능함

나. (1)SW 분리발주, (2)SW 등록제와 연계하여 SW의 공정거래의 정착의 초석, 기술자료 예치제도 유용성으로 전자업종 표준하도급 계약성 도입 시행 전망

풀 이

- 아래의 두 가지 관점에서 이슈적인 관심이 필요함
  1) 사용권자 측면에서는 개발업체의 폐업 시 자신이 사용하고 있는 소프트웨어에 대한 유지/보수를 더 이상 담보할 수 없게 되어 뜻하지 않은 막대한 손실을 입을 수 있음, SW 저작권을 양도받지 않아도 되므로 저렴한 비용으로 소프트웨어를 사용
  2) 개발업체 측면에서는 SW 개발용역에 있어서 소스코드, 관련 기술정보를 발주기업에게 제공하지 않음으로써 기업의 영업비밀 및 핵심기술을 보호, 저작권을 보유함으로써 버전업(Version Up)등 후속개발 용이
- 현재는 프로그램심의조정위원회만 유일하게 임치를 실시하고 있으며, 이용업체 수는 2004년 80개로 꾸준히 증가하고 있음
- 미국은 민간기업들 주도로, 영국은 민간과 NCC(National Computer Center) 주도로 전 세계적으로 임치제도가 시행되고 있음

(1) SW 분리발주: 소프트웨어 및 하드웨어 구매, 네트워크, SW 개발 등을 함께 발주하는 기존 일괄 발주와 달리, 시스템의 기능을 분석하여 전체 사업 중 SW만을 별도로 발주하는 것, SW는 별도의 발주절차(입찰공고, 제안서접수, 평가, 사업자 선정, 계약 체결)를 거쳐 조달

(2) SW 등록제: 개발SW 프로그램 등록 시에는 실제 개발자 정보를 표시토록 제도 마련 <컴퓨터프로그램보호법 2007.04.05 시행>

7. 제안서

1) 제안서 개요
가. 제안서의 정의
- 일반적으로 기업이나 단체에서 프로젝트를 발주할 때 수주업체의 개발경험이나 능력, 기술적 특징 등을 분석하기 위하여 제출 받는 문서

나. 제안서의 중요성
(1) 수주(영업)활동의 근본이 되는 문서

(2) 계약서와 동등한 효력을 가지며 회사를 대표하는 문서

➜ **(임기술사)** 제안서에 서술된 제안내용은 RFP와 연계되며, 개발 시에 요구사항과 연계되어서 RFP의 문제점을 어떻게 제안했고, 실제 소프트웨어에 어떻게 구현되었는지에 대한 추적성을 제공해야 한다. 이러한 추적성을 제공하기 위해서 RFP의 요구사항이 제안서 몇 페이지에 존재하는지를 나타내는 조견표를 작성한다.

(3) 수주에 실패하였을 경우 경쟁사에 자사의 노하우 노출

➜ **(임기술사)** 제안서에는 RFP에 서술된 문제에 대한 해결방법(접근방법)을 명시하고 있기 때문에 제안업체의 정보가 유출될 수 있는 문제를 가지고 있다.

(4) 제안서 작성의 최종목표는 사업 수주 실현

(5) 계약서 작성의 기초

2) 제안서 작성 방법
가. 제안서 작성 내용
(1) **제안의 개요:** 제안서의 내용을 개략적으로 작성

　(배경, 목적, 범위, 제안서의 특장점, 사업수행전략, 제안관련 전제조건)

(2) **제안 내용**
- 프로젝트 관리방안: 범위관리, 일정관리, 형상관리, 품질관리, 조직관리(투입인력) 등
- 프로젝트 수행방안: 개발방법론, 개발도구, 적용기술, 유지보수방안, 교육훈련계획

(3) **제안업체 일반**
- 일반현황: 매출, 인력, 주 사업, 재무구조, 사업수행 조직, 유사작업 수행현황
- 보유기술: 제안사가 보유 중인 솔루션이나 특장점을 부각(브로슈어 등)

(4) **가격제안:** 별도 밀봉

➔ (임기술사) 기능점수를 활용한 제안비 산정 근거를 제시

나. 제안서 작성 절차

단계	Activity	수행 내용
제안전략 수립	고객분석	-고객시장환경/경쟁관계, 사업의 본질과 CSF이해를 통해 구체적인 비즈니스적 및 기술적 요구사항, 사업관리 요구사항의 파악
	경쟁사분석	-자사의 경쟁사는 누구이고 경쟁사 제안의 특징, 장/단점을 분석
	자사전략분석	-고객 요구에 대해 자사가 제공 가능한 솔루션에 대한 시나리오를 도출 분석하며, 경쟁사 대비 자사의 경쟁우위 분야 도출
제안계획 수립	제안일정/조직구성	-제안서 마감일을 기준으로 현실적인 일정과 조직구성 수립
	RFP분석/전략 수립	-요구사항분석, 제안범위 설정 등
	제안 Outline 작성	-목차작성, 담당자별 업무 분장표 작성, 제안관련 WBS 작성
	요구사항 Checklist	-각자 맡은 업무에 따라 담당자별 제안요청서상의 요구사항 Checklist를 작성, 제안 목차와 요구사항과의 상호 참조표 작성
	Keyword 작업	-고객 사업에 대한 이해도, 제안업무에 대한 특성 및 이를 수행할 수 있는 자사의 강점을 정리
	Library 활용	-유사 프로젝트의 제안서 참조
	제안작성표준 결정	-제안서 작성도구 결정, 표준포맷, 글씨폰트 등의 표준 결정
제안서 개발	Storyboard 작성	-제안 아이디어를 논리적으로 구성, 제안의 주요 특장점을 정의 하여 키워드를 파악하고, 팀원 간 공감대를 형성하기 위함
	분야별작성/검토	-Storyboard의 내용에 맞춰 주어진 표준안에 따라 제안서를 작성
패키징	Soft 측면	-인쇄품질, 표지/간지 디자인, 배열 등
	Hard 측면	-제본 및 바인딩 상태, 인쇄용지의 종류 및 품질 등
	협력관계 측면	-전문 인쇄업자의 협력을 통해 비용절감 및 보안유지 등
제안서 전달	발표전략수립	-Keyword 및 차별화 요소를 도출, 논리적인 전달 메시지 표현 등 -예상 질문에 대한 대응 시나리오 준비(평가위원 분석 중요)
	사후 활동	-완성된 제안서를 DB화 하고 재활용 할 수 있어야 하며, 제안서에 대한 성공/실패요인을 분석하여, 차후 비즈니스에 활용함

다. 설득력 있는 제안서 작성 방법

(1) 사업에 대한 이해 제시: 발주된 사업에 대한 이해 정도를 충분히 기술해야 함

(2) 사업전략 및 계획 제시: 사업성공을 위한 CSF 도출 및 추진일정을 보기 쉽게 작성

(3) 제안업체 특장점 제시: 제안업체선정에 대한 Benefit 제시와 투입인력의 우수성 제시

(4) 요구사항 해결방안 제시: 제시된 문제점 및 요구사항에 대한 구체적인 해결방안 제시

(5) 책임과 권한 명시: 발주자와 수주자 사이의 업무분장 및 R&R을 명확히 기술

(6) 실현가능한 제안 내용: 약속을 못 지킬 것 같은 제안은 하지 말아야 함

(7) 제안요약서(선택적): 발주자가 제안서 내용을 신속하고 쉽게 파악하도록 요약문서 작성

→ **(임기술사)** 구체적인 제안을 제시하여 사업을 수주하는 것이 근본적 목적이지만, 실제 프로젝트 수행 시에 발생할 수 있는 위험요소를 식별하여, 사업 추진의 타당성을 분석하는 것이 좋다. 그래야만 수주 이후에 실제 프로젝트에 제안비용보다 더 많은 비용이 발생하는 것을 어느 정도 예방할 수 있을 것이다.

문제〉	"A"사는 사전영업분석 결과, 고객사로 부터 발주되는 신규사업에 참여하기로 결정하고 제안 PM으로 귀하를 선임했다. 수주를 목표로 하는 제안 작업을 위하여, 귀하는 제안 요청서(제안서 및 제안요약본 제출, 제안설명회 실시) 접수에서부터 제안설명회 실시까지의 과정을 기술하시오.
카테고리	SW공학〉IT서비스, 프로젝트 관리 난이도 상

답>

1. SW사업 수주를 위한 제안서의 개요
가. 제안서(Proposal)의 정의
- 발주자가 요청한 (1)RFP(Request For Proposal)에 대한 응답은 사업 응찰자의 기술력과 사업수행 능력을 기술한 문서

나. 제안서의 역할

제안서의 역할	주요 내용
문제분석 능력	- 발주자가 요청한 RFP를 보고, 발주자의 문제 및 요건을 분석
대안 제시	- 발주자의 요구사항을 만족하기 위해서 수주자가 제시할 수 있는 솔루션을 표현
프로젝트 수주	- 수주회사의 능력표현의 문서로써 궁극적으로 프로젝트 수주를 목표로 함

2. 제안 PM의 역할 및 제안 프로세스

가. 제안 프로세스

나. 제안PM의 역할

항목	내 용
제안 팀 구성	-영업 또는 사업분석 팀과 협의해서 제안 팀원이 구성 -제안 작성자, 코디네이터, 제안발표자, 데코레이터
업무분장	-제안 목차 작성 및 템플릿 작성 -각 RFP항목별로 제안 업무 분장
일정관리	-제안 초안 작성 일정 -전체 작업 내용 취합 및 리허설 일정 -촉박한 제안 일정관리는 매우 중요
커뮤니케이션	-통상의 제안작업은 다수의 인원이 목차 항목별로 작업 진행 -중복되거나, 일관성 없는 제안 작성을 배제하기 위한 지속적인 커뮤니케이션 독려

3. 제안 작업 수행 시 RFP분석 및 제안 발표회 주요 사항

가. RFP분석 시 주요 고려사항

항목	내 용
사업규모	-사업기간, 총 투입 인력, 배정된 총 사업 단가
솔루션	-발주자가 마음에 찍은 솔루션이 있는 경우일수록 기능명세가 상세 -RFI때부터 작업 하여 유리한 쪽으로 유도
평가조건	-기술평가와 가격평가 합산 방식/저가입찰 방식 여부
가격산출방법	-(2)FP방식/LOC 방법 여부
분석시간	-RFP가 발표된 다음 제안서 제출 때까지는 시간이 촉박함
계약 방법	-컨소시엄 응찰이 가능한가? -최적 낙찰가 계약인가? 협상에 의한 계약인가?
수주가능성	-금번 건은 수주가 어렵더라도, 차기 후속 사업을 위해 응찰하는 것인가?
문의사항	-문의사항은 RFP담당자에게 물어보되 이메일 등으로 반드시 근거를 남길 것
기타	-수주 시 근무 형태 -수주자의 관점에서 접근이 아닌 발주자가 진정으로 원하는 것은 무엇인가?
제안타당성	-위 사항을 모두 종합적으로 판단 제안 타당성을 최우선 판단

나. 제안 발표를 위한 준비사항 및 고려사항

항목	주요 점검 및 고려사항
제안 발표 준비	-예상되는 질문의 시나리오 구성 -제안 발표 리허설 수행 -제안 발표자의 제안에 대한 이해력
제안발표 구성	-제안 발표자의 제안에 대한 이해도 증진 -발표 시간과 질의 응답 시간 배정 -제안 PT에 반듯이 참석해야 할 구성원
발표 실행	-제안 발표 순번에 따라 제안 발표하는 요령 -제안 발표 할 때 녹취 -제안 Q&A 발표할 때의 모든 제안자의 발언은 제안의 효력 -제안 질의에 대해 명확하고 간략한 대답

4. 제안서 작성 시 주요 고려사항

유의점	주요 내용
문제의 정의	-(3)RFI기반의 고객의 문제 및 요구사항을 정확히 정의 -이를 기반을 현실성 있는 제안 필요
자사 능력고려	-무리한 수주보다, 자사의 IT기술력의 능력을 정확히 확인 후 현실에 맞는 제안서 작성
사용자 중심	-IT에 대해서 전혀 모르는 사람이 보아도 이해 할 수 있도록 사용자 중심의 문서 작성
가시화, 방법론	-IT업체 자체로 제안방법론을 표준화 하고 가독성을 높인 제안

- SW 분리발주, SW 분리발주가 기존의 SI업체에 파급효과가 큰 가운데 짧은 제안준비작업 및 제 안서 평가의 공정성에 대한 공정한 평가 기준은 제계의 이슈사항임
- 제안서 작성관련 보상 체계 정비를 위해서 소프트웨어산업 진흥법 제21조의 규정에 따라 소프트 웨어사업의 제안서 보상기준, 보상절차 및 기타 필요한 사항을 정하여 국가, 지방자치단체, 정부 투자기관 및 기타 공공기관 등의 장(이하 "국가기관 등의 장"이라 한다)이 제안서 작성비를 보상 할 수 있는 대상 사업은 총 사업예산이 20억원 이상인 소프트웨어사업(단, 유지보수사업, 단순 하드웨어구축사업, 데이터베이스구축사업 및 시스템운용환경구축사업은 제외)에 한함을 명시화 하였음
- 자세한 보상업체의 선정 기준은 ① 국가기관 등의 장은 재정경제부 회계예규 '협상에 의한 계약 체결기준' 제8조제1항의 규정에 의하여 협상적격자로 선정된 자 중 기술능력 평가점수가 100분 의 80 이상인 자로서, 낙찰자로 결정되지 아니한 2인 이내의 자(이하 "제안서 보상 대상자"라 한 다) 범위 내에서 당해 사업의 제안서 평가위원회가 사업의 특성, 제안서 수준 등을 고려하여 제 안서 보상 대상자로 의결한 자를 제안서 보상대상자로 선정
- 제안 관련 부분은 현재의 이슈사항에 대한 모니터링뿐만 아니라 실무적인 관점에서 어떻게 제안 초기부터 제안서가 수주에 이르는지에 대한 경험을 바탕으로 한 답안 작성이 중요하므로, 학습 시 경험이 부족한 수험자의 경우에는 주변에 도움을 얻어서 간접 경험을 통한 실무경험을 접하 는 방식이 필요함

주요 용어설명

(1) RFP(Request For Proposal): 제안요청서

발주업체	-업체들의 제안을 받기 위해 자사 시스템에 대한 요구사항 및 자사 사업내용을 자세히 정리한 것
업체	-컨설팅이나 입찰 제안을 받기 위해서는 발주업체에서 제안에 관한 자세한 사항이 담긴 RFP를 받음 -RFP를 기반으로 입찰 제안서를 작성함

(2) FP방식/LOC 방법

- FP(Function Point): 사용자 관점에서의 소프트웨어 개발규모를 측정하기 위한 표준기법, 기능을 중심으로 소프트웨어와 개발과정에 대한 간접척도(양과 질 동시 고려), FP는 1979년 Albrecht가 제안한 정보처리규모와 기능적 복잡도에 의해 소프트웨어 규모를 사용자의 관점에서 측정, 프로

젝트 완료 후 생산성 평가목적으로 개발 되었으나 사전 예측모델로 이용됨
- LOC에 기반한 COCOMO(Constructive Cost Model) 방식은 개발 소스의 라인을 일일이 카운트하여
  SW규모를 파악, 인적 요소에 기초한 일종의 Man Per Month와 유사한 양적 개념에 기초하여 SW
  및 애플리케이션 개발 비용에 대한 관리지향형 단순 커뮤니케이션 촉진함, Code Line이나 투입된
  인력이 SW평가 기준이 됨
(3) RFI(Request For Information): 기업이 발주 및 컨설팅을 통해서 얻고자 하는 목적, 방향, 전략도출
  방법 / 여기에 따르는 작업프로세스, 제안업체의 관리 등으로 구성

발주업체	- 선정된 업체들에 대한 사전에 관련 정보를 요청하는 것 - 이를 바탕으로 RFP를 작성
업체	- 컨설팅을 발주하기 전에 기업에서 컨설팅업체에게 어떤 컨설팅을 받으면 좋을지에 관해서 '사전문의'를 하거나 'RFP' 작성 대행을 받는 것을 말함

:: 도우미 임기술사

[설명]

정부는 소프트웨어 산업의 열악한 현실을 해결하고 대외경쟁력 확보를 통한 수출 경쟁력 향상을
목적으로 소프트웨어 산업 활성화 제도를 마련한다. 우선적으로 소프트웨어 대가의 공정성을 확보하
기 위해서 新RFP 가이드라인과 소프트웨어 대가 산정 기준을 제시한다.

新RFP 가이드라인은 소프트웨어 품질저하의 문제점을 발주기관의 RFP가 구체적이지 못한 문제 때
문 이라고 보고 RFP의 구체성을 확보하기 위해서 ISMP 방법론이 등장한다. ISMP 방법론은 RFP 작성
시에 기능적 및 비기능적 요소, 제약사항을 명세화하여 기능점수를 도출할 수 있는 방법을 제시하는
방법론이다.

소프트웨어 대가 산정 기준은 소프트웨어 개발비, 재개발비, 유지보수, ISP컨설팅, DB구축 사업별
로 대가 산정방식을 제시하여 소프트웨어 대가에 대한 공정성을 확보하고자 했다.

또한 중소소프트웨어 업체의 열악한 현실을 인식하고, 중소소프트웨어 업체를 활성화하기 위해서
특정 금액이상은 소프트웨어와 하드웨어, 소프트웨어와 소프트웨어를 분리발주 하여 한 사업자가 전
체시스템을 책임지는 구조에서 중소업체에 기회의 요소를 부여한 것이다.

하지만 중소 소프트웨어 업체는 기업의 계속적인 측면에 문제가 발생할 수 있기 때문에 추가적으
로 소프트웨어 임치제도를 도입하여 소프트웨어 라이선스를 공인된 기관인 프로그램심의위원회에

위탁하도록 한 것이다.

마지막으로 소프트웨어 품질 경쟁력을 높이기 위해서 패키지 소프트웨어와 같이 이미 만들어진 소프트웨어에 대한 인증인 GS(Good Software) 인증 제도와 소프트웨어 개발 프로세스의 합리성을 평가하는 국내 소프트웨어 인증 모델을 제시한다.

[키워드]
－분리발주, 임치제도, 新RFP 가이드 라인, ISMP, 소프트웨어 대가 산정 방법, GS 인증, 국내 소프트웨어 인증 모델

[예상문제]
가. 1 교시형
  1) 분리발주
  2) 임치제도
  3) ISMP

나. 2교시형
  1) 정부의 소프트웨어 산업 활성화를 위한 제도를 설명하시오.
  2) 분리발주의 의미, 유형, 분리발주의 장점과 단점을 설명하시오.
  3) 제안서 작성 시 고려사항에 대해서 설명하시오.

8. 프로젝트 관리

1) 프로젝트 관리의 개요
가. 프로젝트 관리 정의
- 프로젝트를 성공적으로 관리하는 데 필수적인 **일정, 조직, 인력, 지휘, 통제를 제공하는 절차와 실행기술, 지식** 등의 체계
- 한정된 기간, 예산, 자원 내에서 사용자가 만족할 만한 소프트웨어 제품을 개발시키도록 하는 모든 기술적, 관리적 업무
- ➜ (임기술사) 한정된 기간, 예산, 자원(인력 등)을 만족하면서 고품질의 소프트웨어를 만들어내는 기술적 측면도 어렵지만, 그것을 고객에게 인정받는 관리적 측면의 활동도 중요하다.
- 시작점과 끝점을 가지며 최종 산출물을 만들어 내는 작업 계획을 관리하는 것

나. 프로젝트의 특징
- 시작과 끝이 명확(Start－End)
- 자원과 예산의 필요(Resource, Budget)
- 구체적 성과 도출(Task, Deliverables)
- 제약과 불확실성(Constraints, Change, Risk)

다. 프로젝트 관리의 목적
- 고품질의 상품개발: 사용자 중심 상품, 가치적 상품, 고품질 상품의 성공적 완료
- 개발절차의 준수: 개발관리, 자원관리, 개발절차의 표준화 및 준수

[길라잡이]

- 프로젝트는 시간 제약성, 단계적 상세화, 일시적이라는 특성이 일반 운영과 다른 차이점이다.
- 프로젝트는 프로젝트를 수행하는 조직(사람), 일을 하는 공정(프로세스), 최종 완성된 제품측면에서 관리되고 통제 되어야 한다.

2) 프로젝트 관리의 5대 기능

기능	설 명
계획 (Planning)	– 조직목표 달성을 위한 업무과정을 설정하고 프로젝트 통제 준비단계 – 프로젝트 수행 시 무엇을, 언제, 어떻게, 누가 할 것인가를 결정
조직화 (Organizing)	– 목표달성을 위한 책임 위임, 역할 부여 및 작업배치 기능 – 직무 이해, 직무수행 및 상호관계를 설정하는 과정
인력확보 (Staffing)	– 인력자원의 확보, 배치/교육/훈련/경험 등의 기술축적 과정
지휘 (Directing)	– 목표달성을 위한 통솔과정으로 자원의 능력을 최대한 발휘할 수 있도록 함으로써 프로젝트 수행에 기여하도록 관리하는 과정
통제 (Control)	– 목표달성을 위해 계획대비 활동 진행상황을 측정하고 교정하는 기능 – 이정표 관리(Milestone Management), 프로그램 개발통제 예산집행 추적제도, 시간표(Time card) 작성 통제 등

가. 통합관리(Integration)

– 프로젝트의 다양한 요소들을 적절하게 통합, 조정하기 위하여 필요한 프로세스

– 프로세스: 프로젝트 계획 개발 –> 프로젝트 계획 실행 –> 통합 변경 통제

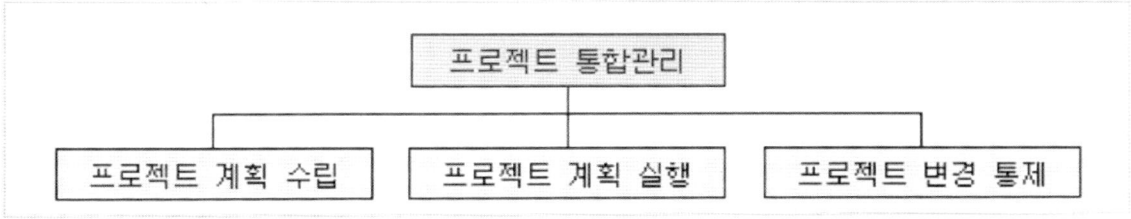

나. 범위관리(Scope)

– 프로젝트에서 필요한 업무만을 정의하고 성공적으로 완료하기 위해 필요한 프로세스

– 계약에 정의된 프로젝트 범위 관리

– 프로세스: 착수 –> 범위계획 –> 범위정의 –> 범위검증 –> 범위변경 통제

– WBS・(Work Breakdown Structure)

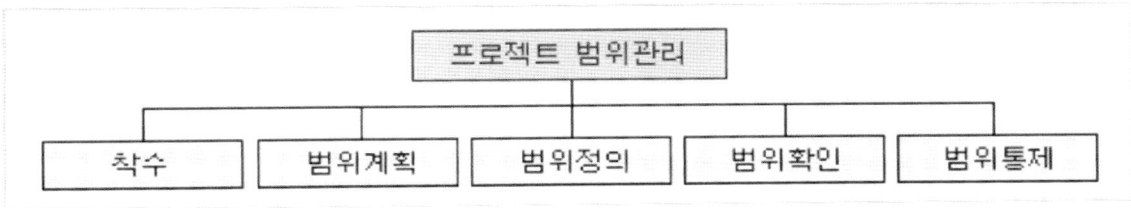

- 범위관리는 고객과 합의된 범위를 정의하고 범위의 변경, 범위검증, 통제를 수행하는 활동으로WBS(Work Breakdown structure)를 정의하고 통제한다.
- 착수: 프로젝트를 선정하고 프로젝트를 계약하는 활동
- 범위계획: SOW(범위명세서)을 작성하고 범위관리 계획을 수립
- 범위정의: 2주 단위 활동인 WBS를 도출
- 범위확인: 고객과 함께 범위를 검증
- 범위통제: 변경관리 조직, 변경관리 프로세스를 정의하고 범위관리를 수행

다. 일정관리(Time)

- 프로젝트의 납기를 준수하기 위하여 필요한 프로세스
- 정해진 기한 내 종료하기 위한 관리
- 프로세스: Activity 정의 −> Activity 순서화 −> Activity 기간산정 −> 일정개발 −> 일정관리
- Milestone, PERT/CPM

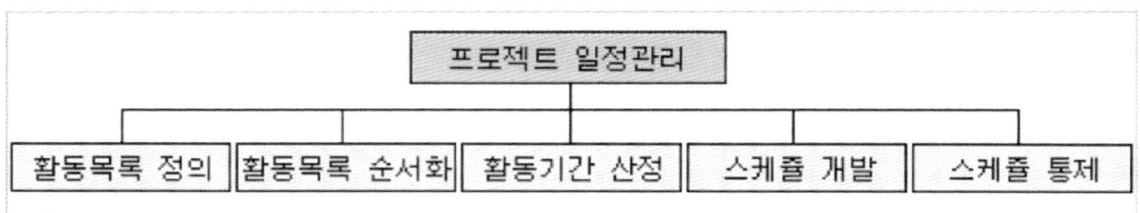

- 프로젝트 일정관리 방법 경영층에서 공식적으로 보고하는 시점을 관리하는 마일스톤, 막대그래프형태를 활용하여 진척을 관리할 수 있는 간트차트, 액티비티 간의 종속성을 표현할 수 있는PND(Project Network Diagram) 형태로 분리된다.
- 활동목록 정의: 범위관리의 WBS를 입력으로 받아 보다 세분화된 액티비티를 정의
- 활동목록 순서화: 액티비티 간의 의존성을 파악
- 활동기간 산정: PERT 및 CPM을 활용하여 일정을 추정
- 스케줄 개발: 프로젝트 범위, 위험요소를 고려하야 전체 스케줄을 수립
- 스케줄 통제: 일정변경을 관리

라. 원가관리(Cost)

- 승인된 프로젝트의 예산 내에 프로젝트를 완료하기 위하여 필요한 프로세스
- 프로젝트 수행을 위한 예산관리
- 프로세스: 자원계획 -> 원가측정 -> 원가예산수립 -> 원가통제
- Earned Value

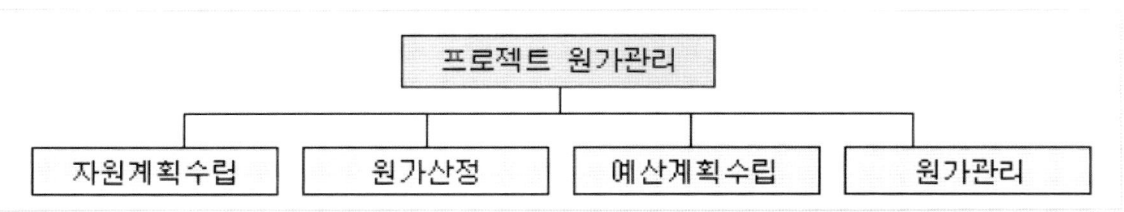

[길라잡이]

- 프로젝트 원가관리는 비용과 일정을 통합관리 하기 위한 방법인 EV를 제시한다.

마. 품질관리Quality)

- 프로젝트에 주어진 요구사항을 달성 하기 위하여 필요한 프로세스
- 프로세스: 품질계획 -> 품질보증 -> 품질통제
- 형상관리, 변경관리

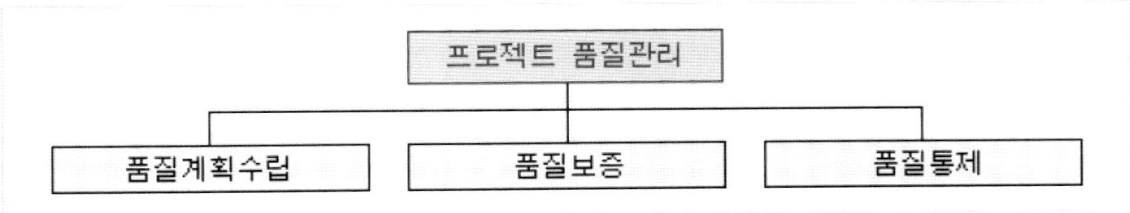

- 소프트웨어 품질관리는 품질관리의 범위와 품질을 측정하는 방법, 품질관리 조직 및 책임과 역할을 정의하는 품질관리 계획으로부터 수행된다.
- 품질관리 계획 수립 후 소프트웨어 개발 공정 관점에서 품질을 관리하는 품질보증 활동을 수행하고 품질통제는 개발된 소프트웨어가 고객관점의 품질목표를 달성하도록 수행하는 모든 활동으로 프로덕트 측면의 품질을 관리한다.

    - 프로세스 측면 품질: 소프트웨어를 개발하는 방법에 대한 품질 -〉 국내 소프트웨어 품질 인증 모델, SPICE(ISO 15504), CMMI 등
    - 프로덕트 측면 품질: 완성된 소프트웨어 품질을 측정하는 방법 -〉 ISO 9126, McCall 품질모델, ISO 14598, ISO 12119, GS인증 등

바. 인력관리(Human Resource)

- 프로젝트에 관여된 사람들을 최대한 효과적으로 활용하기 위하여 필요한 프로세스
- 적정 소요 인력 파악 및 최적화
- 프로세스: 조직계획 -〉 팀원확보 -〉 팀워크개발
- 조직도

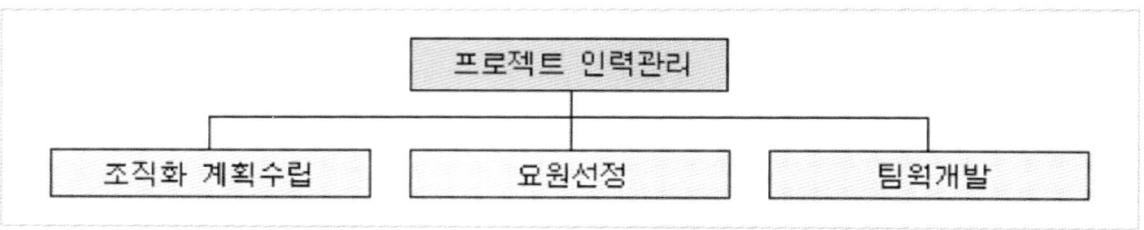

[길라잡이]

- 프로젝트 인력관리는 인력을 구성하는 방법인 3가지가 존재한다. 즉, 조직을 구성하는 방법으로 기능조직, 프로젝트 조직, 메트릭 조직으로 구성된다.
- 기능조직: 유지보수 조직 형태를 의미
- 프로젝트 조직: 프로젝트를 수행하기 위한 임시적 조직형태
- 메트릭 조직: 기능 조직과 메트릭 조직을 융합한 형태

사. 의사소통관리(Communication)

- 프로젝트 정보를 적절하게 생성, 취합, 배포, 보관 하기 위하여 필요한 프로세스
- Stakeholder들과의 원활한 의사소통을 위해 시기, 방법 등을 관리
- 프로세스: 의사소통계획 → 정보전달 → 성과보고 → 행정종료
- 보고서

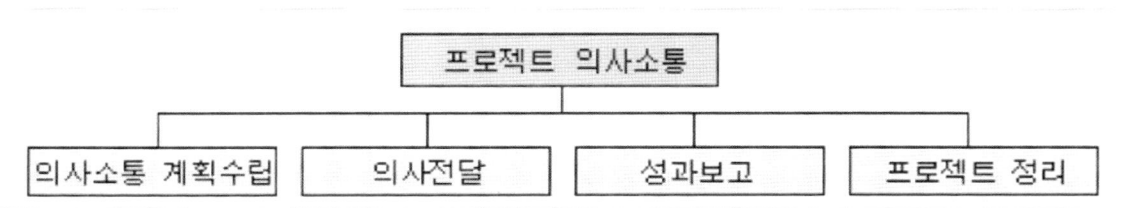

[길라잡이]

- 프로젝트 의사소통은 이해당사자의 수 증가, 프로젝트 조직원의 증가는 의사소통 채널의 증가라는 문제점을 유발한다.
- 의사소통 채널 수 = $N(N-1)/2$ N: 인원 수

아. 위험관리(Risk)

- 프로젝트의 위험을 체계적으로 식별, 분석, 대응, 통제하는 프로세스
- 프로세스: 위험계획 → 위험계량화(정성, 정량) → 위험대응방안 수립 → 위험대응 조치
- 위험관리계획서

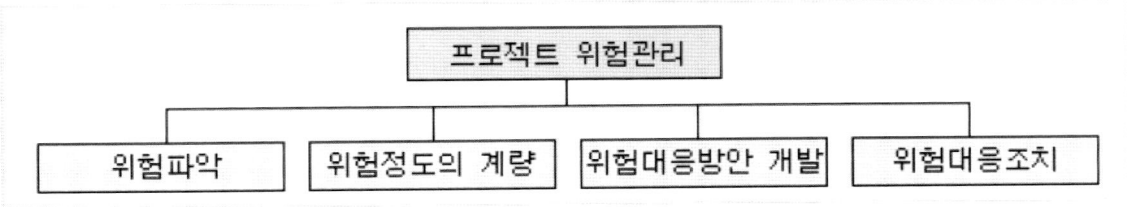

[길라잡이]

- 프로젝트 위험은 프로젝트 수행에 있어서 지속적으로 발생하는 것으로 위험관리는 지속적인 관리가 중요하다. 성공적인 프로젝트 수행을 저하하는 모든 조직적, 관리적, 공정, 제품, 제약사항(일정, 비용 등)을 포함한다.
- 위험관리는 위험식별하고 위험 분석을 통하여 우선순위 및 영향도를 분석한다.
- 위험분석 수행 후 각 위험에 대한 대응계획을 수립하여 지속적으로 관리하는 활동이다.
- 정보처리기술사 공부를 하는 입장에서 PMP에 나오는 프로젝트 관리의 모든 프로세스를 암기할 필요는 없다.
- 정보처리기술사 시험에서는 범위관리, 일정관리, 위험관리, EV내용 위주로 학습하면 된다.

문제〉	PMI(Project Management Institute)가 제시하는 일반적인 프로젝트 관리활동 9개 영역을 간략히 기술하시오		
카테고리	소프트웨어공학〉프로젝트 관리	난이도	중

답〉

1. 효율적인 프로젝트 관리활동을 위한 PMI의 PMBOK의 개요

가. PMI의 PMBOK(Project Management Body of Knowledge)의 개념

　- (1)프로젝트의 요구사항을 충족시키기 위한 지식, 기술, 도구, 기법의 응용을 다루는 국제적으로 인정 받은 표준

나. PMI의 PMBOK에서 제시하는 (2)프로젝트 관리의 체계

　- 4대 수명주기: 착수, 계획, 실행, 통제의 프로젝트 관리의 생명 주기

　- 5대 프로세스 그룹: 계획, 조직화, 인력 관리, 지휘, 통제의 핵심 기능

　- 9대 관리 활동 영역: 공정, 예산, 품질의 만족을 위한 관리 영역

2. PMI의 PMBOK에서 제시하는 프로젝트 관리활동의 9대 영역

구분	관리활동 영역	내 용	기법
핵심 영역	범위 관리	범위 기획, 정의, 작업분류체계(WBS) 작성, 비준 및 통제.	WBS
	일정 관리	일정 정의, 연결, 자원 및 기간 추정, 일정개발 및 일정관리	Pert/CPM, 마일스톤
	비용 관리	자원 기획, 비용추정, 예산 및 통제	EVM
지원 영역	품질 관리	품질계획, 품질보장 및 품질통제	형상관리
	인력 관리	인적자원 계획, 인력충원, 인력개발 및 프로젝트 팀 관리	조직도
	의사소통 관리	커뮤니케이션 계획, 정보 제공, 성과보고, 이해관계자 관리	보고, 회의, 메일
	위험 관리	리스크 계획 및 확인, 리스크분석(양적, 질적), 리스크 대응 계획 및 리스크 모니터링 및 통제	위험관리 기법
	조달 관리	획득 및 계약 계획, 판매자 대응 및 선택,계약 관리 및 계약 종료	계약서
	통합 관리	프로젝트 헌장, 범위 진술서, 계획 개발, 프로젝트 변화 지시, 관리, 감시, 통제	변경통제, 차터

3. PMI의 PMBOK에서 제시한 프로젝트 활동의 적용 및 응용 방안

구분	적용 응용 영역	비고
프로젝트	−기술적인 엔지니어링 프로젝트 −마케팅 및 제품개발 −연구 및 개발 프로세스	전체 영역의 사용
비 프로젝트	−일반적인 관리 (3)프로그램 −부서별 기능 위주의 프로젝트 −특정산업의 프로세스	일부 영역의 선택적 사용

−일반적인 프로젝트뿐만 아니라 (4)비 프로젝트 영역에서도 적용 및 응용이 가능함

−PMBOK 프로젝트 지식 영역

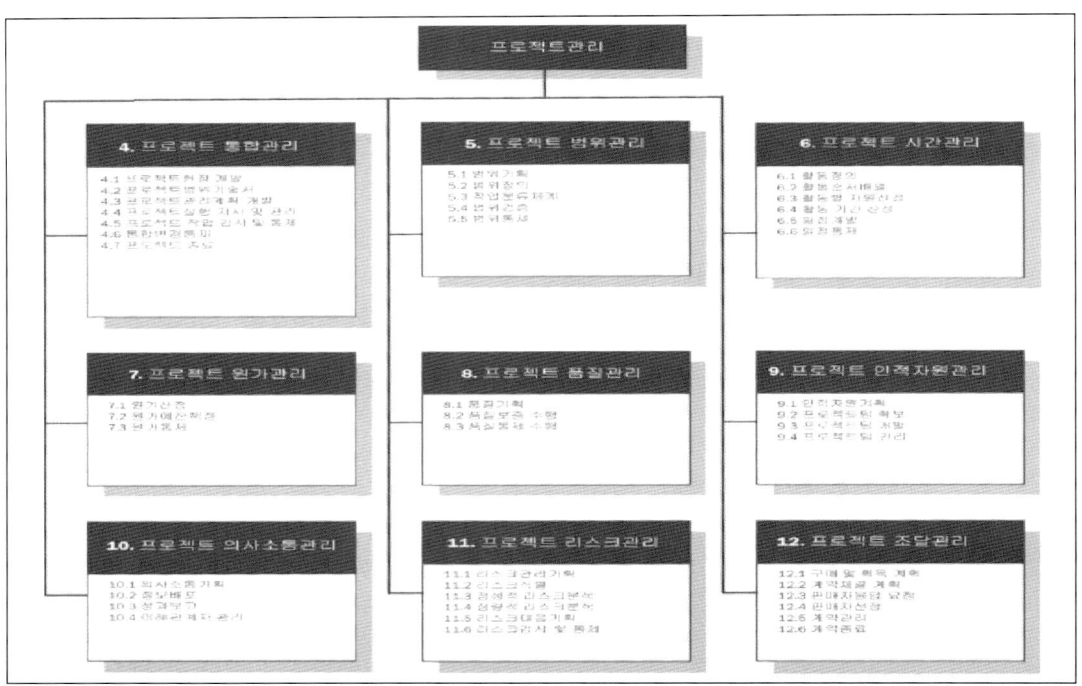

(1) **프로젝트:** 유일한 제품, 서비스, 프로세스, 결과, 계획을 생성하기 위해 수행되는 일시적인 행동이나 노력

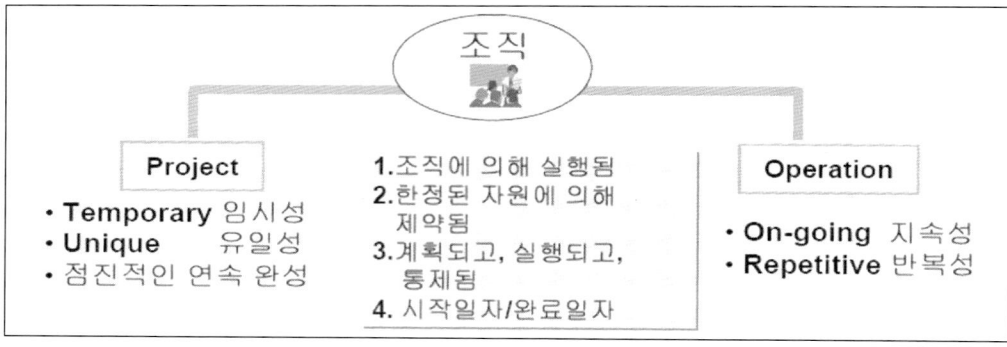

(2) **프로젝트 관리:** 프로젝트 요구사항(Requirements)을 만족시키기 위해 프로젝트 활동에 관련된 지식(Knowledge), 기술(Skills), 도구(Tools) 및 기법(Techniques)등을 적용하여 수행하는 제반관리활동

(3) **프로그램(Program):** 서로 관련 있는 프로젝트들이 유기적으로 관리되는 프로젝트들의 그룹

(비행기, 자동차, 유틸리티, 국내 KFP, ERP 사업 등)

(4) Project Portfolio Management: 프로젝트나 프로그램 투자에 대한 선정이나 지원 시 사용(조직적 전략 계획, 유효한 자원)

- 투자 대비 성과 관리, 사업 우선순위, 효율적인 자원관리
- 발의 -> 취소, 발의 -> 실행 -> 종료, 발의 -> 실행 -> 완료

:: 도우미 임기술사

[설명]

IT 프로젝트는 소프트웨어의 품질을 보장하기 위해서 제한된 시간 및 비용을 충족하면서 관리 및 측정하는 모든 활동과 기법을 의미한다. 이러한 프로젝트를 관리하기 위한 방법은 프로젝트 관리는 조직원을 충원하여 프로젝트 조직을 구성하는 방법, 소프트웨어 개발 방법론을 수행하여 실적을 획득하고 계획 대비 실적의 차이를 관리하며, 차이를 해소하는 방법, 초기에 발생하는 위험과 위험의 파생, 잔여, 전이를 측정하고 관리한다. 또한 고객입장에서의 소프트웨어 품질수준을 달성할 수 있는 모든 활동을 포함한다.

결론적으로 프로젝트 관리를 고품질의 소프트웨어를 개발하기 위한 모든 관리적, 공학적 활동을 의미하는 것이다.

[키워드]
- 프로젝트 관리 5대 기능

[예상문제]
가. 1교시형
  1) 프로젝트와 운영과 차이점

나. 2교시형
  1) 프로젝트 관리 프로세스 및 프로젝트 관리 영역(지식관리 영역)에 대해서 설명하시오.

9. 범위관리

1) 프로젝트 업무 범위의 가시성을 확보하는 범위관리의 개요
가. 범위관리(Scope Management)의 정의
- 프로젝트의 공식 시작시점을 명시하고, 업무의 영역과 경계를 정의, 조율하는 일련의 행위
- ➔ (임기술사) 프로젝트의 범위의 정의와 범위명세, 고객에게 범위의 검증은 프로젝트에서 가장 중요한 요소이다. 업무영역 정의 및 경계는 상위레벨에서 독립적으로 수행할 수 있는 단위 시스템을 식별한다.

나. 범위관리의 필요성
- 관리자 측면: 범위 단위의 세분화, 표준화, 업무계획의 가시성, 작업의 표준화
- ➔ (임기술사) 범위관리 세분화는 WBS를 통하여 수행한다.
- 자원배분측면: 인력, 일정, 배분 근거, 비용산정 근거(FP 등)
- ➔ (임기술사) WBS의 작업량을 근거로 인력투입 계획을 수립한다.

[길라잡이]
- 범위관리의 핵심은 범위의 명확화이다. 고객과 사업자 간의 합의된 범위를 명확히 하고 추가 요구사항, 변경 요구사항을 관리 및 통제해야 한다.

2) 범위관리의 주요 특징 및 범위관리 절차
가. 범위관리의 주요특징
- 타 공정 관리의 근거
- 변경영향의 최소화: 최초에 작업범위를 정확히 명세함으로써, 변경 관리 Baseline설정
- ➔ (임기술사) 범위를 정의하면 작업명세서(SOW)를 작성하여 범위를 명확히 한다.
- 프로젝트 공식화: 고객의 업무 승인, 프로젝트 공식 준거
- 업무관리 대상 정의: 고객의 요구사항 명확화, 분류화
- ➔ (임기술사) 범위관리는 고객과 합의된 범위를 결정하여 Baseline을 수립하고 요구사항의 변경 등에 대해서 변경관리 활동을 수행하는 프로세스이다. 범위의 변경은 소프트웨어 규모의 변경 및 이미 완료된 산출물에 대한 변경을 의미하므로 포트폴리오 관점에서 관리가 필요하다.

나. 범위관리 절차

구분	내용	산출물
착수	프로젝트 시작 공식화	프로젝트 계획서
계획	수행목적, 산출물 정의	SOW
정의	범위기술서 참조 WBS도출	WBS
검증	정의된 업무범위 수행결과 고객 승인	고객승인서
통제	범위 변경에 따른 변경관리	기준선 변경이력

3) 범위 변경 관리
가. 범위 변경 시 고려사항

일정	NW 임계경로	−WBS상의 Critical Path를 고려하여 일정 영향도 파악 ➔ (임기술사) WBS(Work Breakdown Structure)는 작업분류체계로 수행해야 하는 작업목록을 계층형 구조로 관리하는 것을 의미 한다. ➔ (임기술사) Critical Path(주 공정)는 프로젝트 관리에서 핵심 적으로 관리해야 하는 Activity(활동) 간의 경로이고 Critical Path의 종료는 프로젝트의 종료를 의미한다.
	변경 발생 시점	−프로젝트 말기에 발생한 변경은 수용 거부 ➔ (임기술사) 프로젝트 말기에 변경수용 거부라는 관점보다 특정 고객에 한정된 동적 요구사항에 대한 관리가 필요하다. 만약 그 요구사항이 시스템 본질에 중요하고 반드시 수행 되어야 하는 요구사항이라는 수용할 수도 있다. 즉, 이러한 것을 포트폴리오 관점의 의사결정이라고 하고 이러한 의사결정을 수행하는 조직이 PMO(Project Management Office)이다.
업무	업무 중요도	−인터뷰, 델파이기법 등을 통하여 업무의 중요도 산정 ➔ (임기술사) 업무 중요도는 본 시스템의 핵심을 파악할 수 있는 요소이므로 난이도와 함께 관리되어야 한다. 결론적으로 중요도와 난이도를 통해서 우선순위를 식별한다.
	업무 난이도	−투입된 인력의 역량을 고려하여 변경되는 업무 난이도 파악
비용	경상예산	−돌발 상황 대비 비상여유 예산 초과 여부
	회계계정	−변경된 범위에 대한 예산 및 비용 고려
위험	정성	−담당개발자 사기 저하 위험, 업무 복잡도 증가 위험 ➔ (임기술사) 정성적 위험분석은 위험요소에 대한 우선순위를 식별하는 활동이다.
	정량	−변경발생빈도, 변경 발생 추가 작업공수 산정 ➔ (임기술사) 정량적 위험분석은 위험요인이 발생했을 때 사업에 영향도를 정량적으로 측정하는 방법이다.

−범위 변경 시 이해당사자별 다양한 항목에서 이해상충 관계가 발생하므로, 통합적 관점에서 변경 통제위원회에서 평가(항목별 가중치 부여)

나. Gold Plating과 Scope Creeping

Scope Creeping	승인되지 않은 추가사항 및 범위 계획 발생 −사전에 업무범위와 WBS의 명확한 설정 및 공식화 −비상시에만 사전 승인 없이 변경 할 수 있는 절차 마련 문서화
Gold Plating	고객에게 잘 보이기 위해 불필요한 추가 요구사항 추가 −핵심 요구사항과 부수 요구사항 명확히 분류, 중요 요구사항 별로 변경수행

10. SOW

1) 작업명세서(SOW) 개요

가. SOW 정의

- 제안자와 고객 간의 계약의 토대이며, **제안자가 고객을 위해 수행해야 할 구체적 작업 목록이 포함된 작업내역서**

➔ (임기술사) SOW는 검수의 기준이며, 프로젝트 범위로 식별할 수가 있다.

나. SOW 작성 시점

- SOW는 제안요청서(RFP)의 필수 납품항목에서 출발함
- 계약을 협상하면서 또는 구체적인 프로젝트 요구사항이 설정된 후 최종 완성됨

다. SOW의 용도

- **서비스 공급자와 수요자간의 기대수준 차이에 대한 명확한 수행범위 규정 가능**
- 서비스 제공내역의 계량화 및 정량화 가능

서비스 수혜자	- **합의된 서비스 수준**에 필요한 서비스 공급자의 작업내용을 이해할 수 있음 - 작업량에 의거한 평가, 보상, 패널티 등을 관리함으로써 합리적인 서비스 수준 요구 가능
서비스 공급자	- 합의된 서비스 수준에 필요한 작업량에 대한 객관적 측정 - 예기치 못한 서비스 요구에 따른 위험을 낮춤 - 내부적인 원가 절감 및 생산성 제고의 유인요소로 활용

2) 작업명세서의 구성

업무영역	활동	산출물		주기
		보고서	세부항목	
PMO 운영계획 수립	PMO 수행 계획	PMO수행계획서	프로젝트 정의, 프로젝트 수행범위	프로젝트 착수 시
현행이슈 및 산출물 검토	프로젝트 베이스라인 검토	베이스라인 검토 보고서	프로젝트 기준서	
범위관리	범위변경통제	범위관리보고서	범위변경, 시정조치	이벤트 시
일정관리	일정통제	Status Report 검토보고서	수정일정계획, 시정조치	주별/월별
품질관리	품질보증활동	품질관리보고서 체크리스트	산출물검토, 아키텍처 검증	산출물 산출 시
종료보고	종료보고	PMO종료보고서	산출물 최종검토, 프로젝트 결과평가	1회

3) SOW 기대효과

- 예기치 못한 서비스 범위의 불투명성에 대한 위험관리가 가능하고, 문서화된 서비스요구에 대한 정당한 서비스 지불 요구가 가능함
- 효율적인 정보서비스 확인 및 통제가 가능으로 인해 서비스에 대한 정확한 평가 및 보상 가능

11. WBS

1) 프로젝트의 업무 범위를 표현하는 WBS의 개요

가. WBS(Work Breakdown Structure)의 정의
- 프로젝트의 목표를 달성하기 위하여, **처리해야 할 업무의 집합을 산출물 관점에서 계층적으로 구조화하여 작성한 문서**

나. WBS의 목적
- 관리측면: 업무단위 세분화, 업무계획의 가시성 확보, 프로젝트 작업 표준화
- 지원측면: 인력, 일정배분의 근거, 비용산정근거(FP기능 개수 도출 등)

2) WBS의 작성수준과 구성요소

가. WBS의 작성 수준
- 담당자별 업무와 책임이 식별
- MAN-Month 견적 도출이 가능
- Work Item 추진 일정, 산출물 일정
- 사용자 요구사항 기준, 베이스라인 도출

나. WBS의 작성 절차

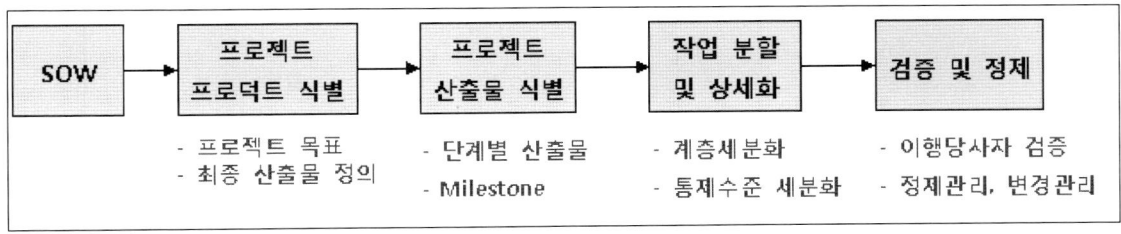

다. WBS의 구성요소

Task	- 업무 특성을 고려하여 분류한 단위 업무 - 대상범위 외에는 요약기술
Activity	- 책임성, 적임성 고려 Task를 분류 - 자원 및 작업배정의 기준
Network	- 작업 간 선후관계(FF, FS, SF, SS) 및 연관관계 - LEAD TIME, LAG TIME, DEAD LINE
Work Package	- Activity를 분리한 WBS의 최소단위 - 단 하나의 자원배정, 일정, 원가의 측정단위

3) WBS의 활용

가. 초기에 WBS를 명확히 수립, 향후 요구사항 변경 시 작업대상 변경에 대해 탄력적 대응

나. 이후 공정 진행 시 측정과 통제의 기준선으로 활용

4) WBS 작성 시 유의사항

가. WBS의 최하위 단위 Work Package or Cost Account

나. 통상 단위 **Work Package는 80시간(2주) 내외의 기간을 가지도록 분해**

다. WBS의 구성요소는 유니크한 ID(넘버링 체계)를 가지며, Code of Account라고 함

라. WBS Dictionary는 각 Work Package의 상세한 내용을 기술한 것

마. WBS의 분해는 각 Work Package별로 일정과 원가를 산정 가능할 때까지 실시

문제〉	프로젝트 관리 관점에서 작업분해도(WBS: Work Breakdown Structure)란 무엇이며, PMI(Project Management Institute)가 제시하는 9개 활동영역 각각에서 어떻게 활용될 수 있는지 설명하시오.
카테고리	소프트웨어 공학〉프로젝트관리 난이도 중

문제풀이

답〉

1. 프로젝트 관리의 기준점 제시를 위한 작업분해도(WBS)의 개념

가. WBS(작업분해도)의 정의

- 프로젝트 목적 달성 위한 관리 또는 통제 목적으로 프로젝트 요소들을 단계별로 작은 단위 (Work Package)로 분할하여 정의한 문서
- 프로젝트의 공기 및 비용, 소요 자원 배정/산정 근거 제시한 산출물

나. WBS의 목적

- Decomposition: 주요 프로젝트 산출물을 작게 관리 가능한 단위로 분해
- Baseline: 비용, 일정, 자원산정 근거, 성과측정과 통제의 기준선 정의
- Role & Responsibility: 명확한 책임과 역할 할당의 용이성 제공
- Greater Manageable: 주요 Milestone 기반의 공정, 비용, 자원 관리다. WBS의 작성 기준
- 관리 가능 수준: 원가, 일정, 자원 등 관리 가능 수준으로 분할
- 세분화와 종속성: 하부 수준의 항목은 상위 수준 항목을 세분화
- 산출물 형식: 기능전개형/SW개발 프로세스형, 요약/계약/사업 WBS 등
- 추적성: 각 Work Package는 요구사항 추적표 등으로 추적성 필요

2. PMI가 제시하는 9개 활동 영역

가. 프로젝트 관리영역의 구성

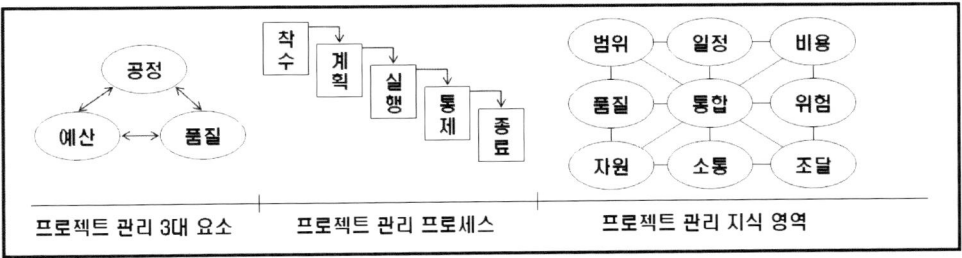

- 프로젝트 수행, 관리 및 통제에 이르는 전 부문의 Baseline으로 WBS를 활용함

나. PMI의 9개 활동영역의 주요 내용 (PMBOK 4.0 기준)

활동 영역	활동 내용
통합관리	프로젝트 계획 개발, 프로젝트 계획 실행, 통합 변화 관리
범위 관리	개시, 범위 기획, 범위 정의, 범위 검증, 범위 변경 통제
일정 관리	작업 정의, 작업 순서, 작업 기간 산정, 일정 개발, 일정 통제
비용 관리	자원 기획, 비용산정, 비용 예산, 비용 통제
품질 관리	품질 기획, 품질보증, 품질 통제
인적자원 관리	조직 계획, 스태프 확보, 팀 개발
의사소통관리	의사소통 기획, 정보 배포, 성과 보고, 관리 종료
위험 관리	위험 관리 기획, 위험 정의, 정성적 위험 분석, 정량적 위험 분석, 위험 대응 계획, 위험 모니터링 및 통제
조달 관리	조달 기획, 주문 기획, 주문, 공급자 선택, 계약 관리, 계약 종료

- PMI 제시 9개 활동 영역에 대한 정확한 이해를 통하여 Tailoring 필요

3. PMI 9개 활동영역에서 WBS의 활용
가. 프로젝트 착수 및 계획 부문에서의 활용

활동 영역	활용 내용
통합 관리	- WBS 작성의 기초가 되는 제반 기준 및 환경 정의, WBS 변경관리 - 단계별 Milestone을 중심으로 공정/예산/품질 등 통제
범위 관리	- 요구사항 수집 및 정의를 통한 WBS 작성 기초 마련 - WBS 작성 및 고객과의 확인을 통한 범위 정의, 통제 및 관리
일정 관리	- WBS 기준으로 프로젝트 활동목록 작성, 활동 순서 정의 - 산출물 및 자원의 능력에 따라 자원 소요량 파악, WBS와 추적성 부여
비용 관리	- WBS의 Work Package 기준으로 자원 식별, 획득 및 운용 방안 마련 - 각 시기별 자금 가용성 판단하여 비용지출 계획 수립, 집행 실적 기록 - 프로젝트 이행보증, 하자보수 이행 보증 등 부가 비용결제시기 판단

- 프로젝트 초기 단계에서의 범위, 일정, 비용 관리 계획을 WBS 중심으로 수립

나. 프로젝트 실행 및 통제 부문에서의 활용

활동영역	내 용
품질 관리	- Project Charter에서 정의한 목적달성 위한 Work Package별 품질요구사항에 대한 정의 및 고객과의 합의 기준 문서로 활용 - 품질보증 절차에 대한 주요 Milestone별 표기 및 수행 통제
인적자원 관리	- WBS를 성공적으로 수행하기 위한 조직 구성도 작성에 활용 - 인적 자원 배치, 필요 기술요소 교육, 협력 체계 수립의 기초로 활용
의사소통관리	- WBS 기준으로 각 Work Package별 협의체 구성 및 점검 - 각 단위업무별 Contact Point 설정으로 의사소통 오류 최소화

위험 관리	−단계별 발생 가능한 위험요소를 WBS에 기재하여 통제수단으로 활용 −주요 Milestone별 위험 모니터링 결과 보고 및 이슈 통제
조달 관리	−사업 발주로부터 각 구성 요소별 납품시기 정의, 통제수단으로 활용 −납품 시기별 가격 변동, 자원 Roll−In/Out 시 자원 조달 준비 시 활용

−수행 단계에서의 WBS에 기재된 Milestone별 통제 기준으로 활용

다. 프로젝트 종료 부문에서의 활용

−검수 확인서: WBS에 기재된 주요 Package별 검수 기준으로 활용하여 추진

−Lessons Learned: WBS 중심으로 수행, 통제 결과를 형식지화 하여 경험 공유

−유사 사업 수주 기초 자료로 활용하기 위하여 PMS에 등록, 경험치 축적

4. PMI 9개 활동영역에서 WBS 활용 시 주의사항

가. 프로젝트 관리자 관점의 주의 사항

−전체 프로젝트 계획 단계에서의 WBS 작성 시, RFP−제안서−계약서에 기재된 산출물 인도 계획
의 타당성 검증이 필요함

−WBS 분할 수준의 합의, 전체 공정에 대한 검증 통하여 프로젝트 통제위원회의 의사결정을 통한
현실화와 진행에 따른 지속적 현행화 필요

나. 프로젝트 발주자 관점의 주의 사항

−SOW(Statements of Works)의 작업내역과 WBS에 기재된 Milestone과의 정합성 점검통한 납품 목록
의 확인, 설치, 인도 시기 확인하여 대비

−각 Milestone별 작업 현황 점검통한 위험의 사전 감지, 단계별 담당자의 배정통한 프로젝트 수행
지원 필요함 "끝"

[참고] PMI가 제시하는 9개 활동 영역

Process Groups / Knowledge Area	Initiating	Planning	Executing	Controlling	Closing
4. Integration	4.1 Develop Project Charter	4.2 Develop Project Management Plan	4.3 Direct & Manage Project Execution	4.4 Monitor & Control Project Work 4.5 Perform Integrated Change Control	4.6 Close Project or Phase
5. Scope		5.1 Collect Requirements 5.2 Define Scope 5.3 Create WBS		5.4 Verify Scope 5.5 Control Scope	
6. Time		6.1 Define Activities 6.2 Sequence Activities 6.3 Estimate Activity Durations 6.4 Develop Schedule		6.5 Control Schedule	
7. Cost		7.1 Estimate Costs 7.2 Determine Budget		7.3 Control Costs	
8. Quality		8.1 Plan Quality	8.2 Perform Quality Assurance	8.3 Perform Quality Control	
9. Human Resource		9.1 Develop Human Resource Plan	9.2 Acquire Project Team 9.3 Develop Project Team 9.4 Manage Project Team		
10. Communication	10.1 Identify Stakeholders	10.2 Plan Communication	10.3 Distribute Information 10.4 Manage Stakeholder Expectations	10.5 Report Performance	
11. Risk		11.1 Plan Risk Management 11.2 Identify Risks 11.3 Perform Qualitative Risk Analysis 11.4 Perform Quantitative Risk Analysis 11.5 Plan Risk Responses		11.6 Monitor & Control Risks	
12. Procurement		12.1 Plan Procurements	12.2 Conduct Procurements	12.3 Administer Procurements	12.4 Close Procurements

문제〉 EVM(Earned Value Method)에 대해 설명하고, 이 기법을 소프트웨어 개발 프로젝트에 적용할 때의 문제점 및 해결 방안을 설명하시오.

카테고리   소프트웨어공학〉프로젝트관리   난이도   중

답〉

1. 프로젝트의 종합적인 측정 및 예측 방법 기성고(Earned Value Method) 기법의 개요
가. 원가 통제를 위한 기성고(Earned Value Method)의 정의
- 프로젝트의 현재까지 실질적 달성 가치를 산출하여 계획 대비 실적을 관리하고(일정, 비용) 향후 성과를 예측하는 성과관리 기법

1) 기성고 측정의 목적

구분	설 명
성과 측정	-일정, 비용 등의 현재 가치 기준 성과를 정량적으로 측정 -작업 효율성의 측정, 목표 대비 성과의 파악
미래 예측	-진행 성과 기준으로 미래의 성과를 예측(일정, 비용 등) -예측된 성과를 이용하여 대응 방안 수립

2) 기성고의 개념

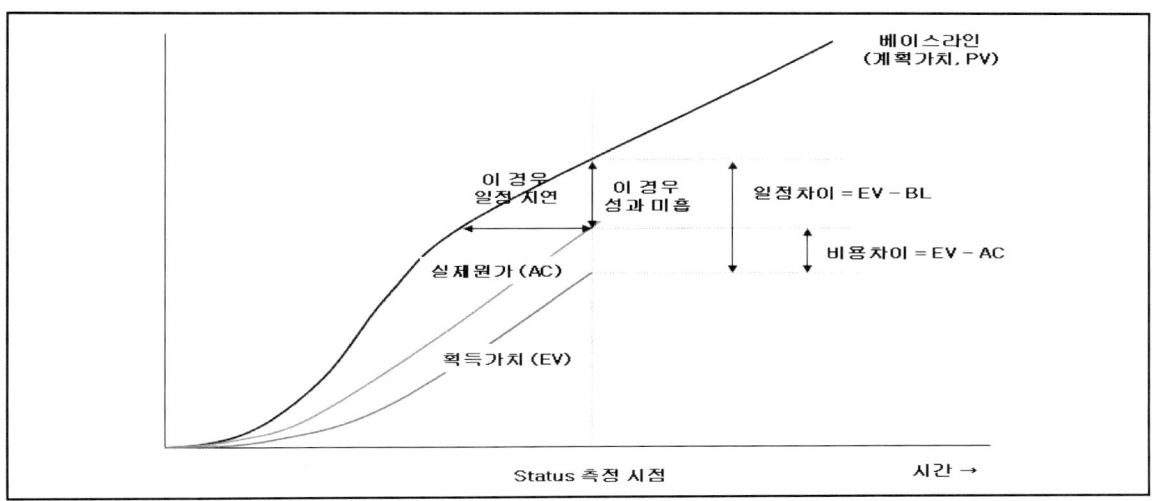

나. 기성고 측정의 관리 지표 및 실적/예측 지표

관점	지표	설명
관리지표	PV (Planned Value)	-계획된 일정상의 작업을 종료하는데 소요되는 예산
	EV (Earned Value)	-수행된 작업의 양을 화폐 단위로 정량화 한 값
	AC (Actual Cost)	-수행된 작업에 실제로 투입된 비용
	BAC (Budget at Completion)	-프로젝트의 완료시점의 전체 예산
실적지표	CV (Cost Variance)	-비용의 계획과의 차이값 -산출: EV-AC -의미: 양수(비용절감), 음수(비용 초과)
	SV (Schedule Variance)	-일정의 계획과의 차이값 -산출: EV - PV -의미: 양수(일정단축), 음수(일정단축)

실적지표	CPI (Cost Performed Index)	−비용 성과 지수 −산출: EV/AC −의미: 1초과(비용절감), 1미만(비용초과)
	SPI (Schedule Performed Index)	−일정 성과 지수 −산출: EV/PV −의미: 1초과(일정단축), 1미만(일정단축)
예측지표	ETC (Estimate to Completion)	−남은 작업의 소요 비용 −산출: EAC − AC
	EAC (Estimate at Completion)	−현시점 기준으로 예측한 전체 소요 비용 −산출: BAC / CPI
	VAC (Variance at Completion)	−종료단계의 절감 혹은 초과 비용 −산출: BAC − EAC

2. 기성고(Earned Value Method) 기법을 프로젝트에 적용할 경우의 문제점 및 해결방안

가. 기성고(Earned Value Method) 기법을 프로젝트에 적용할 경우의 문제점

구분		설 명
지표측정 측면	AC (Actual Cost) 측면	−인력이 원가의 대부분인 SW 개발 특성상 투입 인건비를 실제 비용으로 환산할 수밖에 없음
	EV (Earned Value) 측면	−SW 개발 작업의 특성상 분석/설계/개발 단계의 실제 작업한 일의 양을 정량적으로 환산하는 것이 어려움
적용 측면	단계 특성	−SW 개발 생명주기는 분석/설계/개발의 상이한 특성을 가지고 적용되지만 기성고 지표를 통한 예측은 일괄적인 흐름을 반영 하도록 계산되어짐
	3대 특성 고려	−기성고는 일정과 원가 측면의 정량적 요소를 고려한 개념이지만 프로젝트는 품질이라는 중요한 특성을 동시에 반영해야만 함

나. 기성고(Earned Value Method) 기법을 프로젝트에 적용할 경우의 적용방안

구분		설명
지표측정 측면	WBS 분해 적절성	−일의 양을 정량화 하기 위하여 WBS 수립 시 Work Package를 관리 가능하고 측정 가능한 수준으로 분해해야 함
	기능점수 활용	−SW 기능점수(Function Point)를 산정하여 단계별 가중치를 두어 이를 정량적인 기준으로 활용함
적용 측면	단계특성 고려	−기능 점수로 측정된 수치를 단계별 가중치를 정하여 적용하여 단계별 특성을 적용함
	품질보증 프로세스	−일정/비용의 수치는 기성고를 통하여 측정하며 사전 조건으로 품질 기준을 마련하여 품질보증 및 품질 통제 프로세스를 적용함(품질 프로세스에 소요되는 비용도 Cost로 산정)

3. 기성고 측정에 기반한 예측을 활용한 프로젝트 대응방안

지표	대응방안	설명	고려사항
일정 측면	Crashing	-추가적인 자원을 더욱 투입하여 지연된 일정을 예정된 일정으로 앞당길 수 있을 것으로 보임	-비용의 초과가 더욱 예상됨 -추가 사용 가능한 예산을 산정한 후 시행 -동일한 시기에 많은 인력이 투입됨으로 의사소통의 경우 수가 늘어나는 문제 발생 가능 (Brooks 의 법칙 고려)
	Fast Tracking	-수행 Activity의 병렬 작업으로 일정을 앞당길 수 있음	-Activity의 종속관계를 파악하여 병렬화할 수지 여부 판단
비용 측면	예비비의 활용	-초기에 산정한 예비비를 추가 투입하여 비용 절감	-초기 예비비 확보 고려
	추가 예산 확보	-가용한 예산의 추가 확보 고려	-현실적으로 쉽지 않음
	범위의 조정	-고객과 협의하에 범위의 축소 가능성 파악	-2차 프로젝트 등의 방안 고려

"끝"

:: **도우미 임기술사**

[설명]

범위는 성공적인 프로젝트를 위한 가장 중요한 요소이고, 가장 변화가 심한 요소이기도 하다. 특히 기존 정보시스템이 없는 프로젝트를 수행하는 경우 고객도 초기에 정확한 요구사항을 제시하지 못하는 문제가 있다. 이런 프로젝트는 분석, 설계, 구현, 테스트 단계에서 걸쳐서 요구사항이 추가로 발생하거나, 기존 요구사항이 변경되는 경우가 심해서 범위관리의 어려움이 발생한다. 기존 정보시스템을 개선하는 프로젝트는 고객이 정확한 요구사항을 식별하고 있고, 세부적인요구사항까지 정의된다. 즉, RFP를 기반으로 예측한 범위보다 훨씬 범위가 늘어나는 경우가 많다. 이런 프로젝트 RFP에서 위험분석 활동이 굉장히 중요 한다.

이처럼 프로젝트의 범위의 변경요인은 프로젝트 특성, 업종특성, 기술특성 등으로 다양하다.

[키워드]

-SOW, WBS, Work Package, Work Dictionary

[예상문제]

가. 1교시형

  1) WBS

  2) SOW

나. 2교시

  1) 프로젝트 범위관리 방법에 대해서 제시하시오.

12. 일정관리

1) 프로젝트 시간제약성을 관리하는 일정관리의 개요

가. 프로젝트 일정관리(Time Management)의 개요

- 제한된 시간 안에 고객이 만족하는 품질을 확보하면서 시간을 준수하는 프로젝트 관리 기법

[길라잡이]

- ● 프로젝트의 일정을 관리하는 방법은 3가지로 분류한다.
- - 마일스톤: 경영층에 보고 시점을 정의하여 일정을 관리
- - 간트차트: 막대 그래프 형태로 일정을 표현하는 방법으로 액티비티 간의 종속성을 표현할 수가 없음
- - 프로젝트 네트워크 다이어그램: 네트워크 다이어그램을 작성하여 액티비티 간의 종속성도 현할 수 있는 일정관리 기법

나. 일정관리 프로세스 절차

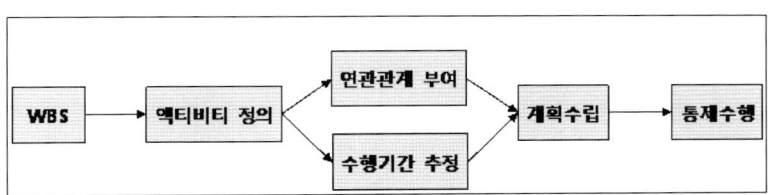

액티비티 정의	-WBS에 근거하여 세부 액티비티 분류, 체계화 -기법: Decomposition, 전문가 판단기법 ➔ (임기술사) Decomposition: WBS 작업을 액티비티 단위로 분해한다.
연관관계 부여	-액티비티 간 논리적 연관, 선후관계 부여 -기법: 프로젝트 NW다이어그램 작성(AON, AOA) ➔ (임기술사) 액티비티 간의 종속성을 표현하기 위한 프로젝트 네트워크 다이어그램을 작성한다. AON은 네트워크 다이어그램을 작성할 때, 노드 위에 액티비티 명을 표현하고 AOA방식은 화살표 위에 액티비티 명을 표현하는 방법이다.
액티비티 기간 추정	-개별 액티비티별 작업기간을 추정 -기법: 전문가 판단
계획수립	-개별 액티비티 착수, 종료일, 전체 프로젝트 일정 수립 -기법: PERT/CPM, Resource Leveling ➔ (임기술사) PERT는 일정추정 시에 3점으로 추정하고 CPM은 경험해 본 프로젝트에서 전문가가 일정으로 추정하는 방식이다.
계획통제	-계획대비 일정 차이 모니터링, 필요 조치 수행 -기법: Crashing, Fast Tracking

2) 프로젝트 일정 단축 기법

가. Crashing

- **자원을 추가적으로 투입하여, 일정 단축**(이때 비용이 발생하므로 반드시 고객사전 승인 필요)
- Critical Path를 우선 파악, 투입되는 추가인력을 Critical Path상에 추가
- 비용대비 효과가 높은 액티비티에 우선 투입, 자원투입 시에는 한 단위씩 투입

나. Fast Tracking

- **작업의 전후관계를 병행 수행**, FS(Finish To Start)등 조정, 재작업 통한 작업기간 증가 요인 내포

다. Resource Leveling

- 특정기간에 **과부하된 자원제약 사항 해결, 해당 과부하 기간에 수행되는 액티비티를 다른 기간으로 이동**
- 시행착오에 의한 경험적 방법(Heuristic, Rule of thumb)

[길라잡이]

- Fast Tracking을 통한 일정단축 기법은 액티비티 간의 작업을 병렬적으로 처리하여 일정을 단축하는 방법이다. 이 때 일정을 단축하려면 CP(Critical Path) 상에 있는 액티비티를 대상으로 해야 프로젝트의 일정이 단축되기 때문에 CP변경을 유발한다. CP 변경은 프로젝트의 위험이증가할 수 있어 Fact Tracking 기법보다 자원을 추가하는 Crashing 기법을 권고한다.

문제〉   Critical Path와 Critical Chain을 비교 설명하시오.

카테고리   프로젝트 관리〉일정 관리   난이도   중

문제풀이

답〉

1. Critical Chain과 Critical Path의 개념적 비교

가. Critical Chain의 정의

- 프로젝트 Resource 측면에서 단순 Activity의 선후행이 아닌 **투입자원들의 연관관계를 통해 구성된 Activity 경로**

나. Critical Path의 정의

- 프로젝트의 전체 일정을 지연시키지 않고 가질 수 있는 **여유기간이 0인 Activity들로 연결된 경로**(인력측면의 자원제약요소 발생 가능성 내포)

2. Critical Chain과 Critical Path의 상세 비교

가. 일반적 특징 비교

구분	Critical Chain	Critical Path
착수일	Latest Start Date	Earliest Start Date
관리관점	전체 버퍼의 소진 률	진척 률, EVM
버퍼	버퍼를 모아서 관리	각 Activity에 버퍼반영
자원 제약	자원제약 자체를 계획에 반영	Activity 사이의 연관관계를 고려, 일정 계획 후 Resource Leveling을 통해 해결

- Critical Chain은 프로젝트가 계획 단계에서부터 자원의 가용성을 고려하므로 보다 현실적인 계획 수립 가능(개발기간 단축 효과)

나. 적용 예시를 통한 비교

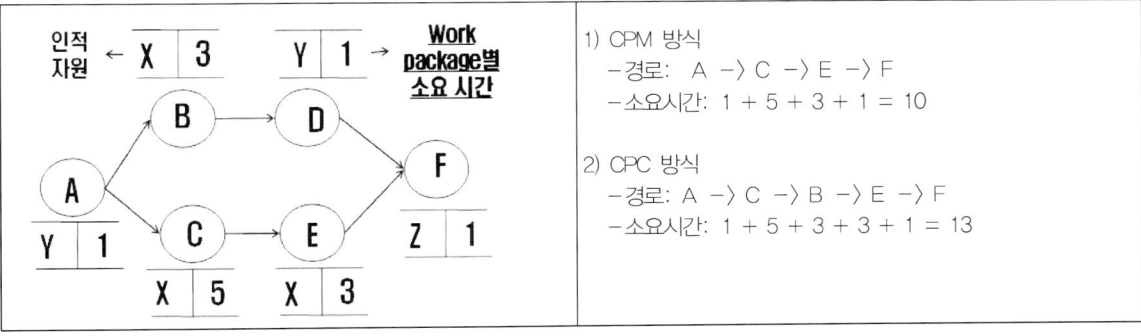

1) CPM 방식
- 경로: A -> C -> E -> F
- 소요시간: 1 + 5 + 3 + 1 = 10

2) CPC 방식
- 경로: A -> C -> B -> E -> F
- 소요시간: 1 + 5 + 3 + 3 + 1 = 13

- PERT/CPM으로 구한 일정계획에 자원평준화(Resource Leveling)을 수행한 후 새로 계산한 Critical Path는 Critical Chain과 같다.

3. Critical Chain의 고려 필요사항 및 변경관리 측면 중점사항

가. Critical Chain의 고려 필요사항

- Activity 중심의 일정 산정 및 실 투입 자원 할당 기준에 의거한 실질적인 일정 관리에 필요
- Critical Chain의 조정은 프로젝트의 일정 지연 요소가 될 수 있으므로, 조기관리 필요

나. Critical Chain 및 Path의 변경관리 측면 중점사항

- 일정 변경 요소 발생시 Critical Path 측면의 일정 단축 방법을 최우선 고려
- 일정지연 처리 필요 시에는 투입자원의 Status를 고려하여, Resource Leveling을 최소화 할 수 있도록 조정한다.

"끝"

:: 도우미 임기술사

[설명]

프로젝트 일정관리 범위관리의 WBS를 입력으로 받아 작업리스트인 액티비티 리스트를 정의한다. 정의된 액티비티 리스트는 전문가의 판단 등을 활용하여 각 액티비티 별로 기간을 추정하고 액티비티 간의 종속성을 표현한 다이어그램을 작성한 것이 프로젝트 네트워크 다이어그램이다. 네트워크 다이어그램은 표현방법에 따라 AON방식과 AOA방식으로 나누어지고 마일스톤과 간트차트와 다른 점은 액티비티 간의 종속성을 표현 할 수 있다는 것이다.

[키워드]

- Crashing, Fast Tracking, Resource Leveling, Project Network Diagram(AON, AOA),PERT와 CPM 기법

[예상문제]

가. 1교시형

1) 일정단축기법

나. 2교시형

1) 프로젝트 일정관리 방법 마일스톤, 간트차트, 프로젝트 네트워크 다이어그램에 대해서 설명하시오

13. 위험관리

1) 위험관리의 개요

가. 위험의 정의
- 프로젝트 수행 중 발생하여 프로젝트의 정상적인 납기, 품질, 원가에 영향을 줄 수 있는 사건
- 프로젝트 수행 중 **반드시 식별 되고 관리/해결 해야 할 프로젝트 관리요소**
- ➔ **(임기술사)** 프로젝트의 위험은 초기부터 식별되어야 하고 진행과정에 발생하는 위험까지 모두 식별해야 한다. 또한 프로젝트 상황에 따라 위험도 변화하므로 지속적 관리가 필요하다.

나. 위험관리의 정의
- 프로젝트의 위험을 식별하고 분석하여 대응방안을 수립, 실천하는 과정
- 프로젝트 전체과정을 통하여 위험요인을 발견, 분석, 대응하는 과학이며 예술
- 현재 일어나는 위험에 단순히 대응하는 것 보다는 향후 일어날 위험에 대비하는 것이 필요

다. 위험요인 유형

구분	단계	위험 요인
프로젝트 수행단계별 잠재요소	업무분석	업무범위의 증가, 업무요건의 불명확, 사용자 요구사항 왜곡 및 미 반영
	설계	기술요소 불안정, 설계 안 승인 지연, 모델링 사상 왜곡
	구축, 테스트	테스트의 불완전, 시스템성능 저조, 품질저하, 데이터 이행지연
	프로젝트 관리	일정지연, 예산초과, 조직간 의사소통 및 역할과 책임 혼란
일반적요인	인적 요인, 주변환경 요인, 기술적 요인, 금전적 요인, 시스템 인프라,조직적 요인, 법률적 요인	

2) 위험관리 프로세스

프로세스	내 용
위험계획	- 위험관리 대한 접근방법과 수행계획을 수립하는 프로세스 - 프로젝트의 상황, 중요성에 따라 적합한 위험관리를 위한 상세 액티비티를 결정
위험식별	- 프로젝트에 영향을 미치는 위험요소를 식별하고 문서화하는 프로세스 (Risk Identification) - 프로젝트에 긍정적인 혹은 부정적인 영향을 미치는 위험요소를 식별하고 그 특성들을 문서화
위험분석 (정성적, 정량적)	- 식별된 위험의 발생가능성과 영향력을 계산하는 프로세스 - 식별된 위험의 발생가능성과 프로젝트에 미치는 영향력을 계량화하여 평가 - 식별된 위험이 프로젝트에 미치는 영향력과 발생가능성을 평가하여 위험의 우선순위를 결정
위험대응계획	- 식별된 위험에 대한 대응계획을 수립하는 프로세스 - 식별된 위험이 프로젝트에 미치는 부정적인 영향력은 최소화하고, 긍정적인 영향력을 최대화하는 방안을 결정
위험대응통제	- 식별된 위험의 추이를 모니터링하고 통제하는 프로세스 - 식별된 위험의 추이뿐만 아니라 신규위험을 모니터링하고, 위험관리 계획이 효과 적으로 수행되고 있는가를 확인

3) 정성적 위험관리

가. 정성적 위험관리의 의미
- 정성적 위험분석은 식별된 위험의 영향 및 가능성을 평가하는 프로세스임
- 프로세스는 위험을 프로젝트 목표에 대한 잠재적 영향력에 따라 우선순위를 결정함

나. 입력인자
- Risk Management Plan
- Indentified Risks: 식별된 위험들은 그 잠재적 영향에 따라 평가됨
- Project Status: 위험의 불확실성으로 인해 위험의 식별은 프로젝트 상태에 따라 다름
- Project Type: 복잡한 프로젝트일 경우 더 많은 불확실성을 가짐
- Data Precision: 데이터 정밀도는 위험을 식별하기 위해 사용되는 데이터의 가용성과 신뢰성정도
- Scale of Probability and Impact: 위험의 발생가능성과 영향의 크리
- Assumption: 위험 식별 프로세스에서 식별된 가정률은 잠재적 위험으로 평가

4) 정량적 위험관리

가. 정량적 위험관리의 의미
- 위험의 발생가능성 및 영향력을 수치화 하는 행위

나. 주요기법
- 인터뷰: 프로젝트 이해 관계자, 전문가들에 대한 위험에 관한 설문조사
- 민감도 분석: 어떤 위험이 프로젝트에 가장 큰 잠재력을 가지는지 결정하는 데 사용
- 의사결정 트리 분석: 여러 가능한 대안들 중에서 선택하기 위한 의사결정을 표현하는 다이어그램, 이는 위험 확률, 각 event의 논리적 경로의 비용과 보상, 미래의 의사결정을 통합

5) 위험 대응 전략

가. 위험 대응 유형

주요 대상	내 용
회피(Avoidance)	위험이 발생하지 않도록 하는 행위(위협제거)
전가(Transfer)	위험대응의 책임을 제 3자에게 전가(보험, 이행보증)
완화(Mitigate)	불리한 위험을 허용 가능한 한계까지 낮추는 행위(테스트 실시)
수용(Accept)	경미한 위험일 경우는 그대로 감수함

나. 전사 위험관리 체계 구축을 위한 추진 전략

추진전략	내용
Hot Line 구축	-최고 경영층과 Hot Line 시스템 구축 -해당위험의 신속한 통보 및 대책 마련
방법론 정립	-프로젝트관리의 프로세스를 위험관리 프로세스를 기초로 재정립
위험조기경보	-임원용 EIS에 전체 프로젝트 위험수준을 공수와 공정을 통합한 조기경보 시 시스템 구축
품질보증 활동	-사내감리, 내부품질심사를 통한 위험사항 식별 및 대책마련
사례집 작성	-식별된 위험의 유형 및 원인에 대한 DB화 및 직원 대상 교육

[참고] Boehm의 10대 리스크 요소

주요대상	위험 대응 기법
1. 인력부족	최고의 재능을 갖는 인력 모집, 작업분담, 팀 구축, 의욕구축, 상호훈련
2. 비현실적 일정과 예산	비용과 일정에 대한 상세한 추정, 원가분석, 점증적 개발, SW재사용, 요구사항 줄임
3. 잘못된 SW 기능 개발	프로토타이핑, 초기 사용자 매뉴얼, 조직 및 직능 분석, 사용자 지원
4. 잘못된 사용자 인터페이스 개발	프로토타이핑, 시나리오, 작업분석, 사용자분류(기능, 스타일, 업무)
5. 과대포장	프로토타이핑, 비용-이익분석, 비용설계, 요구사항 세정
6. 지속적 요구사항 변경	최대 변경 상한선, 정보 은닉, 점증적 개발(다음 버전까지 개발을 연기)
7. 외부 작업의 부족	벤치마킹, 참조검사, 대조확인, 성숙도 분석
8. 외부기능의 부족	대조확인, 사전검증, 설계경연, 팀 작업
9. 실시간 성능 문제점	시뮬레이션, 벤치마킹, 모델링, 프로토타이핑, 조정
10. 기술적 취약	기술적 분석, 비용-수익분석, 프로토타이핑, 참조검사

문제〉　프로젝트의 정상적인 납기, 품질, 원가에 영향을 줄 수 있는 위험요인 유형을 나열하고, 이들을 통제하기 위한 위험관리에 대해 설명하시오.

카테고리　　　　프로젝트 관리〉위험관리　　　　난이도　　중

답〉

1. 프로젝트 위험관리의 개요
가. 위험관리의 정의
- 프로젝트 납기, 품질, 원가 등 목표달성에 영향을 줄 수 있는 잠재적 요소를 식별, 분석, 해결하기 위한 체계적인 프로세스

나. 위험의 유형

위험유형	주요 내용	위험의 예
프로젝트 위험	프로젝트 일정이나 자원에 영향을 미치는 위험	경험 있는 설계자의 손실
제품 위험	개발될 소프트웨어의 품질 혹은 성능에 영향을 미치는 위험	구매한 컴포넌트가 예상대로 성능을 내지 못하는 경우
비즈니스 위험	소프트웨어를 구매하거나 개발하려고 하는 조직에 영향을 미치는 위험	새로운 제품을 개발하려는 경쟁자 등장

다. 위험관리의 중요성

- 대부분의 프로젝트는 본질적인 불확실성을 가짐
- 느슨한 정의의 요구사항, 소프트웨어 개발, 개인의 기술차이, 고객 요구변경 등의 문제
- 소프트웨어가 개발되는 환경, 조직, 프로젝트에 따라 프로젝트에 영향을 미침

2. 프로젝트에서 발생 가능한 위험요인

가. 소프트웨어 위험

위험유형	위험요인	설 명
프로젝트	직원이직	프로젝트가 끝나기 전에 경험 있는 직원이직
	관리변경	상이한 우선순위를 가지고 조직의 관리에 변화
	HW 활용불가능	프로젝트 위한 하드웨어 납품의 일정지연
프로젝트 및 제품	요구사항 변경	예상보다 더 많은 요구사항 변경
	명세화 지연	필수적인 I/F 명세서를 일정 맞게 이용 불가
	규모 과소 추정	시스템의 규모가 과소 추정
비즈니스	기술 변화	구축 기반기술이 새로운 기술로 대체
	제품 완성	시스템 완성 전 경쟁 관계 제품 출시

나. 유형별 가능한 위험

위험유형	가능한 위험
기술위험	- 재사용 되어야 하는 SW 컴포넌트의 기능 제한결점 - 데이터베이스 시스템이 기대보다 많은 트랜잭션 처리 불가
인적위험	- 개발팀 사람과 관련 위험. 중요시간 부재, 훈련문제 - 필요한 기술을 가진 사람의 투입의 어려움
조직위험	- 소프트웨어가 개발되는 조직의 환경과 관련된 위험. - 조직 재구성, 프로젝트 관리자 변경, 재정문제, 예산축소요구
도구위험	- 개발 위해 사용되는 지원 SW와 CASE 도구로부터 새기는 위험 - CASE에서 생성되는 코드의 비효율, CASE 도구 통합 문제
요구사항 위험	- 고객 요구사항의 변경과, 이를 관리하는 프로세스로부터 생긴 위험 - 주요 설계를 재작업 해야 하는 요구사항에 대한 변경 제안 - 고객이 요구사항 변경의 영향을 이해하지 못함
추정 위험	- 시스템 특성과 시스템을 만들기 위해 필요한 자원에 대한 추정으로부터 생긴 위험 - 소프트웨어 개발에 필요한 시간, 결점수리비율, SW 규모 과소평가

3. 프로젝트 위험관리 프로세스 및 위험 대응전략

가. 위험관리 프로세스

단계	주요 내용
위험관리 계획	− 프로젝트를 위해 위험 관리 활동들의 접근 및 계획방법의 결정 − 위험 관리 수준(Level), 형태(Type) 및 가시성(Visibility)을 보장
위험식별	− 프로젝트에 영향을 미치는 위험요소 결정, 위험의 특성을 문서화 − 정보수집방법: 브레인스토밍, 델파이기법, 인터뷰, SWOT 분석
정성적 위험분석	− 식별된 위험의 분류, 위험의 정성적 평가, 우선순위화 − 위험의 확률 규모: 0.0(확률 없음) ~ 1.0(확실) 사이 값
정량적 위험분석	− 식별된 위험이 프로젝트에 미치는 영향과 발생가능성을 계량화하여, 평가하는 프로세스 − 도구/기법: 민감도분석, 인터뷰(원가산정치/범위), 시뮬레이션
위험 대응 계획	− 프로젝트 목표에 대한 기회를 증진시키고 위협을 감소시키기 위한 절차, 기술 개발 등 계획 수립
위험감시/통제	− 프로젝트 전반의 위험을 감시, 새로운 위험을 식별, 위험 감소 계획 수행 및 영향평가

나. 위험 대응전략

구분	전략	주요 내용
부정적 위험 전략	회피 (Avoidance)	− 위험이 생길 수 있는 가능성을 줄임 − 위험조건 제거 또는 프로젝트 계획변경
	전가(Transference)	− 단순 관리에 대한 책임을 다른 그룹에게 주는 것이며 이는 위험을 제거하는 것은 아님
	완화 (Mitigation)	− 불리한 위험 사건의 확률 및 영향을 허용 가능한 분기점(Threshold)까지 줄이는 것, 조기행동
긍정적 위험 전략	개척 (Exploit)	− 기회를 확실히 발생시킴으로써 특별한 성장 위험과 관련된 불확실성의 제거를 추구
	공유 (Share)	− 프로젝트의 이익을 위한 기회를 가장 실현할 수 있는 제3자에게 소유권을 할당, 위험 공유 협력 체제, 팀 등
	강화 (Enhance)	− 발생 확률 또는 긍정적 영향을 증가, 기회원인 촉진
위협과 기회	수용 (Acceptance)	− 위험 다루기 위한 계획변경이나 대응전략 없음 − 비상계획 개발을 포함

4. 위험 대응 계획 시 고려사항 및 위험관리 기대효과

가. 위험 대응 계획 시 고려사항

− 위험은 제거하는 것이 아니라 일정수준 이하로 줄이는 것임
− 모든 위험에 대하여 대응하는 것이 아님 (프로젝트에서 식별된 모든 위험에 대하여 대응하는 것은 거의 불가능)
− 위험은 상호 연계되어 있음(프로젝트 전체의 입장에서 종합한 위험 대응)
− 위험은 변해감: 프로젝트 내부, 외부 상황의 변화로 인하여 변경 가능

- Divide & Conquer의 원리: 어렵고 큰 위험일수록 작은 단위로 나눠서 해결
- 프로젝트 전 기간 동안 가능한 빨리 수행: 초기 위험식별 및 대응활동 중요(비용최소화)
- 모든 팀원이 참여하는 것이 바람직함(PM이나 위험 관리 전문가만 하는 것이 아님) 나. 위험관리 기대효과
- 정상적 프로젝트 수행 환경 조성 통한 프로젝트 성공가능성 향상
- 부정적 위험 최소화 및 긍정적 위험은 최대한 노출을 하도록 하여 성공 기회 극대화
- 잠재위험 발굴 및 관리를 통한 사전예방 및 감시활동.

:: 도우미 임기술사

[설명]
프로젝트의 위험은 다음과 같은 것이 존재한다.
- 금융권 프로젝트의 위험
- 외부규제 및 제약사항의 식별: 새롭게 등장하는 제도(예: 자금세탁방지법)
- 동종계열은 은행, 증권, 보험의 연계, 한국은행, 금융결제원, 한국신용평가와 같은 다양한 외부채널과 연계가 필요
- 대규모 시스템에 다양한 플랫폼이 존재하며 보안측면을 고려
- 공공 프로젝트 위험
- 프로젝트의 범위와 관계없는 추가 요구사항 관리의 어려움
- 공공 표준 지침 및 제약사항 존재
- 각 기관 간의 데이터 연계가 존재
- 단 납기 적은 인력을 활용한 프로젝트로 팀원의 이탈 발생

프로젝트 위험관리는 해당 사업의 특성, 기술적 특성, 조직적/문화적 특성으로 위험이 발생하며, 발생된 위험을 분석하기 위해서 위험분석기법을 제시한다. 위험분석기법은 발생가능성과 사업적 영향도 분석을 통하여 수행한다.

위험요소와 위험분석이 완료되면, 각 위험요소별 대응기법을 정의해야 한다. 위험 대응방법은 소프트웨어 추가 개발, 동적 및 정적 테스트, 계획변경, 인력투입과 같은 다양한 형태로 대응방법이 정의될 수 있다.

[키워드]
－위험요소 및 위험분석기법

[예상문제]
가. 1교시형
　1) 위험기반 테스팅 기법

나. 2교시형
　1) 금융권 프로젝트의 위험요소와 각 위험요소별 대응방법을 제시하시오.

14. 기성고

1) 종합적인 관점에서 프로젝트의 비용, 일정, 실적을 관리 판단하는 기성고의 개요

가. 기성고(Earned Value Method)의 정의

- 현재 실질적으로 달성된 작업가치를 산출, 계획대비 실적을 관리하고, 향후 성과(일정, 비용)을 예측하는 프로젝트 관리 활동

나. 기성고의 목적

- 현재 획득가치 대비, 일정지연, 예상 추가비용 통제
- 현재의 일정과 비용에 근거 종료시점의 비용소요, 일정 예측
- 단순 비용, 일정 개별관점이 아닌 실질적 획득가치 관점에서 프로젝트 통제

2) 기성고의 관리지표와 성과측정 지표

가. 기성고의 측정지표

관리지표	내용 설명
계획가치 (PV: Planned Value)	- 계획된 작업을 위해 산정, 배정된 예산: BCWS(Budget Cost of Work Scheduled: 예정작업 예상원가)
실제원가 (AC: Actual Cost)	- 현재까지 수행된 작업의 실제 소요 비용: ACWP(Actual Cost of Work Performed)
획득가치 (EV: Earned Value)	- 수행된 작업의 결과를 예산상의 원가단위로 환산한 값: BCWP(Budget Cost of Work Performed)
총예산(BAC)	- 완료시점 기준 계획된 예산: BAC(Budget At Completion)

나. 기성고 측정

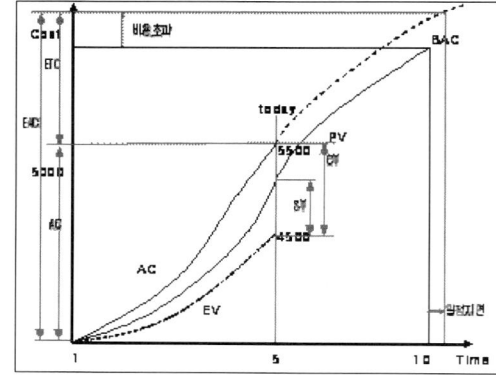

SV = 5,000 − 5,500 = -500 < 0 -> 일정초과

CV = 4,500 − 5,500 = -1,000 < 0 ->비용초과

SPI = 5,000 / 5,500 =0.9090 <1

CPI = 4,500 / 5,500 =0.8181 <1

- 비용, 일정 모두 예상보다 초과 및 지연됨
- 추가적인 비용이 발생하는 Crashing보다 Critical Path 위주로 Fast Tracking 권장

- SV는 일정차이로 계획일정과 실제 일정 간의 차이를 계산하며 SPI는 그것을 백분율로 계산하는 것이다. CV 비용차이를 계산하는 것이다.

다. 기성고 관리를 통한 향후 일정, 비용 추정

(1) ETC(Estimate To Complete): 향후 남은 작업소요 비용 예상

  $-$BAC $-$EV (프로젝트 초기: 이전 소요비용 추세를 반영 안 함

  $-$(BAC $-$EV)/CPI (프로젝트 중기: 이전소요비용 추세 반영)

(2) EAC(Estimate At Completion): 현재 시점에서 예측하는 전체기간 비용

  $-$AC + ETC(현재 기간까지 소요비용 + 향후 남은 작업예상비용)

(3) VAC(Variance at Completion): 종료시점 예상 편차

  $-$BAC $-$ EAC(현 시점에서 추정한 종료 시 추가 발생 원가)

3) 기성고 관리기법의 IT적용 방안

가. SW의 비가시성 고려

  $-$초기 계획 단계에서 WBS 워크패키지 관리, 측정가능 수준 도출

나. 프로젝트 3대 요소 동시 고려

  $-$일정, 원가, 범위 별 프로젝트 측정치 종합 고려

다. 진행과 현상 주기적인 모니터링

  $-$현재 위치 파악, 미래방향 예측

라. 변경통제 프로세스 가동

  $-$성과측정 및 시정조치 결과, 변경프로세스 이용한 반영

::도우미 임기술사

[키워드]
−SV, SPI, CV, CPI, ETC, EAC, VAC

[예상문제]
가. 1교시형
  1) EV

나. 2교시형
  1) 프로젝트 수행 시에 일정과 비용의 통합관리가 현실적으로 어려운 문제점을 설명하시오.

15. PMO

1) PMO(Project Management Office)의 개요

가. PMO의 개념
- 정보화 사업 전 또는 동시에 발주자와 별도 계약을 맺어 해당 정보화 사업을 발주자의 입장에서 관리해 주는 조직
- **체계적인 사업관리체계 구축과 발생 가능한 위험요소들에 대한 효과적인 관리 및 통제, 지원을 통해 정보화 사업의 성공적인 추진을 지원하는 조직**

나. PMO 도입의 필요성
- 프로젝트 규모의 거대화 및 시스템간 통합 그리고 상시 감시 체제
- ➔ (임기술사) 프로젝트가 여러 개의 단위시스템으로 구성되고 단위시스템 간의 통합이 이슈화 되고 있다. 이러한 문제를 해결하기 위해서 단위시스템의 PM과 발주기관, 전체PM 및 QA 등이 참여하는 중앙통제기구가 필요하게 된 것이다.
- 프로젝트 기간 중 발생될 수 있는 위험 요소들에 대한 효과적인 관리, 품질 관리 및 프로젝트의 효율적인 관리
- ➔ (임기술사) 위험요소를 관리하기 위험 대응 및 품질관리를 위한 조직이 필요하다. 단위프로젝트의 PM은 단위프로젝트 측면의 위험과 품질관리를 수행하기 때문이다.
- 프로젝트 수행 단계별 잠재 위험 요소의 제거

다. PMO의 주요 기능
- 프로젝트 관리 원칙 수립 및 프로젝트 관리 프로세스 표준화
- ➔ (임기술사) 프로젝트 초기에 프로젝트 관리 프로세스 정의하고 표준화를 수행한다.
- 프로젝트 현황에 대한 모니터링 및 체계적인 보고체계 구축, 정보공유
- ➔ (임기술사) 프로젝트 현황을 파악할 수 있는 진척률 산정방식을 제시하고, 진척률에 따른 프로젝트 현황을 모니터링 한다. 모니터링 중 범위변경, 위험요소 식별을 수행하고 심각한 범위변경 및 위험요소의 경우 고객과의 협의과정을 수행한다.
- 방법론 및 도구 개발, 교육 및 전파
- ➔ (임기술사) 각 프로젝트에 맞는 방법론을 제시한다. 즉, 구조적, 정보공학, CBD 방법론을제시한다. 하지만 기업 내에서 방법론을 보유하고 있는 기업은 기업내의 방법론을 분석하여 해당 프로

젝트에 맞게 조정하는 작업을 수행한다.(예: 국방 CBD 방법론, 한국인력재산 CBD 방법론 등)
- 프로젝트 포트폴리오 관리 및 위험관리 체계 수립

➜ **(임기술사)** 포트폴리오 관리하는 것은 비즈니스 전략과 IT 프로젝트 간의 연계성을 관리 하는 것을 의미한다. 즉, 요구사항 등을 포트폴리오 관점에서 파악해서 수용여부를 결정 할 수 있다.
- 산출물에 대한 Quality 확보

➜ **(임기술사)** 표준산출물을 제시하고, 산출물에 작성에 대한 교육, 적용방법, 적용현황 등을 평가하고 관리한다.
- 프로젝트 수행 시 문제해결: Technical Support

➜ **(임기술사)** 외부 기술지원 부분을 정의하고 기술지원 의뢰 및 관리를 수행한다.

2) PMO 조직구성 유형

구분	유형	특 징
역할 측면	Repository형	- 단순 프로젝트 목록 및 진척상황 공유, 취합 및 보고
	Coach형	- 공통방법론/SW도구 사용 전파, 의사소통중계(PJT팀 간)
	Manager형	- 중앙집중식, 의사결정관여, PM Pool 역할
인력구성 측면	발주자 중심	- 비즈니스 이해도 향상 장점, 감리조직과 연계
	수주자 중심	- 개발사 비용/일정/위험관리 가능, PJT환경 이해도 높음
	혼합 형태	- Hybrid 형태, 감리+현업HT개발사 등 역할분담

3) PMO 도입절차

절차	내용	고려사항 및 평가요소
PMO 도입 여부판단	- 사업의 특성이나 규모를 기준으로 PMO를 도입 하여 사업관리를 수행할지 결정	사업난이도, 파급효과, 사업금액사업기간, 전문인력, 수행경험
PMO 수행 주체결정	- 발주사 사업관리능력, 사업자 사업수행능력을 기준으로 PMO도입 시 외부인력 활용여부결정	내부자체, 일부 외부, 사업관리 전반의 외부인력 -〉 PMO 유형결정
PMO 모델 유형결정	- 사업의 범위, 규모와 내부사업관리 역량을 기준으로 PMO모델 유형 선택	일반적으로 사업규모에 따라 Repository -〉 Coach -〉 Manager형 바람직
PMO 예상 소요비용/ 인력	- 실제 PMO 도입 시 소요가 예상되는 비용과 인력의 추정	전체사업비 기준으로 적절한 소요 비용 추정(개발인력대비 적절한 비용 추정)

4) PMO 기대효과

가. 체계적인 사업관리를 통한 사업의 성공적인 완료를 지원

구분	내 용
정량적	−성과의 정량적 구체화 −위험의 정량화 −관리목표 및 목적의 가시성 강화
정성적	−전략과 노력, 활동, 산출물의 효과적인 연계 −원활한 Communication

나. PMO를 통한 기술 및 지식의 전수로 주관기관의 사업관리 역량 강화

다. PMO도입기간에 따른 단계별 예상효과
   −도입 초기: 교육 및 협업을 통해 외부 PMO조직의 지식과 기술을 전수
   −도입 중기: 외부 PMO조직의 사업관리 방법론 및 노하우 전수를 완료하여 내부 인력과   외부
   PMO조직과 동등한 수준이 됨, 전수 받은 지식과 기술을 활용하여 자체 사업관리 수행 가능
   −도입 후기: 외부PMO조직의 방법론 분석을 완료하고 각 조직 및 사업특성을 고려하여 방법론을
   Customizing 및 적용 가능함

16. PPM

1) 효과적인 다수의 프로젝트 관리를 통한 IT 거버넌스 지원하는 PPM의 개요
가. PPM(Project Portfolio Management)의 정의
- **전사관점에서 다수의 조직의 목표에 부합하는 다수의 프로젝트를 선정하고 자원 및 프로젝트를 효율적이고 효과적으로 관리함으로써 조직의 성과를 극대화 하기 위한 체계**
- 비즈니스 목표에 IT 목표 연계 관리를 위해 투자 의사 결정 지원, 사업 규모 가시화와 시나리오를 통하여 사업 투자 효과를 극대화 하기 위해 최적화시킴
- ➔ **(임기술사)** 비즈니스 목표와 연계한 투자 의사결정은 비즈니스 전략을 지원하기 위한 IT시스템을 정의하고 이를 중심으로 IT투자를 집행하여 IT 투자에 대한 투명성을 확보한다.

나. PPM의 목적
- 비즈니스 우선순위에 근거한 IT 투자 수행
- ➔ **(임기술사)** 기업의 업무를 주 업무와 보조업무로 구분하여 주 업무를 지원하기 위한 IT시스템 관점으로 접근한다.
- IT 투자에 대한 비즈니스 가치 가시화
- ➔ **(임기술사)** 비즈니스를 지원하는 IT시스템 투자에 집중하여 IT로 인한 비즈니스 가치의 향상을 목표로 한다.
- 변화에 따른 효율적 IT 프로젝트의 우선순위 결정
- 비즈니스 파트너와 주주들과의 원활한 대화
- 엄격한 기업 거버넌스 요구사항 준수

2) PPM의 생명주기 및 주요기능
가. PPM의 Life Cycle별 주요활동

프로세스	타당성 분석	프로젝트 착수	프로젝트 수행	프로젝트 성과평가
목적	-전략과 부합하는 프로젝트 선정 및 성과 예측	-효율적이고 현실성 있는 계획 수립	-성공적인 프로젝트 수행	-성과평가를 통한 시스템 및 프로세스 개선
주요항목	-경영전략 및 IT전략과 부합성 검토 -정보화 프로젝트 요구관리 -비용, 이익, 위험 및 전략적 가치 분석 -프로젝트 선정	-수행범위 및 FP기반 규모 산정 -공수 및 일정계획에 따른 소요자원 및 규모산정 -자원의 가용성 파악 및 투입자원확보	-범위·일정·비용·품질·이슈 및 위험 관리	-종료 프로젝트 수행성과 평가 -사전 성과 평가 GAP분석 -문제점 및 원인 도출 -개선방안 수립 -시스템개선방안 -평가프로세스 개선방안

추진주체	−PMO	−PMO, 개발조직	−개발조직	−PMO, 개발조직
참조모델	−투자성과평가(사전)	−CMMI, PMBOK −Function Point	−CMMI −PMBOK	−CMMI −투자평가(사후)

기능	설 명
수요관리	현업으로부터의 비즈니스 요구사항을 가시화하여 일괄 관리하여 요구 사항의 분석으로 우선 순위 및 할당을 통하여 현업 부서의 요구 사항에 대한 추적 및 상태에 대한 정보를 통합 관리
프로세스관리	모든 IT 의사결정 프로세스를 통합 관리하여 조직 전반에 걸친 프로세스를 최적화하고 표준화하여, 비즈니스가 더 민첩성을 높여 프로세스 비용을 줄여 기업은 지식 집약적인 프로세스를 위한 혁신성과 성장, 전략 등 개선
포트폴리오 관리	포트폴리오 관리 모듈은 비즈니스 목표에 IT 목표 연계 관리를 위해 투자 의사 결정 지원, 사업 규모 가시화와 시나리오를 통하여 사업 투자 효과를 극대화 하기 위해 최적화 시킴
자원관리	프로젝트 수행 시 빠르게 최적의 직원을 찾아 복잡한 문제를 해결하기 위하여 인력에 대한 기술목록을 관리하고 자원 용량 계획을 통해 자원용량과 요구사항 사이에서 형평성 있는 균형을 이루게 하여 투자대비 최고의 이익 달성
프로젝트관리	프로젝트 계획, 추정, 예산, 자원할당, 일정관리 등에 이르는 프로젝트 전반에 걸친 실행을 예측하고 통제할 수 있음
재무관리	비용 및 수익을 관리하기 위하여 발생하는 내/외부 비용을 처리할 수 있을 뿐만 아니라, 현금 흐름을 쉽게 파악할 수 있으며, Billing/Invoicing/Chargeback에 대한 실시간 통제가 가능하여 효과적으로 예산 관리

항목	포트폴리오 관리	프로젝트 관리
전략	사업전략지향	일정관리 위주
목표	전사사업, 목표 혹은 목적지향 (수익창출, 비용절감)	단위 프로젝트 비용 절감 목적
주요이해관계자	비즈니스 성과물 중시	단위 프로젝트 성과를 중시
성과	주주만족	프로젝트 관리자 만족
대상부서	마케팅, 영업, 생산, R&D 포함	생산 및 R&D 위주
프로젝트 영역	프로젝트의 선정 및 평가(협의)에 초점	수행만 집중관리
리소스 활용	전사 리소스 분배 및 활용이 주목적	단위 프로젝트의 제한적 리소스 활용
현금	현금흐름과 이익도 고려함	비용(현금)집행

::도우미 임기술사

[설명]

90년도 초반에의 프로젝트는 일부 업무에 대한 전산화 중심의 프로젝트를 수행했다. 2000년도에 CBD 방법론이 등장하고, 이후부터 기업전체의 업무에 대한 정보시스템을 구축하는 관점으로 프로젝트의 규모가 점진적으로 증대됐다. 규모가 큰 프로젝트는 여러 개의 단위시스템으로 분리되고 이러한 단위시스템 간의 인터페이스 및 데이터 관점의 통합이 중요하게 된다. 하지만 중앙에서 누군가가 관리 및 통제를 수행하지 않으면 각각의 단위시스템만을 성공적으로 수행하려는 접근을 수행하게 된 것이다. 이러한 측면에서 기업전체의 시스템을 통합 관리하고 정보시스템을 기업의 비즈니스 전략 지원의 효과성을 높일 수 있는 측면이 중요하게 된 것이다. 즉, PMO라는 프로젝트 조직은 비즈니스 전략과 연계관리를 수행하는 포트폴리오 관리와 각각의 단위시스템 간의 통합을 위한 품질, 위험, 인터페이스 등을 관리하여 소프트웨어 품질을 높이고 IT 투자에 대한 가시성 및 효과성을 확보하는 것이다.

● **관리 범위에 따른 분류**
  1) **포트폴리오 관리**
     − 비즈니스 사업범위 및 비즈니스 전략을 식별
     − 비즈니스 전략과 연계한 IT시스템을 정의
     − IT 투자에 대한 타당성을 확보하기 위한 IT 투자평가 수행
     − IT 투자평가를 통한 IT 투자의 투명성 확보
     − 결론적으로 비즈니스 전략과 IT 시스템의 연계 관리 수행
  2) **프로그램 관리**
     − 단위 프로젝트의 묶음, 개별 프로젝트를 통합적으로 관리
  3) **프로젝트 관리**
     − 개별적으로 수행되는 개별 프로젝트

[키워드]
− 포트폴리오, IT전략과 연계성, PMO 기능

[예상문제]
가. 1교시형
  1) PMO
  2) PPM

나. 2교시형
  1) 포트폴리오 관점에서 비즈니스 전략과 프로젝트 요구사항을 관리하기 위한 방법에 대해서 설명하시오.

17. 형상관리

1) SW 품질향상 및 관리효율성을 위한 SW 형상관리의 개요

가. SW 형상관리(SW Configuration Management)의 정의

- SDLC 전주기에 걸쳐 SW 형상의 일관성과 무결성을 체계적으로 관리하여, SW형상의 가시성을 높이고, SW자산에 대한 통제를 수행하여 SW품질을 높이는 일체의 활동

➔ (임기술사) 형상물에 대한 관리와 활용을 통하여 자산의 개념으로 발전하고 있음즉, 소프트웨어 자산관리(SAM) 형태의 개념과 솔루션으로 발전함

나. SW 형상관리의 필요성

- SW 개발환경 변화: 복잡, 대규모화하는 SW 개발환경에서, 분산된 SW 자원에 대한 중앙집중적 관리 필요, 장애 발생 시 이전 상태로 신속한 복구 필수
- 관리효율성: 담당자 임의의 SW 자산에 대한 변경 통제 필요, 동일한 SW 자원에 대한 병렬개발 필요, SW 형상변경에 대한 추적성 부여

[길라잡이]

- 무결성: 공식적인 산출물인 형상물에 대해서 동시에 변경을 수행하는 것을 통제
- 가시성: 형상물에 대한 다이어그램 표기법을 통한 가시성 확보
- 추적성: 형상물에 대한 추적성, 이력관리, 버전관리 수행
- 일관성: 상위 형상물과 하위 형상물의 매핑, 표준 적용 여부 파악

다. 형상관리의 주요대상

형상식별	SW의 형상을 식별하고 관리번호 부여 ➔ (임기술사) 형상물에 대해서 ID를 부여하여 공식적인 통제대상으로 식별한다. (예: 프로젝트 계획서, 요구사항명세서, 분석/설계 산출물, 코드, 테스트케이스 등)
형상통제	SW형상 변경요청에 대하여 검토, 분석 후 형상변경 수행 ➔ (임기술사) 변경 요청에 대한 적합성 판단(PMO), 프로젝트 목적 부합성을 판단한다.
형상감사	SW형상 변경에 대한 무결성, 완전성을 검증 및 검토 ➔ (임기술사) 변경된 형상물에 대한 Validation을 수행한다.
형상기록	SW형상내역, SW형상 변경 이력에 대한 결과를 기록 ➔ (임기술사) SDLC 단계별로 형상물 이력관리를 수행한다.

라. 형상관리의 구성도

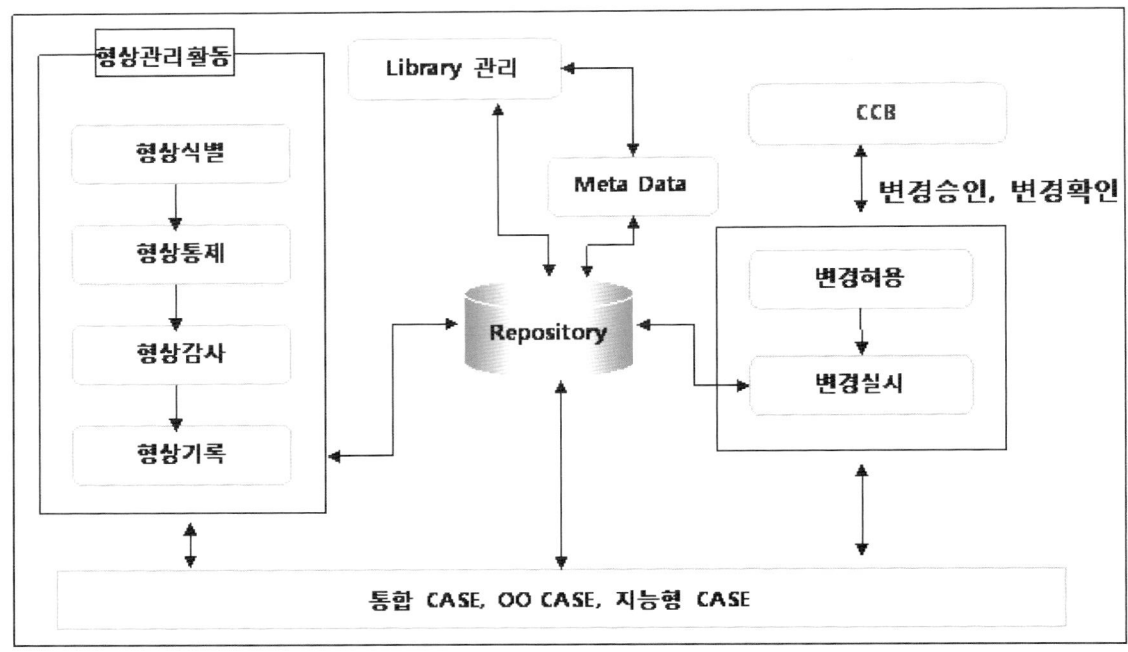

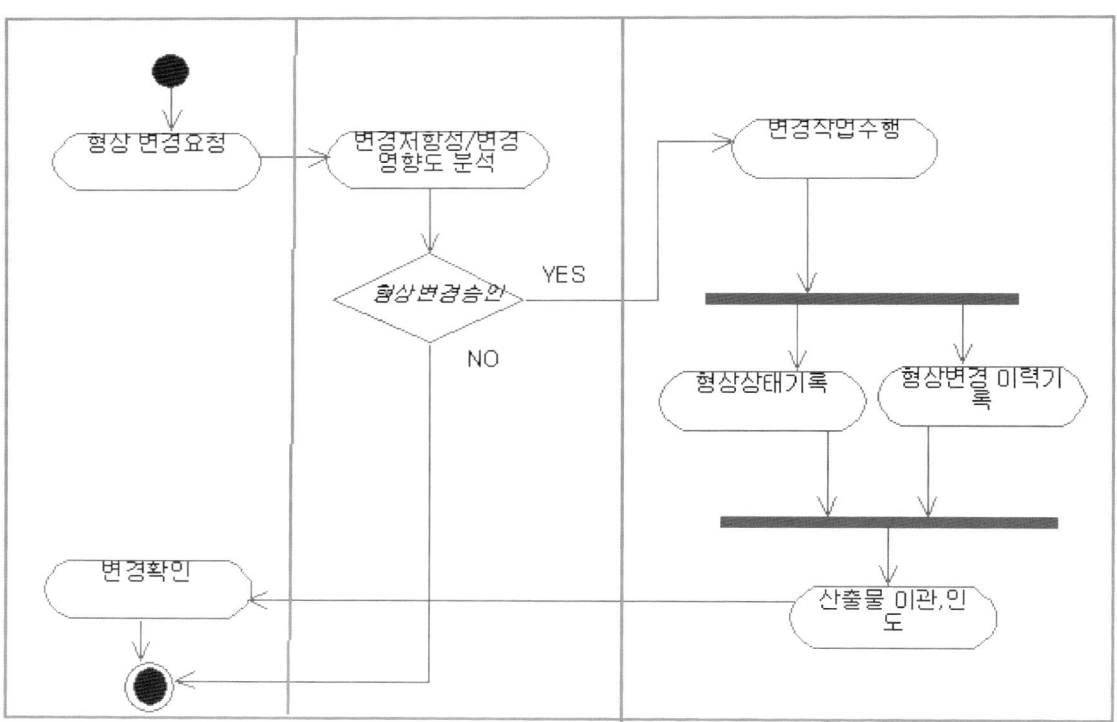

마. SW 형상관리 시 기대효과

의사결정자	−SW자산에 대한 중앙집중관리 및 접근통제를 통한 구성원가 협업효율성 증가 −형상변경이력에 대한 추적성 기능 통한 형상물 담당작업자의 책임감 부여
PM	−프로젝트 진행상황, 문제점 파악용이, SW자원에 대한 동시작업 용이 −중요시점의 프로젝트 및 SW 정보 재구성 가능
개발자	−장애발생시 이전 상태로 효과적 복구 −안정적으로 분리된 개발영역과 통합작업영역

바. 형상관리 수행 시 실무적 문제점과 해결방안

문제점	해결방안
번거롭고 복잡한 형상관리절차	−조직의 역량에 알맞은 형상관리 수준 및 절차 수행 필요 −현실적 관점에서 핵심단계 위주로 형상관리 절차 수립
형식적인 형상식별, 관행적 수행 악순환	−구성원 전체에 형상관리의 목적 및 효율성 공감대 확산 −전담조직(인력)의 리딩 및 지원, 자동화 처리 위한 CASE툴
납기지연, 생산성 저하	−현상관리 통제수준에 따라 품질과 생산 Trade−Off 관계 인정 −유연한 접근을 통한 형상관리 통제 수준 결정

18. 베이스라인

1) 형상관리의 기술적 통제시점 베이스라인의 개요

가. 베이스라인(Base Line)의 개념
- 조직 내 **주요 Software Asset의 형상통제의 시작 시점, 형상의 변경사항 발생시 형상이력 등의 관리되는 기준선**

나. 베이스라인의 필요성
- Right Asset, Right Version: 형상물의 적절한 버전관리의 기준 제공
- 변경발생의 원인, 이력, 영향도 분석의 기준점 제공

2) 베이스라인의 주요 대상 및 베이스라인 관리 정책

주요 대상	내용	유형
요구사항	요구사항의 변경이력, 범위 표현	할당기준선
기능명세서	시스템 개발의 기능	기능기준선
소스코드	개발 소스코드의 버전관리, 이력관리	시험기준선
컴포넌트	컴포넌트의 명세 및 검색기능 제공	제품기준선
테스트케이스	요구사항과 테스트케이스 추적성	시험기준선

주요 대상	내용	유형
버전관리	SW자산의 변경통제, 프로젝트와 파일에 대한 이력정보제공, 주요시점의 프로젝트 정보 재구성, SW 버전 추적성	리포지터리, 메타데이터
변경관리	변경의 발생부터 처리까지 전 과정 추적 및 모니터링 우선	워크플로, 변경프로세스
빌드관리	SW빌드에 관한 반복절차와 체계적 정리, 빌드정보 공유로 타 개발자와 협업가능, 바이너리 빌드공유로 빌드시간 단축	Foot Print, Time Stamp
배포관리	릴리즈 된 SW의 중앙집중 및 일관된 배포계획과 스케줄에 따른 배포	추적성 감시로그, 릴리즈 버전

3) 이스라인 통제 절차

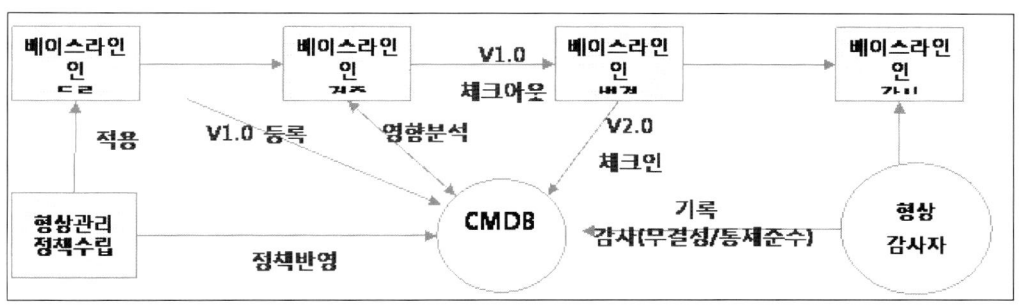

:: 도우미 임기술사

[설명]

형상관리는 프로젝트 수행 과정에서 만들어지는 산출물에 대한 관리를 수행하는 절차적, 관리적 활동을 의미한다. 프로젝트 계획수립 단계에서 형상관리 계획서를 수립하고 인도될 공식적 산출물을 관리한다. 만들어진 산출물은 고객의 승인(Validation) 후 공식적인 산출물 즉, Baseline으로 관리된다. 프로젝트 수행 중 형상물에 대한 변경은 변경이유, 변경내용, 요청자 정보, 버전관리를 수행하여 반영하여 이력관리를 수행한다. 이러한 활동에 대한 계획은 형상관리 계획서에 포함되며, 실제 수행한 이력은 형상관리대장을 만들어 기록하여 그 근거와 원인을 분명히 한다. 프로젝트 수행 중에 너무나 빈번한 형상물에 대한 변경은 관리 통제의 어려움과 시스템 개발의 생산성을 저하하는 요소이다. 이러한 것을 방지하고 시스템 구축 목적에 맞게 소프트웨어를 개발하기 위해서 변경요청에 대한 분석이 필요하다. 변경 요청분석은

- 프로젝트의 목적에 맞는 변경 요청
- 동적 요구사항(특정 이해당사자)이 아닌 정적 요구사항(시스템 본질) 파악
- 포트폴리오 관점에서 비즈니스 전략을 지원하는 요구사항 여부
- 프로젝트의 제약사항 고려(인력, 비용, 일정 등)

[키워드]
- 추적성, 무결성, 가시성, 일관성, 형상관리 기능, Baseline, 발주자 및 개발기관 입장에서 장점 및 단점

[예상문제]

가. 1교시형

　1) Baseline

나. 2교시형

　1) 프로젝트 수행 시에 형상관리의 변경요청 관리 방법과 형상관리 시 고려사항에 대해서 설명
　　하시오.

19. 정보시스템 감리

1) 효율적 안정적 정보시스템 구축을 위한 정보시스템 감리의 개요

가. 정보시스템 감리의 개요

- 감리발주자 및 피감리으로부터 독립된 개인, 법인 등이 **정보시스템의 효율성 향상, 안정성 확보를 목적으로 정보시스템 구축, 운영에 관한 사항을 종합적으로 점검하고, 문제점을 개선 하도록 하는 활동**(정보시스템 효율적 도입 및 운영 법률 제2조 3호)

→ (임기술사) 감리는 발주기관과 사업자로부터 독립된 자가 정보시스템 성공을 위해서 문제점, 파악 및 개선사항을 권고하는 활동이다.

[길라잡이]

- 정보시스템 감리 업체 및 감리인의 독립성에 대한 문제
- 정보시스템 감리 업체 및 감리인은 법적으로 독립한 기관이다. 하지만 감리업체도 제안서를 쓰고 고객으로부터 제안평가를 받고 계약 및 비용을 받기 때문에 현실적으로 감리도 사업자와 동일하게 고객으로부터 독립적인 기관이 될 수가 없다.
- 이러한 문제가 해결되어야 감리가 진정으로 독립된 기관으로 객관적 평가를 수행 할 수 있을 것이다.

나. 정보시스템 감리의 목적

- 효과성: 설정된 목표 달성을 위한 최적화된 구축 방향을 제시
- 효율성: 정보시스템 지원 활용성 강화, 품질 보장

→ (임기술사) 효율성은 제한된 자원을 활용하여 그 효과를 극대화하는 활동 및 기법이다.

- 안전성: 기밀성, 무결성 등을 보장하는 효과적 통제관리

→ (임기술사) 기밀성은 중요 데이터에 대해서 내부 및 외부에서 침입이 발생해도 보호화 할 수 있는 특성으로 데이터 암호화와 같은 활동이 있고, 무결성은 데이터 간의 불일치를 제거하거나, 보안적인 측면에서는 메시지가 변조되지 않는 것을 보장하는 방법이다.

- 준거성: 법규, 표준, 내부통제 기준 등의 요건을 준수

→ (임기술사) 준거성은 개발자 가이드 라인 준수, SQL 표준, 데이터 표준과 같은 표준적인 측면을 준수하거나 웹 접근성, 보안, 제도와 같은 규약적인 활동을 포함하여 이것을 IT 컴플라이언스라고 한다.

다. 정보시스템 구축의 문제점과 감리의 필요성

- 정보화 타당성 검증: 정보시스템과 경영방침의 불일치 해소
- ➔ (임기술사) 정보화 투자의 타당성은 정보화 투자를 통해서 효과를 극대화 하기 위한 활동으로 IT투자평가와 같은 활동으로 투명성을 확보할 수가 있을 것이다.
- 기획의 타당성 입증: 실행계획의 구체성, 타당성, 현실적 지원
- 데이터 무결성: 효과적, 안정적 정보관리, 정보 보안 지원
- 이해격차 조정: 수주자, 발주자간 의견 불일치, 논쟁, 중재, 해결
- ➔ (임기술사) 감리는 중재자의 역할을 통하여 고객과 사업자 간의 의사소통의 창구 및 이슈에 대한 중재를 수행할 수 있다.

2) 정보시스템 감리의 역할과 기능

가. 정보시스템 감리의 역할

- **정보시스템 전략계획의 평가**
  - 정보시스템 도입, 개발, 유지보수 검토 평가
  - 정보자원 및 정보기술관리의 적정성 평가
  - 정보시스템 안정성, 신뢰성 확보 검토 평가
- **프로젝트 특성을 고려한 최적의 정보기술 적용 유도**
  - 의사결정지원 및 쟁점사항 객관적 평가
- **정보시스템의 감리기준, 세칙, 실무지침의 이해와 적용**
  - 정보처리부서의 조직과 정보시스템 관리검토
- **정보기술 관리 검토**
  - 정보시스템 무결성, 기밀성, 가능성 확보
  - 정보시스템 도입, 개발 및 유지보수 검토

- **응용시스템 통제 개선**
- **부정 손실, 위험 감소**
- **사용자 신뢰성 확보**
- **사업 성공 기회 제공**
- **비용 절감, 납기 단축**
- **고객 신뢰도 확보**

나. 정보시스템 감리의 기능(효과)

(1) 감사 활동(Audit)

- 독립외부 전문가 영입, 개발 및 운영, 유지보수의 준거성, 객관성 확보
- 대형정보사업 수행과정에 필요한 통제력, 세부지침 통한 안정성 확보
- 적절한 비용 집행, 효율적 인력운용 모니터링 및 수행 평가

(2) 품질보증(Quality Assurance)

- 객관적 시각, 정량화된 정보시스템 품질보장

- 개발과정 품질보증체계, 활동, 역할의 관리통제

- 최적의 품질을 보장하는 개발 프로세스, 아키텍처 제공

(3) 자문활동(Consulting)

- 효과적 정보시스템 구축 위한 실무적 모형 및 Best Practice 제시

- 조직의 특성과 사업의 목적에 부합하는 개발방법론 최적화

- 안정성, 유지보수성, 성능이 뛰어난 시스템 아키텍처 제시

[길라잡이]

- 정보시스템 감리 다음과 같은 기능을 가진다.
- 객관적 프로젝트의 현황 파악
- 프로젝트의 문제점 파악
- 발주기관과 사업자 간의 중재역할 및 의사소통
- 문제점에 대한 개선사항 제시
- 감사대비

3) 정보시스템 감리의 분류 및 감리 대상

가. 정보시스템 감리의 분류

분야	기술감리	기술측면 적합성, 타당성(제품평가, 유연성, 품질)
	비용감리	계약내용과 비용 타당성(실행적정성, 원가 비용ROI)
	성과감리	정보기술 활동의 최종 성과 점검(효과성과 효율성)
대상	사업감리	프로젝트 목표 성공달성을 추구(원가, 납기, 품질)
	운영감리	실제조직, 운영관리, 장애대책, 관리효율성을 점검
시기	사전감리	정보시스템 착수 전(인력, 예산, 일정, 비용, 계획에 대한 감리)
	진행감리	정보시스템 구축 진행 시 절차, 프로세스, 방법론 준수 여부
	사후감리	최종산출물의 품질, 성능, 표준, 평가, 개선 조치

나. 감리법령 주요 내용(정보시스템 효율적 도입 및 운영에 관한 법률 제11조)

(1) 공공기관 주요 정보시스템 감리 의무화

- 대국민 서비스/민원 업무

－다수기관 공동 구축 업무

－연계 및 정보 공통이용

－기타 감리 시 필요하다고 공공기관의 장 인정

－사업비(단순 장비구입비 제외) 5억 원 이상

(2) 발주자에게 감리결과 반영 의무화

－개선권고사항 중 필수 항목

(3) 감리기준의 고시 및 준수

(4) 업무범위, 절차 등 감리업무 핵심 내용규정

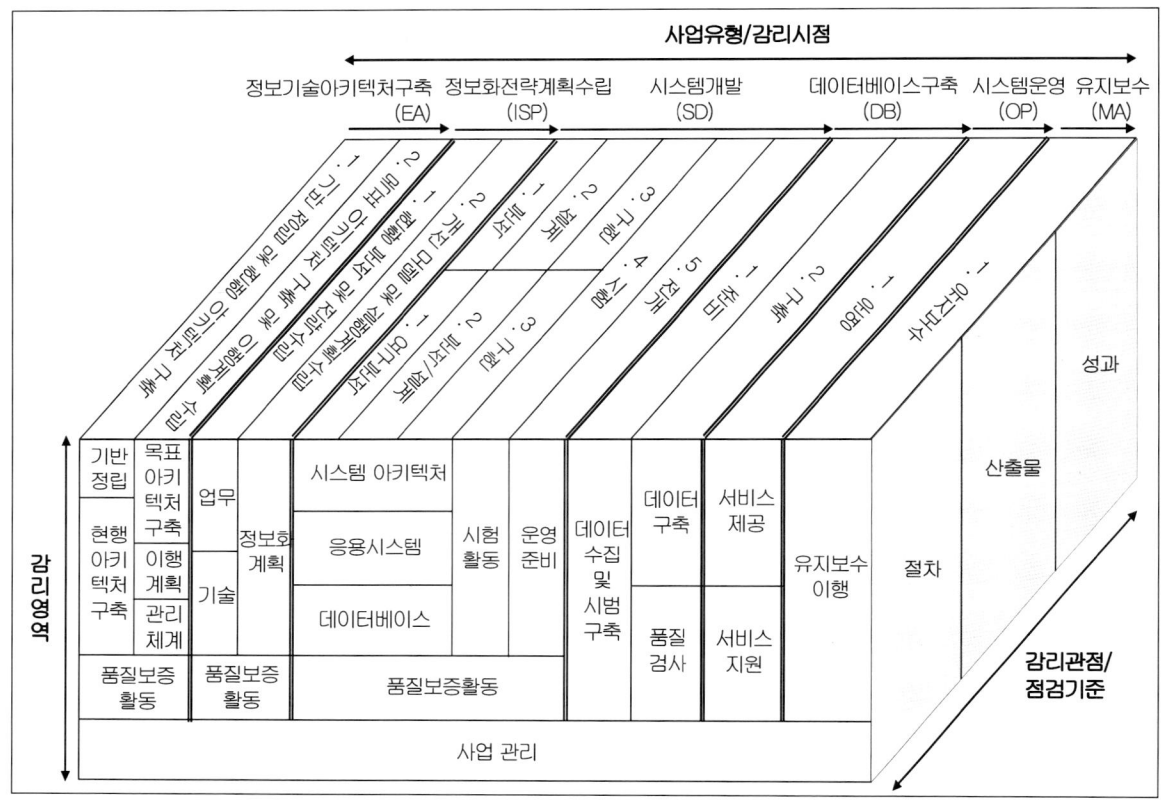

－사업유형/감리시점, 감리영역, 감리관점/점검기준의 세 축으로 구성

다. 사업유형/감리시점

－사업유형은 정보기술아키텍처구축사업, 정보화 전략계획수립사업, 시스템개발사업, 데이터베이스 구축사업, 시스템운영사업, 유지보수 사업으로 구분

－사업유형별 감리시점은, 정기감리 체계를 반영하여 각종 방법론, 감리보고서 등을 참조하여 사

업유형별로 감리를 시행하기에 적절한 시점을 제시
- 시스템개발 사업의 감리의 경우 대상 사업별로 방법론에 따라 감리시점 및 점검항목이 상이(구조적/정보공학적 개발 모델과 객체지향/컴포넌트기반 개발 모델로 구분)

라. 감리영역

- 감리영역 중 품질보증활동은 사업 수행 시에도 별도의 품질보증활동 조직에 의해서 관리되므로 이를 독립된 감리영역으로 구분
- 단, 시스템 운영 사업의 경우 품질보증활동이 강조되지 않고 있으며, 유지보수 사업의 경우 품질보증의 관점에서 감리를 시행하고 있으므로 별도의 감리영역으로 구분하지 않음

마. 감리관점/점검기준

- **감리관점은 절차, 산출물, 성과로 정의됨**(산출물은 문서, 구축된 시스템, IT서비스 등을 포함)
- 감리관점별 점검기준은 감리를 시행할 때 감리 관점별 점검하는 기준으로, 각 관점의 특성, 또는 품질기준이 됨(각 점검기준은 ISO 9126, COBIT 등 각종 표준을 참조)

4) 정보시스템 감리 절차

1. 감리계약 체결	- 사업계약 후 즉시 감리계약 - 감리대상 사업명, 계약목적, 계약기간, 감리대상 범위 - 회차별 감리수행 기간 및 투입공수 인력 - 감리대가 산정방식(실비정액가산방식, 사업비규모 요율방식)

2. 감리계획 수립	- 회차별 착수회의 7일 이전 통보
	- 계약서항목
	  ● 감리대상 사업의 개요 및 목적
	  ● 감리대상 범위
	  ● 감리일정(착수회의, 현장감리수행, 종료회의, 보고서통보, 조치 일정 등)
	  ● 총괄감리원 및 투입감리원 편성
	  ● 감리영역 및 상세점검항목
	  ● 감리수행 시 적용할 기준, 표준, 지침 등의 목록

3. 감리착수회의	- 감리계획 설명, 상세점검항목 협의 - 감리대상 사업 현황 파악 - 감리영역별 감리원, 업무담당자 확인 - 협의된 사항 근거 감리계획 수정 및 별도 보관
4. 감리시행	- 상세점검항목에 대해 객관적 입장, 전문가적 주의, 통합적 점검 - 감리기간 중 현장 상주 - 감리일정, 감리원 임의 변경 불가 - 취득정보 외부 누설, 도용금지(처벌 대상) - 관련자료 검토, 분석, 시험, 상호검증, 관련자 면담 - 문제점 확인 및 관련자료 수집 후 감리보고서 작성

5. 감리보고서 작성	−총괄 감리원과 투입 감리원 목록 및 서명 −착수회의 통해 최종 확정된 감리계획 −감리대상 사업개요 −감리영역별 종합의견 및 평가(직접, 보통, 미흡 부적정) −개선권고 유형: 필수, 협의, 권고/개선시점: 장단기
6. 감리종료 회의	−감리시행결과 확인 및 의견사항 청취
7. 감리보고서 통보	−계약 및 감리계획서에 명시된 기간 내 감리종료회의 결과를 반영 −발주기관 및 피감기관에 통보
8. 조치계획 검토 및 조치내역 확인	−조치사항 이행 확인

5) 감리의 문제점과 개선방향

가. 정보시스템 감리의 문제점

(1) 감리 실시 여부의 임의성 존재

− 발주처의 감리의 인식부족(비용발생행위), 발주처와 SI업체들의 내부적인 이해관계와 사업 일정의 촉박 등의 이유로 일반 사기업에서 미수행 사례 다수

➔ **(임기술사)** 일반 사기업에서 감리를 받지 않는 것은 감리에 대한 효과성 문제이다. 공공의 경우 개발 프로젝트에 대해서 의무감리가 법제화 되어서 예산이 편성되지만, 민간기업은 그런 의무는 없다. 그러므로 일반기업에서 감리를 받게 하려면, 먼저 감리에 대한 효과성이 증명되어야 한다.

(2) 감리수감 기간을 사업공정 내 개발활동으로 미포함

− 사업공정 내에 개발활동으로서 감리수감기간이 포함되어 있지 않아 피 감리인 입장에서는 감리수감은 부차적으로 간주 다음단계 진행에 전념

− 사업비 내에 감리 비용 미포함, 사업 수주자 부담 폐해

➔ **(임기술사)** 발주기관에서 개발비와 감리비용을 분리해서 관리한다. 하지만 이것은 전체 예산의 증감을 유발 시킨 것이 아니라, 기존 개발 사업비 예산의 일부를 감리비용으로 활용한다. 그러므로 사업자 입장에서 비용이 절감된 측면이 있다. 또한 개발단계에서 감리대응으로 인한 개발팀의 부담은 발생한다.

(3) 감리결과에 대한 후속조치에 강제성 결여

− 긴급개선 사항 등에 대해서도 사업수주자 입장에서 적당한 논리를 내세워 현 단계와 병행하여 진행해도 무방하다고 발주처를 설득함으로써 감리결과가 유명무실해져 감리자체가 사업과 관계가 없는 일종의 요식행위로 전락

➔ **(임기술사)** 법적으로는 후속조치는 강제적이다. 즉, 필수항목으로 포함된 것은 반드시 개선해

야 한다. 하지만, 현실적으로 감리회사가 발주기관에 독립한 기관이 아니다 보니,감리내용에 대한 항목 삭제와 같은 것은 현실적으로 존재한다. 그러므로 후속조치는 큰 의미가 없을 수 있다. 즉, 법에 정의한 독립된 기관이 현실적으로 감리회사가 되지 못하는 것으로 인해 생기는 문제이다.

(4) 부실감리에 대한 판단기준과 제제요건이 없음

   – 감리인이 자의건 타의건 부실감리로 인해 사업에 지장을 초래했을 경우 감리 법인과 감리인을 제재할 수 있어야 하나 현재는 감리인의 윤리규정 수준으로만 강제

➜ **(임기술사)** 부실감리는 부실감리의 기준도 명확하지 않다. 그것은 정보시스템의 다양한 특성 때문이다. 꼭 어떤 방법론을 100% 준수해서 소프트웨어를 개발했다고 해서 '잘했다'라고 말할 수 없고 반대로 산출물 등이 부족하다고 '부실이다'라고 이야기할 수 없다. 이것은 건축과 다르게 소프트웨어가 가지는 특성 때문에 발생한다.

(5) 시장의 구조적 문제

   – 감리수요에 비해 감리법인 영세, 과당경쟁, 최저가 낙찰제로 인한 감리 품질 저하

➜ **(임기술사)** 감리에 대한 최저가 낙찰제는 이미 현실화 된 요소이다. 이것은 감리뿐만 아니라 소프트웨어 산업의 전반적 문제로 봐야 할 것이다.

나. 감리의 개선방향

전담 고급인력 확보	– 기술사 인력 활용, 기술사 협회 부설 감리 교육기관 수립 – 감리인력 주기적 교육훈련 수행, 사후 감독 관리 철저 ➜ **(임기술사)** 가장 중요한 것은 어디서 교육하고 지속적 관리를 하자 보다는 무엇을 어떻게 교육하고 어떻게 평가 할 것인가에 대한 정의이다. 또한 그 관리의 효과성을 판단하는 기준이 정의되어야 한다.
감리 역량 강화	– IT인프라, 서비스별 영역세분화 (데이터, 기술, 아키텍처 감리 등) 및 통합화 기술관리위주에서 사업감리, 운영감리로 영역확대 – IT성과 평가(IT-BSC) 및 품질모델(ISO 9126,12207)등을 참조 ➜ **(임기술사)** 특정 업무분야, 특정 기술분야에 대한 전문성이 필요하다. 즉, 감리자격 기준도 영역별 전문가로 분리 할 필요는 있다.
제도적 방안 마련	– 공공부문 감리의무화 강화(독립상근감리제도 도입), 민간부문으로 확장 – 감리표준지침, 기준 개발 배포(ITIL, CoBIT, CMMI 등 국제표준 준수) – 감리내실화, 분야별 책임감리 도입, 부실감리 제재 제도화 – 감리비 현실화, 감리비용산정 모델 개발, 감리요율 인상 ➜ **(임기술사)** 감리제도 개선에서 핵심은 감리품질 향상이다. 감리품질이 확보되면, 다른 문제는 자연스럽게 해소될 것으로 본다.

※ 감리법인/ 감리인 의무 준수사항

가. 감리계약 및 감리계획 준수(일정, 영역)

나. 감리법인/감리원 독립성 확보

다. 현장 감리기간 중 상주감리

라. 비밀누설금지, 허위감리보고서 작성금지

마. 감리참여 감리원 및 총괄감리원 서명의무(총괄감리원은 상주 감리원 중 수석 감리인으로 임명)

문제〉 정보시스템감리 점검프레임워크에 대해 설명하시오

| 카테고리 | 소프트웨어공학〉감리 | 난이도 | 중 |

문제풀이

답>

1. 정보시스템 감리점검 프레임워크 구성

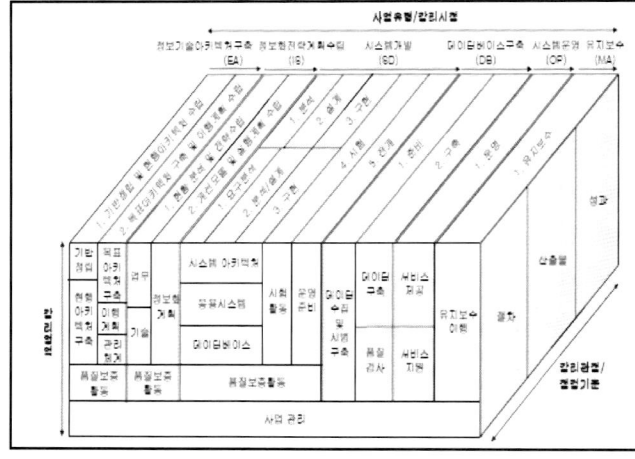

- 프레임워크 구성 요소
- 개념모델에 근거하여 사업유형/ 감리시점, 감리영역, 감리관점/ 점검기준의 세 축으로 구성
- 프레임워크 사용
- 사업유형/ 감리시점/ 감리영역에 따라 감리 기준의 점검표 구성, 점검항목 도출

2. 사업유형/감리시점

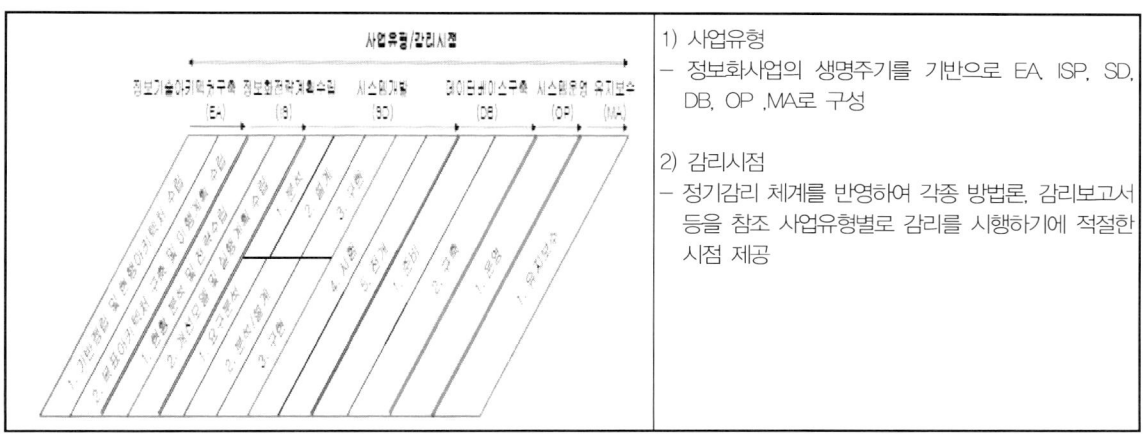

1) 사업유형
- 정보화사업의 생명주기를 기반으로 EA, ISP, SD, DB, OP ,MA로 구성

2) 감리시점
- 정기감리 체계를 반영하여 각종 방법론, 감리보고서 등을 참조 사업유형별로 감리를 시행하기에 적절한 시점 제공

-SD(시스템 개발): 감리의 대상이 되는 사업에서 채택하고 있는 방법론에 따라 감리시점 및 점검 항목 상이(구조적/정보공학적 개발 모델과 객체지향/컴포넌트 기반 개발 모델로 구성)

3. 감리영역

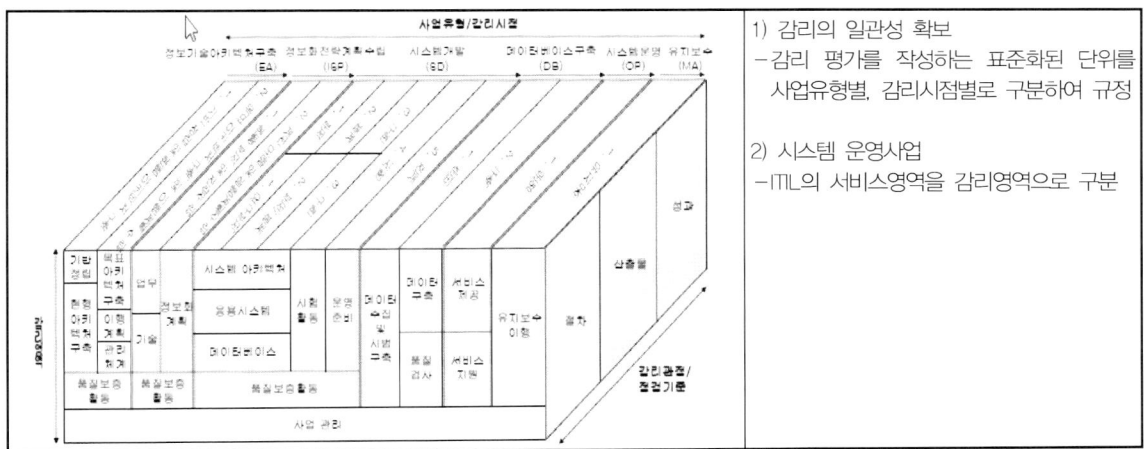

1) 감리의 일관성 확보
- 감리 평가를 작성하는 표준화된 단위를 사업유형별, 감리시점별로 구분하여 규정

2) 시스템 운영사업
- ITIL의 서비스영역을 감리영역으로 구분

4. 감리관점/점검기준

가. 감리관점

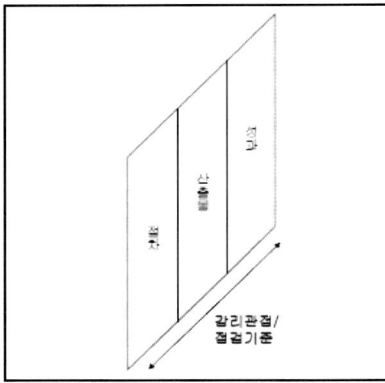

감리관점	내용
절차 (Process)	사업에 대한 각종 관리활동 및 구축/운영 계획 및 절차의 수립과 준수여부의 적정성을 검토
산출물 (Product)	적정한 구축/운영 절차를 통하여 생산된 각종 문서, 시스템, 서비스 등에 대한 적정성을 검토
성과 (Performance)	궁극적인 사업의 성과목표 및 기대효과의 달성가능성 및 달성여부에 대한 검토

나. 감리관점별 점검기준

감리관점	점검기준	관련 성질
절차 (Process)	계획적정성 (Plan Reasonability)	사업수행계획, 인력운용계획 등 각종 계획 수립의 적정성
	절차 적정성 (Process Reasonability	개발/운영/유지보수 절차 수립 적정성,위험/일정/품질 /형상/인력/변경관리 절차 등의 수립 적정성
	준수성 (Compliance)	각종 계획의 준수 적정성, 절차 및 활동의 준수 적정성
산출물 (Product)	기능성	기능의 충분성, 완전성, 정확성, 상호 운용성, 연계성
	무결성	데이터 무결성 및 정확성(Integrity)
	편의성	사용 편의성, 운영 편의성, 학습성(Usability)
	안정성	시스템 안정성, 서비스 연속성, 복구 신속성(Stability)
	보안성	시스템 기밀성, 안전성(Security)
	효율성	정보자원(인력, 서버 등) 활용의 효율성,업무 효율성 등
	준거성	산출물의 관련 기준/절차/표준/방법론 준수성(Compliance)
	일관성	분석성, 변경성, 현행화, 추적성,유지보수성(Consistency)
성과 (Consistency)	실현성	구체성, 실현가능성, 투자대비 효과성, 성과목표 달성, 시스템 사용 가능성(Realizability)
	충족성	업무/기술적 요건 만족, 사업목표 달성, 과업범위 충분성

"끝"

문제〉	정보시스템의 효율적 도입 및 운영을 위해 감리가 중요시되고 있다. 리유형 중 개발 및 운영 감리 시 참조 가능한 모형 또는 표준 등에 관하여 명하시오.		
카테고리	소프트웨어 품질〉감리	난이도	중

답〉

1. 정보시스템의 효율적 도입 및 운영을 위한 감리의 개요

가. 정보시스템 감리의 목적

목적	주요 내용
정보시스템의 효과성	– 정보시스템이 사전에 설정된 목표를 달성하도록 하는 것
정보시스템의 효율성	– 사용자 관점: Turnaround Time, Response Time – 시스템 관점: Throughput, Capacity, 자원 이용도
정보시스템 보안성	– 무결성, 가용성, 기밀성
법적 요건 준수	– 업무처리 및 관련된 규정, 정보화 추진과 관련된 규정 등 요건

– 감리발주자 및 피감리인의 이해관계로부터 독립된 자가 정보시스템의 효율적 도입 및 안정성 향상을 위해 제3자적 관점에서 종합적으로 점검, 문제점을 개선하도록 함

나. 정보시스템 감리 프레임워크

– 감리에 적용되는 표준, 지침, 절차 및 감리체계 등을 포함하여 감리 이해관계자에게 감리의 관점을 제공하는 밑그림

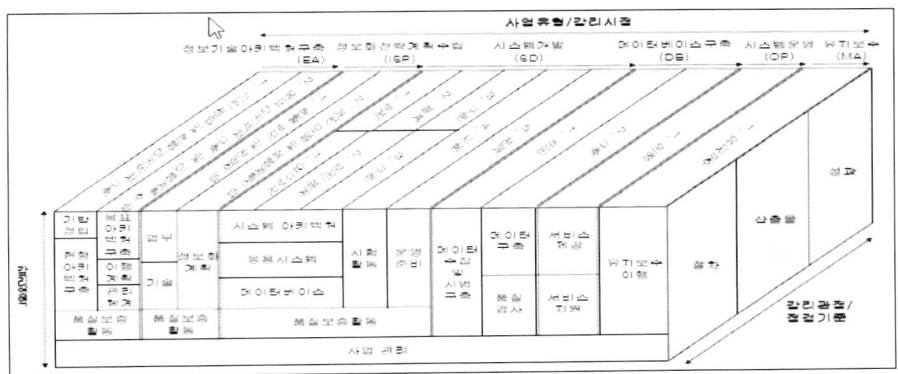

2. 개발 단계 감리영역 및 감리 시 참조 가능한 표준

가. 개발 단계 감리의 영역

- 일반영역: 프로젝트 관리, 개발방법론, 품질보증 활동, 프로젝트 표준, 사용자 교육 등
- 기술영역: 응용시스템, 데이터베이스, 시스템 아키텍처, 네트워크, 시스템 안정성/신뢰성, 사용자 인터페이스, 시스템 시험

나. 개발 감리 시 참조 가능한 표준

표준	주요 내용
ISO 15504 (SPICE)	- 프로세스 참조모형을 기초로 심사모형을 제시함 - 프로세스 개선 및 능력결정을 위한 지침과 세부 심사방법을 제공함 - 소프트웨어 프로세스를 개발자 측면과 사용자 측면으로 구분 - 불안정, 수행, 관리, 확립, 예측, 최적화 단계 등 능력수준 평가방법 참조
CMMI	- 제품 또는 서비스의 개발, 획득, 유지보수 하기 위함 - 조직의 공정관리 및 관리 능력 향상, 조직의 성숙도를 평가가능 - 단계별 개선방식: 조직단위 프로세스 성숙도 평가 - 연속적 개선방식: 프로세스, 프로젝트, 공학자원관리 등 카테고리별 관리방법 이용
ISO 12207	- 소프트웨어 생명주기 프로세스 기준으로 절차, 활동, Task 정의 - 기본 프로세스의 개발 프로세스 참조 활용가능
COBIT	- IT 통제 및 감사, 보증서비스 등에 대한 체계적인 틀을 제공함 - ITAF(IT Assurance Framework)으로 표준, 지침, 절차를 구성함 - IT 거버넌스 체계로 확대됨

3. 운영감리 시 참조 가능한 표준

가. 운영 단계 감리의 영역

- 일반영역: 운영관리, 운영평가 등
- 기술영역: 데이터, 소프트웨어 관리, 하드웨어 및 네트워크 관리, 건물 및 관련 설비관리

나. 운영감리 시 참조 가능한 표준

표준	주요 내용
ITIL	- 정보시스템 운영을 위한 Best Practice의 집합체계 - 세계적인 De-facto 표준으로 Process 정의 및 참조모델 제공 - 서비스의 공급 및 지원측면에서 서비스 내역 및 수준정의 - 소프트웨어 라이프 사이클을 포함, 테스트 영역까지 확장다룸
ISO 20000	- 인증체계로서 ISO 표준체계를 준수함 - IT 서비스 전체 영역에 대해 IT 서비스 관리의 국제표준 인증
COBIT	- 모든 사업유형(EA, ISP, 개발, 운영, 유지보수 및 사업관리)에 걸쳐 적용 가능한 IT 가이드 - ITAF 통한 표준, 지침, 절차의 구성방안 활용 - 통제목표와 감사 지침의 구분

4. 감리의 기대효과

- 프로젝트, 안전성과 신뢰성을 높임
- 위험요소 사전도출과 대응방안 제시
- 정보시스템 품질 향상
- 발주자(고객) 관점의 사업관리 점검지원
- 개발완성도를 높여 시스템의 활용 가능성을 높임
- 사업에 대한 성공적인 종료 검증방법
- 사업 및 운영 효율성 개선 의견 제시
- 장기적인 정보시스템 운영비용 감소, 오류감소, 장비활용능력 향상   "끝"

풀 이

- 정보시스템감리 프레임워크는 정보시스템 감리의 품질확보를 위해서 도입된 프레임워크이다. 감리 프레임워크는 CMMI, PMP, ITIL, ISMS, COBIT과 같은 선진 프레임워크 혹은 선진 프로세스를 참조하여 만든 것이다. 그 중에서 개발의 경우 CMMI의 개발 프로세스를 참조모델로 활용했고 운영 감리의 경우 서비스 지원과 서비스 운영으로 ITIL기반의 ISO 20000을 기반으로 한다.
- 이러한 참조모델을 활용하는 이유는 이미 검증된 방법을 적용하여 효과를 극대화하기 위해서이다.

:: 도우미 임기술사

[설명]

정보시스템 감리는 의무감리 제도의 도입으로 공공부분 개발 프로젝트에 대해서 의무감리가 시행되었다. 의무감리의 본래 목표는 발주기관 및 사업자에게 독립된 기관이 개발된 정보시스템을 평가하여, 정보시스템의 효율성과 안정성을 높여 사업을 성공하게 하는 것이다. 하지만 의무감리 제도의 본래의 목표와 다르게 감리기관은 발주기관과 독립하지 않고, 감리의 전문성의 부족, 감리비용 부족 등의 문제를 가지고 있다. 즉, 이러한 문제는 발주기관 입장에서는 의무감리이므로 감리를 받기는 하지만 감리의 실효성에 대해서 의문을 제시한다.

감리품질을 확보하기 위해서 감리 프레임워크 및 감리 자격기준과 교육이수 등의 내용을 같이 고지했지만, 감리 프레임워크는 업무적 특성과 해당 프로젝트의 환경적인 특성 모두를 반영 할 수는 없다. 그러므로 기본적인 틀만 제시한 효과 밖에는 큰 효과가 없어 보인다. 또한, 감리인 자격기준도 기술사 혹은 감리사, 감리원 교육을 이수한 사람만 감리를 할 수 있게 정의했다. 그렇다 보니, 감리 자격기준이 자격증 취득여부로 결정된다. 즉, 해당분야의 전문가 및 감리경험을 다수 보유하고 있다 하더라도 감리를 할 수 없거나 수석감리원이 될 수 없는 문제가 발생한다. 수석감리원은 오직 기술사 및 감리사만 가능하다는 것이다.

이렇듯 의무감리 제도가 시행된 지 몇 년이 되었고, 많은 문제점 있다는 것은 공감하고 있다. 하지만 해당 문제점에 대한 개선활동은 미비해 보인다.

[키워드]
－감리 프레임워크, 감리절차, 감리 문제점

[예상문제]
가. 1교시형
  1) 감리프레임워크

나. 2교시형
  1) 의무감리 제도 시행 이후 발생되는 감리의 문제점과 해결방안을 서술하시오.
  2) CBD 감리의 점검항목을 제시하시오.

20. SW 품질보증

1) 성공적인 프로젝트 완료와 고객 만족을 위한 SW 품질보증

가. SW 품질보증(SW Quality Assurance)의 정의
- 최종 제품과 서비스가 사용자의 요구사항에 부응함을 보증하기 위해 프로젝트의 프로세스와 제품을 검토 관리하는 활동
➔ **(임기술사)** 소프트웨어 품질은 소프트웨어 개발단계를 포함하고, 소프트웨어 자체가 변화에 대응이 가능해야 하기 때문에 진척률, 범위, 인력 등을 관리하는 프로젝트 측면, 방법론과 같은 공정의 효율성의 프로세스 측면, 완성된 소프트웨어를 확인하는 프로덕트 측면으로 접근한다.
- 제품 및 서비스가 품질요구사항을 만족시킬 것이라는 신뢰감을 주기 위한 일체의 계획적, 체계적 활동(ISO 8408)
➔ **(임기술사)** 소프트웨어의 신뢰성을 주기 위해서는 고객의 품질수준을 파악하고 소프트웨어의 품질을 정량적으로 측정할 수 있는 방법이 제시되어야 하며, 이러한 측정방법은 고객과 합의된 것이다.

나. SW 품질보증의 목표

수행항목	책임과 역할, 산출물 변경관리, 시스템 변경, 확인과 검증	기능요건, 비기능(품질) 요건 충족산출물 품질만족비용, 기간, 목표 달성
수행방법	개발조직과 분리된 품질조직 활동 개발조직 자체 내부감리	

➔ **(임기술사)** 소프트웨어 품질은 고객이 요구한 기능적 측면과 기능에 대한 품질요소 즉, 비기능적 측면이 모두 고려되어야 한다.

다. SW 품질의 특성
- 상대성: 객관적으로 SW의 품질을 정량화하기 어려움
➔ **(임기술사)** 이해당사자별로 품질수준과 품질요구사항이 다르고 사업자에서도 관리자, 분석/설계자, 개발자 등이 바라보는 품질이 다르다. 이러한 것을 품질관점이라고 한다. 즉, 품질관점 때문에 소프트웨어 품질을 관리하고 정량화 작업을 하기 어려운 것이다.
- 자원종속성: 비용, 시간, 인력, 도구활용 등에 제한적

→ **(임기술사)** 소프트웨어 품질은 해당 프로젝트의 제약사항을 준수하면서 이루어져야 한다. 즉, 비용, 일정, 인력, 방법론, 도구와 같은 제약사항을 준수해야 한다.

- 타협성: 무한 품질 보장은 현실적으로 무리

→ **(임기술사)** 품질에 대한 수준은 처음부터 고객과의 합의가 중요하다.

- 연관성: 품질 요소간 연관성 및 이해 상충관계가 존재

→ **(임기술사)** 성능을 향상시키는 가용성이 떨어지고, 반대로 가용성을 향상시키면 성능 저하의 요인이 된다. 즉, 이러한 품질요소간의 관계를 파악하고, 품질요소별 우선순위를 결정하여 추진해야 한다.

2) SW 품질보증 관리체계 구축

가. 책임과 역할 수행을 위한 조직 구성

조직	구성원	활동 내역
전사 품질 조직	임원 품질팀장	품질보증 활동 독립성 보장, 품질보고접수, 품질보고서 최종승인, 보증활동 검토, 경영층 보고
PMO	PM 품질담당자	품질보증활동 상태 모니터링, 활동지원, 관리, 통제, 보증계획 수립, 지침정의 및 지원, 보증활동 검토 및 점검
개발 조직	엔지니어 외주업체	품질보증 계획, 절차, 지침 의거 활동 수행, 작업산출물 시정조치, 결과 통보 접수
고객조직	현업부서 고객PM	정기적 검토, 요구사항 정합성 validation, 개발조직, 업무협의, 커뮤니케이션

나. SW 품질보증 프로세스

조직	수행 활동	활동 내역
계획수립	목표, 산출물 정의, 조직구성 표준 및 절차 수립	프로젝트 자원제약성을 고려할 때 현실적으로 수행 가능한 계획인지 판단
품질보증활동	요구사항/형상/변경관리 수행 변경통제, 형상식별	형식적 요식행위가 아닌 구체적이고, 실무적인 접근
품질검토	워크스루, 인스펙션 리뷰 내부 자체 감리, 테스트 수행	Authentication, Inspection
고객납품	완성제품 고객인도, 설치 사용자 매뉴얼, 교육훈련실시	고객에게 SW사용법 교육, 훈련
사후관리	최종인도, 시스템 AS실시 고객만족도 조사, 불만처리	사후서비스에 대한 비용계획을 위한 사전 합의 완료

3) SW 품질보장을 통한 기대효과와 국내외 동향

가. SW 품질보장을 통한 기대효과

기업측면	−기업 브랜드 상승: 제품 개발 통한 고객 만족도 증가 −수익 개선: SW결함 및 장애 최소화로 조치 비용 절감
프로세스 측면	−표준의 정립: 기업 SW개발의 표준화 −개발조직의 구성인력의 책임과 역할 명확화
사용자 측면	−고객의 업무에 활용되는 높은 SW를 통한 업무 향상

나. 발전 방향

1) 제도적 측면

−CMMI인증: 개발 조직의 품질 성숙도 향상 통한 역량 내재화

−PSP/TSP: 개인의 User Skill향상, Team Building

문제〉	프로세스(Process)란 요구사항을 만족하기 위해 개발자, 개발방법론, 요구사항을 통합하여 상호 연관된 활동들의 집합으로 정의할 수 있다. 프로젝트(과제) 업무수행 시 이들의 표준 프로세스를 과제관리 프로세스, 생명주기(Life Cycle) 프로세스 범주, 지원(Support) 프로세스 범주 및 프로세스관리 프로세스 범주로 구분하여 논술하시오.		
카테고리	소프트웨어 품질〉프로세스 관리	난이도	중

답〉

1. 기업의 프로세스 내재화를 위한 주요 이슈

가. 프로젝트 수행 시 실패요인

1) 기업의 목표전략: 기업 비즈니스 요구사항 및 전략 파악 필요

2) 프로세스의 미 확립: 체계적, 구체적으로 정의된 프로세스 부재 문제

3) 이해관계자 공감대: 사용자 요구사항 명시화 부족, 개발자와 사용자 간 공감대 필요

4) 성공적인 레퍼런스 부재: 성공 프로젝트 참조모델 부재로 인한 시행착오

나. 성공적인 프로젝트 수행을 위한 Factor

구 분	성공 Factor
프로세스 정의	사용자 요구사항, 기업 전략, 비즈니스 프로세스, 개발환경 등 고려
프로세스 실행	개인, 팀 역량에 맞는 범위, 일정, 형상관리 등의 프로세스 실행
프로세스 측정	CMMI, SPICE 등을 통한 프로세스 성숙도 측정, 레벨 현황 파악, 지속적인 관리
프로세스 개선	프로세스의 지속적 관리통한 레벨 상승 및 기업 인지도 강화
프로세스 조절	환경변화, 기업 전략 및 비즈니스 프로세스 변화에 유연한 프로세스로 조절, 관리

2. 기업의 성공적인 프로젝트 관리를 위한 과제 및 생명주기 관리

가. 프로젝트 성공 확률 극대화를 위한 과제 관리 프로세스

도메인공학 요구공학 선정 가치기반 요구공학 → 주요 CSF, KGI, KPI 도출 비즈니스 환경 고려 명시화, 표준화 → 프로젝트 투입 예측 성과평가 객관적 평가 → 성과 평과 결과기반 과제 관리 프로세스 전략 및 방안 도출

-CSF: Critical Success factor, KPI: Key Performance Indicator

나. 효과적인 프로젝트 가시성 확보를 위한 생명주기 프로세스

구분	생명주기	주요 내용
계약관점	계약/공급	RFP작성, 계약준비, 승인, 제안서, 계약, 개발계획, 실행, 납품, 요구공학
공학관점	개발	분석, 설계, 구현, 테스트 개발단계별 문서화, 방법론 표준화
운영관점	운영/유지보수	운영 계획, 운영 시험, 운영 및 사용자 지원, 유지보수 효율성 위한 재사용
지원관점	품질경영	요구사항에 일치하는 보증활동, 프로세스 유연성 및 확장성
관리관점	관리/개선	유지보수 계획 및 분석서, 소프트웨어 이전 및 폐기 관련 문서 관리

－개발자의 공감대, 방법론의 표준화, 요구공학적 기법의 내재화 통한 프로세스의 유연성, 확장성, 가시성, 확보가 성공의 주요 Key 요소로 작용됨

3. 성공적 프로젝트 진행의 촉매제 지원 및 프로세스 관리

가. 프로젝트 보조를 통한 지원관리 프로세스

구분	프로세스	지원관리 프로세스
관리적 측면	ITSM 측면	-Service Support: 비즈니스 요구사항에 실시간 대응하는 IT서비스 지원 -Service Delivery: 지속적 서비스 수준 개선, 관리 지원 -CMDB: ITSM 기반정보, 효과적 구축 목적 위해 Service 간 관계정보 통합저장
기술적 측면	EA 측면	-DA(Data Architecture): 데이터 유지보수, 접근, 사용방법, 관계 지원 -BA(Business Architecture): 업무관련 정보, 활동 식별통한 지원 -TA(Technology Architecture): 물리적 환경 기반 기술적 서비스 지원 -AA(Application Architecture): 업무 도출, 조작, 관리 등의 체계화 지원

나. 프로세스 표준화 준거성 확보를 위한 프로세스 관리

구분	프로세스 관리
제품 측면	-ISO 14598: 소프트웨어 품질 평가 모듈 -ISO 9126: 소프트웨어 품질 특성 평가 모델(정의, 내외부적 품질측정 방법) -ISO 12119: 패키지 소프트웨어에 대한 품질 요구사항 규정
프로세스 측면	-CMMI: 소프트웨어 프로세스 성숙도, 프로젝트 조직 능력 인증 방법 -SPICE(ISO 15504): 소프트웨어 프로세스 표준 및 심사 기준 -BPM, BPR, BAM: 비즈니스 프로세스의 효율성 보장

4. 프로세스 지속성 확보를 위한 고려사항 및 발전전망

가. 프로세스 지속성 확보를 위한 고려사항

구분	고려사항	지원관리 프로세스
관리적 측면	전략 도출 내재화	-기업 전략 도출 통한 프로세스 체계화 -성공적인 프로세스 레퍼런스 통한 기업 내 조직의 내재화
기술적 측면	위험식별 Feedback	-사전 위험 식별 및 예방 통한 효율적 프로세스 위험 관리 -프로세스 완료 이후 반복적 점검, 문제 해결 이후 Feed back 통한 지속성 강화

나. 프로세스 지속성과 확장성 확보를 위한 발전전망

- 프로세스 표준화를 위한 참조 모델 및 메타데이터 운용 및 활용
- TTA의 GS(Good Software)인증, 산업자원부 주관(NEP: 국가우수제품), 과학기술부 (NET: 국가우수 기술) 등의 인증
- 프로세스 재사용성 위한 Repository 관리: 프로젝트를 승인하고 일관성, 합리적 절차, 공개성과 균형성을 위한 IEEE
- 프로세스의 전반적인 통제를 위한 이해관계자의 공감대 형성 및 IT거버넌스 측면   "끝"

문제〉 　인스펙션(Inspection)은 품질을 높이려는 목적으로 여러 소프트웨어 개발현장에서 사용하고 있다. 실제 프로젝트 수행 시 성공적인 인스펙션을 위하여 따라야 할 원칙들을 기술하시오.

카테고리 　　　　　　　소프트웨어 품질〉공식검토회의 　　　　　　난이도 　하

답〉

1. 소프트웨어 품질을 높이기 위한 과정 인스펙션의 개요

가. 인스펙션(Inspection)의 개념

- 개발제품 또는 개발영역에 익숙한 다수의 기술전문가가 개발 제품의 기술적 정확성을 확인하여 소프트웨어 관련 문제들을 최대한 발견하기 위한 활동(IEEE 1028)

나. 인스펙션의 목적

구분	목 적
결함 발견 및 분석	가능한 문제 발생 시점에서 오류 및 결함 발견
	각 개발 단계 종료 시점에서 상세한 결함 분석 수행을 위한 필요 데이터 확보
개발활동 개선	인스펙션 수행 통한 개발 활동상의 개선 사항 도출
	인스펙션 수행 통해 참여자들 간 기술정보 소통과 관련 사항 교육

2. 성공적 인스펙션을 위하여 따라야 할 원칙: 개발상황에 맞는 인스펙션 종류선택

가. 개발 상황에 맞는 공식 인스펙션과 비공식 인스펙션 중 선택

인스펙션 종류	주요 내용
비공식 인스펙션	작업 진행 중인 프로젝트, 체계적 절차가 없음(Walkthrough)
공식 인스펙션	산출물 준비(작성자), 체크리스트 사용, 결과 보고서 작성
	인스펙션 미팅 참석자 역할 부여, 참여자 서명, 미팅 종료 규칙 존재
	절차존재, 인스펙션 세션 존재

- 성공적 인스펙션 위해서는 절차, 참여자 역할 등이 부여되는 공식 인스펙션을 선택

나. 인스펙션 시 미팅과 기술적 부분에서의 역할과 책임 정의를 통한 성공적인 수행 유도

1) 미팅에서의 역할 (미팅 진행 및 결과에 대한 부실 문제 해결)

－인스펙션 리더(Leader), 인스펙션 기록자(Recorder), 작성자(Author), 발표자(Presentor) 역할 분담

2) 기술적 부분에서의 역할

－역할: 고객, 아키텍트, 설계자, 코더, 테스터, 운영유지 담당자, 품질관리자, 하드웨어 담당자

－인스펙션 유형: 역할별로 요구사항 인스펙션, 아키텍처 인스펙션, 설계 인스펙션, 코딩/단위 테스트 인스펙션, 통합 테스트 인스펙션, 시스템 테스트 인스펙션, 인수 테스트 인스펙션 등을 선택하여 수행

3. 성공적인 인스펙션 수행을 위한 절차와 산출물 및 수행 시 고려사항

가. 인스펙션 수행 절차

절차	주요 활동
계획단계 (Planning)	검토대상 산출물 준비 → 인스펙션 리더 선정 → 소프트웨어 공학적 방법론 식별(개발, 유지보수, 획득, 지원) → 인스펙션 팀(검토자) 구성
준비단계 (Preparation)	인스펙션 지원사항 식별(미팅장소, 시간, 필요장비 등) → 미팅 스케줄링 → 발표자료준비 → Overview → 산출물 검토 및 검토결과 송부 → 미팅 개최여부 결정
미팅단계 (Meeting)	검토자 및 역할, 인스펙션 목적 소개 → 산출물 발표진행(질문, 답변, 기록, 진행) → 미팅 정리 및 종료 결정 → 기록자 IMF(Inspection Meeting Form) 작성완료
후속처리단계 (Rework and Follow-up)	IMF와 문제 보고서 발간 → 품질관리자: SPAF 작성 완료 → 작성자: 오류 및 결함 수정 → 리더: 후속처리 작업 체크 및 후속 미팅 스케줄링 → 리더: 결함 데이터의 유지관리(조직 DB) ※ SPAF: Software Process Assurance Form

나. 인스펙션 수행 시 고려사항

1) 산출물

－공식 보고서: 기술적인 정확성과 상태 보고서, 보고서 구성(관리자용 요약보고서, 작성자용 문제 리스트, 관련 부서용 관련문제 보고서)

－보고서 작성 방법: 표준화된 양식 사용, 정확한 데이터 기록, 관리 목적으로 활용

－방대한 양의 산출물(소단위로 분할 검토), 작업이 완성된 산출물에 대하여 인스펙션 수행

2) 인스펙션 소요시간 배정

－인스펙션 도입 단계(Learning Curve) 고려, 프로젝트 노력의 5~10% 소요

－프로젝트 초기 단계에서 오류 및 결함 식별(상대적인 시간 및 노력 소요 감소)

－추가적인 비용 소요 고려(위험성 높은 리스크, 저품질 산출물)

－대규모 프로젝트일 경우 노력 비중 높아짐

－산출물 양 많을 때 소단위 분할 검토(2시간 이내 인스펙션 소요시간 설정)

3) 프로젝트 특성 및 요구사항에 따라 인스펙션 절차의 재구성

－절차 재구성 대상: 공식 및 정규화 정도, 검사 대상 항목, 인스펙션 수행 양식, 요구하는 인스펙션 참여자 및 역할, 인스펙션 수행 시간 여유 등 고려 하여 절차 재구성

4. 인스펙션 대상 문서 및 프로젝트 관리에 인스펙션 활용 방안

가. 인스펙션 대상 문서

1) 모든 소프트웨어
2) 소프트웨어 개발 관련 문서
   － 소프트웨어 프로젝트 관리 계획서, 형상관리 계획서, 품질관리 계획서
   － 요구사항 분석서, 소프트웨어설계서, 테스트 계획서, 테스트 케이스 명세서, 소스코드 리스트, 사용자 매뉴얼 등

나. 프로젝트 관리에서의 인스펙션 활용

－ 인스펙션은 프로젝트 통제 목적으로 사용 가능함
－ 인스펙션 보고서는 소프트웨어 개발 계획서와 프로젝트 스케줄, 공수, 비용과 함께 프로젝트 추진 연부 결정 위해 사용됨   "끝"

문제〉	소프트웨어 정형기술 검토(Formal Technical Review)의 중요성을 (1)결함증폭모형을 예로 하여 설명하시오.
카테고리	SW공학〉품질	난이도	상

답>

1. 정형기술 검토(Formal Technical Review)의 종류 및 중요성

가. 정형기술검토의 종류

구분	Walkthrough	Inspection	Peer Review
목적	산출물평가/개선, 참여자교육	결함파악 및 제거	표준준수여부, 대안 토의
참여	기술전문가 및 동료(2명 이상)	동료(3~7명)	기술전문가 및 동료(3명 이상)
산출물	Walkthrough 보고서(결함, 이슈, 개선 제안 등 포함)	(2)결함 리스트 및 측정지표	검토보고서(결함목록, 이슈, 실행 항목 등 포함)

나. 정형기술검토의 목적

- 소프트웨어의 어떤 표현에 대한 기능, 논리, 또는 구현에서 (3)오류를 발견
- 소프트웨어가 요구 사항과 일치하는지를 검증
- 소프트웨어가 미리 정한 기준에 따라 표현되었는지를 확인
- 소프트웨어가 일관된 방법으로 개발되도록 함
- 프로젝트를 보다 관리하기 쉽게 만들기 위함

2. 정형기술검토(Formal Technical Review)의 개념도 및 절차

가. 정형기술검토의 개념도

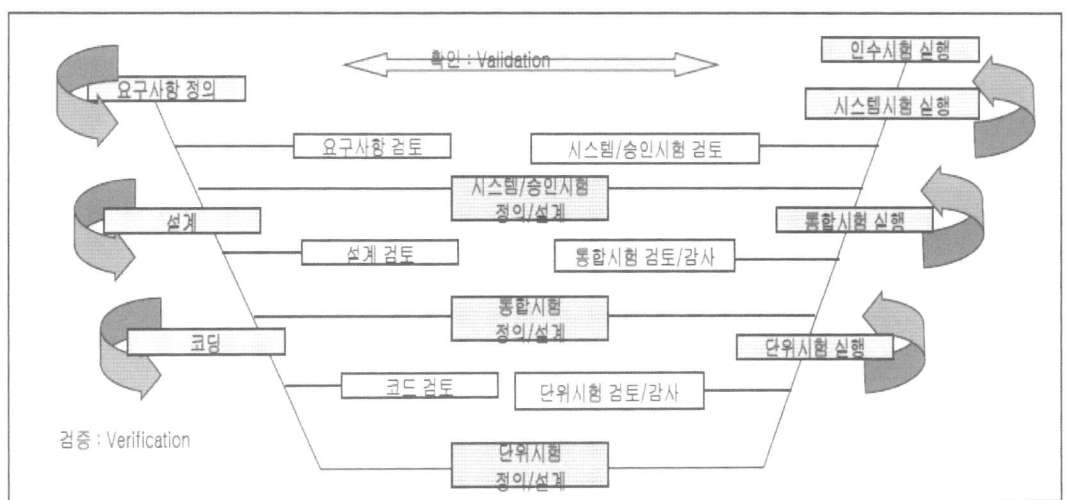

- FTR은 개발 초기단계의 요구사항 검토에서 인수테스트의 최종 검토까지 V-Model 모든 단계에서 수행되며, 개발 초기에 수행할수록 오류 비용은 감소함(Snowball Effect)
- FTR을 수행 후 중대한 결함이 발생하면 이전 단계를 다시 수행하여 결함을 제거해야 함
- 요구사항/설계/코드에 대한 정형기술 검토, 테스트 단계별로 정형기술 검토의 수행이 가능함

나. 정형기술검토의 절차

구분	주요 활동	산출물
계획수립	대상 산출물, 수행시기, 참석대상, 검증 대상 선정	검토계획서
착수회의	자료배포(산출물, 참조 문서,표준 등), 검증 방법 교육	착수회의록
개별검토	체크리스트, 템플릿 활용 검토 수행, 발견결함/검토시간 등 기재	검토보고서
합동검토	개별검토 시 발견결함 발표, 해결방안 검토, 재작업 지침 판정	검토명세서
결과처리	결함 수정 및 보고, 결과 확인/검증, 진행자/QA에 보고	검토결과서

- 재작업 지침은 수락, 재작업(결함수정), 재수행으로 구분하고 우선 순위 부여하여 효율성 확보필요

3. 결함증폭모형 사례를 통한 정형기술검토의 중요성

가. 결함증폭모형의 개념도

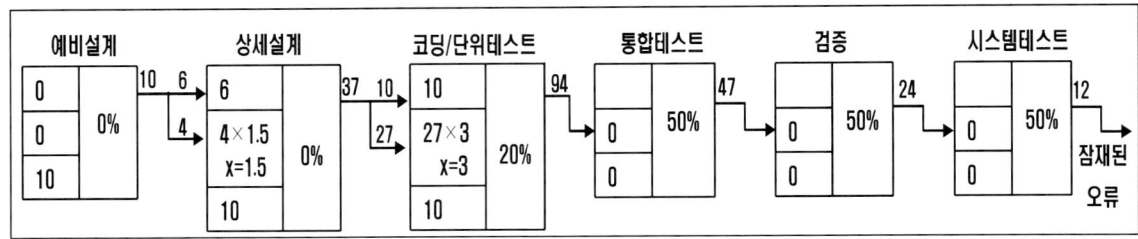

- SW 공학 프로세스 설계, 코딩단계에서 오류 생성/탐지의 노력-효과 설명에 사용
- 오류발생의 우연성, 오류 증가로 인해 전 단계 오류 및 신규 오류 발견 못할 수 있음

나. FTR 미수행 시의 결함증폭모형

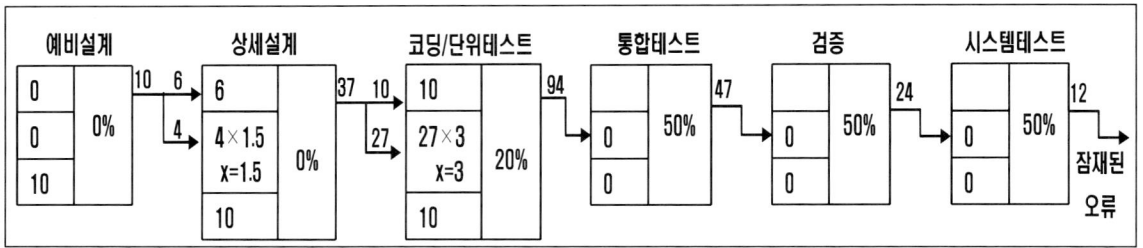

- SW 공학 프로세스 설계, 코딩단계에서 오류 생성/탐지의 노력-효과 설명에 사용
- 오류발생의 우연성, 오류 증가로 인해 전 단계 오류 및 신규 오류 발견 못할 수 있음
- 검토가 진행되지 않은 경우, 단계별 오류검출 효율 낮고, 최종 생산물의 잠재오류 증가

다. FTR 수행 시의 결함증폭모형

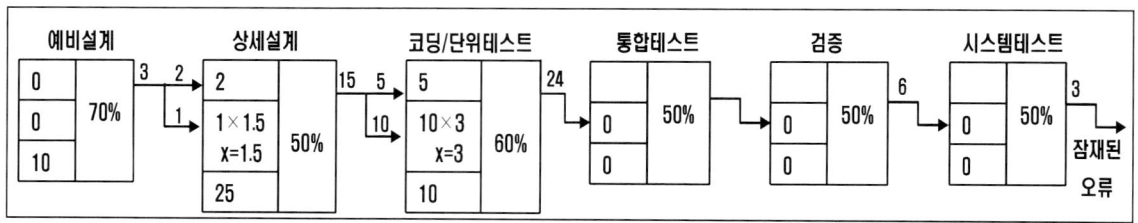

- FTR 수행한 경우, 초기 오류 발견 효율을 높고, 다음 단계로 전이되는 결함 수가 25%로 감소됨

－Software Engineering(Pressman 저) 참조

4. 정형기술검토 비용 효과 분석 및 필요성

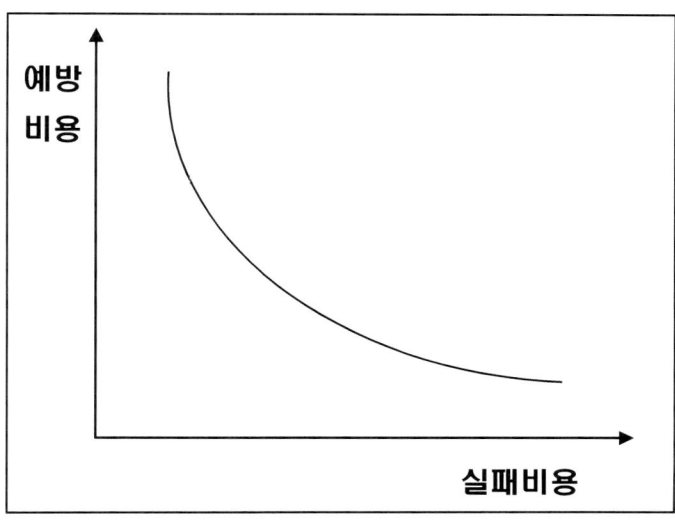

－예방비용: 품질계획수립, FTR, 테스트/훈련
－실패비용: 재작업, 수정, 실패 모드 분석
－FTR 수행 시 조기 발견된 결함에 대한 추적 및 비용효과 분석 을 통해 전체 품질의 향상 및 비용 절감
－정량적인 관리를 통한 예측으로 위험징후 조기발견

풀 이

- 정형 검토는(FTR) 는 소프트웨어 엔지니어가 수행하는 소프트웨어 품질보증 활동을 일컫는다.
- 정형 검토에 대한 일반적인 제약사항은 아래와 같다.
  － 검토에는 3~5명이 참여해야 한다.
  － 사전준비는 있어야 되지만 각 개인에게 2시간 이상을 요구해서는 안 된다.
  － 검토 모임의 시간은 2시간 이내로 해야 한다.
- 위 제한들이 주어지면 FTR 은 전체 소프트웨어 중 특정 부분에 초점을 맞춘다. 왜냐하면 초점을 한정 시켜야만 오류를 발견할 확률이 높기 때문이다. 이때 FTR의 초점은 소프트웨어의 컴포넌트 인 작업 제품(Work Product)이 된다.

- 정형 검토 진행 절차
  - 먼저 제작자 (Producer)는 작업 제품이 완성되거나 검토가 요구되는 경우에 프로젝트 책임자에게 알려야 한다.
  - 프로젝트 책임자는 검토 책임자(review leader)에게 연락한다.
  - 검토 책임자는 제품 자료의 복사본을 만들어서 사전 준비를 위해 2~3명의 검토자(Reviewers)들에게 배포한다.
  - 각 검토자는 제품을 검토하고 기록한다.이와 동시에 검토 책임자는 제품을 검토하고 다음 검토회의에서 논의할 의제를 설정한다.
  - 검토 회의에는 검토 책임자, 모든 검토자, 제작자가 참여한다.(의제 소개와 간략한 인사로 시작한다.) 이때 검토자 중 한 명은 모든 중요한 쟁점을 기록한다.
  - 제작자는 제품의 "워크스루(Walk Through)" 를 진행하며, 검토자는 사전에 준비한 내용에 근거해 논쟁을 벌인다.
  - 근거가 확실한 문제점과 오류가 발견되면 기록자는 이들 각각을 기록한다
  - 검토가 끝날 때 참가자들은 다음 사항을 결정해야 한다
  ① 더 이상 수정 없이 작업 제품을 수용할 것인가.
  ② 심각한 오류들 때문에 제품을 거부할 것인가.
  ③ 잠정적으로 제품을 수용할 것인가.
  ④ 소수의 오류들이 발견되어 정정은 해야 하지만 더 이상의 검토는 요구되지 않는다.
- 검토 지침
  - 제작자가 아니라 제품을 검토하라.
  - 의제를 정하고 그것을 유지시켜라.
  - 논쟁과 반박을 제한시켜라.
  - 문제 영역을 명확히 표현하라. 그러나 기재된 모든 문제를 해결하려고 하지 말라.
  - 작성할 노트를 준비하라.
  - 참가자의 수를 제한하고 사전 준비를 강조하라.
  - 검토될 확률이 있는 각 제품에 대한 체크리스트를 개발하라.
  - FTR를 위한 자원과 시간 일정을 할당하라.
  - 모든 검토자를 위한 의미 있는 교육을 실행하라.
  - 초기 검토는 재검토하라.

(1) 결함증폭모형
- 결함증폭모형은 소프트웨어 공학 프로세스 예비설계, 상세설계, 코딩단계에서 오류의 생성과 탐지를 설명하는 데 사용하는 모형이다.
- 각 단계에서 오류는 우연히 발생할 수도 있으며, 전 단계에서 발생한 오류가 다음 단계에 더 많은 부류의 오류를 발생시키므로 전 단계의 오류와 새로 생긴 오류를 발견하지 못할 수 있다.

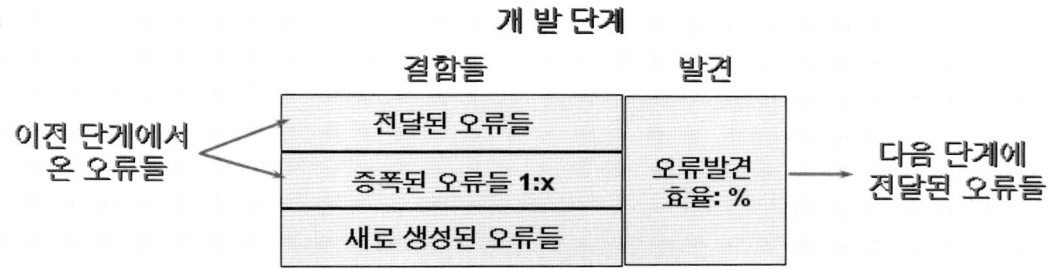

(2) 결함(장애): 소프트웨어가 최종 사용자에게 배포된 후에 발견된 품질 문제이다.
(3) 오류: 소프트웨어가 최종사용자에게 배포되기 전에 소프트웨어 엔지니어들이 발견한 품질문제이다.

∷ 도우미 임기술사

[설명]

소프트웨어 품질은 고객만족도를 향상시키기 위해서 프로젝트 진행 도중 및 완료 후, 유지보수 단계에서 행하는 모든 활동을 의미한다. 품질은 이해당사자별로 상이한 문제, 측정하기 어려운 문제, 소프트웨어의 변화에 따른 품질측정 모델의 변경 문제와 같은 문제가 발생한다.

소프트웨어 품질 메트릭스는 소프트웨어 품질에 대해서 정량적으로 측정할 수 있는 방법을 제시하는 척도이다. 소프트웨어 품질 메트릭스는 직접법과 간접법으로 나누어지고, 직접법은 기능을 산정하는 FP(Function Point), 라인 수를 계산하는 LoC, 개발된 프로그램의 복잡도를 측정하는 McCabe 회전복잡도, 소프트웨어의 부피와 크기를 계산하는 Halstead 과학적 메트릭스로 구분된다. 간접법은 소프트웨어의 기능성, 복잡도, 신뢰도, 가용성 등이 있으며 직접법은 소프트웨어 품질을 직접적으로 측정하고, 간접법은 간접적으로 측정한 결과를 사용하여소프트웨어 품질을 측정한다.

또한 소프트웨어 품질을 소프트웨어를 바라보는 시각에 따라 분류하는 품질관점이 등장한다. 품질관점은 소프트웨어 품질을 사용자, 개발자, 유비보수 담당자 측면으로 분류하여 소프트웨어 품질을 바라보고 각 관점별로 품질을 바라보는 모습에 차이가 발생한다.

이러한 소프트웨어 품질을 측정하기 위해서 여러 선진모델들이 등장했고 그것은 ISO 9126, FURPS+, McCall 품질모델 등이 존재한다.

[키워드]
- 소프트웨어 품질보증, 소프트웨어 품질통제
- 품질보증을 위한 공식검토 회의: Review, Walkthrough, Inspection
- 소프트웨어 품질 메트릭스

[예상문제]
가. 1교시형

1) Inspection

2) McCabe 회전복잡도 및 Halstead 과학적 메트릭스

3) FURPS+

나. 2교시형

1) 소프트웨어 품질관점 및 소프트웨어 품질모델, 소프트웨어 품질관리 범위에 대해서 설명하시오.

2) 소프트웨어 품질 메트릭스의 직접법과 간접법의 종류에 대해서 설명하시오.

3) 소프트웨어 품질관점 및 소프트웨어 품질모델에 대해서 설명하시오.

21. ISO 9126

1) SW 품질특성 표준 ISO 9126의 개요

가. ISO 9126의 정의

－SW 품질을 측정·평가하기 위하여, SW품질요소, 특성, 메트릭을 정의한 표준

➔ **(임기술사)** ISO 9126은 소프트웨어 품질을 측정할 수 있는 소프트웨어 품질특성을 제시하고 이러한 품질특성은 사용자, 관리자, 설계자, 개발자 관점으로 품질을 정량적으로 측정할 수 있는 품질요소를 제시한다.

나. ISO 9126의 특징

－품질 측정 절차를 ISO 14598로 분리

➔ **(임기술사)** ISO 14598은 ISO 9126의 품질특성을 적용할 수 있는 방법을 제시하는 표준이다.

－품질 특성을 내부 메트릭, 외부 메트릭, 사용 중 메트릭으로 구성, 계층 구조 세분화

다. ISO 9126 품질 속성

구분	분류	내 용
IS9126－1	주특성과 부특성	－다양한 이행당사자의 서로 다른 관점에서 SW 품질평가 －품질 특성 정의
ISO 9126－2	외부 메트릭 (External Metric)	－SW 완성 단계의 측정(실행코드, 테스트케이스 구성) －SW 사용 시 외부적인 성질(효율성, 생산성, 판정성, 만족성) －사용자, 관리자 관점
ISO 9126－3	내부 메트릭 (Internal Metric)	－SW 개발 단계의 측정(설계 명세서, 소스코드 분석) －중간 산출물의 품질요구사항, 설계 명세서 －설계자 개발자 관점
ISO 9126－4	사용중 메트릭 (In use Metric)	－사용상의 규정목표를 달성하는 SW수행능력 평가 －SW변경의 결과로부터 측정(설문조사, 사용자 행태 관찰)

라. ISO 9126의 구성

품질 특성	부특성
기능성(Functionality)	적합성, 정확성, 상호호환성, 유연성
신뢰성(Reliability)	성숙성, 결함허용성, 회복성, 준수성
사용성(Usability)	이해성, 학습성, 운용성, 친밀성
효율성(Efficiency)	시간반응성, 준수성, 자원효율성
유지보수성(Maitainability)	분석성, 변경성, 안정성, 시험성
이식성(Portability)	적응성, 설치성, 공존성, 대체성

마. ISO 9126의 필요성
  - 사용자, 평가자, 개발자 모두에게 SW품질 평가지침의 필요성
  - SW 품질을 직접 측정하기 위한 Metric의 필요성
  - SW 품질을 객관적으로 계량, 평가할 수 있는 기본 틀 필요

22. ISO 14598

1) SW 제품평가 프로세스 ISO 14598의 개요
가. ISO 14598의 개요
- SW개발자, 획득간 개발 중 및 완료된 SW의 품질에 대한 객관적 평가 프로세스

나. ISO 14598의 필요성
- 의사소통: 개발자와 획득자간 객관적 의사결정 기준 제공
- 개발자(품질향상 노력), 획득자(제품선정기준) 효과 제공

다. ISO 14598의 특징 (제품평가의 주 특징)
- 반복성: 특정 제품에 대해 동일 사용자가 동일사양 평가 시 동일결과가 나와야 함
- 재생산성: 특정 제품에 대하여 다른 사용자가 동일 사양 평가 시 유사한 결과가 나와야 함
- 공정성: 평가가 특정결과에 편향되지 말아야 함
- 객관성: 평가결과는 객관적 자료에 의해서만 평가됨.

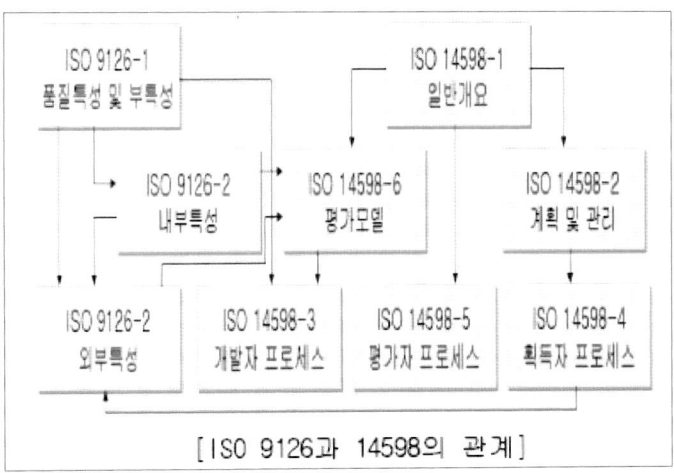

[ISO 9126과 14598의 관계]

라. ISO 14598의 제품 평가 절차

절차	내 용
평가요구사항	- 평가의 목표를 기술 - 품질 모델 명세(ISO 9126 - 1)
설정	- 제품에 대한 품질 요구사항 기술

평가 명세	−SW제품과 구성요소에 대해 수행될 모든 분석과 측정을 정의 −등급기준 정의, 판정기준 정의, 평가 메트릭 선정(ISO 9126−2,3,4) −평가요구사항 및 신청자가 제공한 제품설명서에 기반을 둠
평가설계	−평가명세에 딸 수행하기 위한 절차를 기술 −평가명세에 기반을 두고 평가계획을 생성 −평가자가 제안하는 평가방법과 평가될 SW제품의 구성요소를 고려
평가 수행	−평가 계획에 따라 평가 수행 −평가자가 수행한 활동이 기록되면 얻어진 결과가 평가 기록의 초안에 정리 −평가 기록에는 평가요구사항, 평가명세, 측정과 분석 결과, 평가를 반복하거나 재현하기 위해 필요한 정보, 평가계획, 평가자가 수행하는 활동을 기록
평가 결론	평가보고서 검토 −평가데이터 처분에 대한 검토

마. ISO 14598의 구성

−ISO 14598−1: 전체개요, ISO 9126과의 관계 명시

−ISO 14598−2: 계획과 관리, 제품평가 역할에 대한 권고 및 지침

−ISO 14598−3: (개발자 프로세스) 개발단계에서 평가요구사항 도출, 타당성 평가

−ISO 14598−4: (획득자 프로세스) COTS구매 시 평가기준, ISO 12207 구매 절차와 연계

−ISO 14598−5: (평가자 프로세스) 품질평가 프로세스 명세

−ISO 14598−6: 평가모듈 문서화, 메트릭의 문서화를 위한 표준 라이브러리 제공

바. ISO 14598의 도입 효과 및 향후 전망

(1) 개발자 측면

−객관성을 가진 SW 품질에 대한 지표의 사용 또는 활용

−품질 높은 SW를 제품으로 개발하기 위한 자발적 참여

(2) 소비자 측면

−객관적 품질 짚에 의해 평가된 제품의 정보를 용이하게 획득

−필요한 요구사항에 대한 기준으로 적용하여 제품을 선정하거나 구매에 관한 의사결정을 용이하게 정보 제공

(3) 유통체계

−구매자와 소비자 간 의사소통을 위한 도구로 활용

−시장에서 품질 높은 제품을 요구하기 때문에 진입장벽을 수립

23. ISO 12119

1) ISO 12119의 개요

가. ISO 12119의 정의
- 정보기술, SW패키지에 대한 품질요구사항 및 시험을 위한 국제 품질 표준

나. ISO 12119의 도입 기대효과

관점	내용
기술적 측면	-국제 표준을 수용한 SW제품 평가 인증체계 구축 -인증체계 도입, 방법론 적용 통한 SW개발 및 품질향상
경제적 측면	-SW에 대한 사용자 요구사항 변화에 적절히 대응 가능 -국내 SW산업의 국제 경쟁력 구비

다. ISO 12119의 요건 사항
- 명확화: 제품의 정보, 기능, 특징, 처리능력, 한계 등을 명확하게 제시
- 유사문서 정의: 시방서, 각종 명세서 등도 기준 및 표준을 준수
- 변경용이성: 버전별 기능 확장성
- 환경 명세: 운용에 필요한 SW, HW, 연계시스템을 명시
- 보안, 백업절차, 저작권, 복제방지 기술, 유지보수 사항 명세
- 에러, 경고 메시지 등도 문서화, 분류화되어야 함

라. ISO 12119의 평가 절차

구성요소	내용
1. 제품설명서 시험	-SW패키지 속성 설명, 잠재적 구매자 대상 구매가능성 목적 -점검 주요기능별 특징, 처리능력, 한계사항 명확 명시여부 시험
2. 사용자 문서 시험	-제품구매자 대상, 기능작동방법, 작업수행방법, 유지보수 설명 점검 누락 없이 처음 사용자가 기능 수행해도 성공할 수 있도록 자세히 기술여부 시험
3. 실행 프로그램	-각 기능의 최대치 이상 사용시에도 통제불능에 빠지지 말아야 함 -오 조작, 범위초과 입력 값을 인식, 사용자에게 오류정정 통보 등 시험
4. 시험기록	-시험 반복하기, 충분한 정보를 포함한 기록 작성
5. 시험보고서 작성	-시험의 목적과 결과 요약

마. ISO 12119의 향후 전개 방향
- 개발 및 도입하고자 하는 SW에 대한 명확한 품질 측정, 평가도구의 기준으로 활용
- 제품품질을 직접적으로 높이는 노력과 CMMI, SPICE등으로 프로세스의 품질도 병행 향상 추구

24. ISO 12207

1) 프로세스 관점 품질관리를 위한 ISO 12207의 개요

가. ISO 12207의 정의

- SW의 **획득, 공급, 개발, 운영, 유지보수의 체계적 관리를 위한 SDLC표준을** 제공하는 품질 프레임워크(SDLC: Software Development Lifecycle Model)

→ **(임기술사)** ISO 12207은 소프트웨어 생명주기 모델로 소프트웨어의 탄생부터 소멸까지의 전 공정을 체계적으로 정리한 표준모델이다.

나. ISO 1207의 특징

- 다양한 SW개발 공정(Process), 활동 (Activity), 세부업무(Task)를 제공
- 조달자, 공급자간 역할을 명확히 정의, 계약에 따른 조달의 최적 지원
- 제품 품질이 아닌 프로세스 품질 제시

다. ISO 12207의 구조

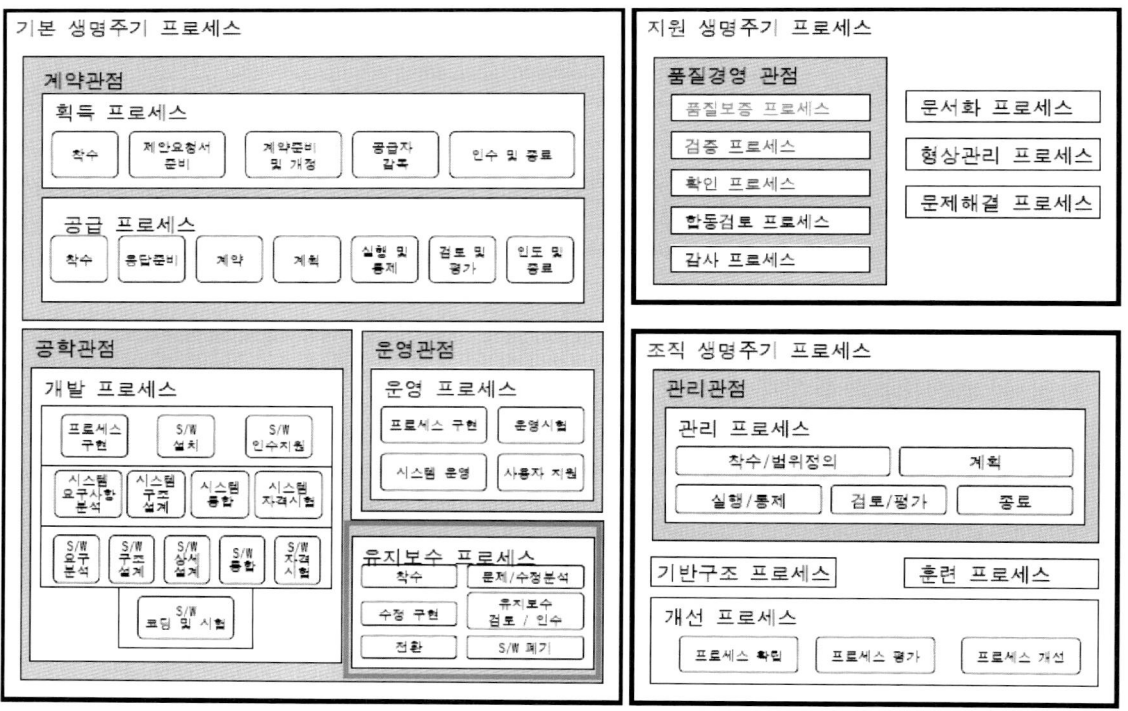

라. ISO 12207의 문제점 및 개선사항

- 상위수준에서 산출물 명칭, 형식, 내용을 정의, 전문지식이 부족한 일반심사에서 실질적인 사용이 어려움
- 실제 심사에서 적용할 수 있는 상세수준의 프로세스 모델로 ISO 12207을 확장한 SPICE(ISO 15504)가 등장

25. GS인증

1) 국내 SW 품질향상 및 SW 산업 활성화를 위한 GS인증의 개요
가. GS(Good SW)인증 제도의 개념
- TTA(한국정보통신기술협회)에서 국내 제작 SW에 대하여 사용성, 기술성, 신뢰성등의 품질을 평가 및 인증하여 개발 사후 구매, 발주 등에 혜택을 부여하는 제도

나. GS인증의 혜택

비용지원	중소기업 50%, TTA 회원사 10% 등 인증 비용 할인
자금지원	SW 공제조합 보험요율 인하, 하이테크론 무담보 대출
판매지원	조달청 우선협상 제품, 교육부 납품 심사 면제
기타	병역특례업체 심사 시 가산점 부여

다. GS인증 기준
- ISO 9126, ISO 14598 준용 엄격한 심사

주특성	부특성
기능성, 신뢰성, 사용성, 효율성, 유지보수성	적합, 정확, 성숙 회복

라. GS인증 절차

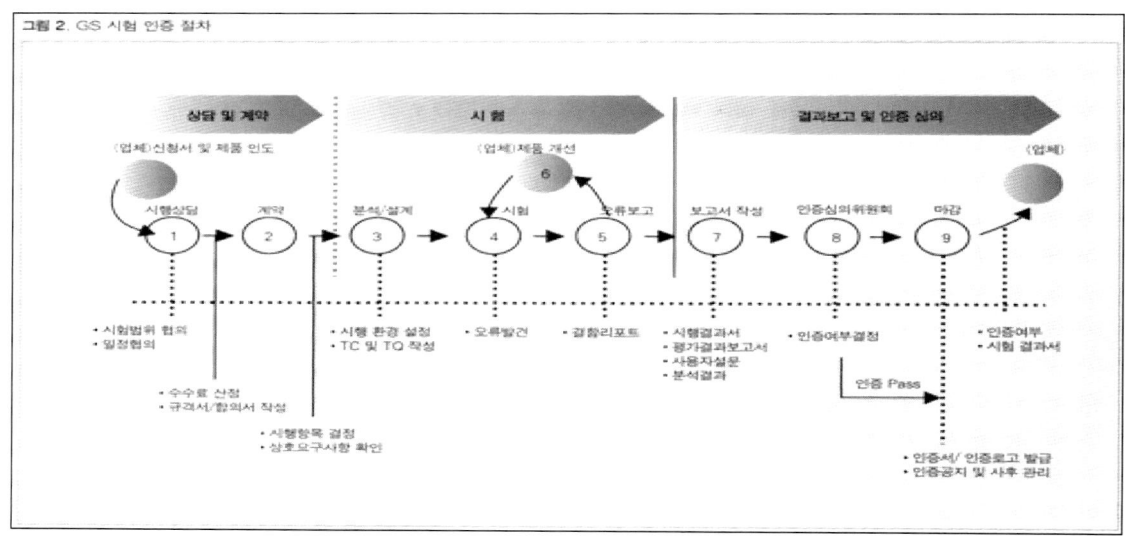

그림 2. GS 시험 인증 절차

마. GS인증의 문제점

제품위주	최종 만들어진 제품위주로 진행되다 보니 SW 사업자 역량 개선 미흡 -〉해결: CMMI, SPICE등 프로세스 품질표준과 연계한 SW 품질인증 개선
효율성 미비	번거롭고 복잡한 절차, 비용대비 효과 미흡 -〉해결: SW특서에 따른 절차 최적화, 평가 차별화
구매효과 미흡	인증 전 매출과 인증 후 매출증가 차이 미흡 -〉해결: 실질적인 구매혜택 부여

26. CMMI

1) CMMI의 개요

가. CMMI의 정의

- 카네기 멜론대학 소프트웨어 공학연구소(SEI: Software Engineering Institute)가 개발한 여러 CMM 모델을 포함하고 있는 통합 모델

→ **(임기술사)** 기존의 SW-CMM, SE-CMM, P-CMM, IPD-CMM 등의 CMM모델 간의 중복인증 문제, 인증비용 절감의 효과를 얻기 위해서 하나의 모델로 통합한 프로세스 인증 모델을 CMMI 라고 한다.

나. CMMI의 특징

- CMMI는 여러 CMM모델의 가장 효과적인 특성/공통요소를 포함하면서, 이들이 지원하는 분야에서 공통적으로 사용될 수 있는 용어/교육을 제공하며, 통합된 평가방법(SCAMPI)을 제공
- CMMI는 시스템 공학과 소프트웨어 공학의 기능적 통합에 중점을 두고 있으며, 통합된 제품을 개발하기 위한 기반을 제공
- 다른 분야로의 확장이 가능한 구조를 가짐.

다. 비즈니스 개선을 위해 조직이 관심을 갖는 핵심 영역

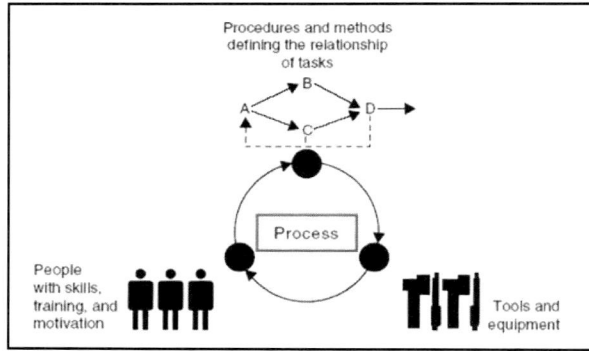

- 소프트웨어 품질 개선을 위해서는 사람, 프로세스, 기술이 상호 유기적인 조화를 이루어야 하며 그 중 가장 중요한 핵심이 프로세스이다.

- CMM/CMMI 모델은 조직의 프로세스 개선에 중점을 두고, 효율적인 프로세스 개선을 위한 중요한 모델과 실행방법들을 제공해 준다.

2) CMMI의 적용유형

Staged(단계적 표현)	Continuous Representation(연속적 표현)
- 가장 기초적인 관리 절차로부터 상위 수준으로 향상되기 위해 필요한 실무까지 수행되어야 할 프로세스 영역들을 단계별로 제시 - 널리 입증된 순서에 따른 체계적인 개선활동 제공 - 성숙도 수준을 이용한 조직간의 비교가 가능 - 조직에 대한 평가 결과를 요약해주며 조직간 비교를 가능하게 하는 단일한 등급체계를 제공 - SW-CMM 과 유사한 모델로서 SW-CMM에서 CMMI로의 이동이 용이	- 조직의 비즈니스 목적을 충족시키고, 위험요소를 완화시키는데 중요한 개선 사항의 순서를 정하여 적용시킬 수 있음 - 특정 프로세스 영역에 대한 조직 간의 비교가능 - ISO 15504(SPICE)과 유사한 구조를 가지고 있어, 이를 기반으로 프로세스 개선 모델과의 비교 및 EIA/IS 731에서 CMMI로의 이동이 용이
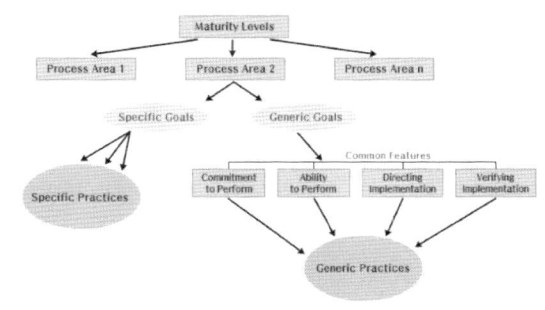	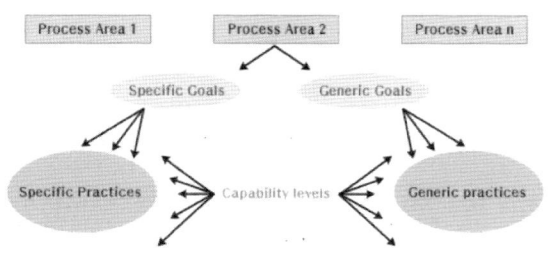

3) CMMI의 4가지 지식 체계

가. Systems Engineering

- 시스템공학은 전체 시스템개발을 커버한다. S/W는 포함될 수도 있고, 안 될 수도 있다. 고객요구, 기대, 제한사항들을 제품에 반영하고, 제품 전체 Life-Cycle 지원 활동에 중점을 둔다.(※ 가, 나는 동일한 PA)

나. Software Engineering

- 소프트웨어 공학은 소프트웨어 시스템의 개발을 커버한다. 소프트웨어 공학은 소프트웨어의 개발, 운영, 유지보수에 대해 체계적이고, 훈련된, 그리고 정량화 할 수 있는 접근 방법에 중점을 둔다.

다. Integrated Product and Process Development

- 통합제품 및 프로세스 개발은 고객의 니즈, 기대치 그리고 요구사항을 만족하기 위해 제품 전체 라이프 사이클 기간을 통한 관련 이해 당사자와의 적절한 협업을 수행할 수 있는 체계적인 접근 방법이다.(OEI,IT)

라. Supplier Sourcing

    — 작업이 점점 복잡해지면서, 프로젝트관리자는 프로젝트에 필요한 특정제품에 대해 기능수행을 외부 공급자에게 요청하거나, 수정을 요청할 수 있다. 이러한 활동들이 치명적일 때, 제품 인도 전에 더 나은 소스 분석과 공급자 활동을 모니터링을 통한 이득을 얻을 수 있다. 이러한 환경 내에서 공급자 소싱 원칙은 공급자로부터 제품 획득을 다룬다(ISM).

[참고] CMMi 25 — PAs

CMMI	Process Mgmt	Project Mgmt	Engineering	Support
Level5 (Optimizing)	OID(조직 혁신 및 이행)			CAR(원인분석 및 해결)
Level4 (Quantitatively Managed)	OPP(조직 프로세스 성과)	QPM(정량적 프로젝트 관리)		
Level3 (Defined)	OPF(조직 프로세스 중점) OPD(조직 프로세스 정의) OT(조직 훈련)	IPM(통합 프로젝트 관리) RSKM(위험관리) ISM(통합 공급자 관리-SS) IT(통합팀-IPPD)	RD(요구사항 개발) TS(기술 솔루션) PI(제품통합) VER(검증) VAL(확인)	DAR(의사결정 분석 및 해결) OEI(통합조직환경-IPPD)
Level2 (Managed)		PP(프로젝트 계획) PMC(프로젝트 감시 및 통제) SAM(공급자 계약관리)	REQM(요구사항 관리)	CM(형상관리) PPQA(프로세스 및 제품 품질보증) MA(측정 및 분석)

4) CMMI의 PA(Process Area)

프로세스 영역	Continuous	Staged
–	–	Level 1: 초기
요구 관리	Engineering	
프로젝트 계획 프로젝트 모니터링, 컨트롤 공급자 계약관리	Project Management	Level 2: Repeatable
측정과 분석 절차와 제품의 품질보증, 형상관리	Support	
요구사항 개발 기술 솔루션 제품통합, 검증 확인	Engineering	
조직 절차의 집중 조직 프로세스 정의, 조직 교육훈련	Process Management	
프로젝트 통합관리, 위험관리	Project Management	Level 3: Managed
의사결정 조직환경과 통합	Support	
팀 구성의 통합 공급자 통합관리	Project Management	
조직 절차의 수행 프로젝트량 관리	Process Management	Level 4: 정량적 관리
조직적 혁신과 발전	Process Management	
인과관계 분석 및 해결	Support	Level 5: 최적화

5) Continuous 및 Staged

구분	Continuous	Staged
PA의 의미	-Capability Level로 그룹화 -모든 프로세스영역 적용되는 Practice 포함	-Maturity Level로 그룹화 -관련 목표 달성을 위한 Practice 포함
주요 활용	-조직의 사업 목적을 가장 만족 시킬 수 있는 개선 영역의 선정 가능 -각 프로세스 영역에 독특하게 나타나는 위험에 초점 -현 구조에는 영향을 미치지 않으면서 새로운 프로세스 영역의 추가 가능 -상위 Capability Level에 해당하는 Generic Practice를 공평하고 완벽하게 모든 프로세스 영역에 적용 -주어진 프로세스 영역 내에서 점진적 개선	-프로세스 개선 초기 단계의 조직에게 명확한 개선 방향 제시 -ROI 관점에서 단계적 접근의 이득을 보여 주는 사례와 데이터 제공 -단순한 Maturity Level을 사용함으로써 조직 간의 비교 가능 -프로세스 영역의 범위를 해석하기 위해 잘 정의된 Context 포함 -보다 쉽게 이해되는 프로세스 개선 결과 제시
특징		

6) CMMI의 전환 및 적용방안

가. CMMI의 전환 전략

단계별 전략		추진항목
1단계	전환 착수 및 현상 분석	-관련 조직 간 컨센서스 확보 -경영진의 의지 및 지원 확인 -조직의 스킬 및 현재의 Process 상태 분석 -준비상태 확인 및 위험요소 분석
2단계	계획수립	-조직차원의 전환계획 수립 -부서별 담당자 지정 및 전환 방법론 개발
3단계	이행/모니터링	-이행 계획수립 -부서원 교육 및 이행 -이행 데이터 분석, 모니터링, 감사
4단계	점검 및 조정	-전환 결과의 분석 및 분석결과 공유

나. CMMI로 전환 시 고려사항

-SW-CMM v1.1을 도입하고 있는 조직은 자연스럽게 CMMI로 전환이 가능

-전환대상 조직의 성격, 업무목표, 업무영역이 전환에 적합한 조직인지 파악

-프로세스 개선을 통해 얻고자 하는 목표의 명확화

-전환에 따른 위험요소의 사전식별, 분석 및 대책 수립

7) CMMI 적용효과 및 향후 전망

가. CMMI 적용효과

- −관리 및 엔지니어링 활동과 사업목표와의 연계가 명확화 됨
- −제품의 라이프사이클과 엔지니어링 활동에 대한 관리강화로 고객서비스 품질의 향상
- −한 분야의 프로세스 개선노력이 타 분야와 결합될 수 있음
- −품질 관련 국제표준(ISO 규격) 들과의 호환성 향상

나. CMMI의 향후 전망

- −SEI에서는 2004년부터 기존 CMM의 모델 업데이트 및 관련 교육을 중지하기로 함
- −지속적인 프로세스 개선을 위한 CMMI 인증을 3년에 한번씩 받도록 규정 변경
- −기존 CMM관련 인력 재교육, CMMI심사원 양성 등 기업 및 정부차원의 대책과 지원이 필요

[참고] 기존 CMM과 CMMI의 차이점
- 성숙도 수준에 프로세스 추가
  - −레벨 2: 측정 및 분석
  - −레벨 3: 위험관리, 의사결정 분석 및 해결
  - −소프트웨어 제품 공학의 확장
  - −레벨 3: 요구사항개발, 기술적 해결책, 제품통합, 검증, 확인 등의 프로세스영역으로 구분
- 조직 측면 접근 강화
  - −레벨 3: 통합을 위한 조직환경(OEI: Organization Environment for Integration)
  - −레벨 3: 통합적 팀 구성(IT: Integrated Teaming)
  - −레벨 5: 기술 변화관리, 프로세스 변화관리 프로세스 영역을 조직개혁 및전개 프로세스영역으로 통합
  - −모든 프로세스 영역에 형상관리를 포괄적 실무활동으로 적용

문제〉　　　　CMMI의 Continuous Model & Staged Model

| 카테고리 | 소프트웨어 공학〉품질 | 난이도 | 중 |

　답〉

1. CMMI의 Continuous Model과 Staged Model의 개요

가. Continuous Model의 정의
- 조직에서 수행하는 프로세스 영역별 능력을 평가하기 위한 CMMI 모델

나. Staged Model의 정의
- 조직의 전체적인 성숙도를 확인하기 위하여 CMMI에서 정의된 프로세스에 따라 평가하는 모델

2. CMMI의 모델별 표현 방법 및 모델의 구성요소

가. CMMI의 모델별 표현 방법

구분	Staged(단계적 표현)	Continuous(연속적 표현)
적용 방식	- CMMI와 같은 단계별 (1)PA 적용	- 관련되는 (2)PA만 적용
특징	- CMM에서 이전 용이	- SPICE에서 이전 용이
수준	- Maturity Level을 이용하여 조직 간의 수준 비교 가능	- 프로세스 영역별로 조직의 성숙도 평가 가능
표현	Staged 표현방법 5 최적화 4 정량적으로 관리됨 3 정의됨 2 관리됨 1 초기 Maturity Level	Capability (0 1 2 3 4 5) PA PA PA Process

나. CMMI 모델의 구성요소(CMMI Version 1.0 기준)

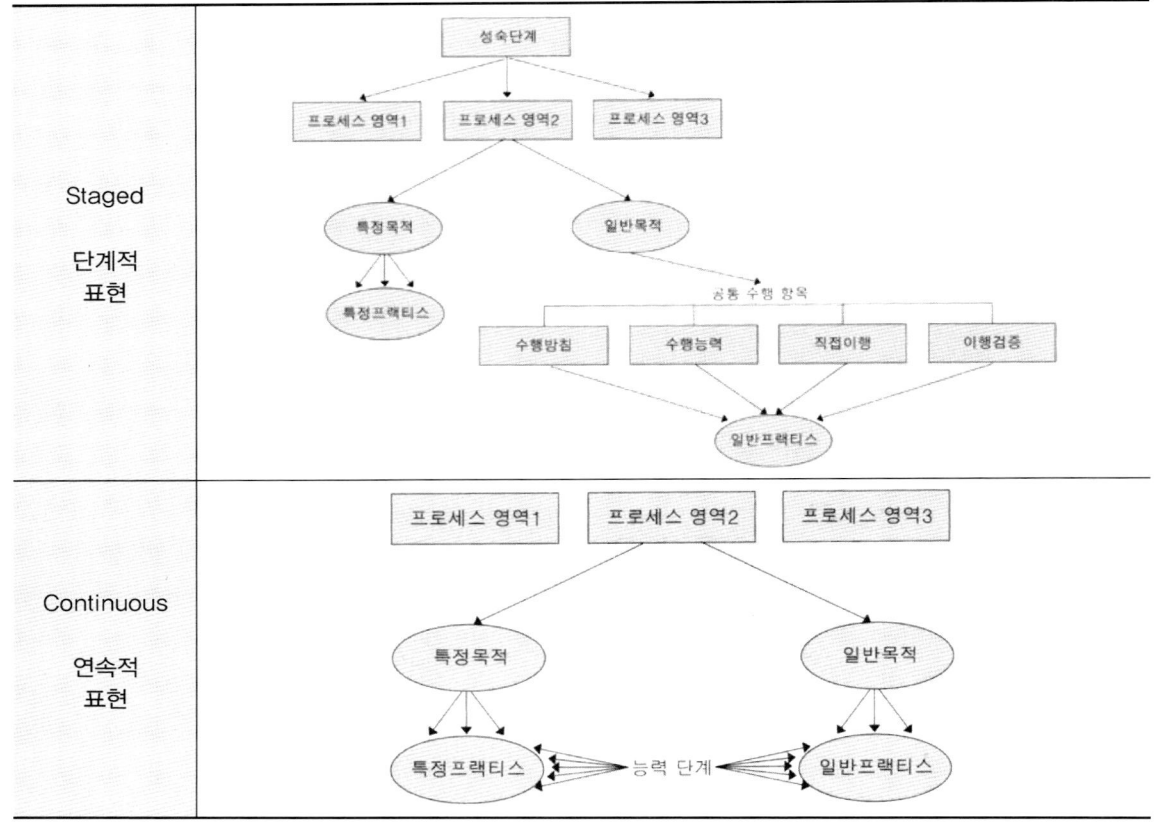

　－일반 목적: 모든 프로세스 영역에서 공통적으로 적용될 수 있는 목적으로 해당 프로세스가 조직
　　에 (3)내재화되어 있는지를 판단할 수 있음
　－일반 프랙티스: 모든 프로세스가 효율적으로 지속될 수 있도록 해당 프로세스를 내재화하는 활동
　－특정 목적, 특정 프랙티스: 특정 프로세스와 관련된 목적, 활동

3. CMMI 모델 선택 시 고려사항 및 프로세스 향상 방안

　가. 2가지 모델 중 어떠한 선택을 해도 성숙단계가 동일하면 개선해야 할 프로세스 영역들도 동일함
　나. 단기간 성과를 위해서 연속적 Model을 선택해서는 안 됨
　다. CMMI에서 의도하는 목표 달성을 위해 Practice의 내재화가 필수적임
　라. 프로세스의 수립, 교육, 유지, 개선을 담당할 전문인력으로 조직 구성

"끝"

- CMMI는 조직의 성숙도와 역량을 종합적으로 평가하기 위한 기존 CMM(SW-CMM, IPD-CMM, P-CMM, SE-CMM)을 통합한 평가 모델이며 기존 1.0 Version을 개선한 1.2 Version이 현재 사용 중이다.
- CMMI를 이용하여 평가할 경우에 Continuous Model이나 Staged Model 중 한 가지 모델을 선택하여 평가를 받을 수 있다. 이러한 2가지 모델을 이용하여 Continuous Model은 전체 조직의 성숙도를 평가할 수 있고, Staged Model은 조직 내의 특정 프로세스 영역에 대하여 평가가 가능하다.

(1) PA(Process Area): Staged Model에서는 Project Management, Support, Engineering, Process Management 의 4가지의 프로세스 영역이 있다.

(2) PA(Process Area): Continuous Model에서는 5단계의 프로세스 영역이 있는데 1단계 관리되고 있지 않은 상태로 Initial, 2단계는 Managed 단계로 기본적인 프로젝트 관리가 수행되고 있는 상태, 3단계는 Defined 단계로 프로세스가 표준화 되어 있는 상태, 4단계는 정량적으로 조직의 프로세스와 프로젝트가 관리되고 있는 상태이며 마지막으로 5단계는 최적화 단계로 이 상태를 유지하면 지속적인 프로세스 개선이 가능한 상태이다.

(3) 내재화: 프로세스 향상을 위한 CMMI에서 중요하게 사용되는 단어로 조직내의 모든 인력이 의도하거나 또는 의도하지 않더라도 자신도 모르게 프로세스 향상을 위해 노력하고 있는 행위를 말한다.

문제〉	SW의 대용량화, 복잡화 추세에 따라 고품질의 신뢰성 있는 SW 개발을 위한 SW 프로세스 품질 인증 제도의 중요성이 부각되고 있다. 국내 SW 프로세스 품질 인증제도를 설명하고 국제 표준 인증제도와 비교하고 활성화 방안을 제시하시오.		
카테고리	소프트웨어 품질〉인증제도	난이도	중

답>

1. 고품질의 신뢰성 있는 SW 개발을 위한 SW 프로세스 품질인증 제도의 개요

가. 소프트웨어 프로세스 품질인증 제도의 정의

 - 기업(조직)의 SW개발 단계별 작업 절차 및 산출물 관리 역량 등을 분석하여 (1)SW 개발 프로세스 역량수준을 평가/인증 하는 제도

나. 국내 소프트웨어 품질 인증 제도의 도입 배경

필요성	설 명
(2)국내 SW 프로세스 개선활동 미비	-SW 프로세스 개선 비용 및 일정 확보 어려움 -SW 프로세스 개선 전담 전문 인력 및 기술 인력 확보 어려움
해외 모델 도입에 대한 오버헤드 발생	-해외 모델의 이해/적용 위한 전문 인력 활용에 따른 비용 부담 - 긴 심사기간, 높은 인증비용, 민간 차원의 인증관리 한계점
정부차원 프로세스 역량강화 정책 추진	-SW 산업 관리 감독에 관한 일반 기준 제정 및 실시
해외 각국의 자체적 SW 프로세스 품질개선 노력	-인도: CMMI 기반 SW 프로세스 품질 인증 지원, 홍보 -미국: 중소규모 조직의 품질향상 위한 지역별 센터 운영 -멕시코: 중소규모 조직을 위한 자체적인 평가 모델 개발

2. 소프트웨어 프로세스 품질 인증 기준 및 인증 등급

가. 소프트웨어 프로세스 품질 인증 기준

 - SW개발 및 관리를 위한 핵심적 활동 기준 제시
 - 프로젝트와 조직 관점에서 국내 SW 기업의 환경특성에 적합한 역량 수준 심사

인증 기준	설 명
조직관리	-조직 프로세스 관리: 조직프로세스 정의, 프로세스확산, 적용, 확인 -기반구조 관리: 기반구조 요구사항의 정의, 구조 구축, 관리 -구성원 교육: 교육계획 수립, 교육실시, 교육 효과 평가
프로젝트 관리	-프로젝트 계획: 프로젝트 목표설정, 생명주기정의, 관리 계획수립 -프로젝트 통제: 계획, 진척사항 검토, 문제분석, 시정조치수행 -협력업체 관리: 획득대상, 범위 결정, 계약체결, 계약이행확인, 검수
개발	-요구사항 관리: 고객 요구사항정의, 변경관리, 추적성 유지 -분석/설계: 요구사항분석, 구조설계, 상세설계, 테스트 계획 -구현/테스트: SW단위 구현, 단위 테스트, 통합테스트, 인수테스트
프로세스 개선	-문제해결: 가이드라인 수립, 문제선정, 해결방안 정의, 해결, 성과관리 -프로세스 개선 관리: 조직의 프로세스 목표 식별, 조직 프로세스 평가
지원	-품질보증: 품질보증 계획 수립, 품질보증수행, 결과 평가, 산출물평가 -형상관리: 형상관리 계획, 형상통제, 형상감사, 형상 기록 배포 -측정 및 분석: 측정/분석 계획, 측정실시, 결과분석, 결과 관리

나. 소프트웨어 프로세스 품질인증 등급

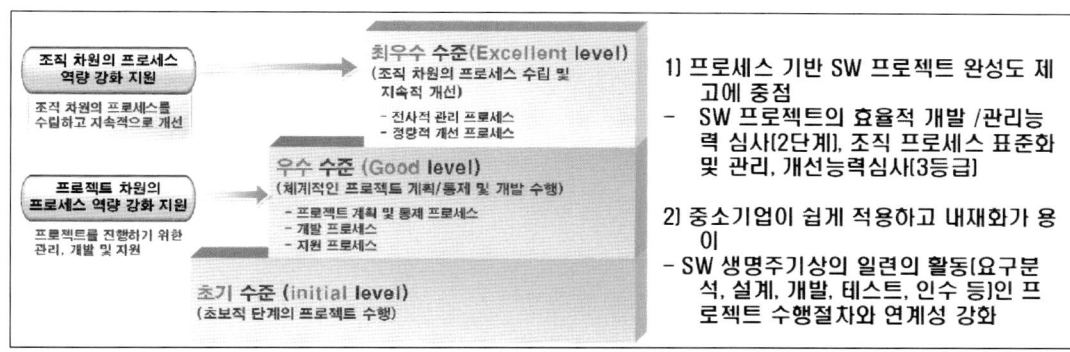

인증 등급	설 명
초기 수준 (Initial Level)	– 프로젝트 성공여부와 관계없이 특정 프로세스 수행 수준 – 프로세스 미존재 혹은 체계적으로 정리/관리되지 않음 – 기본 활동의 불안정성, 품질/비용/납기 목표 미충족
우수 수준 (Good Level)	– 특정 프로젝트를 진행하기 위한 프로세스 체계적 수립, 프로젝트 통제 및 개발 준수, 팀별 프로세스의 계획, 수행, 추적, 통제
최우수 수준 (Excellent)	– 조직 차원의 프로세스 정의, 정량적 방법 통한 지속적 개선 수준 – 프로젝트 수행 데이터 수집 능동적 관리 자세, 산출물 조직 자산화

3. 국내 소프트웨어 프로세스 품질인증 기준과 국제 표준과의 비교 및 활성화 방안

가. 국내 소프트웨어 프로세스 품질인증 기준과 국제 표준과의 비교

구분	CMMi	SPICE(ISO15504)	품질인증제도(K-Model)
주체	미국 국방부, SEI	ISO 국제 표준 협회	소프트웨어 진흥원
중점사항	조직의 프로세스 성숙도	조직의 프로세스 수행역량	조직의 프로세스 역량 수준
평가주체	선임심사원	국제 표준 협회	인증 심사원
레벨	Staged (1 ~ 5), Continuous (0 ~ 6)	0 ~ 5 Level	1 ~ 3 등급
대상	심사 목적에 따른 모델 취사 선택	조직 상황에 적합한 프로 세스 영역의 선별적 평가	SW 생명주기상의 핵심적 활 동 대상 심사
관계성	SPICE와 호환성	CMM 기반 확장	SPICE, CMMi 모두 참조
심사기간	장시간 소요, 심사비용 높음 (Class A/B/C)	실제 심사 사례 존재하지 않음 (추진중)	저비용, 단기간 심사 가능 (5 ~ 6일)

- 기존 S/W Product 관점의 심사 기준인 GS(Good Software) 인증과 함께 K-Model을 활용,
Product와 Process 모두의 관점에서 S/W 심사 평가가 가능해짐

나. 소프트웨어 프로세스 품질 인증 활성화 방안

구분	활성화 방안
정책적 측면	- 프로세스 인증 업체에 대한 세제 혜택, 사업 기회 확대 정책 - 공공기관 감리, GS인증과 함께 입찰 시 가산점 부여
국제 기준 인증	- 국내에서만 평가가 유효, 해외에서 활용 할 수 없는 문제점 - ISO 15504, CMMI등과 상호 호환성 가질 수 있도록 개선 필요
평가인 수준관리	- 시행초기 적정 자격의 심사원 부재 - 전문 심사원 교육 및 양성, 자격증 제도 도입, 기술사 활용
인증 프로세스 측면	- 인증 기간의 단축 통한 중소 업체의 인증 비용 부담 감소 - 주기적인 심사 통한 공정성 확보, 불법 사례에 대한 처벌 강화
인식 및 홍보	- 프로세스 인증이 기업의 역량강화로 이어질 수 있도록 홍보 - 개발자 개개인의 스킬 업(Skill Up), 경력관리에 도움이 될 수 있음을 홍보

"끝"

풀 이

- 국내 소프트웨어 품질인증제도(K-Model)은 국내 소프트웨어 개발의 능력을 향상시키려는 목적으로 도입된 제도이며 미국의 CMMI는 과도한 인증비용과 인증의 복잡성 등의 문제로 인하여 국내 중소소프트웨어 업체가 실질적인 프로세스 측면의 개발능력을 확보하려고 도입한 품질인증 제도이다.
- 품질인증제도는 CMMI의 5단계에 비해서 인증단계를 3단계로 간소화하고 인증비용을 감소시켜 국내업체가 인증을 받을 수 있게 했으며, 공공 프로젝트에서 그 인증의 신뢰성 확보를 인정해주어 산업을 활성화 하려는 의도이다.

주요 용어설명

(1) 소프트웨어 개발 프로세스: 소프트웨어 개발의 각 단계를 정의하고 각 단계별 목표와 활동, 산출물을 정의하여 소프트웨어 개발 능력을 확보하기 위한 프로세스

(2) 국내 소프트웨어 프로세스 개선 활동 미비: CMMI, SPICE(ISO 15504)와 같이 해외의 프로세스 개선을 위한 품질인증제도는 존재하지만 국내 실정에 맞는 프로세스 인증 제도의 미비로 도입함

[설명]

프로세스 측면의 효율성을 달성하기 위해서 선진 프로세스를 기반으로 하는 CMMI가 등장했다. CMMI는 고품질의 소프트웨어라는 목표를 달성하기 위해서 성숙도 모델기반의 품질모델이며, 성숙도라는 것은 각 단계별 품질목표를 지시하고 세부적인 활동을 제시한다.

[키워드]
-단계형 모델과 연속형 모델
-CMMI 성숙도
-CMMI 특징: 인증비용 감소, 중복인증 감소, 프로세스 개선의 연속성 제공

[예상문제]
가. 1교시형
  1) ISO 25000
  2) CMMI

나. 2교시형
  1) CMMI의 단계형과 연속형 모델의 차이점을 설명하고, CMMI와 국내소프트웨어 인증 모델을 비교하시오.
  2) CMMI Level 4의 정량적 분석기법에 대해서 설명하시오.

27. SLA

1) 효과적인 IT서비스 제공수준 파악을 위한 SLA의 개요

→ **(임기술사)** 효과적인 IT 서비스 제공수준이라는 것은 IT 자원 즉, 인력, 하드웨어, 소프트웨어 등을 자원활용도를 극대화하고 비즈니스 요구사항에 가장 적합한 부분에 자원 배치/투입하여 그 효과를 극대화하는 것이다.

가. SLA (Service Level Agreement)의 정의

- IT서비스의 정량적 측정, 서비스 운영성과 평가, 관리를 위하여 IT서비스제공자와 사용자 간 서비스 수준을 정의, 문서화한 계약

→ **(임기술사)** IT 서비스 수준의 정량적 측정을 위해서 서비스 항목 정의, 측정방법, 보상규정을 정의하여 고객과 사업자 간의 서비스 수준에 대한 계약서가 SLA이다. 이러한 계약을 통하여 고객의 최상의 서비스를 제공받고 사업자는 자신들의 제공한 서비스 수준의 가치를 인정받기 위한 일렬의 활동이다.

나. SLA의 역할 및 위험요소

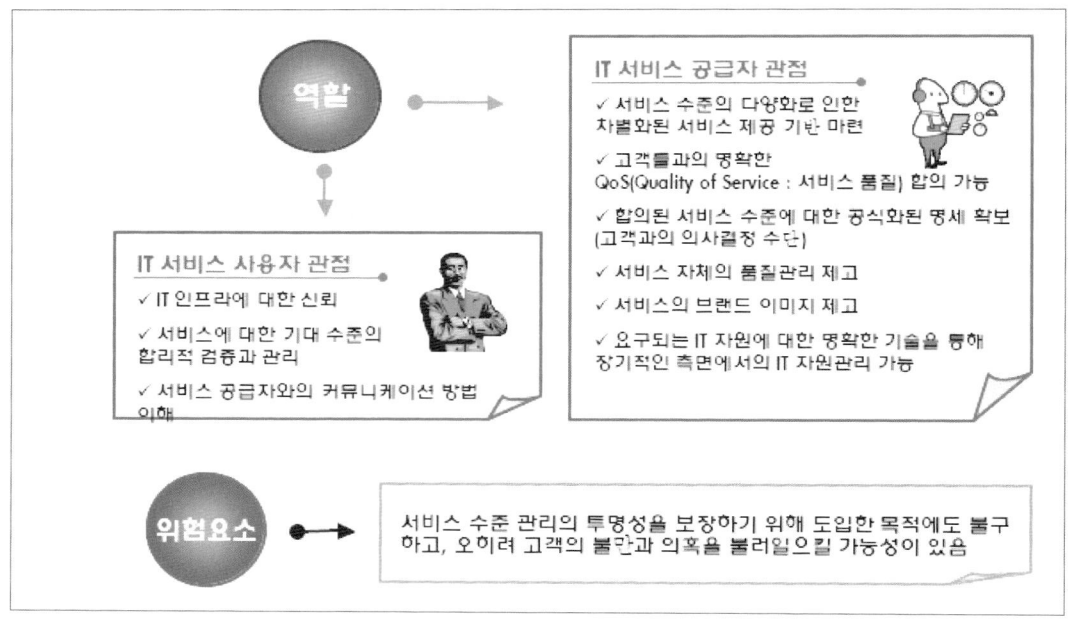

2) SLA의 구성요소 및 작성 항목

가. SLA의 구성요소

구성요소	설 명
서비스 수준 관리지표 (Service Level Metric)	서비스 제공 영역별 서비스 수준을 정량적으로 파악하기 위한성과지표
서비스 목표 수준 (Service Level Objectives)	−서비스 수준 관리 지표별 목표치 및 최소치 −최소치 미달 시 페널티 부과 −목표치 초과 달성 시 인센티브 부여
서비스 성과 측정 기준 (Service Level Measurements)	−정의된 서비스 수준 관리지표를 정량적으로 측정하기 위한 방법 −측정구간 및 측정 주체, 측정주기 포함
서비스 수준 보고 (Service Level Reports)	−서비스 수준에 대한 의사 소통 체계로서의 보고 형식, 보고 방법, 보고 주기

나. SLA의 작성 항목

구분	구성요소	포함요소
기본 계약사항	개요	목적, 기간, 범위, 비용, 파기조건, 환경기술
	책임과 역할	사용자/제공자간의 의무사항, 책임사항 명시
서비스 합의사항	서비스카탈로그	서비스명세, 서비스별 상세항목을 기술
	서비스수준정의서	카탈로그상의 서비스수준 정의(기준치, 목표치 등)
서비스 관리사항	비용지불	Penalty/Incentive 규정, 비용정산방법
	지원절차	측정/보고방법, 업무지원절차, 리뷰회의 방법 등
	SLA 유지관리	갱신조건/절차, 신규서비스등록, 삭제서비스 폐기 등

3) SLA의 추진단계

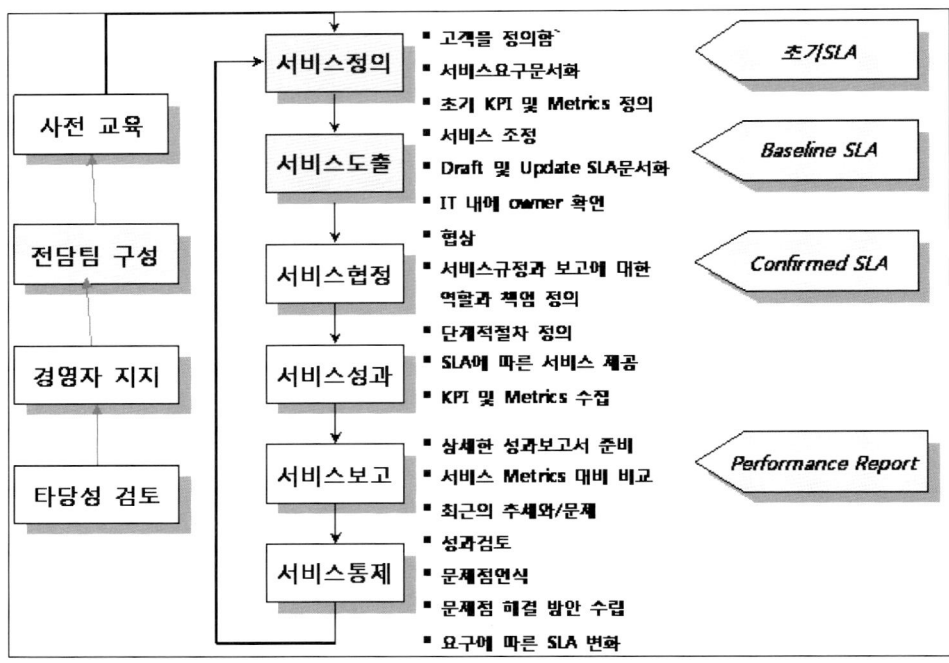

4) SLO(Service Level Objective)

- 서비스 수준을 표현하기 위한 항목에 대해 기준이나 목표치를 정의해둔 SLM의 관리 항목

➔ **(임기술사)** SLA를 통해서 제공되는 서비스 수준을 파악하기 위해서 SLO를 정의하며, SLO는 사업자가 제공해야 하는 서비스 항목과 목표 수준을 정의하여 제시하며, 비즈니스의 변화에 따라 자연스럽게 SLO도 변화가 가능하며, SLO 정보를 데이터베이스화 하여 이력을 관리하고 그것을 비용으로 환산하는 작업을 수행한다.

구분	내 용
서비스 카테고리 정의	- 서비스 가용성, 서비스 성능, 서비스 정확성
서비스수준 항목 정의	- SLO 실현가능성, 측정가능성, 관리가능성, 상호동의, 합의성(서비스제공자와 사용자간 모두에게 의미를 갖는 항목)
서비스수준 설정 방법	- 서비스 공급자와 사용자 간에 서비스 내용에 대한 표현방법 정의 - 상/중/하, 양호/보통/불량, 90% 이상/80% 이상 등

가. 서비스 품질 카테고리

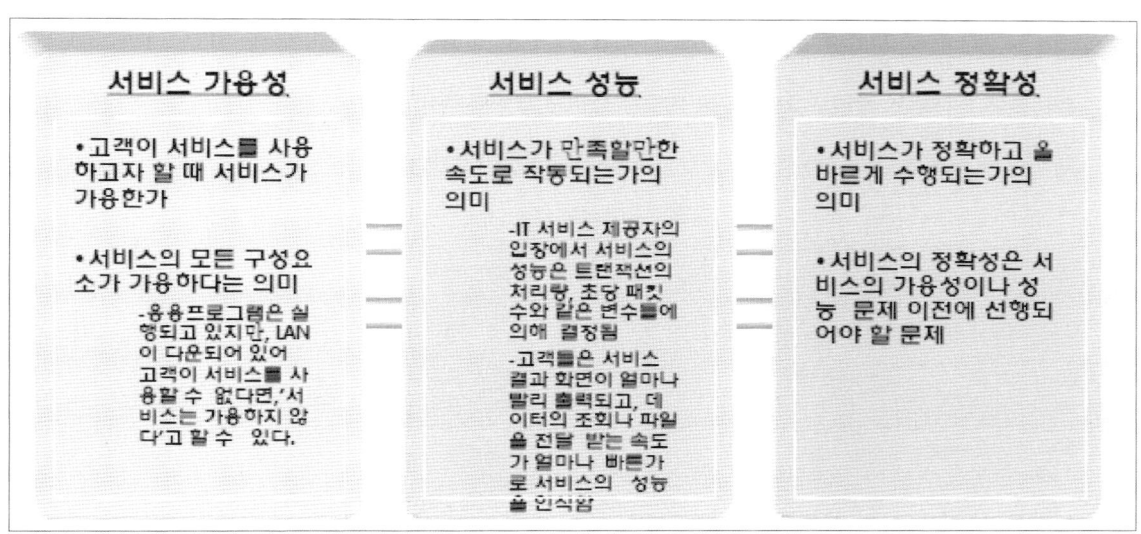

나. 서비스 수준 항목의 특성

- 서비스 수준을 표현하기 위한 서비스 수준 항목은 서비스 수준 관리의 척도

구 분	내 용
Attainable	SLO의 실현가능 즉, 목표에 도달 가능해야 함
Measurable	측정 가능한 데이터로 SLO를 뒷받침
Meaningful	SLA주체인 제공자, 이용자 모두에게 의미가 있어야 함 예) 네트워크 패킷 손실률이나 LAN 응답시간 같은 항목은 IT에게는 의미가 있지만, 서비스를 하나의 전체로 인식하는 고객에게는 의미가 없는 정보임
Controllable	서비스 제공자가 제어하고 관리할 수 있어야 함
Mutually Acceptable	양자가 협상하여 상호 동의한 내용이어야 함

다. 서비스 수준 설정 방법

— 서비스 사용자와 공급자 사이의 서비스 관리 수준에 대한 약정을 어떻게 표현할 것인가를 정의

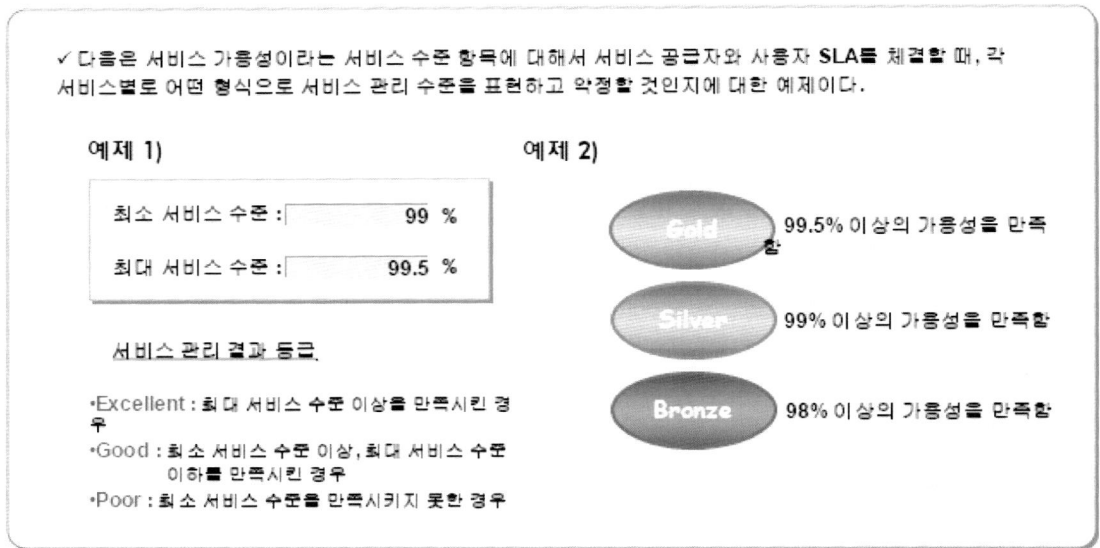

5) Measurement의 정의

— 정의된 기준이나 목표치를 계량화 해놓은 것(SLO)으로 서비스 측정(도구, 서비스방법 포함)
— 측정방법: 서비스에 대한 측정주기, 서비스 기준시간, 서비스기간 등을 포함

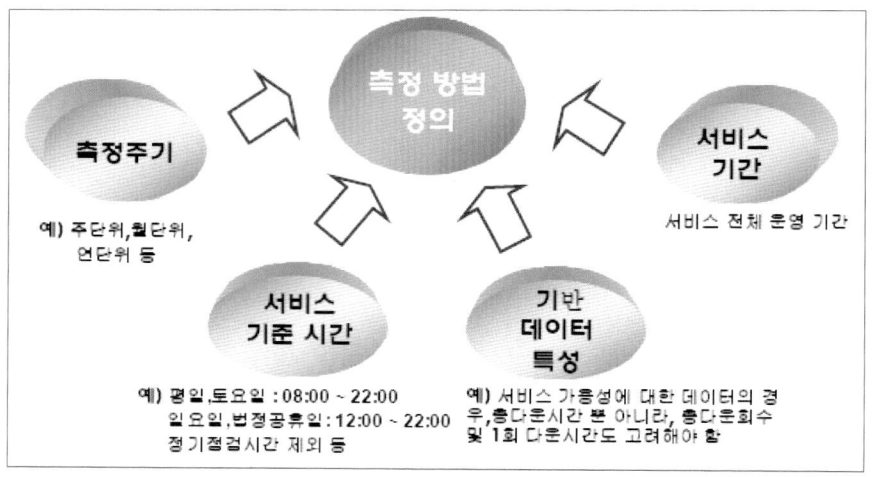

6) Penalty 정의

－측정결과 서비스수준이 SLA에 미달할 경우 공급자가 사용자에게 보상할 금액 산정기준/방법

위약금 (Fee Credit)
SLA에 따라 계약된 서비스 수준의 불이행 시, 서비스 공급자가 사용자에게 지급해야 할 금액을 의미한다.

<위약금 계산 방법>
예제 1) 서비스 다운 시간 정도에 따라 다른 위약금 적용
- 30분 이상 60분 미만 다운시 : 월사용료의 1/90
- 60분 이상 12시간 미만 다운시 : 월사용료의 1/30
- 12시간 이상 24시간 미만 다운시 : 월사용료의 1/10
- 24시간 이상 다운시 : 월사용료의 1/5

예제 2) 위약금 = A × B × C
A : 서비스 수준 불이행에 해당하는 서비스에 할당된 'A'의 배분비율
B : 보증금
C : 최소 서비스 수준을 연속적으로 달성하지 못하거나 불이행하는 경우 적용되는 가중치
- 1회 발생시 → 1.0
- 2회 이상 연속 발생시 → 1.2

보증금 (Risk Amount)
서비스 공급자가 제공하는 서비스에 대해 일정 수준의 성과를 보증하는 위약금의 상한선으로 설정해 놓은 금액을 의미한다.

예제) 해당월의 서비스 요금에 대한 5% 금액으로 정의한다.

상여금 (Incentive)
서비스 공급자의 사업지원에 기대 이상의 성과를 제공한 경우, 사용자가 공급자에게 지급할 수 있는 상여금을 의미한다.

7) SLA의 문제점 및 해결방안

구분	문제점	해결방안
지표선정	－비현실적 지표 선정: 99.9% －너무 많은 항목 선정	－현실적+목표치를 고려한 지표설정 －핵심지표선정(BIZ－KPI연계), 포괄적 지표
지표관리	－데이터 산출 어려움(수작업의존) －관리체계 부재(지표변화 없음)	－자동화체계 구축, SLM시스템 구축 －지표 평가를 통한 목표값 변경관리
성과보상	－회의적 시각(상호 의견 차이) －Penalty 위주, 예산 미 반영	－상호 이해 차이 극복방안 강구 －계약시점에 예산확보 노력
개선체계	－개선관련 조직, 프로세스 미흡	－BS15000등 BP모델도입/체질개선 －운영감리 등 수준 파악 및 개선

➔ **(임기술사)** SLA의 서비스 지표는 정량적으로 제공한 서비스의 품질을 향상시키는 목적을 가지고 있지만 너무 많은 지표와 프로세스를 포함하고 있어서 서비스 관리를 위한 작업을 증대하고 SLA를 관리하기 위한 시스템 도입과 시스템에 대한 유지보수가 필요하다. SLA기반의 유지보수를 하기위해서 ITSM(IT Service Management) 솔루션을 도입하여 유지보수의 효율성과 정량화를 수행하기 있다. ITSM 솔루션은 BS15000 = ISO 20000 = ITIL을 기반으로 운영 프로세스에 대한

선진 베스트 프랙티스를 제시한다.

8) 향후 활용 전망

- SLA 도입이 확산되는 이유는 침체기에 있는 SI업체들의 인력 가동률을 기능 중심으로 산정하면 현재 50%에서 75%까지 올릴 수 있는 이유로 볼 때, 서비스 중심으로 비용을 지급하면 불필요한 인력을 쓰지 않아도 되고, SI업체는 적재적소에 인력재배치 가능해짐

→ **(임기술사)** 고객의 요청작업에 대한 변경영향분석, 담당자 지정, MD(Man Day)을 설정하여 요청작업에 서비스 공수를 파악하는 작업을 수행한다. 즉, 이러한 정보로 분기/반기/회기별로 IT인력 운영의 효율성을 평가 받을 수가 있다. 하지만 MD산정에 대한 객관화가 어려운 문제를 가지고 서비스 제공에 대한 가치를 고객에게 인정 받기에 문제점을 가지고 있다.

- 정보시스템 아웃소싱의 확대와 맞물려 서비스제공자와 사용자 간의 분쟁해결을 위한 수단으로서의 활용도가 증가하고 있다.
- 한국형 SLA/SLM 측정항목 도출을 통해 서비스 제공자와 사용자의 상호 신뢰감 형성이 중요한 요소로 자리할 것임

문제〉	최근 조직들이 자신들의 핵심역량에 집중함에 따라 새로운 비즈니스 솔루션으로 BPO(Business Process Outsourcing)가 떠오르고 있다. BPO에 대해서 기술하고 ITO(IT Outsourcing)와 비교 설명 하시오.		
카테고리	소프트웨어 공학〉아웃소싱	난이도	하

답>

1. 기업의 핵심 경쟁력 강화를 위한 아웃소싱 유형 BPO의 개념

가. BPO(Business Process Outsourcing) 정의

- 기업에서 수행하고 있는 비즈니스 업무 프로세스의 일부 또는 전체를 외부 업체에 위탁하여 핵심역량에 집중하고 자원을 절감하기 위한 경영기법
- 하나 이상의 IT 집약적 비즈니스 프로세스를 외부 공급자에게 위임하여 외부 공급자가 정의되어 있으며 측정 가능한 수행 측정치를 기반으로 선택된 프로세스를 소유·운영·관리하는 방법

나. BPO의 주요 목적

구분	목적	설명
경영관점	규모경제 실현	기업 투자상 TCO의 절감과 ROI 획득 효과(비용절감)
	종합적 경영전략	시너지 효과에 의한 부가가치의 창출
조직관점	조직 슬림화	경제적이고 효율적인 조직 운영 가능
	대응력 향상	조직 능력의 향상 및 유연성 확보로 기술과 환경변화에 적응
사업적 관점	프로세스 개선	업무 처리 시간의 단축을 통한 효율성 제고
	사업의 확장성	신규 사업 진출의 신속성을 바탕으로 고도의 전문기능 강화
기술관점	리스크 분산	경기 변동에 따른 대응 능력의 향상
	리엔지니어링	조직 프로세스의 문제점을 개선과 품질의 향상

다. BPO의 적용 사업 영역

구분	설 명
행정지원	Data Entry, 문서변환, 문서 스캐닝 업무 등 행정적인 지원
고객관리	고객지원, Product Support, Help Desk 등 고객 서비스
재무/회계	내부 재무 감사, 신용 및 부채 평가, 기업 재무구조 분석 등
인사관리/교육	인력 채용, 이탈방지, 인력DB관리, 계약직 직원 관리 등 업무
Product 개발	일부 R&D 기능을 벤더에 의뢰하여 신제품을 개발
Research/Analysis	마켓정보를 이용한 전략적 의사결정을 위한 관련 정보 조사/분석

라. 효과적인 BPO 도입을 위한 절차

구분	설 명
행정지원	Data Entry, 문서변환, 문서 스캐닝 업무 등 행정적인 지원
고객관리	고객지원, Product Support, Help Desk 등 고객 서비스
재무/회계	내부 재무 감사, 신용 및 부채 평가, 기업 재무구조 분석 등
인사관리/교육	인력 채용, 이탈방지, 인력DB관리, 계약직 직원 관리 등 업무
Product 개발	일부 R&D 기능을 벤더에 의뢰하여 신제품을 개발
Research/Analysis	마켓정보를 이용한 전략적 의사결정을 위한 관련 정보 조사/분석

2. BPO와 ITO(IT Outsourcing)와의 비교 설명

가. 개념적인 관점에서의 비교

비교항목	ITO	BPO
목적	-IT 분야의 전문화 및 유연성 확보	-기술이전 및 원가 절감
영역	-업무 전반에 걸쳐 공통적 기술 제공	-영역별 특화 솔루션 및 지식
분야	-데이터센터, NW, Application 등	-행정관리, 재무회계, 인사 등
업무단위	-IT분야 특화(정보시스템 관련 업무)	-비즈니스 Process 기능별 업무
과금결정	-투입되는 자원 기준	-업무 처리량
효과	-IT 기술의 전문화	-운영비용 절감, 자산 투자 절감

나. 기업 적용 관점에서의 비교

비교항목	ITO	BPO
도입기준	-자사의 IT 적용 또는 기능 분야	-독립 프로세스, 기능 중심(비핵심)
도입유형	-자회사, 타회사, 공동방식	-수직적(제한된 산업), 수평적(업무중심)
도입핵심	-비용-이익의 사전 검토 -IT기술 경쟁력 보유 여부	-필요 기능 필터링 -적합한 비즈니스 모델 선택
위험요소	-내부 기술력 약화 -보안 유지 어려움	-지적 재산권 침해 -정보 제어 상실

3. BPO 트렌드의 변화와 성공적인 BPO 도입을 위한 고려사항

가. BPO 트렌드의 변화

1) 외부업무로 확장: 내부업무에서 Partnership/Collaboration 추구

2) 업무범위 확장: 단위 Task 업무 위주에서 전략 지향적인 업무로 변화

3) Off Shore 형태로 발전: 지속적인 신규 아이템과 비즈니스 영역으로 변화

나. 성공적인 BPO 도입을 위한 고려사항

1) 도입 전

   -타당성 평가: 기업 내/외부 환경 분석 기법 적용과 시장/경기 분석

   -데이터 가시성 대책 수립: 아웃소싱 하는 데이터에 대한 통제권 사전 보장

2) 도입 후

   -전략적 Partnership 구축: 아웃소싱 업체와의 신뢰감 조성을 통한 내부화

   -객관적인 평가: 주기적으로 평가, 보상체계를 마련하여 품질향상 필요

"끝"

A기업은 경영의 효율성 확보를 위하여 IT아웃소싱(ITO:IT outsourcing)도입을 검토하고 있다. ITO 개념 및 장단점, 도입프로세스를 제시하고 도입 프로세스 중 준비 및 계약단계, 통제단계에 대하여 상세히 기술하시오.

| 카테고리 | SW공학〉IT서비스, 프로젝트관리 | 난이도 | 상 |

답〉

1. 효과적인 IT서비스 관리를 위한 ITO의 개념

가. ITO(IT Outsourcing)의 개념

1) 조직이 명확한 전략 목표를 가지고 정보시스템 관련 정보 자원 관리활동의 전부 또는 일부를 외부의 전문기관에 위탁 관리하게 하는 장기적인 계약
2) 생산부분의 외부하청 또는 위탁 생산의 개념이 판매분야 그리고 정보시스템 부문으로 확산된 개념
3) ITO는 기업이 정보자원의 외부원천을 확보하는 방법의 특성이 시간이 지남에 따라 변화된 것

나. ITO의 목적

1) 전략적 목적
   - 보다 핵심적인 활동에 조직자원을 집중
   - 보다 부가가치가 높은 기능에 전산자원을 집중
2) 경제적 목적
   - 규모경제를 활용하여 비용절감
   - 고정자산에 대한 투자를 회피함으로써 유동성 증진
   - 기초 및 기반기술에 대한 투자 없이 응용 기술을 바로 활용
   - 정보시스템 개발 및 운영 비용을 구체화시켜 예측성과 통제성을 증진
3) 기술적 목적
   - 각 기술분야에서 가장 앞선 외부조직의 기술이나 경험을 활용
   - 교육훈련 노력 없이 이미 교육되고 훈련된 인력을 활용
   - 환경이나 기술변화에 곧바로 대응 가능

2. ITO의 장단점 및 도입 프로세스

가. ITO의 장단점

구분	ITO 발주자 측면	ITO 수주자 측면
장점	−핵심업무에 역량 집중, 경쟁력 재고 −TCO(Total Cost Ownership) 절감 −신기술을 손쉽게 접목하여 경영에 반영, 비용 절감 −전문인력활용(최신 전문기술 활용) −정확한 현금예측 가능 −핵심적인 활동에 조직역량 집중 −추가적인 부가서비스 수혜 기능	−장기 기저수입확보, 경영 안정 −고품질의 서비스 제공 −신기술 및 전문성 확보 용이 −규모의 경제논리 적용 생산성 향상
단점	−장기적으로 기술 종속, 내부 정보 기술력의 약화 −기업비밀 누출 불안요인 −조직구성원의 저항감(단기적인 문제) −시스템 개발과정이나 개발된 시스템의 질에 대한 통제가 곤란 −시스템이나 데이터에 대한 보안 유지의 어려움	−갑−을 관계에 지나치게 얽매어 자율성 저해 −현실에 안주하여 기업 경쟁력 상실 −발주사의 공급선 변경 시 경영 압박

나. ITO 도입 프로세스

내용	활 동
준비 및 계약단계	−아웃소싱 필요성 인식 −시스템 평가 및 요구분석 −목표와 평가 목록 작성 −RFP발송, 제안서 접수 및 평가, 사업자 선정 −의향서 교환, 계약조건 협의 −계약서 합의 및 이관
통제단계	−업무이관 작업 −서비스 수행 −서비스 지속 모니터링
변화단계	−서비스 평가 −계약 만기 통보 −서비스 변화관리 −계약 만기

3. 준비 계약단계, 통제 단계에서 수행 내용

가. 준비 및 계약단계의 수행 내용

수행 활동	내 용
사업 타당성 분석	-전략적 목표 설정과 아웃소싱 후보 업무 선정 -장단기 마스터 플랜 수립 -**(1)ROI분석** 및 자체 전산 인력 활용 방안 마련
ITO사업 발주	-IT자산 실사, 정확한 요구사항 파악 RFP 작성 -제안서 평가 및 우선 협상자 선정 -우선 협상자의 ITO수행역량 실사(재무, 기술)
계약 체결	-이행계획 수립, 정확한 관리요소 명세 -SLA(Service Level Agreement) 작성 -계약서, **(2)SOW**작성

-계약서는 아웃소싱의 가장 중요한 부분이다.
-서비스 수준에 대한 내용도 문서화하고 지속적으로 관리하도록 한다.
-다수의 전문 업체들이 참여하는 경우에는 그들의 업무 및 책임 범위를 명확히 규정하도록 한다.
-지적 재산권 및 지적 소유권에 관한 항목이 계약서에 포함되어야 한다.
-비용계산은 협의에 의하여 현실적으로 맞추어 나가는 방법을 고려할 수도 있다

나. 통제단계에서 수행 내용

세부 영역	내 용
서비스 성과 통제	-서비스 성과 관리체계의 구축 -**(3)서비스수준관리(SLM)** 도입 -단계별 종합적인 서비스 성과 평가 실시
업무처리 통제	-운영에 대한 정기적인 감리 수행 및 품질관리의 실시 -사용자의 각종 서비스 요청에 대한 처리 통제 -정보보호를 위한 보안관리에 대한 통제
투입인력 통제	-고객 필수 인력 지정 -공급자의 투입인력 관리 -공급자 관련 협력업체 및 투입인력에 대한 관리

-아웃소싱은 새로운 기술의 도입이 아니라 새로운 조직 운영방식의 도입이다.
-고객사와 전문업체는 정기적인 모임을 갖도록 한다.
-추가적인 무료서비스보다는 벌칙금 조항이 효과적이다.
-모든 서비스에 관한 기록을 보관하여 정기적으로 벤치마킹을 하도록 한다.
-보안의 문제는 기술적인 부분과 관리적인 부분으로 나누어 관리한다.

4. ITO 추진 시 고려사항 및 성공요소

가. ITO 추진 시 고려사항

- 대상 업무 및 정보시스템 선정 시 중요도와 핵심역량 정도를 파악하여 업무 선정
- 협상 및 계약 단계에서 명확한 서비스 수준에 대한 SAL 도출

나. ITO의 성공요소

예산설정 현실화	인적, 설비, 서비스 비용 예산의 현실화
품질계획 수립	필요한 IT서비스 품질과 신뢰성에 대한 기준 설정
계획실적 비교	서비스 품질, 관리의 상·하한 설정 및 주기적 IT서비스 평가

풀 이

- 아웃소싱은 과거 기업의 핵심역량을 강화하고 비핵심역량을 외부 업체에 위탁하는 방식에서 벗어나 ASP, SaaS 등의 Shared 기반의 IT Infra 제공 서비스의 시장이 안정적이고 지속적으로 성장하고 있는 추세이다.
- 서비스 제공에 체계에 대한 Global 수준으로의 도약에 대한 고객 요구사항이 강화되고 있으며, 이에 따른 서비스 제공자의 Process 고도화 노력이 강화되고 있는 상황이다(CMMI, eSCM, ISO 20000, ITIL, COBIT).
- 아웃소싱의 범위는 다음과 같다.

구분	중점요소	활용사례
선택적 아웃소싱	- 고객사 내부의 추진 분야의 선정, 우선 순위 결정을 위한 준비가 적절히 수행되어야만 기대 수준을 충족할 수 있음	- 데이터 센터, 소프트웨어 개발 및 지원, 텔레커뮤니케이션/네트워크 및 기존 시스템 운영서비스
토탈 아웃소싱	- 재무구조 개선효과 차원에서는 성공적이었지만 원가 차원에서는 성공하지 못한 것으로 나타남	- 공기업 아웃소싱 도입이 대표적
토탈 인소싱	- 외부 경쟁 통해 변화에 적응 - 원가절감 위한 노력, 외부 위험에 대응 위한 역량의 집중	- 내부 정보기술 부서

- 제한적인 토탈 아웃소싱 수요 속에서 선택적 아웃소싱 서비스 등의 모델이 지속적으로 진화하여 유틸리티 모델을 기반으로 한 가상화, 통합화, SaaS, ASP, Hosting 등의 서비스 성장이 예상되고 있는 상황임

주요 용어설명

(1) ROI분석: 투자수익(Return On Investment), DuPont에서 자회사 재무 통제/측정 방법으로 개발되어 1930년대부터 사용하였으며 기업 가치를 평가하는 기법으로 투자의 채산성/안정성 평가에 활용되었다.

(2) SOW(Statements of Works): 제안자와 고객간의 계약의 토대이며, 제안자가 고객을 위해 수행해야

할 구체적 작업목록이 포함된 작업내역서/제안요청서, 제안서 내용 간의 일관성 있는 정의를 통해 SOW를 작성해야 하며, 사전에 고객과의 킥 오프 미팅 또는 워크샵을 통해 서로 오해하거나 의견이 상충되는 것을 방지하는 노력을 기울여 작성되어야 한다.

(3) 서비스수준관리(SLM):IT서비스 수준을 관리하기 위한 계획 수립에서부터 서비스 수준의 합의, 운영 프로세스에 대한 모니터링, 리뷰 및 개선과정을 포함하는 반복적인 관리체계로 SLM 관리 시스템의 주요기능은 다음과 같다.

SLM엔진	SLA 기준정보 관리 (Parameter)	서비스 항목 정의/변경/삭제 서비스 수준 관리지표 정의/변경/삭제 서비스 목표수준 및 최소수준 설정/변경/삭제
	서비스 수준 데이터 분석(Analyzing)	서비스 수준 데이터 집계 및 분석 서비스 수준 미달시 원인요소 분석(트래킹) 서비스 제공 가능 용량(가용성 및 성능)분석 서비스 리소스 선정 및 리소스 계획수립 지원
	서비스 수준 모니터링 (Monitoring)	서비스 수준 목표와 서비스 제공 수준 실시간 비교 모니터링(위반 가능성 경고) 주요 자원에 대한 Workload 모니터링
	서비스 수준 리포팅 (Reporting)	서비스 수준에 대한 다차원적 보고서 생성 서비스 수준 보고서 구성 커스터마이징지원 다양한 형식의 보고서 Publishing 지원
DataInterface	서비스 수준 데이터 통합(Messaging)	서비스 수준 측정 데이터 수집 다양한 관리도구와의 연계 호환성 제공 타 서비스 운영시스템 인터페이스 관리
관리툴	사용자 관리 기능 (Managing)	서비스 제공자 및 사용자 권한 관리 사용자별 서비스 비용(페널티/인센티브)관리(필요시 과금 모듈로 확장)

:: 도우미 임기술사

[설명]

SLA는 정보처리기술사 학습에 가장 기본이 되는 주제이다. 앞에서 이야기한 것처럼 SLA는 서비스 수준에 대한 정량적 측정과 그것에 대한 성과인정 즉, 비용지불의 과정을 가지고 있으며 이러한 작업을 수행하기 위해서 유지보수 시에 ITSM 솔루션을 활용한 고객 요구사항 관리 프로세스를 도입하고 요구사항에 따른 비즈니스 및 정보시스템 영향도 분석을 수행한다.

영향도 분석을 수행한 후 각 담당자가 지정되고 각 담당자는 작업의뢰서를 받고 해당 작업의 공수 (Man Day 혹은 Function Point)을 산정한다. 담당자는 소프트웨어 변경 등의 작업을 하기 위해서 형상 관리 솔루션을 활용하여 산출물(코드, 문서)을 Check Out하고 변경을 수행한다.

이렇게 변경된 산출물은 검토 위원회에서 테스트 및 검토를 수행하고 운영시스템 배포를 수행 하는 형태이다.

　SLA는 이렇게 유지보수 시에 활용될 수 있으며 그 영역을 확대하여 유틸리티 컴퓨팅(On−demand Service), 클라우드 컴퓨팅을 위한 핵심요소로 인식하고 있는다. 즉, 유틸리티 컴퓨팅이라는 것은 발주기관(고객)과 사업자간의 정량적 서비스 수준 정의에 대한 보상을 기본으로 하고 있고 대부분의 기업과 기업 간의 거래에서 이루어지는 아웃소싱 형태이다. 클라우드 컴퓨팅도 SLA를 기반으로 하고 있다. 클라우드는 크게 두 가지로 분류하는데 기업과 기업 간에 서비스를 수행하는 Private Cloud와 기업과 개인(고객)에서 서비스를 수행하는 Public Cloud로 분류하고 있다.

[키워드]
　−SLO, Measurement, Penalty
　−ITSM, 유틸리티 컴퓨팅, 클라우드 컴퓨팅, BS15000 = ISO 20000 = ITIL

[예상문제]
　가. 1교시형
　　1) SLA의 KPI 도출 프로세스

　나. 2교시형
　　1) IT 아웃소싱에서 SLA 활용분야 및 SLA 활용 시에 발생할 수 있는 문제점을 고객, 사업자 입장에서 설명하시오.

28. ITSM

1) ITSM의 개요

가. ITSM(IT Service Management)의 개념

- 서비스 품질의 경쟁력을 확보하고 IT서비스 수준을 관리하기 위한 프레임워크
➔ (임기술사) 서비스 품질의 관점으로 IT 시스템에서 제공하는 기능으로 고객(최종 사용자) 입장에서 접근하고 있다는 의미이며, 이것은 과거의 Point-to-Point 즉 기능 중심의 IT 서비스제공이 아니라 고객 입장의 서비스인 End-to-End 관점에서 제공하겠다라는 의미이다.
- 아웃소싱 서비스를 제공하는 공정에 대한 품질관리 프레임워크
➔ (임기술사) IT 아웃소싱을 위한 프로세스, 기법(SLA), 도구를 제공하는 프레임워크를 의미하며 프로세스는 선진 프로세스 즉 요구사항관리, 변경관리, 형상관리, 인력관리의 프로세스 형태를 가지며 기법은 SLA 기반의 KPI(Key Performance Indicator)을 설정하고 관리하며 이러한 모든 공정을 도구를 통해서 관리한다. 도구는 ITSM 솔루션을 의미한다.

나. ITSM의 목적

- 기업 내 IT관리 환경의 복잡 다양화, 표준관리체계의 미흡, 불안정한 시스템 운영 등으로 인한 대 고객 서비스 품질 저하방지
➔ (임기술사) IT 서비스의 품질확보를 위해서 IT 자원의 효율성, 투자의 투명성, 인력의 책임성을 강조한다.

다. ITSM의 구성요소

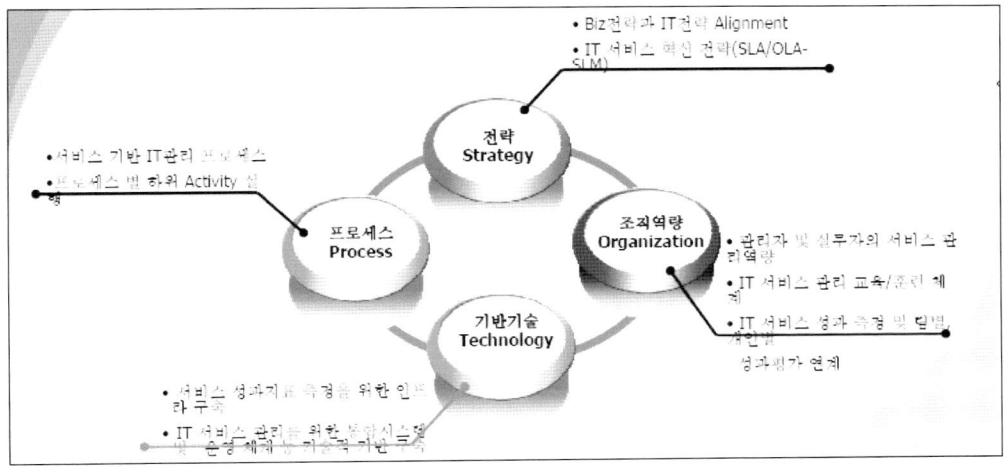

2) ITSM 참조모델 종류

3) ITSM의 대표적 모형, ITIL과 eSCM 비교

가. IT 프로세스 커버리지 비교

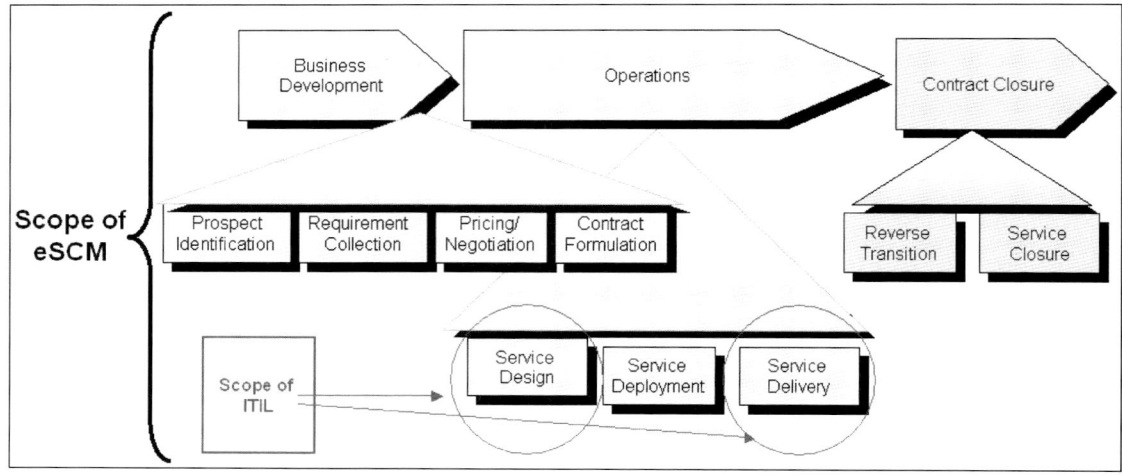

나. 관점별 비교

관점	eSCM	ITIL
개발목적	IT 아웃소싱 사업자의 프로세스 역량 개발 및 ITO 사용자와의 관계 관리	IT 서비스 관리 분야의 Best Practice를 이해하기 쉽게 정리한 자료집
주안점	ITO 비즈니스 사이클 및 사업관리를 위한 종합적 프로세스 성숙도 인증	IT 서비스 운영 및 지원 활동에 대한 품질 수준 개선
커버리지	ITO 라이프 사이클 전체 및 지원 프로세스	IT 서비스 운영 및 운영 지원
평가방법	CMU 혹은 공인된 기관을 통한 조직 차원의 단계적 성숙도 측정	선임심사원을 통한 ITIL 내재화 역량 검증 ➔ (임기술사) 내재화: 지속적으로 개선할 수 있는 프로세스, 방법, 인력을 포함한다.
자격인증	Level 2~5 조직 성숙도 심사	BS 15000 규격에 대한 준거성 심사

➔ **(임기술사)** eSCM은 IT 아웃소싱 능력에 대한 성숙도 모델이며, ITIL은 IT 운영 프로세스에 대한 선진 프로세스이다.

4) ITSM 구축방안 및 고려사항

가. ITSM의 기본요건

- IT서비스 전체 라이프사이클에 걸쳐 다뤄져야 함
➔ **(임기술사)** IT 서비스의 생명주기를 관리하기 위해서는 비즈니스 전략을 지원하는 IT 서비스 지원이 중요하다. 이런 말을 다른 용어로 포트폴리오 관리라고 한다. 즉, 포트폴리오 관리와 IT 서비스의 전략, 분석, 설계, 구축, 유지보수까지의 전 공정을 관리하기 위해서 ITIL 3.0이 등장했다. ITIL 3.0은 ITSM을 지원하기 위한 모든 프로세스를 포함한다.
- 서비스를 제공하는 고객과의 약속인 SLA를 충족시켜야 함
- 모든 프로세스가 지속적으로 개선이 가능하도록 설계되고 운영되어야 함

나. ITSM 구축절차

단계	설 명
분석/기획	- 현황분석 및 IT관리수준 평가, 고객과 경영진의 요구사항 도출 및 분석 - ITSM 참조모델 이해 및 적용타당성 검토, 적용전략/목표 및 수행일정 수립
프레임워크 구성	- 고객과 경영진 요구사항 반영, eSCM/ITIL모델 활용 ITSM영역과 도메인 설계 예) 전체 라이프 사이클은 eSCM, 서비스제공/지원관련 세부 실행지침은 ITIL
프로세스설계, 합의/공유	- 도메인별로 상세 프로세스를 작성, 프로세스별 산출물 정의 및 템플릿 작성 - 프로세스에 대한 검증 작업 필요: 현 운영프로세스와 비교, 시뮬레이션 등 - IT운영프로세스 합의(고객, 경영진, IT운영팀원): 워크샵 등 활용
지원시스템 구축	- ITSM 구축 및 프로세스 지원을 위한 지원시스템 구축(패키지, 자체개발 등) - 기존 운영관리시스템과의 인터페이스 중요(보통 3~4개월 소요)
프로세스 이행/변화관리	- 운영상황 모니터링, 개선점 도출 및 반영 -〉 체질개선 및 최적화 추진 - 프로세스 개선팀 운영을 통한 변화관리 및 프로세스 조기 정착화 유도

다. ITSM 구축 시 고려사항

- 충분한 타당성 검토 및 목표 설정(아웃소싱의 품질향상 or 특정 모델의 인증)
- 추진 로드맵 관리, 상세 프로세스 설계 및 책임과 역할에 대한 설계
- 조직의 운영 및 서비스 체계에 대한 수준 및 조직원들의 역량을 감안
- 고객사 공감대 형성작업 가장 중요: 비즈니스 기대효과 제시 및 점진적 적용방법 필요

➔ **(임기술사)** ITSM은 한정된 예산, 한정된 자원의 활용도를 극대화하여 비즈니스 부서 중에서 사업부서의 IT 서비스를 지원하여 비즈니스를 수행하는 사업부서의 효과를 극대화하고자 한다. 사업부서를 지원한다는 의미는 단기/중기간의 기업의 목표를 달성하기 위해서 IT 서비스가 그 역할을 수행한다는 의미이고 이것을 정량적으로 관리하여 향후 그 가치를 인정받기 위한 의도를 포함하고 있다. 하지만 현실적으로 사업부서에게 IT 성과를 인정받기는 쉽지가 않다. 그것은 사업부서의 수익을 공유해야 하기 때문이다. 수익의 공유는 사업부서의 성과를 낮추기 때문이다. 이러한 이유로 SLA를 도입하고 이것을 이행하는 방법으로 Charge Back 제도와 같은 것을 도입하는 것이다.Charge Back 제도는 일명 도토리 제도라고 이해하면 된다. 서비스 요청에 대해서 투입되는 자원을 분석하고 자원을 비용을 환산한다는 의미이다.

➔ **(임기술사)** 시간이 가면 갈수록 World Wide Web, Mobile Service의 사용자가 증가하고 있다. 이러한 의미는 기존의 오프라인 비즈니스에서 온라인 비즈니스가 그 영역을 확대하고 있는 것을 의미한다. 이러한 것은 IT 서비스가 사업부서를 지원하는 지원부서가 아니라 새로운 사업부서로 진입이 가능하다는 의미이다.

29. ITIL

1) 정보시스템 운영의 표준 ITIL 개요

가. 정보기술의 현재 문제점
- 과대한 투자 Heavy Investment
- 기술 중심적 Technology Focused
- 수동적 대처 Reactive, Ad-hoc
- IT의 저장소 Silo's of IT

나. ITIL 개념 정의
- 영국의 OGC(Office Of Government Commerce)에 의해 전세계의 **IT 서비스 관리분야 프로세스의 Best Practice를 모아 정리한 책**들의 모음집
- IT서비스를 지원, 구축, 관리하기 위한 일련의 IT 서비스 관리 Best Practice로 고품질의 IT 서비스를 제공하여 고객의 비즈니스 목표 달성 기반 제공

다. ITIL의 특징
- IT User와 Customer를 대상으로 하는 서비스 중심의 IT 운영 지향
- ➔ (임기술사) IT관점의 컴포넌트 혹은 기능이 아니라 고객 관점의 End-to-End 서비스를 지원한다.
- 비즈니스 목표 달성을 위한 고품질의 IT서비스 제공 추구(IT as a Business)
- ➔ (임기술사) IT 역량을 비즈니스 목표와 관련된 서비스 지원에 집중한 IT 서비스를 제공한다.
- 벤더에 종속적이지 않은 포괄적이면서도 공개적인 가이드
- ➔ (임기술사) IT서비스의 유연성을 확보하기 위해서 개방형 구조와 아키텍처를 지향한다.

라. ITIL 서비스 관리의 핵심 목표
- 비즈니스와 고객의 현재 및 미래의 요구에 맞게 IT 서비스를 배치
- ➔ (임기술사) 시장상황에 맞게 변화하는 비즈니스 요구를 충족하기 위한 IT자원을 재배치한다. 이러한 재배치를 하기 위해서는 자원현황 파악이 되어야 할 것이다. 즉, IT 인력, 소프트웨어, 하드웨어 자원을 현행화하고 현재 어떤 서비스에 얼마큼의 자원이 투입되었는지 알 수 있어야한다. 이러한 것을 관리하는 프로세스가 ITIL의 역할이기도 하다.
- IT 서비스 제공의 질 향상

➡ **(임기술사)** 서비스 제공에 대한 Feedback을 받아 서비스를 지속적으로 개선하는 활동과 또한 품질관리 프로세스를 포함하고 있다는 의미이다.

– 서비스 제공에 대한 장기간 비용절감

➡ **(임기술사)** 결과적으로 불필요한 곳의 IT자원소모를 최소화하여 IT 비용을 절감하는 효과를 얻을 수 있다.

2) ITIL 프레임워크

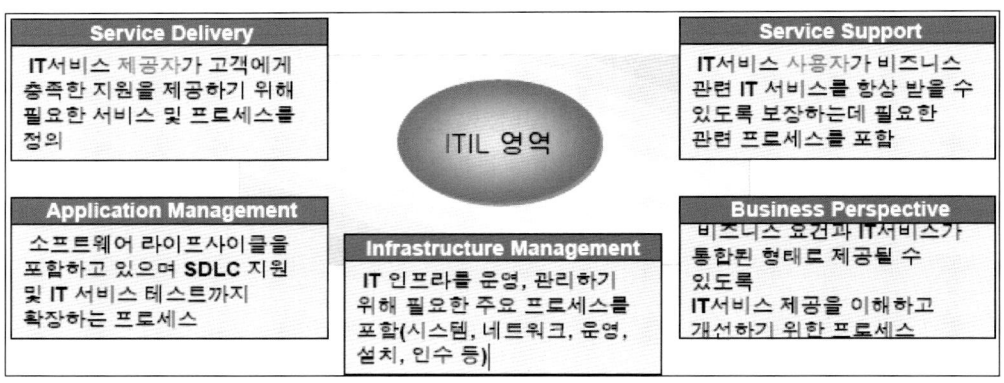

3) ITIL 핵심 프로세스

가. 서비스 제공(Service Delivery)

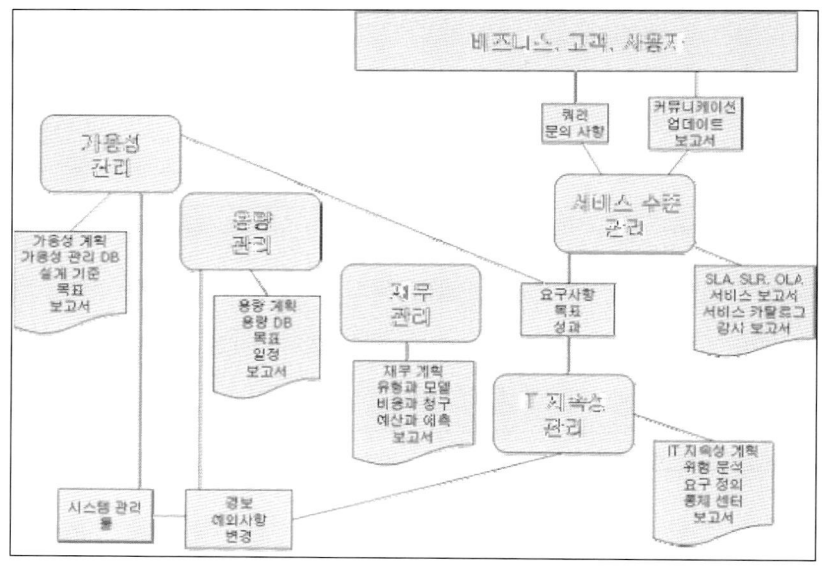

나. 서비스 지원(Service Support)

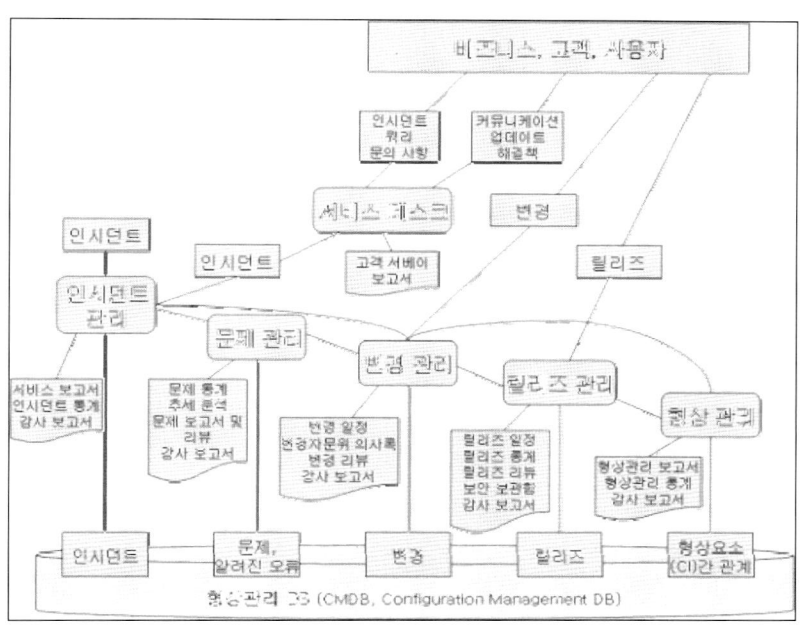

형상관리 DB (CMDB, Configuration Management DB)

영역	프로세스명	기능 및 목적
서비스제공	서비스수준 관리(Service Level)	– 고객의 비즈니스 목표 달성 및 만족도 증가를 위하여 IT서비스 수준에 대한 합의, 모니터링, 보고, 서비스개선 활동 등과 같은 반복적인 SLM 프로세스를 통하여 IT 서비스 품질을 개선 유지(Point of Contact)
	재무 관리(Financial)	– IT자산/자원 효율적 비용사용을 위한 관리(Budgeting, Accounting, Charging)
	용량 관리(Capacity)	– 현재와 미래의 비즈니스 요구 사항에 부합하는 IT 자원의 성능과 용량을 비용 효율적으로 만족시키기 위함(비즈니스용량, 서비스용량, 자원용량)
	가용성 관리(Availability)	– 최적의 비용으로 고객의 비즈니스 목표 달성을 위한 가용성 수준을 유지하기 위한 지원 조직, 서비스 및 IT 인프라의 Capability를 최적화(MTBSI)
	IT 서비스 연속성관리 (IT Service Continuity)	– IT 서비스의 연속성을 저해하는 상황발생시 동의된 시간 및 범위 내에서 IT 서비스의 복구 및 연속성을 보장
서비스지원	서비스 데스크 기능(Service Desk)	– 고객과 IT서비스관리 사이의 중앙 단일접점 기능(Function), 인시던트/서비스요청 처리, 변경, 장애, 릴리스, SLM 등의 활동을 위한 인터페이스 제공
	인시던트 관리(Incident)	– 정상적인 서비스운영의 신속한 복구와 IT운영에 대한 부정적 영향 최소화
	문제 관리(Problem)	– IT인프라 에러에 의해 발생된 인시던트와 문제의 부정적영향을 최소화하고 에러관련 인시스던트 재발방지, 문제관리:근본원인을 찾고 에러제거 활동
	변경 관리(Change)	– 변경 관련 인시던트 영향을 최소화하고 일상 운영을 개선하기 위한 모든 변경을 신속/효율적으로 처리하기 위해 표준화된 방법 및 절차를 사용
	릴리스 관리(Release)	– 전체적인 IT서비스 변경을 고려, 릴리스의 기술적인 면과 비기술적인 면이 함께 고려되는지 확인하는 기능
	형상 관리(Config)	– 통제 범위에 속하는 모든 IT 구성 요소에 대한 확인, 기록 및 리포트 기능

4) IT 서비스 라이프 사이클 중심의 거버넌스 모델, ITIL V3

버전	발표시기	특징	구성
V1	80년대 후반	-기능 중심의 실천지침 제공 -라이브러리의 방대성(42권)	-다양한 IT서비스관리 지침을 다룸
V2	90년대 후반	-프로세스중심의 실천지침 제공 -10권 정도의 약식 라이브러리 제공 -ITSM을 위한 최고의 프레임웍으로 인정	-비즈니스 관점, IT서비스 제공, IT서비스 지원, IT서비스 관리 계획, ICT(인프라 관리), 애플리케이션 관리 -소프트웨어 자산 관리, 보안 관리
V3	진행中	-서비스Lifecycle 중심의 실천지침 제공 -Core Volumes + Compementary + Web Material로 구성	-서비스 전략(Strategies) -서비스 설계(Design) -서비스 전환(Transition) -서비스 운영(Operations) -서비스 개선(CSI, Improvement)

- -V2.0은 각 Library에서 제시한 상위의 단위 프로세스간의 연결고리가 명확하게 표기되어 있지 않으며, 각 프로세스별로 하위프로세스 간 연결고리만을 강조한 형태임
- -V2.0은 전체 Framework상에서는 IT서비스관리측면의 상호 연결 관계를 묘사하고 있으나, 일관된 IT서비스 관리체계 제시에는 미흡한 점이 존재함
- -V2.0의 한계점과 IT서비스관리 분야의 요구사항을 수용하고 서비스관리수준을 한 단계 업그레이드 하기 위해 서비스 Life-Cycle 중심으로 전환하여, IT서비스 산업에 처해 있는 현실을 적극적으로 수용하고자 ITIL Refresh Project를 진행하여 V3.0을 개정하게 됨

5) ITIL V2.0과 V3.0의 비교

- -V3는 V2의 콘텐츠를 60% 이상 재사용하고 있으나, V2가 프로세스 중심의 접근방식인 반면, V3는 Service Lifecycle중심의 접근방식을 취하고 있음
- -V3는 비즈니스와 IT 간의 통합을 강조하기 위해 기업이 IT환경 변화에 맞춰 쉽게 커스터마이징 하고 연계할 수 있도록 설계되어 있으며, 어떻게 ITIL이 비즈니스프로세스와 사이클을 지원 할 수 있는지 보여주고 있음

관점	Version 2	Version 3
Goal	Business & IT Alignment	Business & IT Integration(Governance)
접근방식	프로세스 중심	서비스 라이프사이클 중심
Focus	Value Chain Management (IT서비스의 관리에 역점)	Value Network Innovation (IT서비스의 지속적 개선에 역점)
역할	Fad	Trend
조직인증	BS15000	ISO 20000

6) ITIL V3.0의 구성

- Core + Complementary + Web으로 구성되어 있으며, 이중 가장 중요한 것은 Best Practice의 핵심을 담고 있는 Core버전임

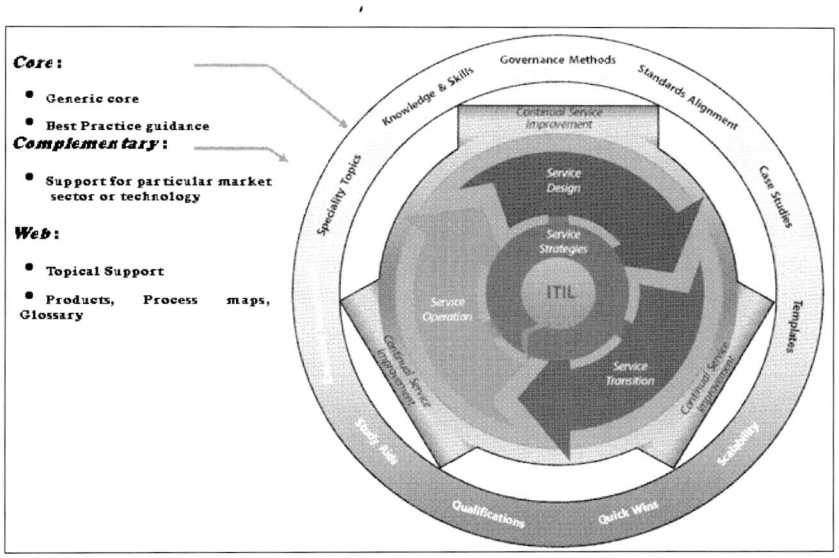

가. ITIL Version 3.0 Core Volume

구성영역	세부요소	영역별 구조
서비스 전략 (Biz Persp.)	- 고객, 서비스, 전략을 위한 프로세스 불확실성과 복잡성 관리 - IT 서비스 전략 수립 방안	- Introduction, Overview, 　Context, Purpose, Usage - BP실천지침 - Process기본사항 - Methods 및 Practices - 서비스구현/관리전략 - 측정 및 통제방법 - 위험요소 및 CSF
서비스 설계 (SD/SS)	- 정책, 아키텍처, 서비스 모델 - 효과적인 기술, 프로세스, 측정방안 설계 - 아웃소싱, Shared Service에 대한 전략적 의사결정 - 측정지표(Service Utility, Warranty)	
서비스 전환 (SD/SS)	- 변경, 릴리스, 구성관리 프로세스 - 리스크와 품질 보장 디자인 - 조직관리 및 문화정착 변화관리, 서비스관리 지식 관리시스템 - 통합 프로젝트, Transition 모델 선택 및 개발	
서비스 운영 (SD/SS)	- End-to-End 서비스 운용 Practices - 인시던트 및 문제 관리, 이벤트 및 서비스요청관리 프로세스 - SOA, 가상화, 유연한 서비스 운영 모델	
서비스 개선	- 경영측면 ROI분석/경영요구사항에 포트폴리오 연계 (실시간) - ITSM의 품질 측정(건강도) 및 측정결과 분석 방법 - 서비스 관리 프랙티스 성숙과 성장	

나. V3.0 Complementary: 특정시장 및 기술별로 Core 지원 및 Advice를 제공하기 위해 디자인

- Pocket Guidance, Case Studies, ITIL Practice Working Templates, Governance Methods Certification based Study Aids

30. CMDB

1) IT서비스의 형상관련 정보를 관리하는 CMDB의 정의

가. CMDB(Configuration Management DB)의 정의

- 자산, 모니터링 및 관리용 구성요소, 논리 및 물리적 관계, 서비스 계약정의 등이 포함된 ITIL의 최종 산출물로 정보를 통합 저장 관리하는 데이터베이스

나. CMDB의 필요성

ITIL의 대중화 및 완성되어 증가	IT구성요소와 구성항목 간 상호관계에 대한 구성관리 DB 중요성
업무의 융합증대	비용, 계약, 사용실태, 규정준수 등에 대한 ITSM 모범사례를 통한 일상 IT업무와 전략적 IT 업무 간 효율적 융합
IT프로세스 관리의 일관성	인시던트, 문제, 변경, 구성, 자산 및 서비스 Impact 관리 등과 같은 IT프로세스 구축 지원

2) CMDB 구축정보와 구축방안

가. CMDB구축정보

항목	생성조건	관리원칙
구성정보	자산정보 및 취합정보 기준	HW 자산번호, SW의 단위관리, 검색코드, Relation 정보, 상태정보
인시던트정보	모니터링 툴 생성 Event	중요도에 따른 필터링 기준 적용, 복구활동 기록
문제정보	장애로그 및 서비스 요청 로그	등록된 문제와 연관된 모든 장애 혹은 서비스 요청로그를 연결하여 생성/관리 및 KEDB 연계
변경정보	변경 요청자 또는 서비스 데스크 정보기반	현 시스템과 데이터 연동은 프로세스상의 정의된 절차에 따라서 구현
KEDB	근본원인과 해결책이 있는 문제정보	문제관리 프로세스 통해 생성관리, 관련된 문제로그 내역을 이용
에이전트 정보	내부직원 및 에이전트 관련	XML형태로 변환관리 등 고유정보, 명명규칙의 활용
조직정보	기업의 조직 정보 기준	조직 변경정보의 반영, 작업그룹정보/조직코드
서비스 요청로그	콜센터 및 서비스 데스크에 접수된 서비스 오요청 기록	CTI와 연동, 고유의ID를 시스템에서 자동부여, 처리내역 항목에 상세기록
서비스 관리정보	SLA기반 구성	각 서비스 항목과 연관된 CI정보를 연결

나. CMDB 구축방안

구축절차	구축방안	구축목표
초기구축	-기존자산정보, 인사/조직정보 -서비스 정보 KEDB기반의 신규 및 이전 구축	-단기간, 최적화, 효율적 -정확한 운영 데이터 구축
CMDB고도화	-수집데이터 통합관리, 내부 EDI 시스템 연계운영 -Service Delivery시스템 구축 -실시간 정보관리 통한 종합 IT 서비스 현황제공	-관리성과 지표, 통합서비스 -Support시스템 및 통합 데이터 -ITSM체계 모델로 개선 및 서비스 확대
시스템연계운영	-접수/처리/통보 업무 자동화 -관련시스템과 효율적 연계, Call Center데이터 연계 -통계보고서 기능 강화 -이력관리 및 FeedBack 기능 강화	-사용자 지원 신속성·연속성 보장 -조직구성 개선 -운영관리도구 지원 -고객만족 구현

3) ITIL에서 CMDB 구축 시 고려사항

내부구성	-내부 CI관계 모델링: 변경위험성, 서비스영향, 근본원인 등의 비즈니스 관점 평가 -CMDB구성항목: 물리적 작사, 서비스 및 비즈니스 프로세스 등의 논리적 개체 포함
관리부분	-데이터 조정 위한 효율적, 반복적 메커니즘 고려 -문제, 변경, 인시던트 등 주요 기능에 필요한 운영도구 및 프로세스 간 연결

31. eSCM

1) 아웃소싱 서비스 제공자의 역량 평가를 위한 eSCM의 개요

가. eSCM(eSourcing Capabability Model)의 정의
- IT아웃소싱, 서비스제공자의 역량수준을 평가하고, IT서비스 품질 수준을 개선 평가하는 모델

나. eSCM의 특징
- 조직, 사람, 기술, 지식관리, 비즈니스관리 등 5개 영역을 관리
- Pre Contract, Contract Execution, Post Contract등 아웃소싱 비즈니스 흐름에 따라 제안 → 협상 → 계약 → 서비스설계 → 서비스구축 → 서비스 제공 → SLA → 아웃소싱 모든 이슈 관리

2) eSCM의 5단계 역량수준 레벨과 서비스 관리 5개 영역

가. eSCM의 5단계 역량수준 레벨

항목	구성항목	내 용
Level 1	초기	정형화된 시스템, 프로세스 부재, 불안정한 서비스제공
Level 2	고객욕구충족	고객별로 서비스 전달 및 요구사항 포착절차 제도화
Level 3	프로세스 통제	경험통한 지속적 학습과 수행업무 측정, 통제가능
Level 4	프로세스 개선	내·외부 경영환경 변화 적극대응
Level 5	우수성 유지	고객의 가치 강화 및 지속적 서비스 수준 유지

나. 서비스 관리 5개 영역

영역	내 용
조직관리	조직체계 수립, 성과측정 및 관리, 고객과의 관계 수립
사람	교육훈련, 능력개발, 동기부여 및 지속
사업운영	요구사항의 이해, 양질의 서비스 제공, 서비스 수준의 지속적 개선
기술	적절한 기술 구현, 최신기술 유지, 기술도입 절차
지식관리	경험 이용, 정보분석, 조직혁신

3) eSCM 도입 시 기대효과 및 고려사항

가. 신인도 향상, 프로세스 역량 개관적 정량화 향상, 서비스 품질향상
나. 서비스 파트너 계약 시 차별화 기준 제공

문제〉	과거 IT는 기업의 비즈니스 효율성 제고를 위한 수단이라는 관점에서 다루어져 왔다. 최근 이러한 IT에 대한 패러다임이 ITSM(Information Technology Service Management)를 화두로 크게 변화하고 있다. ITSM의 개념, 필요성, 도입전략을 설명하시오.
카테고리	IT경영〉IT전략 컨설팅　　　　　　　　난이도　중

답>

1. ITSM(IT Service Management)의 등장배경 및 필요성

가. ITSM의 등장배경
- IT산업의 패러다임이 시스템통합(SI)에서 아웃소싱으로 급격히 전환되고 있음
- IT 아웃소싱 서비스 원가절감 및 품질확보를 위해 전 세계적으로 관련 인력 및 자원을 활용하는 아웃소싱을 통한 역량강화 전략이 가속화 됨
- 서비스제공 역량을 높이기 위해 프로세스를 표준화하고 최적화하기 위한 방법론의 도입과 관련된 핵심 인력 확충이 필요

나. ITSM의 필요성

구분	상세 설명
고객/사용자 측면	- SLA에 기초한 고객 맞춤형 IT 서비스 제공 - IT 서비스 품질의 합의로 일관성 있는 서비스 보장 - IT 서비스 가용성, 신뢰성, 서비스 비용관리의 개선 - 접촉창구의 명확화로 IT 조직과의 의사소통이 개선
IT 조직 측면	- 조직이 책임지는 서비스와 infrastructure 관리가 강화 - 최적의 프로세스 구조정립으로 효과적인 아웃소싱이 가능 - 내부 및 공급업체의 의사소통을 위한 논리적인 틀 제공 - ITIL에 기반을 둔 체계적인 IT 서비스 품질관리가 가능

- ITSM은 IT 부문에서 수행하고 있는 업무 프로세스에 대한 체계적인 정립이 가능하도록 함

2. ITSM(IT Service Management)의 개념

가. ITSM의 개념

구분	상세 설명
협의의 개념	정보시스템의 운영을 전통적인 기술 중심의 관리에서 벗어나 경영 지향적이고, 전사적인 차원에서 서비스적인 관점에 입각하여 체계적으로 관리하기 위한 접근 방법
광의의 개념	IT에 관련된 모든 측면을 보다 체계적으로 관리하기 위한 접근 방법
Gartner	합리적인 비용 범위 내에서 합의된 품질 수준의 서비스를 제공할 수 있도록 프로세스, 조직역량, 기술을 종합적으로 관리하기 위한 선진적 IT 관리체계

나. ITSM의 주요관점을 통한 개념의 이해

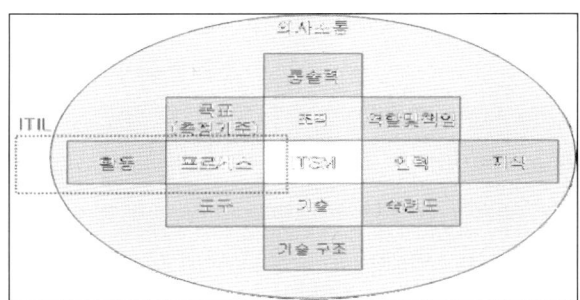

- ITSM: 4가지 주요관점(조직, 인력, 기술, 프로세스)에 대한 효과적이고, 효율적인 IT 서비스 관리로 프로세스 이상의 의미를 가지며(ITIL을 포함), IT서비스관리를 조직의 목적에 밀접하게 연결시켜, 비즈니스 목적을 달성하는 데 IT 서비스가 효과적으로 지원할 수 있게 함

- ITIL: ITSM의 구축 및 관리를 지원할 수 있는 Best Practice

다. ITSM의 구성요소

구성요소	상세 설명	주요기능
프로세스 (Process)	-IT 서비스 제공과 지원을 위한 업무 프로세스 -세부 Activity의 도출 및 실행에 초점을 맞춤 -조직관점에 접목하여 조직의 목표달성에 집중 -ITSM에서 가장 중요한 역할을 하는 핵심요소	-서비스 전략 -서비스 디자인 -서비스 이행 및 운영 -지속적 개선
인력과 조직 (People & Organization)	-최적의 IT 서비스 제공을 위한 기술과 능력을 갖춘 인력의 양성, 확보 -최적의 서비스를 위한 조직의 구성 및 역할배정 -비즈니스 목표를 일상적인 IT 활동과 일치시킴	-역량강화, 비전공유 -Matrix형 조직 운영 -서비스 데스크 (SPOC) -서비스수준관리자
기술 (Technology)	-프로세스를 자동화하고 최적의 서비스 제공을 위해 필요한 도구 및 솔루션 -서비스성과를 보여주고 모니터링을 위한 기술필요 -형상관리, 영향분석 툴을 통한 효율화 추구	-실시간 모티터링 -자동 Data Gathering -서비스수준관리시스템 -장애통합관리시스템
문화 (Culture)	-ITSM의 필요성 및 중요성에 대한 인식, 정해진 IT 프로세스의 준수 등에 대해 조직이 공유하는 가치관 -문화를 조직에 정착시키는 것은 어렵고 시간이 많이 소요되지만 ITSM 효과실현을 위해 반드시 필요	-구성원 공감대 형성 -Seamless Communication -홍보 및 성공사례전파

3. ITSM(IT Service Management)의 도입전략

가. ITSM 도입목표 수립

- 기본목표:IT Service와 Business Needs 합치
- 구현범위:3 P's(People, Processes, Product) 효과적, 효율적 활용
- 관리범위: 비즈니스(Business Transformation)중심의 고품질 서비스관리 제공

나. ITSM 도입 요구사항

- IT서비스 전체 라이프 사이클에 걸쳐 다뤄져야 함
- 서비스를 제공하는 고객과의 약속인 SLA를 충족시켜야 함
- 모든 프로세스가 지속적으로 개선이 가능하도록 설계되고 운영되어야 함

다. ITSM 구축절차

단계	상세 설명
분석 및 기획	자사의 현황분석, 현재 IT 관리수준 평가, 고객과 경영진 및 직원의 요구사항 수집분석, Best Practice인 eSCM, ITIL 프로세스 분석, 구축전략과 수행일정 수립
프레임워크 구성	고객과 경영진의 요구사항 반영, eSCM과 ITIL 모델을 활용하여 ITSM의 영역과 도메인설계
프로세스 설계	도메인별 상세 프로세스 작성, Task와 activity 정의, 프로세스별 산출물을 정의하고 템플릿을 작성
이행	이행을 위한 계획 수립, 성공적인 이행을 위한 CSF -구성원에 대한 교육: 프로세스 및 필요성 -주기적 점검: 프로세스 이행상태 주기적 점검체제 구축 -경영자의 관심: 성공과 실패를 결정하는 중요요소

4. ITSM(IT Service Management)의 도입의 성공요인과 구축효과

가. ITSM의 도입의 성공요인

단계	성공요인	상세 설명
준비 단계	정확한 방향제시	-ITSM 도입의 목표 및 계획의 명확한 설정 -ITSM 추진방향의 충분한 공감대 형성을 위해 적극적 변화관리 수행
	충실한 제도지원	-ITSM 적용의 통제요소 실행력 강화를 위한 명확한 책임과 권한의 정의
	역량강화	-ITSM 전문영역별 전문가의 확보 및 육성 -ITSM 추진 외부 이해관계자와의 유기적 협력체계 구성
	프로세스 성숙화	-ITSM 전체 수명주기에 대한 선진화된 업무 프로세스의 구현 및 내재화
구축 단계	효과적인 시스템	-ITSM 업무수행에 대한 충실한 자동화된 기반구조 지원체계
	현실적인 일정수립	-ITSM 구축기간이 조직의 역량과 업무범위에 맞게 수립되어야 함
	TFT 구성의 적합성	-ITSM을 위한 TFT 구성은 적절히 검토되고 최선의 선택을 했는지 여부
	최적의 To-Be 설계	-To-Be 설계에 대한 오너쉽을 TFT에서 가져야 함

- ITSM은 단기간에 구축되는 일회성 프로젝트가 아니기 때문에 ITSM 도입 당위성을 확보하여 지속적으로 추진하도록 함

나. ITSM의 구축효과

구분	구축 효과
서비스제공자	−비용절감: 프로세스 최적화를 통한 품질 및 생산성 향상 −체계적인 관리: 명확히 정의된 프로세스 보유 −비즈니스 관점에서의 일관된 View 제공 −대외적 이미지의 제고
발주자	−체계화, 문서화로 상호 신뢰도 증가 및 의사소통 용이 −투명하고 객관적인 SLA 측정 가능 −저비용, 고품질의 서비스 기대

"끝"

:: 도우미 임기술사

[설명]

ITIL은 과거 ITIL 1.0의 운영 프로세스에 대한 기능 중심의 베스트 프랙티스에서 운영 프로세스 중심의 ITIL 2.0으로 발전했고, 최근에는 비즈니스 전략 지원이라는 측면에서 IT서비스를 관리하는 ITIL 3.0으로 발전했다. 즉, ITIL 3.0은 ITSM을 지원하기 위한 비즈니스 전략에 따른 IT 전략수립, IT 서비스 설계, 구축, 지원 및 운영에 이르는 모든 프로세스 포함한다.

ITIL 3.0은 이런 것을 지원하기 위해서 몇 가지 특징을 포함하고 있다.

1) 서비스 포트폴리오: 비즈니스 전략과 IT 서비스 간의 관계를 파악하고 제공해야 하는 IT 서비스를 비즈니스 중요도 관점에서 IT 서비스의 우선순위를 관리하고 지원하는 프로세스를 의미한다.
2) 서비스 가치: IT 서비스에 대한 요구사항을 식별하고 관리하며, 그것을 지원하는 활동을 의미한다.
3) SKMS(Service Knowledge Management System): ITIL 2.0의 CMDB를 확장하여 IT서비스에서 제공하는 모든 지식을 종합적으로 관리하는 Multi CMDB를 제공한다.
4) CSI: IT 서비스 전략, 설계, 구축, 지원, 운영의 생명주기 관점에서 제공하는 서비스의 선진 베스트 프랙티스를 제공한다.

ITIL 3.0은 ITSM을 지원할 수 있는 가이드 라인으로 식별되고 있다.

[키워드]
−ITSM, ITIL 3.0 특징, ITIL 3.0 구성요소

[예상문제]

가. 1교시형

  1) ITIL 3.0의 Multi CMDB

  2) eSCM

나. 2교시형

  1) ITIL 2.0과 ITIL 3.0의 차이점을 설명하고 ITIL 3.0의 SKMS, CSI, 서비스 포트폴리오, 서비스가치를
설명하시오.

  2) ITSM과 IT Governance의 차이점을 설명하시오.

◼ 별첨. 세리 기술사회에서 운영하는 사이트 ◼

▨ 정보처리기술사 사이트

－http://www.serigisulsa.com

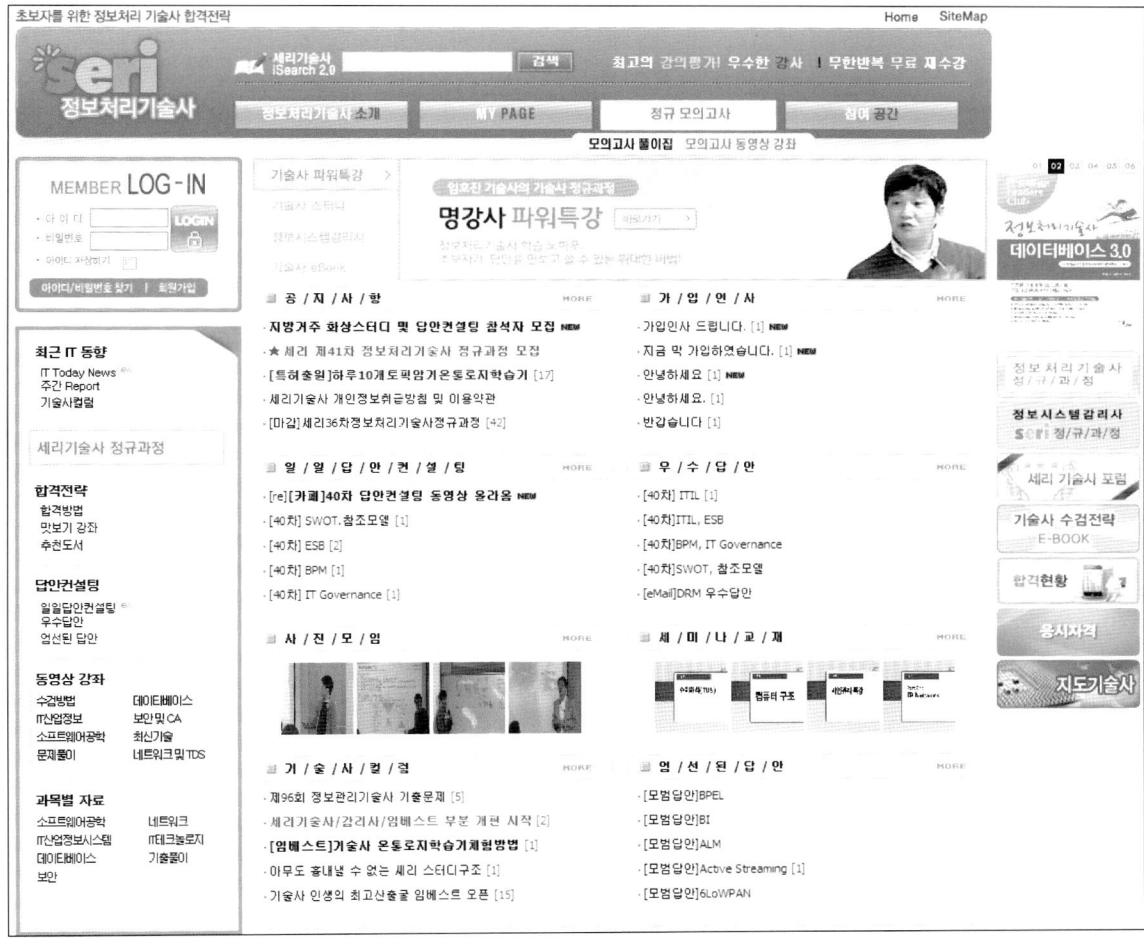

▨ www.serigisulsa.com에서 정기적으로 정보관리기술사 및 조직응용기술사 정규과정 실시 및 공개
강의, 정규 모의고사, 스터디를 실시

▨ 정보시스템감리사 사이트

— http://www.serigamrisa.com

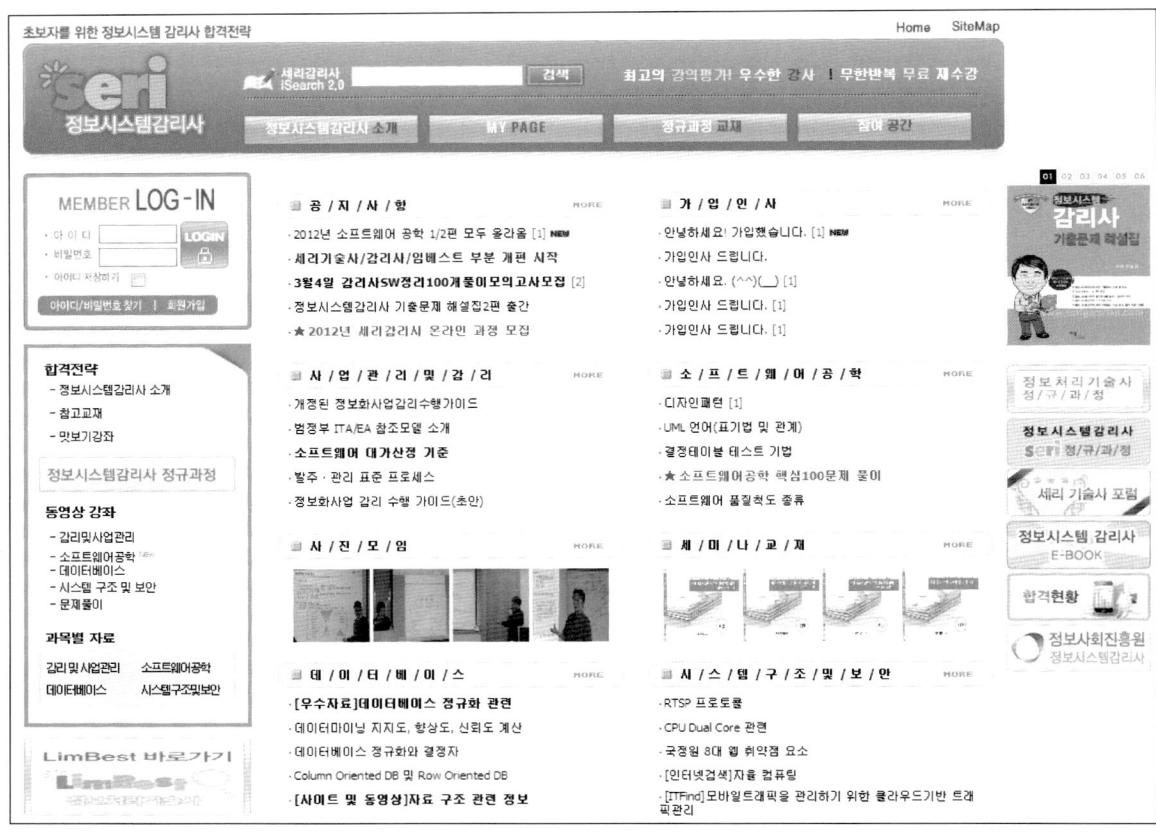

▨ 정보처리기술사 및 감리사 e-Learning, 임베스트

－http://www.LimBest.com

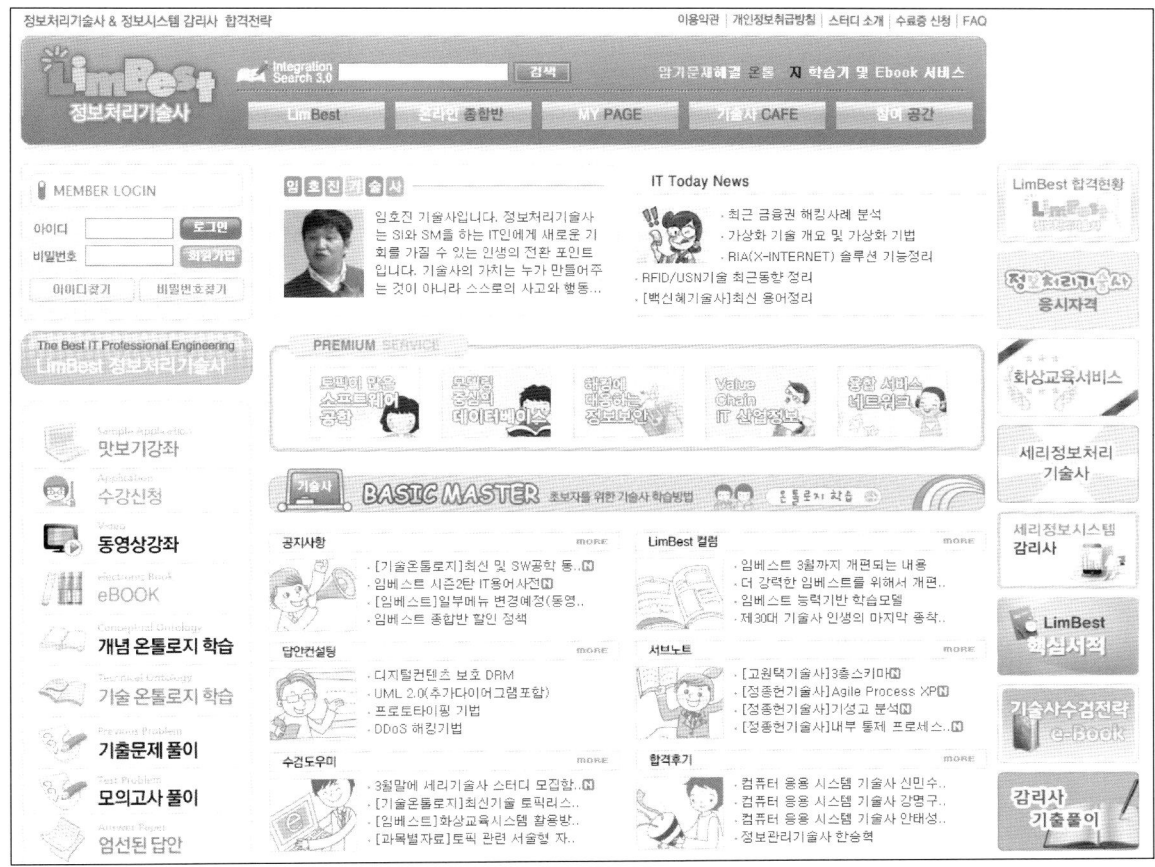

정보처리기술사 및 감리사를 학습할 수 있는 최고의 e-Learning 사이트로 **자동암기를 지원하는 온톨로지학습기(특허출원)**, *eBook 지원*, **화상교육시스템**, **스마트폰서비스**, **감리사문제은행**, 답안컨설팅을 **지원하는 빨간펜** 서비스로 최고의 정보처리기술사 및 정보시스템감리사학습을 지원하는 사이트

임베스트

정보처리기술사 SW 3.0

초 판 인 쇄 | 2012년 7월 13일
초 판 발 행 | 2012년 7월 13일

지 은 이 | 임호진
펴 낸 이 | 채종준
펴 낸 곳 | 한국학술정보㈜
주   소 | 경기도 파주시 문발동 파주출판문화정보산업단지 513-5
전   화 | 031) 908-3181(대표)
팩   스 | 031) 908-3189
홈 페 이 지 | http://ebook.kstudy.com
E - m a i l | 출판사업부 publish@kstudy.com
등   록 | 제일산-115호(2000. 6. 19)

ISBN   978-89-268-3484-8 13560 (Paper Book)
        978-89-268-3485-5 15560 (e-Book)

이담 Books 는 한국학술정보(주)의 지식실용서 브랜드입니다.